U0378535

开源.NET 生态软件开发

Azure、DevOps
和微服务软件架构实战
（第 2 版）

[葡] 加布里埃尔·巴普蒂斯特(Gabriel Baptista)
[意] 弗朗西斯科·阿布鲁泽塞(Francesco Abbruzzese)   著

叶伟民　张陶栋　王伟　肖宁   译

清華大学出版社
北　京

北京市版权局著作权合同登记号　　图字：01-2021-6714

图书在版编目(CIP)数据

Azure、DevOps 和微服务软件架构实战：第 2 版 /(葡) 加布里埃尔·巴普蒂斯特(Gabriel Baptista)，(意)弗朗西斯科·阿布鲁泽塞(Francesco Abbruzzese)著；叶伟民等译. 一北京：清华大学出版社，2023.1
(开源.NET 生态软件开发)

书名原文：Software Architecture with C# 9 and .NET 5: Architecting software solutions using microservices, DevOps, and design patterns for Azure, Second Edition

ISBN 978-7-302-61850-8

Ⅰ.①A… Ⅱ.①加… ②弗… ③叶… Ⅲ.①机器学习 ②软件工程—项目管理 Ⅳ.①TP181 ②TP311.5

中国版本图书馆 CIP 数据核字(2022)第 171206 号

责任编辑：王　军
装帧设计：孔祥峰
责任校对：成凤进
责任印制：丛怀宇

出版发行：清华大学出版社
　　　　　网　　址：http://www.tup.com.cn，http://www.wqbook.com
　　　　　地　　址：北京清华大学学研大厦 A 座　　　　邮　　编：100084
　　　　　社 总 机：010-83470000　　　　　　　　　　邮　　购：010-62786544
　　　　　投稿与读者服务：010-62776969，c-service@tup.tsinghua.edu.cn
　　　　　质 量 反 馈：010-62772015，zhiliang@tup.tsinghua.edu.cn
印 装 者：北京同文印刷有限责任公司
经　　销：全国新华书店
开　　本：170mm×240mm　　印　　张：27　　字　　数：726 千字
版　　次：2023 年 1 月第 1 版　　印　　次：2023 年 1 月第 1 次印刷
定　　价：128.00 元

产品编号：093139-01

中文版推荐序

经过了十余年的发展，云计算已经成为人们日常生活的一部分，对软件架构也产生了重大的影响。作为一名 IT 从业者，在软件架构设计中引入云平台所提供的各种中间件、服务，以及全新的设计理念已经成为基本技能。DevOps 和微服务作为现代软件架构基础实践和框架性解决方案，其覆盖面非常广泛。

2008 年，我第一次使用微软的云计算平台 Azure 的时候，它还是一个 Beta 版，与当时已经相对成熟的 AWS 相比，Azure 那个时候的功能非常简单，仅有 Web App PaaS，甚至连虚拟机都不提供。2022 年，Azure 已经以全球 24%的市场份额稳居云计算市场的第二把交椅，功能上也已经涵盖了 IaaS、PaaS 和 SaaS 三个领域的 600 多项服务，无论在技术方面还是在市场方面都处于领先地位。如何正确地选择适合自己应用的服务并利用这些服务构建最优化的软件架构，是摆在每个软件架构师面前的一道难题。当我开始阅读这本书的时候，我发现自己找到了答案。本书以一个实例为主线，将一系列方法、实践、工具和设计思路串联起来，向读者展现了一个完整的软件架构设计过程。

本书的编写方式与很多技术书籍不同，作者站在架构师的视角，以一个项目的整个生命周期为主线，向读者展示了如何在云时代设计和实现一款软件，其内容涵盖了从软件架构设计的基本原则、需求收集、解决方案设计，可选技术架构的选择与分析，应用软件的数据层、逻辑层和展现层的最佳实践与框架选择，一直到构建团队协作平台、持续交付流水线，以及自动化测试。如果你是一名拥有 3~5 年软件开发经验的软件开发人员，希望能够成为一名架构师，这本书会对你非常有帮助。

徐磊

微软最有价值专家/微软区域技术总监

SmartIDE 开源项目创始人/LEANSOFT 首席架构师

2022 年 10 月 7 日于北京

译　者　序

最近我面试过一些有十几年工作经验的软件架构师，十分惊讶于他们还停留在设计模式、多层架构、TDD 的年代。

作为同样有十几年工作经验的我，十分理解他们。

的确，在我们年轻时，设计模式、多层架构、TDD 曾经是软件架构领域的热门，也是面试时的必考题。那时，掌握这些技术的人可是"抢手货"。

随着时代的发展，云服务、DevOps、微服务慢慢变成了软件架构的热门，软件架构师如果不想被时代淘汰，则必须了解这些技术。这本书就很适合想要了解这些最新技术的软件架构师们。

与其他软件架构方面的书籍相比，本书以一个项目案例贯穿全书，将一颗颗"珍珠"，如云服务、DevOps、微服务等，用项目案例这条"线"串起来，可以帮助你轻松地掌握本书的内容。

更重要的是，对于软件架构师来说，这些新技术可以局部地、慢慢地融入现有项目中。相信本书能够助力你的职业发展。

最后以一个真实场景结尾：

在东莞.NET 俱乐部举办的一场活动中，有人问我，企业出于稳妥起见，不会采用最新一代技术，那么请问：学习新技术的意义是什么？

我是这样回答的：没错，事实的确如此。为了稳妥，企业所采用的技术会落后一代，但是也只会落后一代。如果一直不学习，就会从落后一代变成落后两代、三代，不知不觉就落后了十年，最终会落后于时代。

设计模式和多层架构就是如此，都是曾经很热门的新技术，不知不觉间，现在已落后了十年。希望本书能够帮助你追赶上时代的步伐！

译者介绍

 **叶伟民**　拥有 18 年软件开发经验,《.NET 内存管理宝典》等 6 本书的译者(或第一译者),微信公众号"技术翻译实战"创始人,美国硅谷海归学者,广州.NET 俱乐部主席,全国各地.NET 社区名录维护者之一。

 **张陶栋**　翻译爱好者,擅长工程、金融、信息技术等技术领域,对相关交叉学科有技术热情;从事.NET 桌面开发、Web 开发工作 4 年,目前在一家金融企业的人工智能团队从事开发工作;持有系统架构设计师 ((软考)证书。

 **王伟**　曾任世界五百强企业研发经理、资深项目经理、高级产品经理;热衷于 CICD、DevOps 文化落地,有丰富的配置管理、DevOps 实施管理经验,致力于帮助团队快速、可靠地交付高质量软件产品;目前主要负责全流程质量及过程优化管理、信息安全部署、审计等相关工作;持有 EXIN DevOps Master 认证。

 **肖宁**　拥有超过 10 年的.NET 开发经验和 Java 开发经验,在企业级 OA 系统和分布式系统的开发方面有丰富的经验,有多年的外企 DevOps 实践经验;目前供职于知名外企。

作者简介

Gabriel Baptista 是一名软件架构师，他领导技术团队跨项目使用 Microsoft 平台完成了多个与零售和工业相关的项目。他是 Azure 解决方案方面的专家，也是一位讲授软件工程、开发和架构等课程的教授，并出版了一些与计算机相关的书籍。他在知名.NET 技术社区网站 Microsoft Channel 9 上演讲，还与他人一起创办了 SMIT 公司，主要开展开发解决方案方面的业务，他将 DevOps 理念视为满足用户需求的关键。

"致我亲爱的家人 Murilo、Heitor 和 Denise，他们经常鼓励我。感谢我的父母 Elisabeth 和 Virgílio，以及我的祖母、外祖母 Maria 和 Lygia，他们一直鼓励我。特别感谢 Packt 团队，全体成员的辛勤劳动保证了这本书的优秀质量。"

Francesco Abbruzzese 是 MVC Controls Toolkit 和 Blazor Controls Toolkit 程序库的作者。他从 ASP.NET MVC 第一个版本就开始为 Microsoft Web 技术栈的传播和推广做贡献。他的公司 Mvcct Team 提供一些与 Web 技术相关的 Web 应用程序、工具和服务。他曾从事人工智能系统相关的工作(例如为金融机构实施了首批决策支持系统)，后来转型去做电视游戏(如当时排名前 10 位的 Puma Street Soccer)。

"感谢亲爱的父母，我的一切都来自他们。特别感谢 Packt 全体员工以及为改进本书整体代码质量做出贡献的审稿人员。"

审校者简介

Mike Goatly 幼年时得到了一台 ZX Spectrum 48K，从此就开始编写程序。他从事过许多行业，包括视频点播、金融科技和零售。他一直专注于 Microsoft 技术栈，从 v1 beta 阶段就开始学习.NET 和 C#，自 2014 年起就一直使用 Azure 构建基于云的软件。Mike 目前拥有 Microsoft Azure 开发者助理认证和 DevOps 工程师专家认证。

"感谢我美丽温柔的妻子和可爱的孩子们给予我的耐心，让我有时间完成这本书。"

Kirk Larkin 是 C#、.NET 和 ASP.NET Core 方面的专家，拥有计算机科学学士学位。他拥有超过 15 年的专业经验，是一名首席软件工程师和 Microsoft MVP。他是 Stack Overflow 网站 ASP.NET Core 话题的最佳回答者、Pluralsight 讲师，以及众多 ASP.NET Core 主题文档的主要作者。他与妻子和两个女儿居住在英国。

前　　言

本书涵盖了业界最新的基于云的分布式软件架构中较常见的设计模式和框架。本书基于实际工作中的真实场景来讨论应该何时以及如何使用每种模式。本书还介绍了 DevOps、微服务、Kubernetes、持续集成和云计算等技术与软件开发流程，从而帮助你为客户开发并交付优质的软件解决方案。

本书将帮助你了解客户的需求，指导你解决在开发过程中可能面临的一些大难题，还列出了基于云环境管理应用程序需要了解的注意事项。通过学习本书，你可以了解不同的架构方法，例如分层架构、面向服务架构、微服务、单页应用程序和云架构，并了解如何将这些架构方法应用于具体的业务需求。

本书所有概念都将借助和基于现实工作中的实际用例进行解释。在这些用例中，软件设计原则能够帮助你创建安全和健壮的应用程序。通过学习本书，你可以使用 Azure 在远程环境或云上部署代码，还能够开发和交付高度可扩展且安全的企业级应用程序，以满足最终客户的业务需求。

值得一提的是，本书不仅介绍了软件架构师在开发 C#和.NET Core 解决方案时的最佳实践，还讨论了在最新趋势下开发软件产品需要管理和维护的各种环境。

与第 1 版相比，本书(即第 2 版)在代码及其说明方面进行了改进，并根据 C# 9 和.NET 5 提供的新功能做出了调整。本书添加了最新的框架和技术(如 gRPC 和 Blazor)，并专门新增章节详细介绍了 Kubernetes。

本书读者对象

本书适用于任何希望提高 C#与 Azure 解决方案相关知识水平的软件架构师，也适用于想要成为架构师或希望使用.NET 技术栈构建企业应用程序的工程师和高级开发者。学习本书之前，读者需要拥有 C#和.NET 的使用经验。

本书内容

第 1 章 "软件架构的重要性" 解释了软件架构的基础知识。该章帮助你以正确的心态来面对客户需求，从而选择正确的工具、模式和框架。

第 2 章 "非功能性需求" 带你进入应用程序开发的一个重要阶段，帮助你了解收集和说明应用程序必须满足的所有约束和目标，如可扩展性、可用性、可恢复性、性能、多线程、互操作性和安全性。

第 3 章 "使用 Azure DevOps 记录需求" 介绍一些用于记录应用程序相关需求、bug 和其他信息的技术。该章重点介绍 Azure DevOps 和 GitHub 的使用，其中的大多数概念也通用于其他平台和工具。

第 4 章 "确定基于云的最佳解决方案" 对云和 Microsoft Azure 中可用的工具与资源进行了

概述。在该章，你将学习如何正确地搜索工具和资源，以及如何配置它们以满足你的需求。

第 5 章 "在企业应用中应用微服务架构" 介绍微服务和 Docker 容器。在该章，你将了解如何基于微服务的架构利用云的各种优势，如何在云中使用微服务实现灵活性、高吞吐量和可靠性，以及如何使用容器和 Docker 在架构中混合不同的技术，从而让软件不依赖于特定平台。

第 6 章 "Azure Service Fabric" 介绍 Microsoft 特有的微服务编排器 Azure Service Fabric。在该章，将实现一个简单的基于微服务的应用程序。

第 7 章 "Azure Kubernetes 服务" 描述 Kubernetes 在 Azure 上的实现。Kubernetes 是微服务编排器的事实标准。在该章，你将学习如何在 Kubernetes 上打包和部署微服务应用程序。

第 8 章 "在 C#中与数据进行交互——Entity Framework Core" 详细解释应用程序如何在对象关系映射(ORM)框架，尤其是在 Entity Framework Core 5.0 的帮助下与各种存储引擎进行交互。

第 9 章 "在云上选择数据存储" 介绍云和 Microsoft Azure 中可用的主要存储引擎。在该章，你将学习如何选择最佳存储引擎来实现所需的读取/写入的并行性，以及如何配置它们。

第 10 章 "Azure 函数应用" 描述了无服务器计算模型以及如何在 Azure 云中使用它们。在该章，你将学习如何在需要运行某些计算时分配云资源，从而只为实际计算时间付费。

第 11 章 "设计模式与.NET 5 实现" 通过.NET 5 示例描述了常见的软件模式。在该章，你将了解设计模式的重要性以及使用它们的最佳实践。

第 12 章 "不同领域的软件解决方案" 描述现代领域驱动设计的软件生产方法，如何使用它来应对需要多领域知识的复杂应用程序，以及如何使用它来为基于云和基于微服务的架构提供帮助。

第 13 章 "在 C# 9 中实现代码复用" 描述在使用 C# 9 的.NET 5 应用程序中最大化代码可重用性的模式和最佳实践，还讨论代码重构的重要性。

第 14 章 "使用.NET Core 实现面向服务的架构" 描述面向服务的架构，它使你能够将应用程序的功能公开为 Web 或专用网络上的服务终节点，以便用户通过各种类型的客户端与它们进行交互。在该章，你将学习如何使用 ASP.NET Core 和 gRPC 实现面向服务的架构的服务节点，以及如何使用现有的 OpenAPI 程序包对它们进行文档化。

第 15 章 "ASP.NET Core MVC" 详细描述 ASP.NET Core 框架。在该章，你将学习如何基于模型-视图-控制器(MVC)模式实现 Web 应用程序，以及如何根据第 12 章所描述的领域驱动设计的方法来组织它们。

第 16 章 "Blazor WebAssembly" 描述 Blazor 框架，该框架利用 WebAssembly 的强大功能在用户浏览器中运行. NET。在这一章，你将学习如何使用 C#实现单页应用程序。

第 17 章 "C# 9 编码最佳实践" 描述了使用 C# 9 开发.NET 5 应用程序时的最佳实践。

第 18 章 "单元测试用例和 TDD" 描述了如何测试应用程序。在该章，你将学习如何使用 xUnit 测试.NET Core 应用程序，并了解如何在测试驱动设计的帮助下轻松开发和维护满足规范的代码。

第 19 章 "使用工具编写更好的代码" 描述了评估软件质量的指标，以及如何借助 Visual Studio 的所有工具来衡量它们。

第 20 章 "DevOps" 描述了 DevOps 软件开发和维护方法的基础知识。在该章，你将学习如何组织应用程序的持续集成/持续交付周期。该章还描述了整个部署过程是如何自动化的：首先在源代码存储库中创建新版本，然后通过各种测试和批准步骤，最后在实际生产环境中最终部署应用程序。你还将了解如何使用 Azure Pipelines 和 GitHub Actions 来自动化整个部署过程。

第 21 章 "持续集成所带来的挑战" 用持续集成场景补充了对 DevOps 的描述。

第 22 章"功能测试自动化"专门介绍功能测试的自动化,即自动验证整个应用程序的版本是否符合约定的功能规范的测试。在该章,你将学习如何使用自动化工具模拟用户操作,以及如何将这些工具与 xUnit 结合使用来编写功能测试。

如何阅读本书

- 本书涉及很多主题,可以将其作为一本解决实际工作问题的指导书。
- 本书需要使用 Visual Studio 2019 社区版或更高版本。
- 读者需要具备 C#和.NET 基础知识。

在线资源

本书的代码存储库托管在 GitHub 上(见参考网站 0.1)。本书免费提供代码、参考网站、各章练习题的答案和各章的扩展阅读等资源,可以通过扫本书封底的二维码下载。

目　　录

第**1**章

软件架构的重要性

软件架构是当今软件行业讨论最多的话题之一，它在未来必将越来越重要。越复杂的解决方案，就越需要优秀的软件架构来支持和维护。由于推出软件新功能的速度不断加快，所以需要优秀的软件架构，同时新的软件架构也不断涌现。

要写好这么重要的主题并不简单，因为这个主题包含了非常多的替代技术和解决方案。本书的主要目的并不是建立一个详尽的、永无止境的可用技术和解决方案列表，而是展示各种技术之间是如何相互关联的，以及这些技术是如何在实践中影响可维护和可持续解决方案构建的。

对于持续专注于创建实际、高效的企业解决方案，这一需求不断增加：用户总是想给应用程序添加更多的新功能。此外，由于市场的快速变化，因此需要频繁地交付应用程序，对于这个需求，必须使用复杂的软件架构和开发技术才能满足。

本章涵盖以下主题：

- 了解什么是软件架构。
- 一些可以帮助你成为软件架构师的软件开发过程模型。
- 如何收集正确信息以设计高质量软件。
- 开发过程中的辅助设计技术。
- 分析系统性需求。
- 贯穿本书的案例简介。

本书将通过一个为 World Wild Travel Club(WWTravelClub)旅行社创建软件架构的案例来讲解整本书的知识点。

使用该案例的目的是帮助你了解每章所讲的理论，以及通过一个实践示例来讲解如何使用 Azure、Azure DevOps、C# 9、.NET 5、ASP.NET 及其他技术来开发企业应用程序。

完成本章的学习，你将能够确切地理解什么是软件架构，了解什么是 Azure，以及如何创建 Azure 账户。你还将了解软件过程、模型和其他技术，这些知识将帮助你管理团队。

1.1 什么是软件架构

在阅读本书时，我们应该感谢那些决定把软件开发当作一个工程领域的计算机科学家。20 世纪 60 年代末，这些科学家提出开发软件的方式与建造建筑物的方式是非常相似的，这就是命名为软件架构的原因。就像建筑架构师设计一个建筑物并根据这个设计监督施工一样，软件架构师的主要目标是确保得到一个优秀的软件应用程序，而要实现这个目标则需要设计出一个优秀的解决方案。

在专业的软件开发项目中，必须做到以下几点：

- 准确定义客户需求。
- 设计一个很好的解决方案来满足这些需求。
- 实现这个解决方案。
- 与客户一起验证这个解决方案。
- 在工作环境中部署这个解决方案。

软件工程将这一系列活动定义为软件开发生命周期。所有软件开发过程模型(瀑布、螺旋、增量、敏捷等)都是以某种方式管理这个软件开发生命周期。无论使用哪种模型，如果不能处理好前面介绍的这些基本任务，都无法交付可被客户接受的软件。

本书旨在介绍如何设计优秀的解决方案。现实工作中，优秀的解决方案需要满足以下几点：

- 解决方案需要满足用户需求。
- 解决方案需要按时交付。
- 解决方案需要符合项目预算。
- 解决方案需要提供高质量的产品。
- 解决方案需要保证能够在未来进行安全、高效的演进。

优秀的解决方案应该是可持续的，没有优秀的软件架构就没有可持续的软件。优秀的软件架构需要依靠现代化的工具和环境才能完美地满足用户的需求。

因此，本书将使用 Microsoft 提供的一些优秀的工具。.NET 5 是一个统一的软件开发平台，因此.NET 可以帮助我们创建一个很好的解决方案。

.NET 5 是和 C# 9 一起发布的。因为.NET 支持图 1.1 所示的平台和设备，因此 C#是目前世界上最常用的编程语言之一，使用 C#既可以编写在小型设备上运行的程序，也可以编写在不同操作系统和环境中的大型服务器上运行的程序。

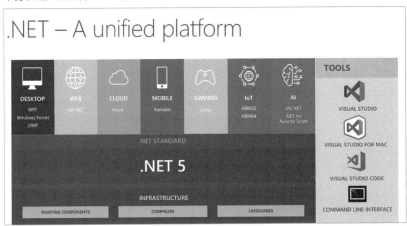

图 1.1　.NET 5 支持的平台和设备

本书还将使用 Azure。Azure 是 Microsoft 的云平台，通过 Azure 可以获得 Microsoft 为构建高级软件架构解决方案提供的所有组件，其中之一就是 Azure DevOps—— 一个可以使用最新的软件开发方法来构建解决方案、管理应用程序生命周期的管理环境。

要想成为一名软件架构师，必须了解上述技术以及其他许多技术。本书将引导你成为一名可以带领团队工作的软件架构师。你将使用本书列出的工具提供最佳的解决方案。下面从创建 Azure 账户开始。

创建 Azure 账户

Microsoft Azure 是目前市面上最好的云解决方案之一。重要的是，Azure 包含了可以帮助我们定义 21 世纪现代化解决方案的架构。

 可以通过 Alexey Polkovnikov 开发的优秀网站(见参考网站 1.1)查看 Microsoft Azure 的各种组件。

本节将指导创建 Azure 账户。如果已经创建了该账户，可以跳过这部分。

打开创建 Azure 账户的网站(见参考网站 1.2)，可以找到注册 Azure 所需的信息。该网站通常会自动跳转到你的母语对应的版本。

如果之前没有注册过，则单击 "免费使用 Azure" 按钮，这样就可以免费使用 Azure 的一些功能。详情请查看参考网站 1.3 的相关内容。

(1) 创建免费账户的过程非常简单，按照网页引导的要求去做即可。首先会要求你注册一个 Microsoft 账户或 GitHub 账户。

(2) 在这个过程中，你还会被要求提供信用卡号码，以确保你是人类而不是垃圾邮件或机器人程序。但是不会向你收费，除非你升级了账户。

(3) 要完成整个过程，需要接受订阅协议、报价详细信息和隐私声明。

账户创建完成后，你将能够访问 Azure 门户。如图 1.2 所示，Azure 门户显示了一个可自定义的仪表板，左侧显示了一个菜单，可以在该菜单中设置将在解决方案中使用的 Azure 组件。在本书的后面，会回到图 1.2 所示界面来设置组件，以帮助构建现代化的软件架构。单击 "所有服务" 菜单，即可找到更多组件和服务。

创建完 Azure 账户之后，就可以使用 Azure 来了解软件架构师是如何充分利用 Azure 提供的所有组件和服务来带领团队开发软件的。但重要的是，要记住软件架构师的视野不能局限于技术，因为这个角色是由那些需要定义如何交付软件的人来担当的。

如今，软件架构师不仅是一个软件的基础架构师，还决定了整个软件的开发和部署是如何进行的。下一节将介绍世界上广泛使用的软件开发过程模型，首先介绍传统的软件开发过程模型，然后讨论改变了软件构建方式的敏捷模型。

图 1.2 Azure 门户

1.2 软件开发过程模型

作为一名软件架构师，了解目前大多数企业使用的一些常见开发过程非常重要。软件开发过程定义了团队中的人员如何生产和交付软件。一般来说，这个过程与软件工程理论有关，被称为软件开发过程模型。从软件开发被定义为一个工程过程开始，人们就提出了许多用于软件开发的过程模型。下面先回顾一下传统的模型，然后介绍目前常见的敏捷模型。

1.2.1 传统的软件开发过程模型

软件工程理论中引入的一些模型被认为是传统的模型，已经过时。本书的目的并不是涵盖所有这些传统模型，只是对一些公司仍然在使用的瀑布模型和增量模型进行简要介绍。

1. 了解瀑布模型

瀑布模型是一项过时的技术，但事实上，的确有一些公司仍然在使用瀑布模型，我们也刚好借助瀑布模型来讲解软件开发的所有基本步骤。

任何软件开发项目都包括以下步骤：

- 需求，创建产品需求文档，它是软件开发的基础。
- 设计，根据需求设计软件架构。
- 实现，编写程序以实现设计。
- 验证，验证应用程序能否正常工作和是否符合设计的测试。
- 维护，交付后，再次循环执行上面几个步骤。

瀑布模型软件开发周期如图 1.3 所示。

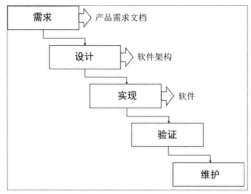

图 1.3　瀑布模型软件开发周期(见参考网站 1.4)

通常，使用瀑布模型会带来软件交付延迟，以及由于交付的最终产品和原本期望的产品之间的差异而导致用户不满等相关问题。此外，根据我的经验，开发完成之后才开始测试会让人感觉压力很大。

2. 增量模型分析

增量模型试图克服瀑布模型最大的问题：用户只能在项目开发工作都完成之后才可以测试解决方案。

增量模型的思想是让用户有机会尽早地与解决方案进行交互，以便用户能够提供有用的反馈，从而有助于软件的开发。

图 1.4 所示的增量模型是作为瀑布模型的替代方法引入的。增量模型的思想是多次增量执行一组软件开发步骤(沟通、计划、建模、构建和部署)。

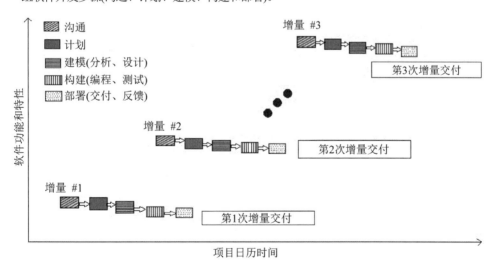

图 1.4　增量模型软件开发周期(见参考网站 1.5)

虽然增量模型减少了因缺乏与客户沟通而产生的问题，但对于大型项目，因为每次增量需要的时间太长而导致增量数量太少仍然是一个问题。

当增量模型在 20 世纪末被大规模应用时，由于需要撰写大量的文件，因此产生了许多与项目官僚作风有关的问题。这些笨拙的场景导致了软件开发行业中一个非常重要的运动——"敏捷开发"的兴起。

1.2.2　敏捷软件开发过程模型

21 世纪初，软件开发被认为是工程领域中最混乱的子领域之一。软件项目失败的比例非常高，这一事实证明需要一种与传统方法不一样的方法来实现软件开发项目所要求的灵活性。

2001 年，敏捷软件开发宣言(简称敏捷宣言)诞生了，之后涌现出了各种敏捷过程模型。其中一些至今依然很常见。

 敏捷宣言已被翻译成 60 多种语言。详情请查看参考网站 1.6。

敏捷模型和传统模型的最大区别之一就是开发者与用户交互的方式。所有敏捷模型传递的信息都是越快向用户交付软件越好。对于软件开发者来说，他们可能会困惑：自己只想写代码，为什么需要跟用户沟通？

虽然敏捷软件开发宣言(见图 1.5)的内容如此，但是软件架构师需要记住一点：敏捷过程并不意味着缺乏纪律。当你使用敏捷过程时，将很快明白，没有纪律就无法开发出好的软件。另外，作为一个软件架构师，需要理解软件项目是需要灵活性的。一个拒绝灵活性的软件项目往往会随着时间的推移毁了自己。

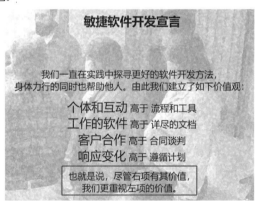

图 1.5　敏捷软件开发宣言

敏捷宣言的 12 条原则[1]就是这种灵活性的基础：

(1) 我们最重要的目标，是通过持续不断地及早交付有价值的软件使客户满意。

(2) 欣然面对需求变化，即使在开发后期也一样。为了客户的竞争优势，敏捷过程掌控变化。

(3) 经常地交付可工作的软件，相隔几星期或一两个月，倾向于采取较短的周期。

(4) 业务人员和开发者必须相互合作，项目中的每一天都不例外。

(5) 激发个体的斗志，以他们为核心搭建项目。提供所需的环境和支持，辅以信任，从而达

1　译者注：此处内容摘自"敏捷宣言"官网，是官网中的中文版内容，并非译者翻译。

成目标。

(6) 不论团队内外，传递信息效果最好，效率也最高的方式是面对面的交谈。

(7) 可工作的软件是进度的首要度量标准。

(8) 敏捷过程倡导可持续开发。责任人、开发者和用户要能够共同维持其步调稳定延续。

(9) 坚持不懈地追求技术卓越和良好设计，敏捷能力由此增强。

(10) 以简洁为本，它是极力减少不必要工作量的艺术。

(11) 最好的架构、需求和设计出自自组织团队。

(12) 团队定期地反思如何能提高成效，并依此调整自身的举止表现。

即使在敏捷宣言发布 20 年后，它的重要性以及与软件开发团队当前需求的联系丝毫未改变。当然，有很多公司都不太接受这种方法，但是作为一个软件架构师，应该了解它是一个可以促进团队发展的机会。

软件开发社区的许多技术和模型都是基于敏捷方法的。下面讨论精益软件开发、极限编程和 Scrum 这几个基于敏捷方法的模型，以供软件架构师决定使用哪些方法来改进软件交付时参考。

1. 精益软件开发

敏捷宣言诞生之后，敏捷社区引入了基于丰田汽车生产方式的精益软件开发方法。已经在丰田汽车实验成功的精益制造方法给敏捷社区提供了一个即使投入很少资源，依然能够获得高质量产品的选项。

"精益软件开发"一词源于 Mary Poppendieck 和 Tom Poppendieck 的同名书籍。两人列出了软件开发的 7 条精益原则，它们与敏捷开发以及 21 世纪许多公司的做法有着真正的联系，具体内容如下。

(1) 消除浪费：按照精益思维，任何不能为客户增加价值的行为即为浪费，包括不必要的功能和代码、软件开发过程的延迟、不明确的需求、繁文缛节、低效的内部沟通。

(2) 内建质量：一个想要保证质量的组织需要在一开始编写代码时就注重提升质量，而不是等到测试阶段才考虑提升质量。

(3) 创造知识：取得卓越成就的公司都有一个共同的模式，即通过严格的实验来获得并记录新知识，并且确保这些知识在整个组织中传播。

(4) 尽量延迟决定：因为软件开发通常具有一定的不确定性，尽可能地延迟决定，直到能够基于事实而不是基于不确定的假设和预测来做出决定。系统越复杂，那么对这个系统能够应对变化的要求就越高，所以需要具备推迟做出重要及关键决定的能力。

(5) 快速交付：交付软件的速度越快，就越能消除浪费，你的客户就比竞争对手具有更显著的优势。

(6) 下放权利：传统的团队里都是由团队的领导者来决定和分配每个人所要完成的任务，但是精益开发主张将这种权利下放到团队的每个人手里，从而使开发者有权利来阐述自己的观点并提出建议。

(7) 全局优化：全局优化使得每个部门之间的联系更紧密。与努力降低每个部门内部的成本相比，消除部门之间的隔阂和浪费会产生更显著的效果。在 DevOps 成为一大趋势的今天，开发部门、质量管理部门和运维部门之间的协同变得越来越重要了。

以上精益原则促使团队或公司采取措施来提高客户真正需要的功能的质量。它还减少了在某些客户根本不会使用的功能上所浪费的时间。

精益方法中先确定哪些功能特性对客户重要然后指导团队交付,这正是敏捷宣言在软件开发团队中推广的内容。

2. 极限编程

早在敏捷宣言发布之前,敏捷宣言一些设计文档的参与者,特别是 Kent Beck,就已经向世界展示了用于开发软件的极限编程(Extreme Programming,XP)方法。

XP 的价值观是简单、沟通、反馈、尊重和勇气。Beck 在关于 XP 的第二本书中说过,XP 将来会被认为是编程领域中的一种社会变革。后来的发展证明,XP 的确给编程领域带来了巨大的变化。

XP 指出,每个团队都应该简单地只做要求做的事情,每天面对面地交流,尽早把软件演示给用户以获得反馈,尊重团队每个成员的专业知识,并有勇气说出真实进度和评估真相,以及将团队的工作作为一个整体来考虑。

XP 还提供了一组规则。如果团队发现某些地方工作不正常,团队成员可能会更改这些规则,但始终坚持采用这种方法是很重要的。

这些规则分为计划、管理、设计、编码和测试等方面。Don Wells 绘制了 XP 相关内容(见参考网站 1.7)。尽管 XP 的一些想法受到许多公司和专家的强烈批评,但目前还是有很多做法是很好的,举例如下。

- 使用用户故事(User Story)编写软件需求:用户故事是一种描述用户需求,以及用于保证用户需求正确实现的验收测试的敏捷方法。
- 将整个软件开发分为迭代版本并按小版本进行交付:迭代在软件开发中的实践是瀑布模型之后的所有方法所捍卫的原则。事实上,更快更小的版本交付的确降低了软件无法达到客户预期的风险。
- 持续保证速度和避免加班:尽管这点肯定是软件架构师可能要处理的最困难的任务之一,但超时工作就已经表明了在整个软件开发过程中有些地方是有问题的。
- 保持简单:在开发解决方案时,通常会尝试预测客户希望拥有的功能。这种方法增加了开发的复杂性和解决方案上线的时间。复杂多样的功能会导致开发的成本较高,而有些功能实际使用的可能性较低。
- 重构:持续重构代码这个方法很好,因为它支撑起软件的开发,并保证了设计的改进。
- 让客户接近你的团队:按照 XP 的规则,你的团队成员中应该有一位来自客户的专家。这当然是一件很难办到和处理的事情,但是这么做能够保证客户参与软件开发的所有部分。另一个好处是,让客户接近你的团队意味着他们了解开发团队所遇到的困难和所具有的专业知识,从而增加双方之间的信任。
- 持续集成:这种做法是当前 DevOps 方法的基础之一。开发者的个人存储库和主存储库之间的差异越小越好。
- 先写单元测试再写实际程序代码:单元测试是一种为实际程序代码的单个单元(类/方法)编写测试代码的方法。这点将会在测试驱动开发(TDD)方法中讨论。这里的主要目标是保证每个业务规则都有自己的单元测试用例。

- 代码必须按照约定的标准编写：需要基于这样一种想法来确定编码的标准，即无论哪个开发者来处理项目的特定部分，都必须能够理解这部分代码。
- 结对编程：结对编程是一种很难在软件开发项目里实现的技术，但是这种技术本身——一个程序员编码，另一个程序员在旁边积极观察并提供意见、批评和建议——在关键场景中是很有用的。
- 验收测试：采用验收测试来满足用户需求是一个很好的方法，可以保证新发布的软件版本不会对现有需求造成损害。一个更好的选择是将这些验收测试自动化。

值得一提的是，目前这些规则中有许多被认为是不同软件开发方法中的重要实践，包括 DevOps 和 Scrum。我们将在本书第 20 章讨论 DevOps。下面介绍 Scrum 模型。

3. Scrum 模型

Scrum 是一种敏捷的软件开发项目管理模型。该模型来源于精益原则，是目前广泛应用的软件开发方法之一。

 有关 Scrum 框架的更多信息，请查看参考网站 1.8。

如图 1.6 所示，Scrum 的基础是有一个灵活的 Product Backlog(用户需求)列表，这个列表需要在每个敏捷周期(即 Sprint)中讨论。

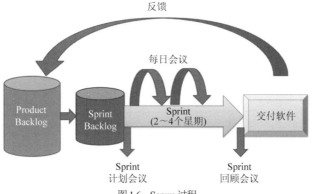

图1.6　Scrum 过程

每个 Sprint 的目标(即 Sprint Backlog)由 Scrum 团队确定，该团队由 Product Owner、Scrum Master 和开发团队组成。Product Owner 负责确定在这个 Sprint 中交付的 Product Backlog 及其优先级。在整个 Sprint 期间，Product Owner 将帮助团队开发客户所需的功能特性。在 Scrum 过程中，领导团队的人称为 Scrum Master，所有的会议和过程都将由这个人主持。

值得注意的是，Scrum 过程并没有讨论软件是如何实现的，也没有讨论哪些软件开发流程中的步骤是需要完成的，因此你必须将 Scrum 和本章开头讨论的软件开发基础以及流程模型结合在一起。DevOps 是可以帮助你将软件开发过程模型与 Scrum 结合使用的方法之一。详情请参阅第 20 章。

1.3 收集正确信息以设计高质量软件

假设你刚刚接手了一个软件开发项目,现在,是时候用你所有的知识来提供最好的软件给客户了。你的第一个问题可能是:"我如何开始?"作为软件架构师,你将是回答这个问题的人,而且你的答案会随着你领导的每个软件开发项目的不同而变化。

软件开发项目的首要任务是定义软件开发过程。这通常是在项目计划阶段完成的,或者在项目开始之前就要完成。

另一个非常重要的任务是收集软件需求。无论使用哪种软件开发过程,收集真实的用户需求都是一项艰巨而持续的工作。当然,有一些技术可以帮助你很好地完成这项工作。另外,收集需求将有助于定义软件架构的重要方面。

这两项任务被大多数软件开发专家认为是软件开发项目成功的关键。作为软件架构师,你需要很好地完成这两项任务,以便在指导你的团队时能够避免尽可能多的问题。

1.3.1 了解需求收集过程

可以用许多不同的方法表示需求,最传统的方法是在开始分析之前编写一个完美的规范。敏捷方法建议你在准备开始一个开发周期时就编写用户故事。

 记住,你不只是为用户编写需求,也是在为你和你的团队编写需求。

事实是,无论在项目中采用何种方法,都必须遵循一些步骤来收集需求,这就是需求工程,其过程如图 1.7 所示。

图 1.7 需求工程过程

在需求工程过程中,需要确保解决方案是可行的。某些情况下,可行性分析也是项目计划过程的一部分,应该在开始获取需求时,就已经完成了可行性分析报告。

接下来检查一下这个过程的其他部分,这些内容将提供许多与软件架构相关的重要信息。

1.3.2 收集准确的用户需求

有很多方法可以收集特定场景中用户的真实需求,这个过程称为启发。一般来说,这个过程可以通过使用那些能够帮助你理解用户需求的技术来完成。常见技术列表如下。

- 想象力：如果你是解决方案所属领域的专家，可以利用自己的想象力来发现新的用户需求，也可以与一组专家一起进行头脑风暴来定义用户的需求。
- 问卷调查：这个工具可用于检测常见的和重要的需求，如用户数量和类型、系统使用峰值，以及常用的操作系统(OS)和 Web 浏览器。
- 访谈：作为软件架构师，访问用户有助于发现问卷调查和想象力无法涵盖的用户需求。
- 观察：没有什么能比与用户在一起相处一天更好的方法来了解用户的日常生活了。

一旦你应用了以上技术中的一个或多个，你就能够得到与用户需求相关的重要信息。

现在你已经能够收集用户需求了。下一节讲述如何分析需求。

 在任何时候，你都可以使用这些技术来收集需求，无论是针对整个系统还是针对单个用户故事。

1.3.3　分析需求

收集了用户需求之后，就可以开始分析需求了。我们可以使用以下技术分析需求。

- 原型设计：原型对于阐明和实现系统需求来说是非常有用的。现在已经有很多工具可以帮助你设计原型，Pencil Project 是一个不错的开源原型设计工具。你可以在参考网站 1.9 上找到更多信息。
- 用例：如果你需要详细的文档，统一建模语言(UML)用例模型是一个选项。UML 用例模型型由一个详细的说明和一个图表组成。ArgoUML 是一个可以帮助你解决这个问题的开源工具。图 1.8 所示是一个 UML 用例模型的示例。

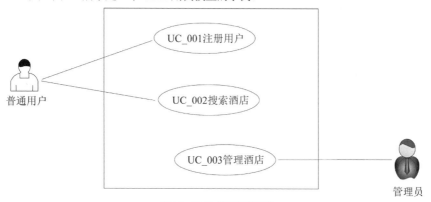

图 1.8　UML 用例模型示例

通过分析需求，你将能够明确用户的真实需求是什么。当你不确定需要解决的真正问题时，这点是很有帮助的，这比那些没有认真分析需求就马上开始编写程序然后期待最好结果的做法要靠谱得多。在需求分析上投入时间就是为更高的软件程序质量投入时间。

1.3.4　将需求整理成规范的文档

完成了需求分析之后，将需求整理成规范的文档是非常重要的。我们可以使用敏捷项目中常用的用户故事来将需求整理成规范的文档。

规范的需求文档反映了用户和软件开发团队之间的约定。这种文档的编写需要遵循以下基本规则。

- 要确保所有利益相关者都能够准确理解这份约定的内容，即使他们不是技术人员。
- 文档内容需要清晰、明了。
- 需要对每个需求进行分类。
- 使用恰当的表达方式来表示每个需求。
  - 糟糕的例子：普通用户自行注册。
  - 很好的例子：普通用户应自行注册。
- 需要避免模棱两可和有争议的表达。

在文档中添加一些附加信息可以帮助软件开发团队了解他们将要处理的项目上下文。以下是一些添加有用附加信息的提示。

- 添加介绍性的章节以给出解决方案的来龙去脉和完整全貌。
- 创建词汇表，从而让大家更容易理解。
- 描述解决方案将覆盖的用户类型。
- 编写功能性和非功能性需求：功能性需求很容易理解，因为它们准确地描述了软件的功能；而非功能性需求描述了与软件相关的限制，包括可扩展性、健壮性、安全性和性能。我们将在下一节介绍这些方面的内容。
- 附加可以帮助用户理解规则的文档。

在编写用户故事方面，一个很好的建议是通过以下简短的句子来描述每个用户在系统中的每一刻：

作为<什么用户>，我想要<什么功能>，所以<需要怎么做>

通过这种方法能够准确解释实现该功能的来龙去脉。这种方法也是一个很好的、可以帮助你分析出最关键用户故事并确定任务优先级的工具。这些用户故事还可以很好地告知相关人员应该构建什么样的自动化验收测试。

了解可扩展性、健壮性、安全性和性能的概念

收集用户需求是一项可以帮助你了解要开发的软件的任务。但是，作为软件架构师，除了必须关注的功能性需求，了解非功能性需求也是很重要的，并且是软件架构师在项目开发过程中需要最早完成的工作之一。

我们将在第 2 章更详细地讨论非功能性需求。在这里，我们只需要知道，收集用户需求阶段还需要收集可扩展性、健壮性、安全性和性能方面的非功能性需求。接下来逐一介绍这些概念。

- 可扩展性：全球化提供了在世界各地运行软件程序的机会。这点太棒了，但是作为软件架构师，你需要设计一个能够应对不同时间段、不同请求量的解决方案。可扩展性是指应用程序能够在需要时，通过增加和减少资源数量来应对不同的请求量。
- 健壮性：无论应用程序的可扩展性有多高，如果它不能保证稳定且始终在线，那么你将无法安心。健壮性对于关键应用程序很重要，因为它所要解决的问题类型决定了你在任何时候都没有机会进行维护。在许多行业，应用程序是不可能停止的，很多进程是在无

人监管的情况下运行(如夜间、节假日等)。因此，设计一个健壮的解决方案可以保证你在夜间或节假日不被软件故障所打扰。

- 安全性：这是收集用户需求阶段需要讨论的另一个非常重要的问题。每个人都担心安全问题，世界各地都有不同的法律来处理安全问题。作为软件架构师，必须在设计层面就保证安全性。这是满足安全领域目前正在讨论的所有需求的唯一办法。
- 性能：作为软件架构师，需要了解将要开发的系统才能明确需要做些什么才能获得系统所需的性能。这点需要与用户讨论，才能确定在开发阶段可能面临的大多数性能瓶颈。

值得一提的是，所有这些概念都是当今社会所需要的新一代解决方案的要求。在收集用户需求阶段，为了满足这些要求所做的工作决定了一个软件的质量。

1.3.5　复核用户需求文档

将需求整理成规范的文档后，就需要与利益相关者确认他们是否同意这些文档的内容。这点可以在需求复核会议上完成，也可以使用协作工具在线完成。

展示你所收集的所有原型、文档和信息，每个人都同意这些文档的内容之后，就可以开始研究如何实现项目了。

值得一提的是，你既可以对整个软件也可以对其中的一小部分使用下面描述的这些过程。

1.4　设计技术

定义解决方案并不是一件容易的事，在现有的软件程序上定义解决方案更是难上加难。在软件架构师的职业生涯中，有许多项目并非从零开始开发一套全新的解决方案，而是在客户现有的解决方案基础上继续开发。如果你所设计的解决方案只是在概念上正确，但是没有直观地展现给客户并得到客户的确认，那么可能会很危险。大多数情况下，这个阶段的失误会给将来的工作带来很多问题。

那么，如何将你所设计的解决方案直观地展现给客户呢？一些设计技术可以帮助我们做到这一点，下面介绍其中的两种：设计思维与设计冲刺[1]。

你必须了解的是，这些技术是发现客户真正需求的极好工具。作为软件架构师，你要致力于帮助你的团队在正确的时间使用正确的工具，这些工具可能是确保项目成功的正确选择。

1.4.1　设计思维

设计思维(design thinking)能够帮助你直接从用户那里收集数据，专注于获得解决问题的最佳方案。通过设计思维这种设计技术，软件开发团队将有机会找出所有与系统交互的角色。这将给解决方案带来极好的影响，因为你可从用户角度来设计软件。

设计思维包括以下步骤。

- 共情：在这一步中，你必须进行实地调查以发现用户的关注点。这是你了解软件使用者的阶段。这一步有助于你了解要为谁以及为什么开发这个软件。
- 定义：了解了用户的问题之后，就可以定义用户的需求来解决这些问题了。

---

1 译者注：设计思维和设计冲刺并非从属于敏捷，但是可以与敏捷结合使用。

- 构思：围绕这些需求举行会议，一起集思广益讨论出一些可能的解决方案。
- 原型设计：原型设计可以直观地呈现这些可能的解决方案，以便大家确认这些可能的解决方案是否真的有效。
- 测试：测试原型将帮助你得出与用户实际需求最吻合的原型。

设计思维专注于加速得出正确产品需求的过程，然后在这个基础上得出最小可行产品(MVP)。其中的原型设计步骤将帮助利益相关者了解产品的最终形态，同时还能帮助软件开发团队交付最佳的解决方案。

1.4.2　设计冲刺

设计冲刺(design sprint)是指在一个为期 5 天的冲刺中通过设计来解决关键业务问题。这项技术是由谷歌提出的，它可以帮助你快速地领会客户的想法，然后快速地构建出一个解决方案并推向市场，从而快速地验证这个想法是否受市场欢迎。

设计冲刺将会专门安排一周的时间组织专家在一个作战室里集中解决上述问题。这一周的工作分配如下。

- 周一：重点是确定冲刺的目标，并列出完成这个目标所面临的困难和问题。
- 周二：确定了冲刺的目标之后，参与者开始制订问题的可能解决方案，同时联系客户参与测试即将得出的这些解决方案。
- 周三：确定了最有把握的解决方案之后，需要将这个解决方案绘制成用户故事地图，从而为原型设计提供基础。
- 周四：基于用户故事地图设计出原型。
- 周五：设计出原型之后，将其展现给客户，并根据客户的反馈做调整。

从以上内容可以看出，加速得出正确产品需求过程的关键之处是原型设计，原型设计可以把团队的想法具体化，使其成为对最终用户来说更具体、更直观的东西。

1.5　收集需求阶段就要考虑的常见问题

如果你想设计出一套优秀的软件，那么本章所讨论的所有信息都很有用，本节所讨论的问题也很重要，无论是使用传统模型还是使用敏捷模型进行开发，是否有考虑这些问题决定了你的软件是专业水平还是业余水平。

如果没有考虑过这些问题，那么将来会给你的软件项目带来一些麻烦。这些问题旨在描述会影响项目质量的地方，以及如何使用前面提到的技术来帮助开发团队解决这些问题。

大多数情况下，如果我们对这些常见问题有概念，那么只需要简单的沟通就能够从客户那里获得足够的信息，从而得出一个优秀的解决方案，处理好这些问题。接下来我们研究一下收集需求阶段需要考虑的三个常见问题：性能、用户的需求未得到正确实现、系统会在什么环境使用。

1.5.1　问题 1：网站太慢，无法打开网页

性能是软件架构师在职业生涯中要解决的最大问题之一。任何软件都可能存在性能问题，因为我们没有无限的计算资源。此外，计算资源的成本很高，特别是对于那些同时拥有大量用户的软件。

仅仅编写需求文档是不能解决性能问题的。但是，如果在编写需求文档阶段把性能需求描述正确，那么以后的工作就会顺利得多。我们必须有与系统期望的性能相关的非功能性需求文档。只需要用如下简单的一句话来描述，就可以帮助到整个项目团队。

 非功能性需求：性能——该软件的任何网页都至少应在 2 秒内做出响应，即使有 1000 个用户同时访问它。

以上这句话只是让每个人(用户、测试人员、开发者、架构师、经理等)得知任何网页都有这么一个目标要实现。这是一个好的开始，但还不够。开发和部署应用程序阶段的工作对解决性能问题也很重要。这就是.NET 5 可以给你很大帮助的地方，尤其是对于 Web 应用程序，在这方面，ASP.NET Core 是现有的、最快的解决方案之一。

作为软件架构师，如果谈到性能，可以考虑使用后面章节中列出的技术和具体的测试用例来满足这一非功能性需求。还有一点很重要，即 ASP.NET Core 及 Microsoft Azure 提供的一些 PaaS(平台即服务)解决方案也能够帮助你轻松地满足这一需求。

1. 缓存

缓存是一种很好的技术，可以提升那些经常会产生相同结果的查询的性能。例如从数据库获取可用的汽车模型，虽然数据库中的汽车数量会增加，但并不会改变汽车模型数据。因为对于一个需要经常访问汽车模型数据的应用程序，一个好的做法就是将这些数据缓存起来。

我们可以使用内存缓存。制订可扩展解决方案时，可以使用 Azure 平台配置分布式缓存。事实上，这两种方式 ASP.NET 都有提供，因此可以选择最适合自己的方式。我们将在第 2 章讲解 Azure 平台的可扩展性方面的内容。

2. 异步编程

开发 ASP.NET Core 应用程序时，应用程序需要设计成可供多个用户同时访问。异步编程可以让你简单地做到这一点，ASP.NET Core 通过关键字 async 和 await 提供了这方面的支持。

这些关键字背后的基本原理是 async 允许任何方法异步运行，await 允许同步异步方法的调用而不阻塞调用它的线程。这种易于开发的模式将使应用程序运行时不会出现性能瓶颈并提供了更好的响应能力。本书将在第 2 章介绍这方面的更多内容。

3. 对象分配

避免性能不足的一个很好的技巧是了解垃圾回收器(GC)是如何工作的。使用完内存之后，GC 会自动回收内存。由于 GC 的复杂性，这里必须介绍几个非常重要的内容。

GC 不会对有些类型的对象自动回收内存，包括与 I/O 交互的任何对象，例如文件和流。如果没有正确使用 C#语法来创建和销毁此类对象，则会出现内存泄漏，从而降低应用程序的性能。

以下是使用 I/O 对象的错误做法：

```
System.IO.StreamWriter file = new System.IO.StreamWriter(@"C:\sample. txt");
file.WriteLine("Just writing a simple line");
```

以下是使用 I/O 对象的正确做法：

```
using (System.IO.StreamWriter file = new System.IO.StreamWriter(@"C:\
sample.txt"))
```

```
{
    file.WriteLine("Just writing a simple line");
}
```

值得注意的是，以上正确做法还可以确保内容肯定写入文件中(它调用了 Flush)。而在错误做法的示例中，可能会导致内容没有写入文件中。尽管以上实践只提到了 I/O 对象，但强烈建议对所有非托管资源对象都这么做。可以在 Visual Studio 解决方案中使用代码分析器的错误警告功能来提醒自己避免犯这些错误，这将有助于 GC 回收内存，从而保证应用程序以适当的内存量运行。否则，这样的错误可能会根据对象的类型像滚雪球一样越滚越大，最终导致其他糟糕情况发生，例如端口/连接耗尽。

你还需要了解的另一个重要内容是 GC 回收对象所花费的时间也会影响应用程序的性能。因此，我们要避免分配大对象；否则，需要等待 GC 完成任务，这会给你带来麻烦。

4. 数据库访问

数据库访问是最常见的性能弱点之一。在编写数据库查询或 lambda 表达式从数据库获取数据时，如果不注意，可能会带来性能问题。本书将在第 8 章介绍相关内容，包括如何正确地从数据库获取数据，如何正确地筛选行与列以避免数据库访问方面的性能问题。

一个好消息是，前面所介绍的与缓存、异步编程和对象分配相关的最佳实践完全适用于数据库环境。所以，我们只需要选择正确的模式就能获得更好的软件性能。

1.5.2 问题 2: 用户的需求未得到正确实现

越通用的技术就越难以准确地满足用户的需求。也许这句话听起来很奇怪，但你必须明白，一般来说，开发者主要研究如何使用通用的技术来开发软件，而很少研究如何使用这些通用的技术来满足特定领域的需求。当然，学习如何开发软件并不容易，要理解特定领域的特定需求就更难了。本节的问题是，一个开发者，无论是否软件架构师，如何做到针对他们负责的特定领域交付软件而不仅仅停留在通用领域。

用户需求收集阶段如果做得好将帮助你完成这项艰巨的任务，需求文档编写得好将使你真正了解用户的需求并设计好相应的软件架构。以下几种方法可以最大限度地降低生产出来的软件不吻合用户真实需求的风险：

- 对界面进行原型化以更快地确保用户界面是正确的。
- 设计数据流以检测系统和用户操作之间的差距。
- 定期召开相关会议，根据用户对需求的反馈进行更新，并在这个基础上进行增量交付。

同样，作为软件架构师，你必须定义如何实现软件。大多数时候，你不会是动手编程的那个人，但你将永远是对此负责的那个人。因此，可以使用以下技术避免错误的实现：

- 与开发者一起复核需求，以确保开发者真正了解需要开发的内容。
- 用于检验代码的标准。本书第 19 章将介绍这一点。
- 召开会议协调各种资源以消除开发者遇到的各种障碍。

请记住，实现用户的真正需求是软件架构师的责任，所以请使用所能使用的所有工具来做到这一点。

1.5.3　问题 3：系统会在什么环境使用

了解系统会在什么环境使用是软件项目成功的关键。软件的呈现方式和解决问题的方式决定了用户是否会真正使用它。作为软件架构师，必须了解系统会在什么环境中使用。

了解用户的真实需求将帮助你确定软件是在网页上运行的，还是在手机上运行的，或者是在后台运行的。了解这方面的信息对于软件架构师来说是非常重要的，因为只有正确地了解系统的使用环境，才能够正确地呈现系统的界面元素。

另外，如果你不在乎这一点，那么你只能提供一个勉强可以工作的软件。这在短时间内也许是可行的，但这样的软件终究不能完全满足用户的真正需求。必须记住一点：一个优秀的软件应该能在多种平台和设备上运行。

.NET 5 是一个十分优秀的跨平台软件。通过.NET 5 既可以开发出一套能够运行在 Linux、Windows、Android 和 iOS 上的解决方案，也可以在大屏幕、平板电脑、手机甚至无人机上运行应用程序；既可以将应用程序嵌入各种物联网设备实现自动化，也可以嵌入 HoloLens 实现混合现实。软件架构师必须以开放的心态来设计用户需要的东西。

1.6　World Wild Travel Club 案例简介

正如本章开头提到的，本书将通过一个为 World Wild Travel Club(WWTravelClub)旅行社创建软件架构的案例来讲解整本书的知识点。

WWTravelClub 是一家旅行社，旨在改变人们在世界各地度假和旅行的决策方式。为此，该旅行社开发了一项在线服务。在该服务中，旅客可以得到目的地专家的协助从而带来极佳的旅行体验。

该平台的理念是，你可以同时成为旅客和目的地专家。作为专家帮助别人的次数越多，得到的积分就越高。这些积分可以兑换成该平台原本需要付费购买的服务和套餐。

需要知道的是，一般来说，客户不会按照软件开发者方便理解的格式来准备好需求，这就是收集需求过程如此重要的原因。客户对平台提出了以下需求。

- 普通用户视图
  - 首页上的促销套餐
  - 搜索套餐
  - 每个套餐的详细信息
    - ▶ 购买套餐
    - ▶ 购买包含专家的套餐
      - ◆ 评论你的经历
      - ◆ 询问专家
      - ◆ 评价专家
    - ▶ 注册为普通用户
- 目的地专家视图
  - 与普通用户视图相同的视图
  - 回答关于你的目的地专业知识的问题

- 管理回答问题所获得的积分
  - 积分兑换功能
- 管理员视图
  - 管理套餐
  - 管理普通用户
  - 管理目的地专家

同时需要注意的是，WWTravelClub 计划为每个套餐配备 100 多名目的地专家，并针对世界各地提供大约 1000 种不同的套餐。

了解用户需求和系统需求

你可以通过以下用户故事总结出 WWTravelClub 的用户需求[1]：

- US_001: 作为一名未注册用户，我想在首页查看有哪些促销套餐，从而轻松地得出下一次度假的时间段。
- US_002: 作为一名未注册用户，我想搜索出那些在首页上找不到的套餐，从而浏览其他旅行机会。
- US_003: 作为一名未注册用户，我想查看套餐的详细信息，从而决定购买哪个套餐。
- US_004: 作为一名未注册用户，我想自行注册成注册用户，从而开始购买套餐。
- US_005: 作为一名已注册用户，我想进行付款，从而购买套餐。
- US_006: 作为一名已注册用户，我想购买一个包含专家的套餐，从而有一次绝佳的旅行经验。
- US_007: 作为一名已注册用户，我想咨询一名专家，从而得出这次旅行我应该怎样做才能过得最愉快。
- US_008: 作为一名已注册用户，我想评论一下我的体验，从而对我的旅行给出反馈。
- US_009: 作为一名已注册用户，我想评价一名帮助过我的专家，从而与其他人分享他有多棒。
- US_010: 作为一名已注册用户，我想注册为目的地专家，从而帮助那些来我市旅游的人。
- US_011: 作为一名专家用户，我想回答我所在城市的相关问题，从而获取积分以在将来使用。
- US_012: 作为一名专家用户，我想用积分兑换机票，从而有更多的旅行。
- US_013: 作为一名管理员用户，我想管理套餐，从而让用户有绝佳的旅行机会。
- US_014: 作为一名管理员用户，我想管理注册用户，从而保证 WWTravelClub 能够提供良好的服务。
- US_015: 作为一名管理员用户，我想管理专家用户，从而保证与目的地相关的所有问题都能得到回答。
- US_016: 作为一名管理员用户，我想针对世界各地提供 1000 多个套餐，从而让注册用户在不同的国家都能够体验到 WWTravelClub 的服务。
- US_017: 作为 CEO，我希望即使有 1000 多名用户同时访问网站，网站也能够正常服务，从而让我们的业务能够有效扩展。

---

1 译者注：注意，在编写用户故事时，将用户描述的普通用户拆分成未注册用户和已注册用户两种。

- US_018: 作为一名任何种类的用户，我想用我的母语浏览 WWTravelClub，从而轻松理解网站提供的套餐内容。
- US_019: 作为一名任何种类的用户，我希望通过 Chrome、Firefox 和 Edge Web 等浏览器都能够正常访问 WWTravelClub，从而可以使用我喜欢的 Web 浏览器。
- US_020: 作为一个任何种类的用户，我希望我的信用卡信息是被安全存储的，从而放心地购买套餐。

注意，在编写用户故事时，可以加上那些与非功能性需求(如安全性、环境、性能和可扩展性)相关的信息。

但是，在编写用户故事时，你很可能会忽略某些系统需求，而这些需求是必须包含在软件规范文档中的。这些需求可能与法律、硬件和软件先决条件有关，甚至与系统正确交付的注意事项有关，因此必须列出这些需求并整理成用户故事。WWTravelClub 的系统需求如下(注意，这些系统需求是针对将来编写的，因为系统目前还不存在)。

- SR_001: 系统应使用 Microsoft Azure 组件来提供所需的可扩展性。
- SR_002: 系统应遵守欧盟《一般数据保护法案》[1](GDPR)的要求。
- SR_003: 系统应在 Windows、Linux、iOS 和 Android 平台上运行。
- SR_004: 系统的任何网页都应在 2 秒内做出响应，即使有 1000 个用户同时访问它。

如果从软件架构的角度来思考 WWTravelClub 的开发，那么以上这些用户需求和系统需求用户故事列表将帮助你理解 WWTravelClub 的开发可能有多复杂。

1.7　本章小结

本章介绍了在软件开发团队中担任软件架构师有哪些要求和需要完成哪些工作，软件开发过程模型和收集需求过程的基础知识，以及如何创建 Azure 账户，本书的案例需要这一步。另外，本章还讲解了功能性需求和非功能性需求，以及如何将它们编写成用户故事。这些技术和工具将帮助你交付更好的软件产品。

在第 2 章，你将有机会了解功能性需求和非功能性需求对于软件架构的重要性。

1.8　练习题

1. 软件架构师需要具备哪些专业技能？
2. Azure 是如何帮助软件架构师的？
3. 软件架构师如何选择在项目中使用的最佳软件开发过程模型？
4. 软件架构师如何帮助开发人员收集需求？
5. 软件架构师需要编写什么样的需求规范？
6. 设计思维和设计冲刺如何帮助软件架构师收集需求？

---

1 译者注：又名《一般数据保护条例》《通用数据保护法案》《通用数据保护条例》。

7. 用户故事如何帮助软件架构师整理需求?

8. 开发高性能软件的技术有哪些?

9. 软件架构师如何检查用户需求是否得到正确实现?

第2章

非功能性需求

当你收集系统需求时，就应该考虑它们会给软件架构设计带来什么影响。为了满足用户的需求，需要对可扩展性、可用性、可恢复性[1]、性能、多线程、互操作性、安全性等方面进行考虑。我们把上述这些方面的需求称作非功能性需求。

本章涵盖以下主题：
- .NET 5 和 Azure 如何实现可扩展性、可用性和可恢复性。
- C#编程时需要考虑的性能问题。
- 软件易用性，即如何设计高效的用户界面。
- .NET 5 和互操作性。
- 在设计层面实现安全性。
- 用例——了解.NET Core 项目的主要类型。

2.1 技术性要求

要运行本章配套的示例代码，需要先安装.NET 5 SDK 以及 Visual Studio 2019 社区版。
可以扫封底二维码获得本章的示例代码。

2.2 使用 Azure 和.NET 5 实现可扩展性、可用性和可恢复性

简单搜索一下"可扩展性"，可以找到类似这样的定义：系统在需求量增大时依旧能够保持良好运作的能力。当开发者看到这种描述时，很多人会因此错误地认为，实现可扩展性意味着只需要增加更多硬件就可以保持应用程序工作正常，从而不会因需求量增大而停止运行。可扩展性确实依赖于涉及硬件解决方案的技术。然而，作为软件架构师，你必须意识到，优秀的软件应该先在软件层面考虑可扩展性然后考虑增加硬件资源，因此软件架构设计得好的软件可以为我们节省大量硬件资源方面的资金。因此，可扩展性不仅与硬件有关，也涉及软件架构整体设计的问题。这里要指出的是，系统的硬件资源运行成本也应该是做软件架构决策时需要考虑的因素。

---

1 译者注：可恢复性又称弹性，本书统一翻译成可恢复性。

第 1 章讨论软件性能时，提出了解决性能问题的一些技巧，这些技巧也适用于可扩展性方面的问题。应用程序在每个用户进程上耗费的资源越少，它可以处理的用户数量就越多。

对于云计算应用程序，在讨论其可扩展性的重要性的同时，还应该关注系统故障的处理。如果保证应用程序能够从故障中恢复而不会将该故障暴露给最终用户，这个应用程序就可以说具备了可恢复性。

在云场景下，可恢复性之所以尤为重要，是因为提供服务的基础设施可能会需要少许时间来更新、重置和升级硬件。同时，使用多个系统的可能性更大，在它们通信时，可能发生暂时性的错误。因此，非功能性需求的重要性在近些年越来越重要。

具有可扩展性和可恢复性的解决方案是令人兴奋的，它们能帮助你在系统中实现高可用性。本书介绍的各种方法都可以指导你设计具有良好可用性的解决方案。某些情况下，你需要针对特定场景设计特定的替代方案以实现你的目标。

值得指出的是，在 Azure 和.NET 5 Web 应用程序中，可以通过配置来满足这些非功能性需求。在接下来的小节中可以看到这部分内容。

2.2.1　在 Azure 中创建可扩展的 Web 应用程序

在 Azure 中创建 Web 应用程序非常简单，并且可以随时对其进行扩展。Azure 能够帮助你实现在不同的时间段支持不同数量的用户。需要支持的用户越多，需要的硬件也就越多。接下来介绍如何在 Azure 中创建可扩展的 Web 应用程序。

登录了 Azure 账户之后，你将能够创建新的资源(如 Web 应用程序、数据库、虚拟机等)，如图 2.1 所示。

图 2.1　Microsoft Azure——创建资源

单击"创建 Web 应用"，然后单击"使用 Azure Web 应用生成并托管 Web 应用"面板中的"创建"按钮，将进入图 2.2 所示的页面。

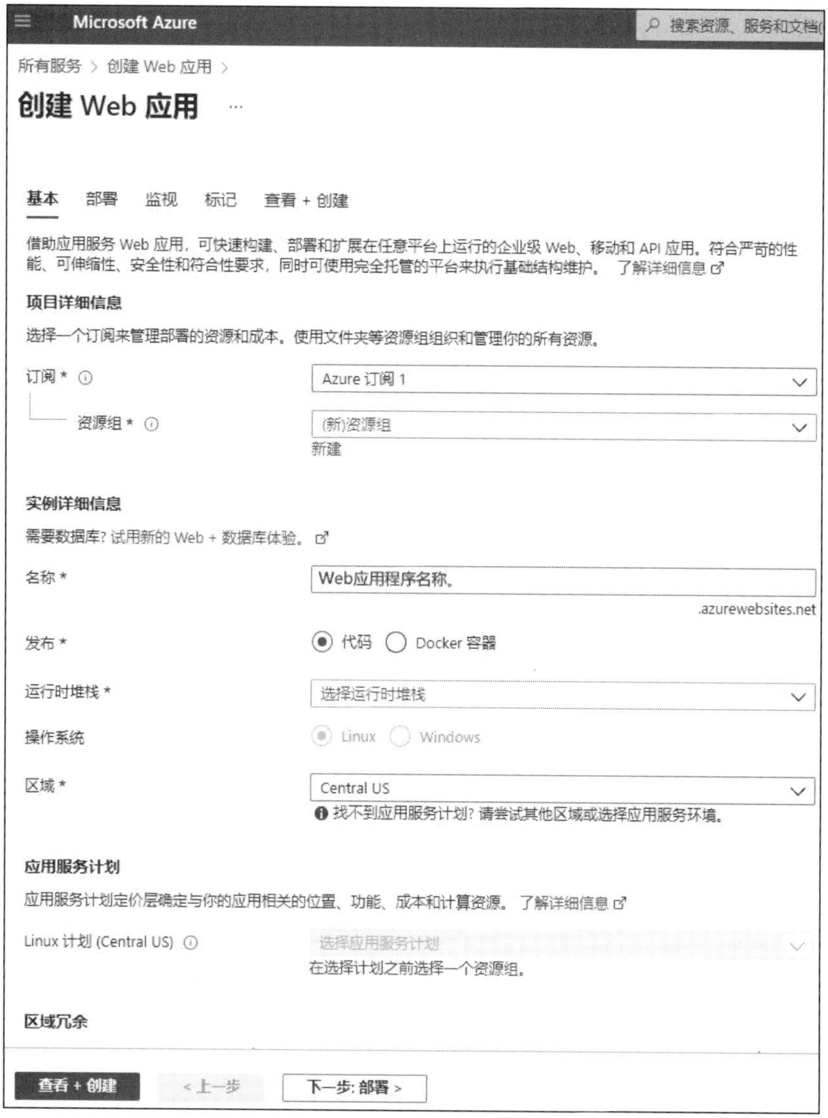

图 2.2　Microsoft Azure——创建 Web 应用程序

项目详细信息包括以下内容。

- 订阅：填入支付费用的订阅账户。
- 资源组：定义了用以组织策略和权限的资源集合。你可以指定新的资源组名称，或者将新建的 Web 应用程序添加到其他已定义的资源组中。

另外，实例详细信息包括以下内容。

- 名称：Web 应用程序名称是解决方案创建之后采用的 URL。系统会检查名称是否可以使用。

- 发布：指定 Web 应用程序的发布方式，是直接交付还是使用 Docker 技术来发布内容。我们会在第 5 章对 Docker 进行更详细的讨论。如果选择了代码发布，则需要配置接下来的运行时堆栈。
- 运行时堆栈：编写本章时，可供选择的运行时堆栈有.NET Core、ASP.NET、Java 11、Java 8、Node、PHP、Python 和 Ruby。
- 操作系统：定义托管 Web 应用程序的操作系统类型。ASP.NET Core 项目可以使用 Windows 和 Linux。
- 区域：Azure 在世界各地拥有许多不同的数据中心，可以选择要将应用部署到具体哪个区域。
- 应用服务计划：定义用于管理 Web 应用程序和服务器的硬件计划。此处的选择决定了应用的可扩展性、性能和成本。

创建完 Web 应用程序后，可以对它在两种不同概念上进行扩展：纵向扩展和横向扩展。这两者都可以在 Web 应用程序中设置，如图 2.3 所示。

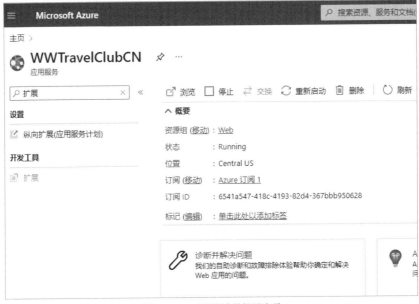

图2.3　Web 应用程序的扩展选项

我们来看看这两种类型的扩展。

1. 纵向扩展

纵向扩展是指更改托管应用的硬件规格。Azure 允许先使用免费、共享的硬件资源，需要扩展时只需要几次单击就可以把应用程序迁移到更强大的服务器上。纵向扩展 Web 应用程序的界面如图 2.4 所示。

通过选择需要的选项，可以选用性能更佳的硬件(包含更多 CPU、存储和内存的服务器)。可以对应用及应用服务计划进行监控，以决定使用哪种基础设施来运行解决方案。它还会提供一些关键的建议，例如 CPU、内存和 I/O 瓶颈。

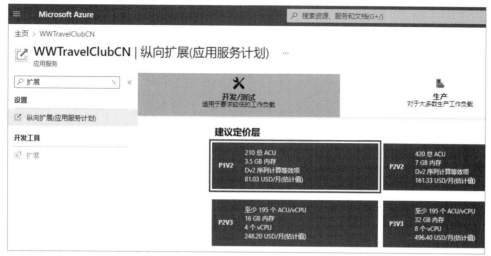

图 2.4　纵向扩展 Web 应用程序的界面

2. 横向扩展

横向扩展是指将所有请求拆分到更多具有相同容量的服务器上,而不是使用更强大的服务器。Azure 的基础设施能够自动均衡服务器间的负载。如果系统的整体负载在未来可能会发生显著变化,则建议使用横向扩展,因为横向扩展可以自动调整以适应当前负载。在图 2.5 中,显示了由两条简单规则定义的、由 CPU 使用率触发的横向扩展策略。

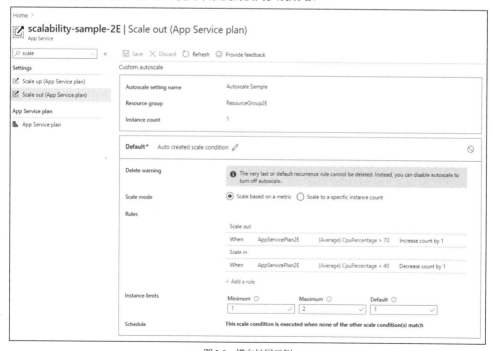

图 2.5　横向扩展示例

值得强调的是，既可以选择设置固定的实例数量，也可以选择利用规则进行自动横向扩展。

本书不打算全面介绍自动扩展方面的所有可用规则。因为这些规则是一目了然的，有兴趣的读者可以参阅本章"扩展阅读"中关于它们的完整文档的链接。

 横向扩展功能仅在付费的服务计划中可用[1]。

通常，在同时有大量用户访问时，横向扩展是保证系统可用性的一种办法。当然，它不会是唯一能保证系统可用性的办法，但肯定能有所帮助。

2.2.2 使用.NET 5 创建可扩展的 Web 应用程序

在所有可用于实现 Web 应用程序的框架中，ASP.NET Core 5 在降低开发和维护成本的同时还能保证良好的性能。C#是一种强类型和高级通用语言，它与持续改进性能的.NET 5 框架相结合，成为近年来最适合用于企业开发的选项之一。

以下步骤将指导你创建基于 ASP.NET Core 5 的 Web 应用程序。所有的步骤都很简单，只是有些细节需要注意。

值得一提的是，你能够使用.NET 5 开发各种平台的应用——桌面(WPF、Windows Forms 和 UWP)、Web(ASP.NET)、云(Azure)、移动端(Xamarin)、游戏(Unity)、物联网(ARM32 和 ARM64)和人工智能(ML.NET 和.NET for Apache Spark)。所以从现在起，建议只使用.NET 5 来开发应用程序。这样，你就可以在 Windows 或更便宜的 Linux 服务器上运行 Web 应用程序。

现在只有当.NET Core 不能提供你所需要的功能，或者你需要将应用部署到一个不支持.NET Core 的环境中时，Microsoft 才会推荐使用传统的.NET。其他情况下，应该选择.NET Core，因为与传统的.NET 相比，它支持以下操作：

- 在 Windows、Linux、macOS 或 Docker 容器中运行 Web 应用程序。
- 使用微服务架构来设计解决方案。
- 拥有高性能和可扩展的系统。

我们将在第 5 章对容器和微服务进行详细介绍。你将在那里更好地了解这些技术的优势。可以说.NET 5 和微服务是为系统性能和可扩展性而设计的，这也是在新项目中选择使用.NET 5 的原因。

使用.NET 5 在 Visual Studio 2019 中创建 ASP.NET Core Web 应用程序的过程如下：

- 启动 VS 2019 后，可以单击"创建新项目"。
- 选择 ASP.NET Core Web 应用程序，单击"下一步"按钮，打开图 2.6 所示的界面，输入项目名称、位置和解决方案名称，再单击"下一步"按钮。
- 选择.NET 的版本。这里我们选择 ASP.NET Core 5.0，以使用最先进的全新平台。
- 现在已经添加完基本信息，可以将 Web 应用程序项目连接到 Azure 账户，然后发布它。

---

1 译者注：这也是译者无法截取对应 Azure 中文版界面的原因。

图 2.6　创建 ASP.NET Core Web 应用程序

- 在解决方案资源管理器中选择刚刚创建的项目，右击，从快捷菜单中选择"发布"，如
  图 2.7 所示。

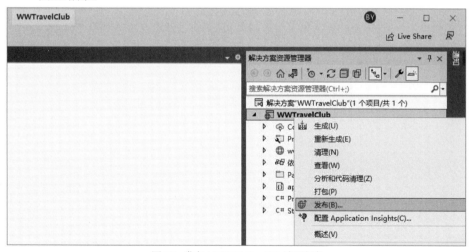

图 2.7　发布 ASP.NET Core Web 应用程序

- 此时有不同的目标平台可供你发布 Web 应用程序。这里选择 Azure。
- 选择"特定目标"。这里选择 Azure 应用服务 (Windows)。
- 此时可能会弹出 Azure 登录框，登录之后可以看到能使用的 Azure 应用服务资源，如
  图 2.8 所示。

图 2.8　能使用的 Azure 应用服务资源

- 完成以上发布设置(即配置文件)后，可以单击图 2.9 所示界面中的"发布"按钮来发布 Web 应用程序。另外要注意的是，只有 F1 层是免费的，其他层次的 Azure 服务是收费的。

图 2.9　发布配置文件的选项

　　需要注意的是，图 2.9 中的"部署模式"目前有两种：一种是框架依赖模式，需要 Web 应用程序基于目标框架进行配置；另一种是独立模式，不需要基于目标框架进行配置，因为会把目标框架的二进制文件与应用一起发布。

有关将 ASP.NET Core 5.0 部署到 Azure 应用服务的更多信息，请参阅参考网站 2.1。

本节描述了部署 Web 应用程序最简单的方法。第 20 章和第 21 章将介绍 Azure DevOps 持续集成/持续交付(CI/CD)管道。该管道能够自动执行将应用程序投入生产所需的所有步骤，即构建、测试、预发布环境部署和生产环境部署。

2.3　C#编程时需要考虑的性能问题

如今，C#是全球最常用的编程语言之一。掌握有关 C#编程的技巧，是设计出满足最常见非功能性需求的良好软件架构的基础。

本节将介绍一些简单但有效的技巧。

2.3.1　字符串串联

字符串串联是一个经典的问题[1]！简单地使用"+"字符串操作符进行字符串串联，可能会导致严重的性能问题。因为每次串联两个字符串时，它们的内容会被复制到一个新字符串中。

假设串联 10 个平均长度为 100 的字符串。第一个串联操作带来 200 单位空间的成本，第二个串联操作的成本为 200+100=300，第三个串联操作的成本为 300+100=400，以此类推。总体成本会按照 $m×n^2$ 的形式增长，其中 n 是字符串的数量，m 是它们的平均长度。n^2 在 n 比较小(例如 $n<10$)时并不会太大，但当 n 逐渐增大到 100~1000 的数量级时，n^2 会变得比较大，而 n 达到 10 000~100 000 的数量级时就会带来严重的性能问题了。

可通过一些测试代码将简单的串联与通过 StringBuilder 类来实现同样操作进行比较，如图2.10所示。

```
Hello Readers!
Here you have some samples regarding to performance issues.
Please select the option you want to check:
0 - Bye bye!
1 - String Concatenation
This is a classic one! But you should remember about this, anyway!
Start running method: ExecuteStringConcatenationWithNoComponent
Concatenating 100000 strings....
The method ExecuteStringConcatenationWithNoComponent took 22,8933254 second(s).
Start running method: ExecuteStringConcatenationWithStringBuilder
Concatenating 100000 strings....
The method ExecuteStringConcatenationWithStringBuilder took 0,0181133 second(s).
The results are the same! You can compare the numbers.
Press any key to continue...
```

图2.10　串联测试代码的结果

如果使用像 var sb = new System.Text.StringBuilder()的语句来创建 StringBuilder 类，然后使用 sb.Append(currString)添加每个字符串，就不会复制字符串，而只是操作指针。当调用 sb.ToString() 语句获得最终结果时，它们的内容只会在最终字符串中复制一次。因此，基于 StringBuilder 进行

---

1 译者注：这个问题已经在 C#社区流传 20 年了！

串联的成本会简单地按照 $m \times n$ 的级别进行增长。

当然，你可能永远也不会见到一个软件会有像前面那样直接串联 100 000 个字符串的代码，但是，你需要识别出直接串联 20~100 个字符串的类似代码。在需要同时处理多个请求的 Web 服务器中，这样的代码可能会导致一些性能瓶颈，从而不能满足性能等非功能性需求。

2.3.2 异常

请永远记住，异常比正常代码流的运行速度要慢得多！因此，对 try-catch 的使用需要做到简明扼要，否则会带来很大的性能问题。

我们将基于下面两段分别使用 try-catch 和 Int32.TryParse 来检查一个字符串是否可以转换为整数的示例代码来做性能比较：

```
private static string ParseIntWithTryParse()
{
    string result = string.Empty;
    if (int.TryParse(result, out var value))
        result = value.ToString();
    else
        result = "There is no int value";
    return $"Final result: {result}";
}

private static string ParseIntWithException()
{
    string result = string.Empty;
    try
    {
        result = Convert.ToInt32(result).ToString();
    }
    catch (Exception)
    {
        result = "There is no int value";
    }
    return $"Final result: {result}";
}
```

第二个函数看起来并不危险，但第一个函数比它快了几千倍，如图 2.11 所示。

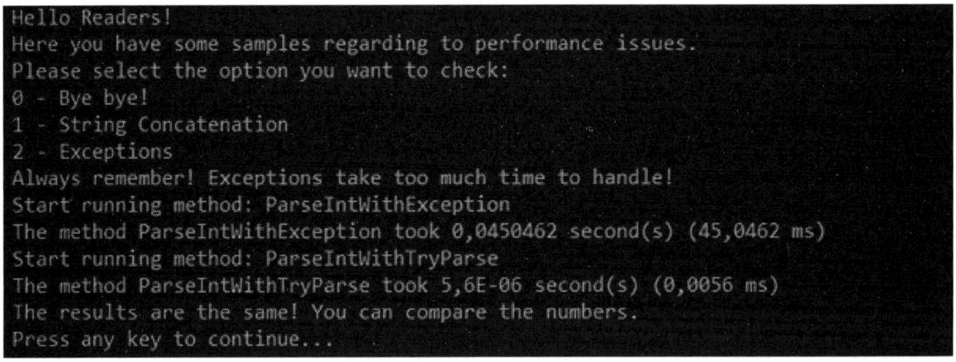

图 2.11 异常测试代码的结果

　　总之，异常应当只用于处理破坏了正常控制流的异常情况。例如，由于某些意外原因必须中止操作，并且必须将控制权返回给调用堆栈中更上几层的情况。

2.3.3　多线程

　　为了充分利用所有硬件资源，应当使用多线程。这样，当一个线程正在等待操作完成时，应用程序可以将 CPU 留给其他线程，而不是浪费 CPU 等待的时间。

　　虽然 Microsoft 已经努力提供各种帮助，但是要写好并行代码依然不是一件简单的事情：它容易出错，且难以测试和调试。作为软件架构师，当你开始考虑使用线程时，要记住的最重要的一点是，了解系统是否需要多线程。从系统的非功能性需求和部分功能性需求角度思考，就能够想到这个问题的答案。

　　确定系统需要使用多线程之后，还需要决定哪种技术更为合适。下面是几种可用的选择。

　　(1) 创建 System.Threading.Thread 实例，这是在 C#中创建线程的经典方式。在这种方式中，整个线程的生命周期都需要你来掌控。因此这种方式在确定自己要做什么时是可以采用的，但需要考虑好每一个实现细节。同时这种方式的代码很难构思，并且难以调试、测试和维护。因此，为了让开发成本保持在可接受的范围内，这种方式应该仅限用于一些基础的、性能关键的模块。

　　(2) 使用 System.Threading.Tasks.Parallel 类进行编程：从.NET Framework 4.0 开始，可以通过使用并行类以更简单的方式启用线程。它的好处是不需要担心所创建线程的生命周期，但随之也只给予较少的对每个线程内部所发生事情的控制权。

　　(3) 使用异步编程进行开发：这无疑是最简单的开发多线程应用程序的方法，因为编译器负责完成绝大部分工作。根据调用异步方法的方式，创建的任务能够与调用它的线程并行运行，还能够让这个调用线程在不需要挂起的状态下等待其创建的任务运行结束。异步编程既模仿了传统同步代码的行为，同时也保持了常规并行编程的大部分性能优势。

- 代码整体行为有确定性，代码运行完成不取决于每个任务花费的时间，因此更难发生不可重现的错误。另外，这样的代码易于测试、调试和维护。这种方式唯一需要程序员决策的，是否要将方法定义为异步任务，剩余其他一切都由运行时自动处理。唯一需要关心的是，哪些方法应该具有异步行为。值得一提的是，将方法定义为异步并不意味着它将在单独的线程上执行。可以登录参考网站 2.2 查看更多相关信息。
- 本书后面的章节还会提供一些异步编程的简单示例。有关异步编程及其相关模式的更多信息，请查阅 Microsoft 网站中基于任务的异步模式的文档(见参考网站 2.3)。

作为软件架构师，无论采用以上哪种方式实现多线程，都应当注意如下事项。

- 务必使用并发集合(System.Collections.Concurrent)：只要开始编写多线程应用程序，就应当使用这些集合，这样做的原因是程序可能会在不同线程中管理同一个列表、字典等。要想开发出线程安全的程序，使用并发集合是最方便的选择。
- 务必注意静态变量：不能完全禁止在多线程开发中使用静态变量，但必须特别注意它们。再次强调，在多个线程中处理同一个变量会导致很多麻烦。如果使用[ThreadStatic]属性修饰静态变量，每个线程将看到该变量的不同副本，从而解决多个线程使用同一个变量值的问题。然而，ThreadStatic 变量不能用于线程外通信，因为在一个线程中读不到另一个线程在该变量中写入的值。在异步编程中，可用 AsyncLocal 替代 ThreadStatic。

- 务必在实现多线程之后测试系统性能：多线程使你能够充分利用硬件，但某些情况下，糟糕的多线程代码可能只是在浪费 CPU 时间，而什么都没有改进！极端情况下，还可能导致几乎 100%的 CPU 使用率，从而带来不可接受的系统降速。某些情况下，可通过在某些线程的主循环中添加一个简单的 Thread.Sleep(1)调用来缓解或解决问题，以防止它们浪费过多的 CPU 时间，但需要对此进行测试以确认没有问题产生。关于这种实现的一个例子是，在 Windows 后台服务中运行许多线程。
- 不要认为多线程很容易：多线程并不像在某些语法实现中那样看起来很简单。在编写多线程应用程序时，应当考虑诸如用户界面同步、线程终止和协调之类的事情。很多时候，程序会因为多线程的错误实现而导致停止正常工作。
- 不要忘记规划系统中应该拥有的线程数：这一点对于 32 位程序尤其重要。在任何环境中，系统可以拥有的线程数量是有限的。在设计系统时，应该考虑到这一点。
- 不要忘记结束线程：如果没有为每个线程设置正确的终止程序，将可能遇到内存和句柄泄漏的问题。

2.4 易用性——插入数据为什么会耗费太长时间

可扩展性、性能方面的技巧，以及多线程编程，是优化机器性能的主要工具。但是，所设计的系统的有效性实际上取决于整个流程管道的整体性能，而流程管道中包括人和机器。

作为软件架构师，当然不能提高人的性能，但可以通过设计高效的用户界面(UI)来提高人机交互的性能，即确保用户界面能与人进行快速交互，包括以下几点。

- UI 必须易于学习，以便在目标用户能够熟练操作之前，尽量缩短其所需的学习时间和浪费的时间。对于 UI 更改频繁且需要吸引尽可能多用户的公共网站，这点是最基本的。
- UI 不应该减慢输入数据的速度。输入数据的速度必须仅受限于用户的打字能力，而不应受系统延迟或其他可以避免的额外手势、动作的限制。

值得一提的是，市场上有擅长用户体验设计(UX)的专家。作为软件架构师，你应当判断为了项目的成功，在什么情况下必须引入他们。以下是一些在设计易于学习的用户界面时可以用到的技巧。

- 每个输入界面都应该能够清楚地说明其目的。
- 使用用户的语言，而不是开发者的语言。
- 避免复杂化。设计 UI 时应针对普遍情况进行考虑。而对于更复杂的情况，可以使用仅在需要时出现的额外输入来处理，从而将复杂界面拆分为更多的输入步骤。
- 通过前面的输入来了解用户意图，并通过消息提醒和 UI 自动变化等方式，让用户处于正确的路径，例如级联下拉菜单。
- 错误提示时，不应该只是由系统告诉用户一个坏消息，而应当向用户解释正确的输入是什么。

快捷的用户界面来自遵循以下三个要求的有效解决方案。

- 输入字段必须按照通常填写的顺序放置，并且应该可以使用 Tab 或 Enter 键移到下一个输入。此外，经常保持空白的字段应放置在表单的底部。简单地说，要尽量减少填写表格时对鼠标的使用，这样能够将用户亲手完成的操作的数量保持在最低限度。在 Web 应用程序中，一旦确定输入字段的最佳布局，可以添加 tabindex 属性，从而让用户只需要使用 Tab 键就可以正确地从一个输入字段移到下一个输入字段。

● 系统对于用户输入的回应必须尽可能快。用户离开输入字段焦点时，应该立即出现错误消息(或信息)。要实现这一点，最简单的方法是将大部分帮助和输入验证逻辑移到客户端，这样系统不需要通过网络与服务器交互就可以立即做出回应。

● 高效的选择逻辑。应当尽可能简单、方便地选择一个现有的条目。例如，可以仅通过几个操作，就能够在数千种产品中选出其中一种，而不需要提前记住确切的产品名称或其条形码。下一小节分析了可以用来降低复杂性以实现快速选择的技术。

第 16 章将讨论 Microsoft 的 Blazor 技术，了解该技术如何帮助我们应对在前端使用 C#代码构建基于 Web 的应用程序的挑战。

2.4.1 如何设计快速选择

当可选择条目在 1～50 的数量级时，使用普通的下拉菜单就足够了，例如，图 2.12 所示的货币选择下拉菜单就是一个简单的下拉菜单。

当选择条目的数量级更高一些但在一两千以内时，可以通过自动补全的方式显示以用户输入的字符开头的所有条目，如图 2.13 所示。

图 2.12　简单的下拉菜单　　　　图 2.13　复杂的下拉菜单

这类解决方案的计算成本并不高，因为所有主流数据库都可以高效地选择以给定子字符串开头的字符串。

在非常复杂的情况下，搜索用户输入的字符时，应扩展到从每个条目字符串中间进行匹配。这时，使用普通的数据库将无法高效执行此操作，可能会需要临时的数据结构。

最后，在由多个词组成的描述中进行搜索时，所需的搜索模式则更为复杂。例如，产品描述就是这种情况。如果选用的数据库支持全文检索，则系统还可以高效地查询在所有描述中出现用户输入的多个词的次数。

但是，当描述是由名称而不是由常用词组成时，用户可能很难记住目标描述中包含的几个确切的名称。例如，在跨国公司的名称中就会出现这种情况。在这些情况下，需要有能根据用户输入的字符找到最佳匹配结果的算法，必须能在每个描述的不同位置搜索用户输入的字符串的子串。通常，这类算法不能基于索引的数据库高效地实现，而是需要将所有描述加载到内存中，并根据用户输入的字符串以某种方式进行排序。

这类算法中最著名的可能是 Levenshtein 算法，大多数拼写检查器都使用它来查找最匹配用户输入的单词。该算法最小化了描述与用户输入的字符串之间的 Levenshtein 距离，也就是将一个字符串转换为另一个字符串所需的最少字符删除和添加次数。

Levenshtein 算法具有很好的效果，但其计算成本非常高。这里给出一种更快的适用于搜索描述中出现的字符的算法。用户输入的字符不需要在描述中连续出现，但必须以相同的顺序出现，一些字符可能会丢失。对于每个描述，计算出一个由丢失的字符数以及用户每次输入的字符之间的位置相差多少来决定的惩罚值。更具体而言，该算法通过以下两个数字对每个描述进行排序。

- 描述中有序出现的用户输入字符的数量：描述中包含的字符越多，其排名越高。
- 每个描述都被给予一个惩罚值：用户输入字符的出现位置之间的总距离。

图 2.14 中显示了如何通过用户输入的字符串 ilad，对 Ireland 一词进行排名。

图 2.14　Levenshtein 算法使用示例

字符出现数量为 4，而字符出现位置之间的总距离为 3。

对所有描述进行评分后，先根据出现次数对它们进行排序。对于出现次数相同的描述，按照惩罚值进行排序，惩罚值最低的排在最前。实现上述算法后的自动补全界面如图 2.15 所示。

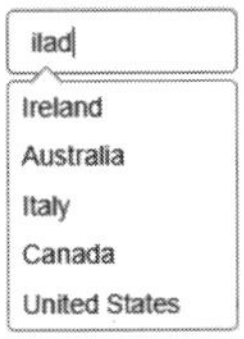

图 2.15　Levenshtein 算法用户界面体验

完整的代码(包括测试控制台项目)可以在本书的 GitHub 存储库中找到。

2.4.2　从大量的条目中进行选择

这里的"大量"不是指存储数据所需的空间量，而是指用户记住每个条目的特征的难度。当需要从 10 000～100 000 个条目中选择一个条目时，通过搜索描述中出现的字符来找到它的希望不大，此时应当通过类别层次结构引导用户找到正确的条目。

在这种情况下，用户需要用多个手部动作来执行单个选择。也就是说，每个选择都需要通过与多个输入字段进行交互来得到。当判断出不能用单个输入字段完成选择时，最简单的做法是使用级联下拉菜单，即一连串下拉菜单，这些菜单的选择列表是由在前一下拉菜单中选择的值所决定的。

例如，如果用户需要选择位于世界任何地方的城市，可以使用第一个下拉菜单选择国家/地区，选择国家/地区后，使用所选国家/地区的所有城市来填充第二个下拉菜单。一个简单的示例如图 2.16 所示。

显然，由于选项的数量非常多，每个下拉菜单的内容可以在需要时通过自动填充进行替换。

如果正确选择需要通过交叉几个不同的层次结构来得出，那么使用级联下拉菜单也不够高效。这种情况下，可使用筛选表单，如图 2.17 所示。

图 2.16 级联下拉菜单示例 图 2.17 筛选表单示例

接下来介绍.NET Core 的互操作性。

2.5 .NET Core 的互操作性

通过使用.NET Core，Windows 开发者能够将他们的软件交付到各种平台。作为软件架构师，需要注意到这一点。对于 C#爱好者来说，Linux 和 macOS 不再是问题。反之，它们会成为将服务提供给新用户的绝佳机会。因此，需要确保系统的性能和多平台支持，这是很多系统中常见的两个非功能性需求。

使用.NET Core 设计的 Windows 控制台应用程序和 Web 应用程序也都能几乎完全兼容 Linux 和 macOS，这意味着不需要重新构建应用程序，就可以在这些平台上运行它。此外，现在一些 Windows 平台专有的行为也开始支持多平台，例如 System.IO.Ports.SerialPort 类从.NET Core 3.0 开始就提供对 Linux 的支持。

Microsoft 提供了一些在 Linux 和 macOS 上安装.NET Core 的脚本，可以登录参考网站 2.4 找到它们。在 Linux 和 macOS 上安装 SDK 后，可以直接调用 dotnet，就像在 Windows 上一样。

然而，你必须注意到，有一些功能与 Linux 和 macOS 系统是不完全兼容的。例如，这些操作系统没有与 Windows 注册表等效的功能，因此需要开发替代方案。如果需要的话，使用加密的 JSON 配置文件可能是不错的选择。

另一个需要注意的事项是 Linux 区分大小写，而 Windows 不区分大小写。请在处理文件时记住这一点。另外，Linux 的路径分隔符与 Windows 不同，可以使用 Path.PathSeparator 字段或者 Path 类的其他成员，以保证代码可以在多个平台上正确运行。

此外，通过使用.NET Core 提供的运行时检查，代码可以针对具体底层操作系统做相应的处理，如以下的示例代码：

```
using System;
using System.Runtime.InteropServices;

namespace CheckOS
{
```

```
    class Program
    {
        static void Main()
        {
            if (RuntimeInformation.IsOSPlatform(OSPlatform.Windows))
                Console.WriteLine("Here you have Windows World!");
            else if(RuntimeInformation.IsOSPlatform(OSPlatform.Linux))
                Console.WriteLine("Here you have Linux World!");
            else if (RuntimeInformation.IsOSPlatform(OSPlatform.OSX))
                Console.WriteLine("Here you have macOS World!");
        }
    }
}
```

在 Linux 中创建服务

下文提到的脚本可用于在 Linux 中封装.NET Core 命令行应用程序。这样做是为了使这个服务可以像 Windows 服务一样工作。考虑到大多数 Linux 安装都是在不需要用户登录的情况下用命令行执行的,这种做法会很有用。

首选创建一个文件,用于运行命令行应用程序。应用程序名为 app.dll,安装在 appfolder 中。服务将每 5000 毫秒对应用程序进行一次检查。该服务是在 CentOS 7 系统上创建的。可以在 Linux 终端上输入以下内容:

```
cat >sample.service<<EOF
[Unit]
Description=Your Linux Service
After=network.target
[Service]
ExecStart=/usr/bin/dotnet $(pwd)/appfolder/app.dll 5000
Restart=on-failure
[Install]
WantedBy=multi-user.target
EOF
```

文件创建完成后,需要将其复制到一个系统位置中。之后,必须重新加载系统并启用该服务,以便系统重启时这个服务会自动重启:

```
sudo cp sample.service /lib/systemd/system
sudosystemctl daemon-reload
sudosystemctl enable sample
```

完成了!现在,可以使用以下命令来启动、停止和检查服务。所需的命令行输入如下:

```
# Start the service
sudosystemctl start sample

# View service status
sudosystemctl status sample

# Stop the service
sudosystemctl stop sample
```

现在我们已经了解了一些概念,下面将在案例中再学习如何实现它们。

2.6　在设计层面实现安全性

在本书中，至此已经可以看到，我们所拥有的开发软件的技术和选择是非常多的。如果将下一章介绍的云计算相关信息也添加进来，则选择会更多，但是维护所有这些计算环境的复杂性也会增加。

作为软件架构师，你应当明白这些选择伴随着许多责任。在过去几年，世界发生了很大变化。21 世纪的第二个十年需要大量的技术。应用程序、社交媒体、工业 4.0、大数据和人工智能不再是一个未来目标，而是当前你在日常工作中需要领导和处理的主要项目。

在这种背景下考虑安全性需要采用新的方法。世界各地已经开始对持有个人数据的企业进行监管。例如欧盟《一般数据保护法案》(GDPR)，不仅在欧盟范围内是强制性的，同时改变了全球范围内软件开发的方式。必须将许多与 GDPR 类似的措施纳入技术和规范中，因为我们设计的软件将受到它们的影响。

对于安全性的设计，是设计新应用程序必须考虑的重点领域之一。这个主题很大，本书不会完全涵盖，但作为软件架构师，必须明白团队中拥有信息安全领域专家的必要性，以保证系统具备所需的安全策略和实践落地，从而避免网络攻击，维护所设计的服务的保密性、隐私性、完整性、真实性和可用性。

值得一提的是，在保护 ASP.NET Core 应用方面，框架本身有许多功能可以帮助我们解决这个问题。例如，它包括了身份验证和鉴权的模式。可以在 OWASP 备忘单系列中查看其他.NET 相关的安全实践。

 Open Web Application Security Project® (OWASP)是一个致力于提高软件安全性的非营利基金会，可登录参考网站 2.5 查看相关信息。

ASP.NET 还提供了一些功能来帮助我们满足 GDPR。大体上，它提供了 API 和模板来指导实现策略声明和 cookie 使用许可。

安全性实践列表

以下是与安全性相关的一些实践。当然，以下实践无法涵盖整个安全性主题，但作为软件架构师，这些实践会帮助你探索与该主题相关的一些解决方案。

1. 身份验证

作为软件架构师，需要为 Web 应用程序定义身份验证方法。如今，有许多身份验证的方法可供选择，从 ASP.NET Core Identity，到由外部(如 Facebook 或 Google)提供身份验证的方法。作为软件架构师，应当搞清楚应用程序的目标受众是谁。继续往下看你会发现，一开始就使用 Azure Active Directory(AD)是一件值得考虑的事情。

你可能会发现在设计身份验证功能时，与 Azure AD 进行关联会很方便。Azure AD 是一个可用于管理你所在公司的活动目录的组件。在一些场景下，特别是对于内部使用的场景而言，这种替代方案非常好用。Azure 目前提供了可用于 B2B(企业对企业)或 B2C(企业对消费者)的活动目录。

根据所构建解决方案的场景，有时会需要实现 MFA (Multi Factor Authentication)，即多重身份验证功能。这个功能要求用户提供至少两种形式的身份证明才能使用解决方案。值得一提的是，

Azure AD 能够为此提供便利。

不要忘记为 API 确定一种身份验证的方法。JSON Web Token 是一种非常好的模式,它可以跨平台使用。

还需要确定在 Web 应用程序中使用哪种授权模型,有以下 4 种类型可供选择。

(1) 简单。只需要在类或方法中使用[Authorize]属性。

(2) 基于角色。可以在控制器中声明角色,以向对应角色提供控制器的访问权限。

(3) 基于声明。可以在声明中定义身份验证期间需要接收的值,以指示用户已获得授权。

(4) 基于策略。可以在控制器中创建一个策略,用于来定义对该控制器的访问。

还可以通过在类或方法中使用属性[AllowAnonymous],以将其定义为任何用户都可以完全访问,但请确认这种实现方式不会在系统中引起任何漏洞。

最后,所选用的模型必须对每个用户能够在应用程序中执行的操作进行精确定义。

2. 敏感数据

作为软件架构师,在进行设计时,应当判断所存储的数据中哪一部分是敏感的,且有必要对这些数据进行保护。连接到 Azure 后,Web 应用程序可以在 Azure 存储和 Azure Key Vault 这些组件中存储那些受保护的数据。我们将会在第 9 章对 Azure 中的存储进行更多讨论。

值得一提的是,Azure Key Vault 可用于保护应用程序中的密码。当有这类需求时,可以考虑这个解决方案。

3. 网络安全

将未启用 HTTPS 协议的解决方案部署到生产环境,这点是不可接受的。Azure Web 应用程序和 ASP.NET Core 解决方案提供了多种可能性,使应用程序不仅可以使用而且强制使用 HTTPS 这个安全协议。

当今网络世界存在许多已知的攻击和恶意行为的模式,例如跨站点请求伪造、开放重定向和跨站点脚本攻击。ASP.NET Core 可以提供 API 并保障这些问题得到解决。你需要辨别出其中哪些对你的解决方案是有用的。

类似通过使用参数进行 SQL 查询以避免 SQL 注入这样的良好编程实践,是另一种需要实现的重要目标。

最后,值得一提的是,安全性需要像剥洋葱一样一层一层地处理,也就是说要实现多层的安全性。应当确认一项保证数据访问过程安全性的策略,其中包括对系统使用人员的物理访问权限的控制。此外,还必须开发一套灾难恢复解决方案,以防止系统因受到攻击而瘫痪。灾难恢复解决方案可以基于云解决方案来实现。我们将在第 4 章讨论这一点。

2.7 用例——了解.NET Core 项目的主要类型

本书 WWTravelClub 案例会基于各种类型的.NET Core Visual Studio 项目进行开发。本节将对它们进行简单介绍。首先在 Visual Studio 的"文件"菜单中选择"新建项目"。

可以通过在搜索框中输入关键字来筛选出.NET Core 的项目类型,如图 2.18 所示。

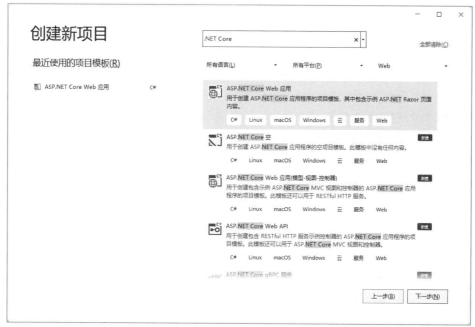

图 2.18　在 Visual Studio 中搜索.NET Core 项目类型

现在可以找到常见的 C#项目(控制台、类库、Windows 窗体、WPF)和各种测试项目类型，测试项目类型可以基于不同的测试框架：xUnit、NUnit 和 MSTest。至于如何在这些测试框架中进行选择，更多地取决于个人偏好，因为它们都提供了类似的功能。为解决方案中的每个软件添加测试项目是一种常见的实践方式，因为有了测试项目，就可以经常对软件进行修改，而不用太担心其可靠性会被破坏。

你或许还想定义.NET Standard 框架下的类库项目，我们将在第 13 章对它进行讨论。类库项目能够兼容多少个.NET 版本取决于所基于的标准。例如，基于 Standard 2.0 的库能够兼容所有大于等于 2.0 的.NET Core 版本，以及所有大于 4.6 的.NET Framework 版本。为了获得这种兼容性优势，相应的代价是.NET Standard 拥有较少的可用功能。

此外，将项目类型筛选器的值设置为云，还能看到其他一些项目类型。这里的一些项目类型可以定义微服务。基于微服务的架构允许将应用程序拆分为多个独立的微服务。我们可以为同一个微服务创建多个实例，并将其分布在多台机器上，由此就可以为应用程序的每个部分进行独立的性能调优。微服务将会在第 5～7 章进行描述。

我们还会在第 18 章和第 22 章对测试项目类型进行详细讨论。最后，对于 ASP.NET Core Web 应用程序项目类型，在 2.2.2 小节中已经对它进行了描述。在那里，我们定义了一个 ASP.NET Core Web 应用程序。另外，Visual Studio 还包含基于 RESTful API 的项目模板，以及最重要的单页应用程序框架(SPA)项目模板。单页应用程序框架有 Angular、React、Vue.js 和基于 WebAssembly 的 Blazor 等。我们将在第 16 章对 Blazor 进行讨论，其中部分 SPA 项目模板在标准的 Visual Studio 安装版本中即可使用，而有些则需要安装对应的 SPA 包。

2.8　本章小结

对系统性能、可扩展性、可用性、可恢复性、互操作性、易用性和安全性等进行限制的非功能需求描述必须与系统行为的功能性需求一起完成。

性能需求体现为对响应时间和系统负载的要求。作为软件架构师,应该确保以最低的成本获得所需的性能,构建高效的算法并通过多线程对可用硬件资源进行充分利用。

可扩展性是系统适应不断增加的负载的能力。系统可以通过提供更强大的硬件来实现纵向扩展,或者通过复制相同的硬件并平衡负载以提高可用性来实现横向扩展。云,或者具体地说,Azure可以帮助我们动态实施扩展策略,而不需要停止应用程序。

互操作性,即允许软件在不同的目标机器和不同的操作系统(Windows、Linux、macOS、Android等)上运行的能力,可以通过像.NET Core 这样能在多个平台上运行的工具来确保。

易用性可以通过对输入字段的顺序布局、条目选择逻辑的高效性和系统上手的容易度等方面投入关注来确保。

此外,解决方案越复杂,就越需要有更好的可恢复性。可恢复性不是保证解决方案不会发生故障。相反,它是保证在解决方案各个部分发生故障时,已经定义了相应的处理操作。

作为软件架构师,应当从设计之初就考虑安全性。为满足所有现行规范,一个好的选择是,根据与安全相关的指南来制定正确的模式,同时使团队拥有一名安全专家。

在下一章中,我们将了解 Azure DevOps 工具如何帮助我们收集、定义和记录需求。

2.9　练习题

1. 对系统进行扩展有哪两种概念和方法?
2. 能否自动将 Web 应用程序从 Visual Studio 部署到 Azure?
3. 多线程的作用是什么?
4. 与其他多线程技术相比,异步模式主要有什么优势?
5. 为什么输入字段的顺序布局这么重要?
6. 为什么.NET Core 的 Path 类对于互操作性如此重要?
7. 与.NET Core 类库相比,.NET Standard 类库有什么优势?
8. 请列出各种类型的.NET Core Visual Studio 项目。

第3章

使用 Azure DevOps 记录需求

Azure DevOps 的前身是 Visual Studio Team Services,它提供了多种多样的、可以帮助开发者记录和组织他们的软件的功能。本章主要概述 Microsoft 提供的这个工具。

本章涵盖以下主题:

- 使用 Azure 账户创建 Azure DevOps 项目。
- 了解 Azure DevOps 提供的功能。
- 使用 Azure DevOps 组织和管理需求。
- 在 Azure DevOps 中展示本书案例。

本章的前两节总结了 Azure DevOps 提供的所有功能,而其余部分则特别关注用于记录需求和支持整个开发过程的工具。前两节介绍的大部分功能将在其他章节中进行更详细的分析。

3.1 技术性要求

学习本章之前,必须先拥有一个 Azure 账户,如果没有,可以按照第 1 章 "创建 Azure 账户" 小节的内容去创建一个免费的 Azure 账户。在 3.3.1 小节中,还需要使用 Visual Studio 2019 社区版(免费)或更高版本。

3.2 Azure DevOps 介绍

Azure DevOps 是 Microsoft 的一个软件即服务(SaaS)平台,它使你能够为客户提供持续的价值。通过 Azure DevOps,可以轻松地计划项目、安全地存储代码、测试代码、将解决方案发布到暂存环境,然后将解决方案发布到实际的生产基础设施。

Azure DevOps 是一个完整的框架,它为软件开发提供目前可用的生态系统。Azure DevOps 能够将软件开发中的所有步骤自动化,从而保证了现有解决方案的不断增强和改进,使其能够应对快速变化的市场需求。

可以从 Azure 门户进入 Azure DevOps。创建 Azure DevOps 账户的步骤非常简单[1]。

(1) 单击"创建资源",然后选择 DevOps Starter,如图 3.1 所示。

图 3.1　DevOps Starter 页面

(2) 通过图 3.2 所示创建项目向导可以从多个不同的平台中选择所需要的平台。这是 Azure DevOps 的最大优势之一,因为不仅可以选择 Microsoft 工具和产品,还可以从市场上提供的所有常见平台、工具和产品中进行选择。

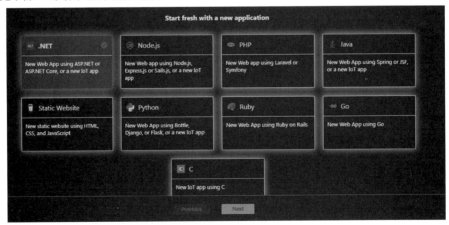

图 3.2　DevOps 创建项目向导(一)

(3) 选择了.NET 平台之后,会出现图 3.3 所示的界面。

---

1 译者注:其实还有一种简单很多的办法,读者直接访问相关网站(见参考网站 3.1)就可以免费使用 Azure DevOps 服务。

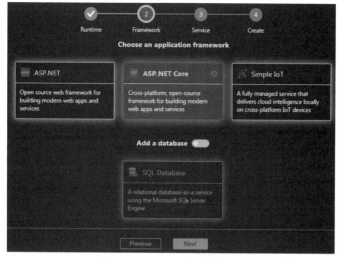

图 3.3　DevOps 创建项目向导(二)

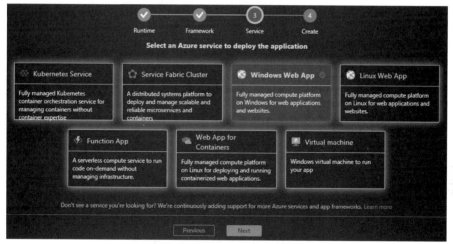

图 3.4　DevOps 创建项目向导(三)

(4) 完成以上步骤后，Azure DevOps 将根据这些信息创建项目门户。值得一提的是，如果没有 Azure DevOps 服务，此向导将创建该服务。此外，也会自动创建所需要的资源，例如如果选择了 Windows Web App，将会创建一个 Web 应用，如图 3.5 所示；如果选择虚拟机，将会创建一个虚拟机，如图 3.6 所示。

(5) 之后就可以开始计划你的项目了。Azure DevOps 项目创建完成后显示的页面如图 3.7 所示。在本书的其余部分，我们将多次回到此页面，介绍和描述各种有用的特性，以确保更快、更有效的部署。

从前面的介绍可以看出，创建 Azure DevOps 账户并开始配置同类最佳的 DevOps 工具的过程非常简单。值得一提的是，只要团队中的开发者不超过 5 名，就可以免费使用该服务，而且该服务对于利益相关者的数量是没有限制的。

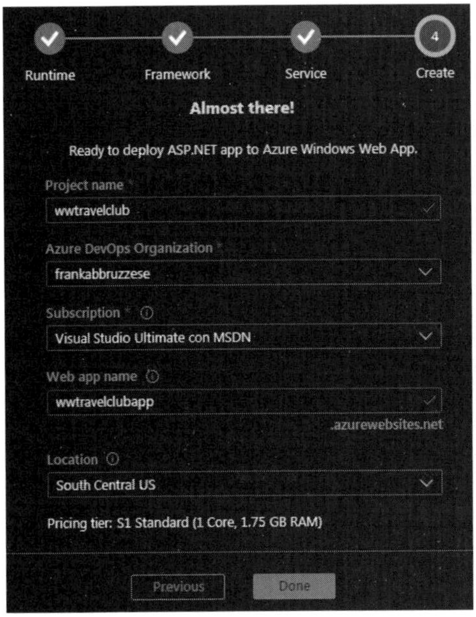

图 3.5　Azure DevOps Web 应用程序项目详细信息 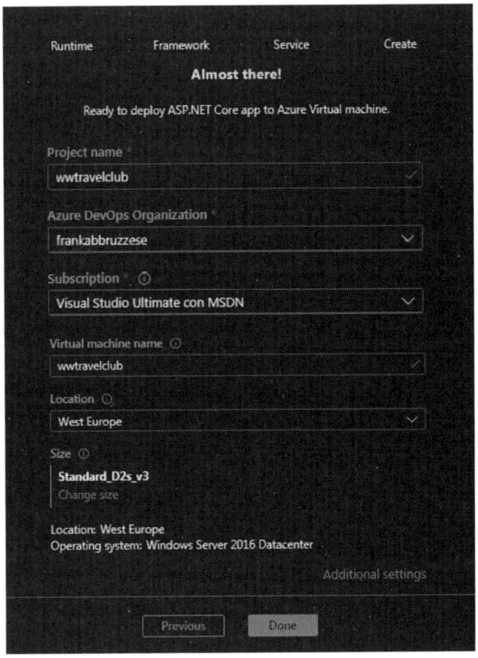　　　图 3.6　Azure DevOps 虚拟机项目详细信息

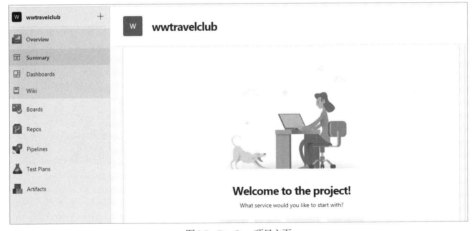

图 3.7　DevOps 项目主页

　　值得一提的是，虽然对利益相关者的数量没有限制，但是他们可用的功能非常有限。基本上，他们对看板和工作项只有只读权限，修改它们的可能性非常有限。更具体而言，他们可以向工作项添加新的工作项和现有的标记，并且可以提供反馈。关于构建和发布，他们可以只批准发布(在撰写本书时，已经有更多功能正在开发和预览中)。

3.3　使用 Azure DevOps 组织工作

我们将在第 20 章详细讨论 DevOps，目前需要将其理解为一种专注于为客户提供价值的理念。它是人员、过程和产品的联合体，其中持续集成和持续部署(CI/CD)方法用于对交付到生产环境的软件应用程序进行持续改进。Azure DevOps 是一个强大的工具，它的应用范围涵盖了应用程序初始开发和后续 CI/CD 过程中涉及的所有步骤。

Azure DevOps 包含用于收集需求和组织整个开发过程的工具，可以通过单击 Azure DevOps 项目页面上的 Boards 菜单(见图 3.8)来访问它们，接下来的两节将对此进行更详细的描述。

本节将简要介绍 Azure DevOps 提供的所有其他功能，然后在其他章节中详细讨论。更具体而言，我们将在第 18 章和第 21 章讨论 CI 和构建/测试管道，将在第 20 章讨论 DevOps 原则和发布管道。

图 3.8　Boards 菜单

3.3.1　Azure DevOps 存储库

通过 Repos 菜单(见图 3.9)可以访问存储库(默认使用 Git)，可以在存储库中放置项目的代码。

单击 Files 菜单，将进入默认存储库初始页。因为存储库目前还是空的，所以会显示一个包含有关如何连接到该存储库的说明。

可以通过页面顶部的下拉菜单中的 New repository 命令添加更多存储库，如图 3.10 所示。

图 3.9　Repos 菜单

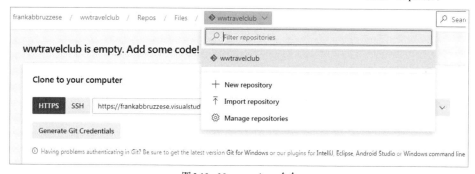

图 3.10　New repository 命令

所有存储库都可以通过这一下拉菜单访问。

每个存储库的初始页面都包含该存储库的地址和一个按钮，该按钮用于生成该存储库的访问凭据，从而让你使用自己喜爱的 Git 工具连接到该存储库。此外，也可以采用非常简单的方式从 Visual Studio 内部连接该存储库。

(1) 启动 Visual Studio，并使用 DevOps 项目的 Microsoft 账户登录到该 DevOps 项目。

(2) 选择"团队资源管理器"选项卡，然后单击"管理连接"按钮，如图 3.11 所示。

图 3.11 添加新的存储库

(3) 连接到 Azure DevOps 项目，根据提示逐步完成该过程。

连接到 DevOps 远程存储库之后，就可以使用 Visual Studio Git 工具管理它，还可以在 Visual Studio 与其他 DevOps 功能进行交互。

可以通过"团队资源管理器"访问 Git 和其他 DevOps 功能，步骤如下。

(1) 单击"团队资源管理器"主页按钮，显示图 3.12 所示界面，可以通过这个界面访问 DevOps 门户网站和任务板以及查看工作项。

图 3.12 团队资源管理器

(2) 在"团队资源管理器"界面单击"Git 更改"按钮，如图 3.13 所示，进入"Git 更改"界面。

图 3.13 团队资源管理器 - 主页

(3) 进入"Git 更改"界面(见图 3.14)后，可以同步、传入、传出、提交代码。

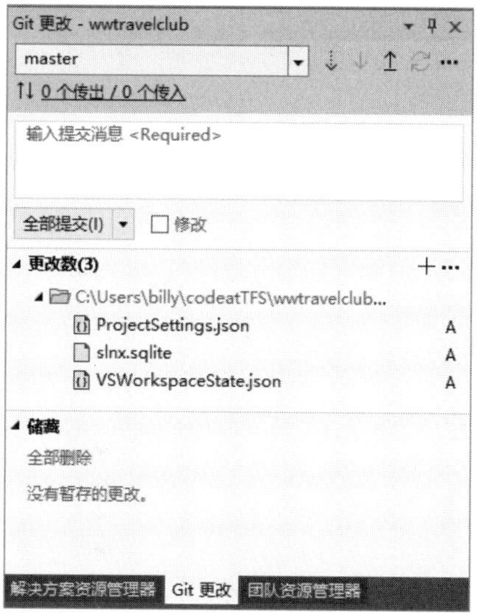

图 3.14 "Git 更改"界面

如果想要提交代码更改，可以在图 3.14 所示界面的文本框中输入一条消息，然后单击"全部提交"按钮提交更改，也可以单击此按钮旁边的下拉列表使用其他更多选项，如图 3.15 所示。

图 3.15 提交选项

可以提交并推送或提交并同步，也可以暂存更改。"Git 更改"界面右上角的 3 个箭头分别对应提取、拉取和推送。同时，可以通过界面顶部的下拉列表进行分支上的操作，如图 3.16 所示。

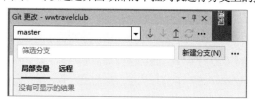

图 3.16 分支操作

3.3.2 包源

可以通过 DevOps 项目门户左侧的 Artifacts 菜单处理项目需要使用或创建的软件包。你可以为大多数类型的包定义源(feed)，包括 NuGet、Node.js 和 Python。这里支持商业项目需要的私有包。此外，在构建过程中生成的包也被放置在这些源中。

通过左侧菜单进入 Artifacts 区域后，可以通过单击+Create Feed 按钮创建多个私有包源，其中每个私有包源可以处理多种包，如图 3.17 所示。

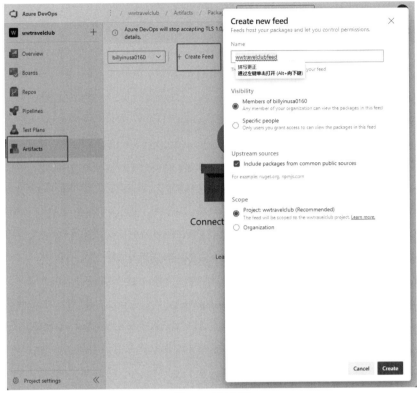

图 3.17　创建包源

如果想从公共源连接到包，则默认会连接到 npmjs、nuget.org 和 pypi.org，也可以转到图 3.18 所示的页面添加/删除包源。

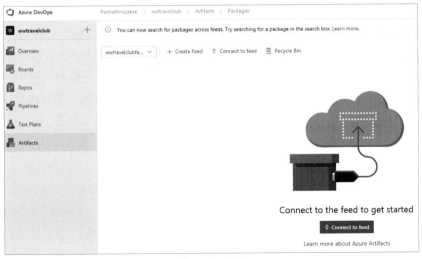

图 3.18　源页面

单击图 3.18 中的 Connect to feed 按钮，选择 NuGet.exe，将会显示图 3.19 所示界面以添加 NuGet 包源。

图 3.19　源连接信息

3.3.3　测试计划

测试计划部分允许定义测试计划及其设置。我们将在第 18 章和第 22 章详细讨论测试计划，这里只简单总结一下 Azure DevOps 提供的功能。我们可以通过 Azure DevOps 项目页面的 Test Plans 菜单(见图 3.20)访问与测试相关的操作和设置。

图 3.20　Test Plans 菜单

可以通过 Test Plans 菜单定义、执行和跟踪由以下内容组成的测试计划：手动验收测试、自动化单元测试和负载测试。其中，自动化单元测试必须在 Visual Studio 解决方案包含的、基于 NUnit、xUnit 和 MSTest 等框架的测试项目中定义。Test Plans 菜单使你有机会在 Azure 上执行这些测试并定义以下内容：

- 一些配置设置；
- 什么时候执行；
- 如何跟踪它们以及在整个项目文档中报告它们的结果。

对于手动测试，可以在项目文档中为操作员定义完整的说明，包括执行它们的环境(例如操作系统)以及报告结果的位置，还可以定义如何执行负载测试以及如何测量测试结果。

3.3.4　管道

管道是指一系列自动的、包含从代码构建到软件部署进入生产阶段的所有步骤的行动计划。这些内容可以在 Pipelines 区域中定义，该区域可通过 Pipelines 菜单访问，如图 3.21 所示。

图 3.21　Pipelines 菜单

可以在 Pipelines 区域定义一个完整的任务管道，这些任务将根据触发事件执行，其中包括代码构建、启动测试计划以及测试通过后的操作等步骤。

通常，在测试通过后，应用程序会自动部署到一个可以进行 beta 测试的临时区域，还可以定义自动部署到生产环境的条件。这些条件包括但不限于以下内容：

- 应用程序上一次 beta 测试至今的天数；
- 在上一次代码更改的 beta 测试中发现或删除的 bug 数量；
- 经过一名或多名经理/团队成员人工批准。

这些条件具体取决于公司管理正在开发的产品的方式。作为软件架构师，你必须理解，当涉及将代码移到生产环境时，越安全越好，而采用自动化手段避免人工干预将会带来安全性。

3.4　使用 Azure DevOps 管理系统需求

可以通过 Azure DevOps 的工作项来记录系统需求。工作项将作为可分配给人员的信息块存储在 DevOps 项目中。工作项支持各种类型的工作，包含所需开发工作的度量、状态以及它们所属的开发阶段(迭代)。

DevOps 通常与敏捷方法相结合，因此 Azure DevOps 使用迭代，整个开发过程被组织成一组 Sprint。工作项具体的类型取决于创建 Azure DevOps 项目时选择的工作项过程(Work Item Process)。下面描述在选择了敏捷或 Scrum 工作项过程(默认为敏捷)之后出现的最常见工作项类型。

3.4.1　Epic 工作项

假设正在开发一个由多个子系统组成的系统。你可能无法在一次迭代中完成整个系统，所以需要一个能够跨越多个迭代的工作项类型，Epic 工作项就能满足这个需求。一个 Epic 工作项可以代表一子系统，包含需要在多个开发迭代中才能完成的多个功能。

在 Epic 工作项中，可以定义状态和验收标准，以及开始日期和目标日期。此外，还可以提供优先级和估计工作量。所有这些详细信息都有助于大家遵循开发过程。这对于项目的宏观视图非常有用。

3.4.2　Feature 工作项

Feature 工作项的字段与信息和 Epic 工作项是一样的。因此，这两类工作项的区别与它们包含的信息无关，而与它们的角色以及开发团队需要达到的目标有关。Epic 可以跨越多个迭代，并且可以放置在 Feature 之上以具有层次结构，也就是说，每个 Epic 工作项可以链接到几个 Feature 子工作项，而这几个 Feature 子工作项作为该 Epic 工作项的组成部分通常分布在多个 Sprint。

值得一提的是，所有工作项都有用于团队讨论的部分，可以通过输入@字符在讨论区找到团队成员进行讨论(就像在许多论坛/社交媒体应用程序中一样)。每个工作项可以链接和附加各种信息，还可以查看工作项的历史记录。

Feature 工作项是开始记录用户需求的地方。例如，可以编写一个名为访问控制的 Feature 工作项来定义实现系统访问控制所需的完整功能。

3.4.3　Product Backlog 工作项/ User Story 工作项

具体是 Product Backlog(产品待办)工作项还是 User Story(用户故事)工作项取决于所选的工作项过程是 Agile 还是 Scrum。Product Backlog 工作项与 User Story 工作项之间有细微的差别，但它们的目的基本上是相同的。它们包含所链接的 Feature 工作项的功能详细需求。更具体而言，每个 Product Backlog 工作项/User Story 工作项都描述了功能的某个具体需求，这个具体需求是其父 Feature 工作项中描述的行为的一部分。例如，在系统访问控制的 Feature 工作项中，用户界面和登录界面应该是两个不同的 Product Backlog 工作项/User Story 工作项。还可以通过创建以下子工作项来继续细化需求：

- Task(任务)：Task 子工作项十分重要，它们描述了为了满足父 Product Backlog 工作项/User Story 工作项所述需求而需要完成的工作。Task 子工作项可以包含有助于团队管理和总体调度的时间估计。
- Test cases(测试用例)：Test cases 子工作项描述了如何测试需求描述的功能。

可以根据具体需求和场景为每个 Product Backlog 工作项/User Story 工作项创建不同数量的 Task 和 Test cases 子工作项。

3.5　用例——在 Azure DevOps 中展现 WWTravelClub

本节将通过本书案例 WWTravelClub 来讲解上一节讲述的概念。我们根据第 1 章描述的场景定义了 3 个 Epic 工作项，如图 3.22 所示。

(1) 在这些 Epics 工作项下面创建 Feature 工作项，如图 3.23 所示。

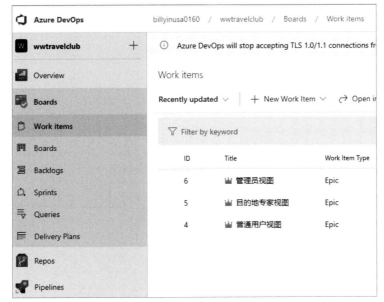

图 3.22 Epics 工作项

图 3.23 在 Epics 工作项下面创建 Feature 工作项

(2) 知道工作项之间的链接在软件开发过程中非常有用并且是非常重要的。因此，作为软件架构师，必须向团队成员提供这些知识，此外，还必须激励他们建立这些联系。

(3) 创建完 Feature 工作项之后就可以创建相关的 Product Backlog 工作项/User Story 工作项，如图 3.24 所示。

图 3.24　Product Backlog 工作项/User Story 工作项

(4) 为每个 Product Backlog 工作项/User Story 工作项创建 Task 和 Test Cases 工作项。Azure DevOps 提供的用户界面非常高效，因为它能够帮助你跟踪工作项链接以及它们之间的关系，如图 3.25 所示。

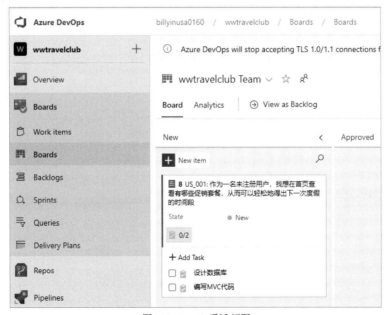

图 3.25　Boards(看板)视图

(5) 单击左侧的 Backlogs 菜单进入 Backlogs 视图，在这里我们可以把 Product Backlog 工作项/User Story 工作项拖拽到右侧的 Planning 面板对应的 Sprint 中，如图 3.26 所示。

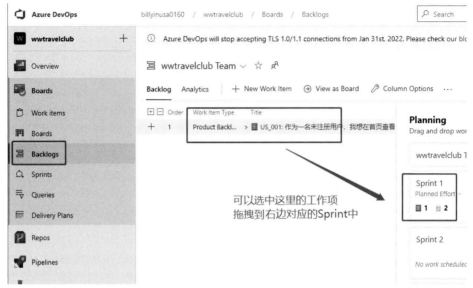

图 3.26　Backlog 视图

经过上面的操作之后，单击左侧的 Sprints 菜单，将看到只分配给该 Sprint 的工作项，如图 3.27 所示。

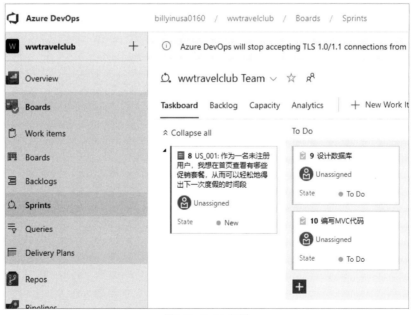

图 3.27　Sprints 视图

Sprints 菜单很有用，它允许每个用户立即跳转到自己参与的项目的当前 Sprint。

以上就是创建这些工作项的方式。一旦理解了这种机制，就可以创建和规划任何软件项目[1]。值得一提的是，该工具本身并不能解决与团队管理相关的问题。但是，该工具是激励团队更新项目状态的一个很好的方法，作为软件架构师，得以拥有查看项目开发进展的清晰视角。

3.6　本章小结

本章介绍了如何为软件开发项目创建 Azure DevOps 账户，以及如何开始使用 Azure DevOps 管理项目；还简要回顾了所有 Azure DevOps 功能，讲解了如何通过 Azure DevOps 主菜单访问它们；然后详细地描述了如何管理系统需求，如何使用各种工作项组织工作，以及如何规划和组织 Sprint，以交付具有许多功能的 Epic 解决方案。

下一章将讨论软件架构的不同模型，还将介绍一些基本的提示和标准，以便在开发解决方案的基础设施时从复杂的云平台(如 Azure)提供的选项中进行选择。

3.7　练习题

1. Azure DevOps 是否仅适用于.NET 项目？
2. Azure DevOps 中提供了什么测试计划？
3. DevOps 项目可以使用私有的 NuGet 包吗？
4. 为什么要使用工作项？
5. Epics 和 Features 工作项之间有什么区别？
6. Task 和 Product Backlog 工作项/User Story 工作项之间存在什么关系？

---

1 译者注：强烈建议读者按照本节示例动手实操一遍，这样才能深刻理解本章所讲的知识点。

第4章

确定基于云的最佳解决方案

在设计基于云的应用程序时，必须了解不同的软件架构设计——从最简单到最复杂。本章将讨论各种软件部署模型，并介绍如何在解决方案中利用云提供的服务。本章还将讨论在开发基础设施时，可以考虑的不同类型的云服务，理想的场景是什么，以及可以在哪里使用它们。

本章涵盖以下主题：

- 基础设施即服务解决方案。
- 平台即服务解决方案。
- 软件即服务解决方案。
- 无服务器解决方案。
- 如何使用混合解决方案以及为什么它们如此有用。

值得一提的是，这些解决方案的选择取决于项目场景的方方面面。本章还将对此进行讨论。

4.1 技术性要求

本章要求你必须先拥有一个 Azure 账户，如果没有，可以按照第 1 章中"创建 Azure 账户"的内容去创建一个免费的 Azure 账户。

4.2 不同的软件部署模型

我们可以使用不同的模型部署云解决方案。应用程序具体部署方式取决于团队成员结构。在拥有基础设施工程师的公司中，可以使用基础设施即服务(Infrastructure as a Service，IaaS)。在 IT 不是核心业务的公司中，可以使用软件即服务(Software as a Service，SaaS)。开发者通常会决定使用平台即服务(Platform as a Service，PaaS)，或者选择无服务器(Serverless)，因为在这两种情况下，他们不需要关心基础设施。

作为软件架构师，必须应对这种环境，并确保不仅在解决方案的初始开发阶段，而且在维护阶段都能优化成本和生产力。此外，作为软件架构师，必须了解系统的需求，并努力将这些需求与一流的外界解决方案联系起来，以加快交付速度，并使解决方案尽可能接近客户的规范。

4.2.1　IaaS 和 Azure 服务

IaaS 是很多云厂商的第一代云服务。它的定义在很多地方都很容易找到，本书将其概括为"在 Internet 上提供的计算基础设施"。正如我们在本地数据中心实现服务虚拟化一样，IaaS 可以提供云上的虚拟化组件，如服务器、存储和防火墙。

Azure 的 IaaS 模型提供了多个服务，其中大部分都是付费的，因此在进行实操练习时要注意这一点。值得一提的是，本书并未详细描述 Azure 提供的所有 IaaS 服务。然而，作为软件架构师，只需要稍做了解就能发现 Azure 提供了以下 IaaS 服务。

- 虚拟机：Windows Server、Linux、Oracle、数据科学和机器学习。
- 网络：虚拟网络、负载均衡器和 DNS 区域。
- 存储：文件、表、数据库和 Redis。

在 Azure 创建任何服务的模式都是一样的：必须先找到最适合自己的服务，然后创建资源。图 4.1 所示界面显示了如何在 Azure 创建 Windows Server 虚拟机。

图 4.1　在 Azure 创建虚拟机

按照 Azure 提供的向导设置好虚拟机之后，就可以使用远程桌面协议(RDP)连接到虚拟机。Azure 提供的虚拟机大小如图 4.2 所示。单击"选择"按钮即可马上获得不同大小的虚拟机，比传统途径快了许多。

图4.2 Azure 提供的虚拟机大小

除了购买流程快了许多，还能轻易买到通过传统途径很难买到的服务器。例如，图 4.2 所示界面底部显示的 D64s_v4 服务器具有 64 个 CPU、256GB RAM，这样的服务器通过传统途径是很难买到的。此外，在某些场景中，一个月内只有几个小时需要使用这样的服务器，因此如果通过传统途径是不可能得到领导审批的。这就是云计算比传统途径优秀的地方！

IaaS 的安全责任

安全责任是了解 IaaS 平台的另一个重要方面。许多人认为，一旦决定使用云计算，所有的安全问题都将由提供商来处理。但是，正如图 4.3 所示，情况并非如此。

由图 4.3 可以看到，IaaS 需要开发者管理从操作系统到应用程序层面的安全性。某些情况下，这是不可避免的，但这将增加系统成本。

如果项目已经存在很久了，IaaS 可能是一个不错的选择。但是，如果项目是从零开始开发的，那么还应该考虑 Azure 其他选项，例如 PaaS。

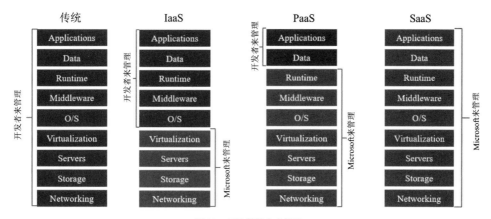

图4.3 云计算的安全管理

4.2.2 PaaS——开发者的世界

如果你正在学习或曾经学习过软件架构,你可能会完全理解这句话的含义:软件开发,快才是关键!如果你同意这一点,你会喜欢 PaaS 的。

对于开发者来说,使用 PaaS 只需要操心业务层面的安全性:数据和应用程序。这意味着不必花时间和精力操心一系列使解决方案安全工作的配置。

更简单地实现安全性不是 PaaS 的唯一优势。作为软件架构师,使用 PaaS 服务可以更快地提供更丰富的解决方案。快,从另一层面讲意味着基于 PaaS 开发的应用程序成本更低。

Azure 现在有很多 PaaS 服务,再次强调,本书的目的不是列出所有这些服务。然而,有些确实需要提及。服务的列表会不断增加,我们的建议是尽可能多地研究和使用这些服务!这点能够帮助你提供更好的设计解决方案。

另外,值得一提的是,使用 PaaS 解决方案,你将无法完全控制操作系统。事实上,很多情况下,你甚至没有办法连接到操作系统。这在大多数情况下是没有问题的,但在某些需要调试的情况下,你可能无法进行调试。好消息是 PaaS 服务每天都在发展,Microsoft 最大的担忧之一就是如何让大家知道它们。

下面介绍 Microsoft 为.NET Web 应用程序(如 Azure Web 应用程序和 Azure SQL Server)提供的最常见的 PaaS 服务。本书还将介绍 Azure 认知服务,这是一个非常强大的 PaaS 服务,它展示了 PaaS 世界的奇妙发展,本书的其余部分将更深入地探讨其中的一些内容。

1. Web 应用程序

Web 应用程序是一个可用于部署 Web 应用程序的 PaaS 服务。你可以部署例如.NET、.NETCore、Java、PHP、Node.js 和 Python 等不同类型的 Web 应用程序,已在第 1 章介绍了一个示例。

好消息是,创建 Web 应用程序不需要任何结构和/或 IIS Web 服务器设置。某些情况下,当使用 Linux 托管.NET 应用程序时,根本没有 IIS。

此外,Web 应用程序有一个免费计划选项。当然,这个免费计划会有一些限制,例如只能运行 32 位应用程序、无法实现可扩展性,但这个免费计划对于原型设计来说是一个极好的工具。

2. SQL 数据库

想象一下，如果你拥有 SQL 服务器的全部功能，而又不需要为了部署数据库而购买大型服务器，那么部署解决方案的速度会有多快。SQL 数据库 PaaS 服务就可以做到这点。有了 SQL 数据库 PaaS 服务，你可以使用 Microsoft SQL Server 执行最需要的操作——存储和数据处理。如果你使用了 SQL 数据库 PaaS 服务，将由 Azure 来负责备份数据库而不需要你负责。

SQL 数据库服务甚至提供了自行管理性能的选项。因此，使用 PaaS 服务，你将能够专注于对业务重要的方面而不需要关心其他从而加快上市速度。

创建 SQL 数据库的步骤非常简单，但是，有两件事需要注意：需要创建承载 SQL 数据库的服务器和收费价格。

可以在创建资源页面的搜索框中搜索"SQL Database"，然后进入图 4.4 所示的界面。

图 4.4　在 Azure 中创建 SQL Database 数据库

SQL 数据库需要 SQL 服务器来承载它。因此，必须创建一个 database.windows.net 服务器(至少对于第一个数据库来说)，数据库将托管在该服务器上。此服务器将提供使用当前工具(如 Visual Studio、SQL Server Management Studio 和 Azure Data Studio)访问 SQL Server 数据库所需的所有参数。值得一提的是，该服务提供了一系列关于安全性的功能，例如透明数据加密和 IP 防火墙。

选择了数据库服务器之后，需要选择对系统收费的定价层。这里会有好几种不同的定价选项，如图 4.5 所示。仔细研究其中每一项，然后根据自己的情况，选择合适的定价层来节省资金。

图 4.5　配置 Azure SQL 数据库定价层

 有关 SQL 配置的详细信息，可以查阅参考网站 4.1。

　　配置完成后，将能够以与在本地安装 SQL Server 时相同的方式连接到该服务器数据库。你必须注意的唯一细节是 Azure SQL Server 防火墙的配置，但这非常容易设置，并且很好地演示了 PaaS 服务的安全性。

3. Azure 认知服务

　　人工智能(AI)是软件架构中最常讨论的话题之一。人工智能将无处不在，要实现这一点，作为软件架构师，不能将人工智能视为需要从零开始不断改造的软件。

　　Azure 认知服务可以帮助你做到这一点。在这组 API 中，你将找到开发视觉、知识、语音、搜索和语言解决方案的各种方法。其中一些需要经过训练才能实现，但这些服务也为此提供了API。

　　从这个场景中可以看出 PaaS 的伟大之处。在传统非云环境或 IaaS 环境中准备人工智能应用程序所需要做的工作量是巨大的，使用 PaaS 服务就不必担心这一点。作为软件架构师，你可以完全专注于对你真正重要的事情：业务问题的解决方案。

　　在 Azure 中创建认知服务也非常简单。像添加任何其他 Azure 服务一样，首先选择具体的认知服务，然后进行创建，如图 4.6 所示[1]。

1　译者注：Azure 的人工智能服务发展很快，所以本书所示界面不一定与实际所见的完全一样，但肯定是类似的。

图 4.6　在 Azure 中创建认知服务

　　按照向导完成以上操作后，你将能够使用服务器提供的 API。如图 4.7 所示，你将在所创建的服务中发现两个重要属性：密钥和终节点。有了密钥和终节点，代码才能访问认知服务的 API。

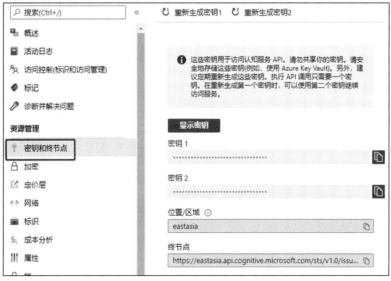

图 4.7　认知服务的密钥和终节点

下面的代码示例演示了如何使用认知服务 API 进行翻译：

```
    private static async Task<string> PostAPI(string api, string key, string region,
string textToTranslate)
    {
        using var client = new HttpClient();
        using var request = new HttpRequestMessage(HttpMethod.Post, api);
        request.Headers.Add("Ocp-Apim-Subscription-Key", key);
        request.Headers.Add("Ocp-Apim-Subscription-Region", region);
        client.Timeout = TimeSpan.FromSeconds(5);

        var body = new[] { new { Text = textToTranslate } };
        var requestBody = JsonConvert.SerializeObject(body);
        request.Content = new StringContent(requestBody, Encoding.UTF8,
"application/json");
        var response = await client.SendAsync(request);
          response.EnsureSuccessStatusCode();

            return await response.Content.ReadAsStringAsync();
    }
```

值得一提的是，以上代码允许你将任何文本翻译成任何语言。如此简单！如此少的代码！这就是使用云服务的好处了。以下是调用前面方法的主程序：

```
static async Task Main()
{

    var host = "https://api.cognitive.microsofttranslator.com";
    var route = "/translate?api-version=3.0&to=es";
    var subscriptionKey = "[YOUR KEY HERE]";
    var region = "[YOUR REGION HERE]";

    var translatedSentence = await PostAPI(host + route,
    subscriptionKey,region, "Hello World!");

    Console.WriteLine(translatedSentence);

}
```

 若要获取更多相关信息，请访问参考网站4.2。

这是一个完美的例子，演示了如何轻松、快速地使用此类服务来构建项目。此外，这种开发方法的质量非常好，因为所使用的是已经经过测试并被其他解决方案使用的云服务。

4.2.3　SaaS——只需要登录即可开始

SaaS 可能是使用基于云的服务的最简单方式。云计算厂家为最终用户提供了许多很好的、可以解决公司中的常见问题的选择。

这类服务一个很好的例子是 Office 365。关键点在于这些平台不需要开发者进行维护，开发团队可以专注于开发应用程序的核心业务。例如，如果解决方案需要提供良好的报告，那么可以使用 Office 365 中的 Power BI 来设计它们。

SaaS 服务的另一个很好的例子是 Azure DevOps。作为软件架构师，在使用 Azure DevOps 服务之前，需要安装、配置 Team Foundation Server(TFS)或者甚至更旧的工具，如 Microsoft Visual SourceSafe，才能让你的团队使用同样的服务。

我们过去常常需要花费大量时间来准备安装 TFS 服务器，然后还要升级并持续维护它。由于 Azure DevOps SaaS 服务的简单性，我们不再需要完成这些工作了。

4.2.4 无服务器解决方案

无服务器解决方案的重点不在于是否真的没有服务器。即使在无服务器解决方案中，也始终是需要服务器的。关键之处在于，开发者不需要知道代码放在具体哪一个服务器上执行。

你现在可能认为无服务器只是另一种选择——当然，这是真的，因为这种架构并不能提供完整的解决方案。但这里的关键点是，使用无服务器解决方案，你将拥有一个快速、简单和敏捷的应用程序生命周期，因为几乎所有无服务器代码都是无状态的，并且与系统的其余部分松散耦合。有些技术专家将其称为功能即服务(FaaS)。

当然，确实有服务器在某处运行，但是关键点在于，开发者不需要操心服务器，甚至不需要操心可扩展性。这点可以帮助开发者完全专注于应用程序业务逻辑。同样，世界需要快速发展，同时需要良好的客户体验。有了无服务器解决方案，开发者有更多的时间关注客户需求，从而获得更好的客户体验！

我们将在第 10 章探讨 Azure 提供的最佳无服务器实现之一——Azure 函数。这里只重点介绍无服务器解决方案的优缺点。

4.3 为什么混合应用程序在许多情况下如此有用

混合解决方案是指混合了多种架构的解决方案，不同的部分可能选择了不同的架构。在云计算中，"混合"一词主要指将云子系统与本地子系统混合使用的解决方案，也可以指将 Web 子系统与特定于设备的子系统(如手机或任何其他能够运行代码的设备)混合在一个解决方案里面。

因为 Azure 可以提供如此之多的服务以及如此之多的架构，从而支持通过在项目中使用云子系统来搭建混合解决方案。现在很多项目都是这么做的。但是在这个过程中，有很多关于迁移到云的相关观念是错误的。这些错误观念与成本、安全性和服务可用性有关。

你需要明白这些先入为主的观念是有道理的，我们无法改变人们的思维方式。当然，作为软件架构师，你不能忽视它们。尤其是在开发关键系统时，你必须决定是否一切都可以在云端进行，还是最好在边缘交付部分系统。

 边缘计算范式是一种将系统的一部分部署在离所需位置更近的机器或设备上的方法。这有助于减少响应时间和带宽开销。

移动解决方案被视为混合应用程序的经典示例，因为它们混合了基于 Web 的软件架构和基于设备的软件架构，以提供更好的用户体验。虽然在很多情况下可以用响应性强的网站替换掉移动应用程序，然而，当涉及界面质量和性能时，也许一个响应迅速的网站并不能给最终用户带来他真正需要的东西。

下一节，我们将通过本书案例 WWTravelClub 来讲解到目前为止本章讲述的这些概念。

4.4 用例——哪一种才是最好的云解决方案

如果回到第 1 章，你将发现一个系统需求，它描述了 WWTravelClub 示例应用程序应该运行的系统环境。

 SR_003：系统应在 Windows、Linux、iOS 和 Android 平台上运行。

哪一种才是最好的云解决方案？乍一看，任何开发者都会说：Web 应用程序。然而，作为软件架构师，也需要考虑 iOS 和 Android 平台。在这种情况下，就像在其他情况下一样，用户体验是项目成功的关键。

软件架构师做决策不仅需要考虑开发速度，还需要考虑如何提供友好的用户体验。

如果决定开发移动应用程序的话，软件架构师在这个项目中必须做出的另一个决策是使用什么技术来开发移动应用程序。可以使用混合应用程序，也可以使用本地应用程序，还可以使用 Xamarin 这样的跨平台解决方案。如果选择了 Xamarin 跨平台解决方案，那么还可以继续使用 C# 编写 Xamarin 代码。

图 4.8 所示为 WWTravelClub 架构的第一选择，具体所使用的 Azure 服务取决于成本和维护因素。本书将在第 8 章、第 9 章和第 10 章讨论以下各项，并说明选择的原因。此处，我们只需要知道 WWTravelClub 是一个混合应用程序就足够了，将在手机上运行 Xamarin 应用程序，在服务器端运行 ASP.NET Core Web 应用程序。

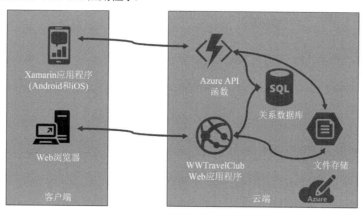

图 4.8 WWTravelClub 架构

如图 4.8 所示，WWTravelClub 架构主要使用 Azure 的 PaaS 和无服务器组件。所有开发都将在 Microsoft Azure DevOps SaaS 平台上进行。

在 WWTravelClub 这个案例中，WWTravelClub 开发运维团队将没有人专门负责基础设施建设。因此，WWTravelClub 的软件架构将使用 PaaS 服务。与传统的架构相比，使用 PaaS 服务将大幅提升我们的开发速度。

这么做还有一个好处,随着本书章节的推进,我们可以很方便和轻松地改变软件架构,而不受任何早期选择的限制。这就是 Azure 和现代软件架构设计的优秀之处:随着解决方案的发展,开发者可以轻松地更改组件和结构。

4.5 本章小结

在本章中,你学习了如何在解决方案中利用云提供的服务,以及可以选择的各种云服务选项。

本章介绍了在基于云的架构中交付相同应用程序的不同方法。我们还注意到,Azure 的发展如此迅速,所提供的服务如此之多,因此你需要在实际应用程序中体验所有这些选项,并选择最合适的选项,因为没有一种灵丹妙药可以在所有情况下都起作用。作为软件架构师,你需要分析你的环境和团队,然后决定在解决方案中实现的最佳云架构。

下一章将专门讨论如何构建一个由小型可扩展软件模块——微服务组成的灵活软件架构。

4.6 练习题

1. 为什么要在解决方案中使用 IaaS?
2. 为什么要在解决方案中使用 PaaS?
3. 为什么要在解决方案中使用 SaaS?
4. 为什么要在解决方案中使用无服务器?
5. 使用 Azure SQL 数据库的优势是什么?
6. 如何使用 Azure 加速应用程序中的 AI?
7. 混合软件架构如何帮助你设计更好的解决方案?

第**5**章

在企业应用中应用微服务架构

本章致力于描述如何构建一个由小型可扩展软件模块——微服务组成的高度可扩展架构。微服务架构允许细粒度的扩展操作,其中每个模块都可以根据需要进行扩展,而不会影响系统的其余部分。此外,它们允许每个系统的子部分独立于其他子部分进行发布和部署,从而实现更好的持续集成/持续部署(CI/CD)。

本章涵盖以下主题:

- 什么是微服务。
- 什么时候值得考虑微服务架构。
- 如何在.NET 中应用微服务。
- 可以使用哪些工具管理微服务。

在本章,你将学习如何在.NET 中实现单个微服务。第 6 章和第 7 章将讲解如何部署、调试和管理整个基于微服务的应用程序。

5.1 技术性要求

要完成本章内容,需要满足以下几点要求:

- 安装了所有数据库工具的 Visual Studio 2019 社区版(免费)或更高版本。
- 拥有一个 Azure 账户,如果没有,可以按照第 1 章中"创建 Azure 账户"的内容去创建一个免费的 Azure 账户。
- 如果需要在 Visual Studio 中调试 Docker 容器化微服务,则需要安装 Docker Desktop for Windows,可登录参考网站 5.1 下载。

5.2 什么是微服务

使用微服务架构可以让组成解决方案的每个模块独立于其他模块进行扩展,以最低成本实现最大吞吐量。事实上,对整个系统进行扩展而不是对当前的瓶颈进行扩展会不可避免地导致资源的极大浪费,因此子系统扩展的细粒度控制对系统的总体成本有相当大的影响。

然而,微服务架构的优势不仅仅是可扩展,微服务架构的每个模块都是可以独立开发、维护和部署的软件构建块,从而改进了整个系统的 CI/CD 周期(CI/CD 的概念在第 3 章有更详细的解释)。

微服务架构的独立性改进整个系统的 CI/CD 周期具体体现为以下几个方面。

- 可以在不同类型的硬件上扩展和分发微服务。
- 由于每个微服务都是独立于其他微服务部署的,因此不存在二进制兼容性或数据库结构兼容性问题,不需要调整组成系统的不同微服务的版本。这意味着它们中的每一个都可以根据需要独立演进,而不受其他微服务的约束。
- 可以将每个微服务的开发任务分配给完全独立的较小团队,从而简化开发团队组织结构,减少大型开发团队不可避免的协调效率低下问题。
- 以更适当的技术和更适当的环境实施每个微服务,因为每个微服务都是一个独立的部署单位。这意味着你可以为其选择各自最适合实现需求的工具,以及最小化开发工作量或最大化性能的环境。
- 由于每个微服务都可以用不同的技术、编程语言、工具和操作系统来实现,企业可以通过将环境与开发者的能力相匹配来使用所有可用的人力资源。例如,未充分利用的 Java 开发者也可以参与.NET 项目,如果他们在 Java 中实现了具有相同行为要求的微服务。
- 可以将遗留子系统嵌入独立的微服务中,从而使遗留子系统能够与较新的子系统协作。这样,公司可以缩短新系统版本的上市时间。此外,通过这种方式,就可以缓慢地推动遗留系统向更现代化的系统发展,这样对成本和组织的影响是可接受的。

下面将解释微服务的概念是如何演变的,探讨基本的微服务设计原则,并分析为什么微服务通常被设计为 Docker 容器。

5.2.1 微服务与模块概念的演变

为了更好地理解微服务的优势及其设计,我们必须牢记代码模块化和部署模块化这两个概念。

- 代码模块化指的是通过组织代码可以轻松地修改代码而不会影响应用程序的其余部分。这点通常通过面向对象的设计来实现,在面向对象的设计中,模块可以用类来标识。
- 部署模块化取决于部署单元是什么以及它们具有哪些属性。最简单的部署单元是可执行文件和程序库。因此,动态链接库(DLL)肯定比静态库更模块化,因为它们不需要在部署之前与主可执行文件链接。

虽然代码模块化的基本概念已经停滞不前,但部署模块化的概念仍在不断发展,微服务就是这条发展道路上的一个产物。

现在简要回顾一下微服务的发展道路。首先,单个可执行文件分解为静态库。然后,DLL 取代了静态库。

当.NET(以及其他类似框架,例如 Java)改进了可执行文件和程序库的模块化后,发生了巨大的变化。事实上,使用.NET 可以将可执行文件和程序库部署在不同的硬件和操作系统上,因为它们部署时使用的是编译时中间语言,而不是最终二进制文件。此外,它们还克服了以前 DLL 的版本控制问题——可执行文件引用的 DLL 版本与安装在操作系统中的 DLL 版本不同。

但是,.NET 解决方案有一个问题,即同一个解决方案中,不同的项目可能需要引用同一 DLL 的不同版本。当时解决这个 DLL 版本兼容性问题的办法很不优雅,后来以下两个重要发展优雅地解决了这个问题。

- 在开发层面上,将 DLL 转移到包管理系统,如 NuGet 和 npm,这样可以通过语义版本控制自动检查版本的兼容性。

- 面向服务架构(SOA)。部署单元开始演变为 SOAP，后来又演变为 REST Web 服务。这些演变解决了 DLL 版本兼容性问题，因为每个 Web 服务是在不同进程中运行的，因此可以使用每个程序库的最合适的版本，而不会导致与其他 Web 服务不兼容的风险。此外，每个 Web 服务公开的接口是平台无关的，也就是说，可以使用任何框架与应用程序连接 Web 服务并在任何操作系统上运行，因为 Web 服务协议是基于普遍接受的标准的。第 14 章将对 SOA 和协议进行更详细的讨论。

微服务是 SOA 的一种演变，它添加了更多的特性和约束，以提高服务的可扩展性和模块化，从而改善整个 CI/CD 周期。因此，经常有人说微服务做得很好。

5.2.2　微服务设计原则

总而言之，微服务架构是一种 SOA，它最大化了独立性和细粒度扩展。既然我们已经阐明了微服务独立性和细粒度扩展的所有优点，以及独立性的本质，接下来就可以了解微服务设计原则了。

下面从独立性相关的原则开始，分为多个单独的小节逐一讨论。

1. 设计选择的独立性

每个微服务的设计不需要依赖于其他微服务的设计。这一原则使每个微服务的 CI/CD 周期完全独立，并让开发者在如何实现每个微服务方面有更多的技术选择。这样，开发者就可以选择最好的技术来实现每个微服务。

这一原则的后果是不同的微服务不能连接到同一个共享存储(数据库或文件系统)，因为共享同一个存储也意味着共享决定存储子系统结构的所有设计选择(数据库表设计、数据库引擎等)。因此，一个微服务要么有自己的数据存储，要么就根本没有存储，只与另一个专门负责处理存储的微服务通信。

在这里，拥有自己的数据存储并不意味着需要有一个位于微服务本身进程边界内的物理数据库，微服务只需要独占访问由外部数据库引擎处理的数据库或一组数据库表即可。事实上，出于性能原因，数据库引擎必须在专用硬件上运行，并具有针对其存储功能进行优化的操作系统和硬件功能，所以不大可能会有一个位于微服务本身进程边界内的物理数据库。

通常，通过区分逻辑微服务和物理微服务，可以更轻松地解释设计选择的独立性。更具体而言，逻辑微服务可以通过几个物理微服务实现，这些物理微服务使用相同但独立负载均衡的数据存储。也就是说，逻辑微服务被设计为一个逻辑单元，然后分割成更多的物理微服务，以实现更好的负载均衡。

2. 独立于部署环境

同一微服务可以在不同的硬件节点上扩展，不同的微服务也可以托管在同一节点上。因此，微服务越不依赖于操作系统提供的服务和其他安装的软件，它就越可以部署在更多可用的硬件节点上，更多节点方面的优化也得以进行。

这就是微服务通常被容器化并使用 Docker 的原因。容器将在本章的"容器和 Docker"一节中进行更详细的讨论，这里先简单地描述一下：容器化是一种将微服务及其依赖项打包在一起，从而得以在任何地方运行的技术。

3. 松耦合

每个微服务必须与所有其他微服务松耦合。这一原则具有双重性质。一方面,这意味着根据面向对象编程原则,每个微服务公开的接口不能太独特,而应尽可能通用;另一方面,这也意味着微服务之间的通信必须最小化,以降低通信成本,因为微服务不共享同一内存,甚至会在不同的硬件节点上运行。

4. 不能拥有请求/响应链

当一个请求到达一个微服务时,不能产生对其他微服务的嵌套请求/响应的递归链,因为类似的链会导致响应时间会长到不可接受。更好的方法是当所有微服务的私有数据模型每次更改时都通过推送通知来同步,从而避免链式请求/响应。通俗地讲,就是一旦微服务处理的数据发生变化,这些变化就会发送到所有可能需要它们来满足其请求的微服务。这样,每个微服务在需要调用这些数据时就可以直接在其私有数据存储器中拿到,而不需要再去询问其他微服务。

总而言之,每个微服务必须拥有为传入请求提供服务并确保快速响应所需的所有数据。为了使其数据模型保持最新并为传入请求做好准备,微服务必须在数据更改发生时立即进行通信。这些数据更改的通信应该是通过异步消息进行的,因为同步嵌套消息会阻止调用树中涉及的所有线程从而导致处理时间会长到不可接受。

值得指出的是,设计选择的独立性原则实质上是领域驱动设计(DDD)里面的有界上下文原则,我们将在第 12 章详细讨论这一原则。在本章我们只需要知道,完整的领域驱动设计方法对于更新每个微服务子系统都很有用。

 一般来说,所有根据有界上下文原则开发的系统都可以用微服务架构很好地实现,这一点很重要。事实上,一旦一个系统被分解成几个完全独立且松耦合的部分,这些不同的部分很可能需要根据不同的流量和不同的资源需求进行独立扩展。

在前面的约束条件下,我们还必须添加一些用于构建可重用 SOA 的最佳实践。关于这些最佳实践的更多细节将在第 14 章给出。如今,大多数 SOA 最佳实践都是由用于实现 Web 服务的工具和框架自动实施的。

细粒度扩展要求微服务需要小到足以隔离定义良好的功能,但因此就需要一个负责自动实例化的微服务,在各种硬件计算资源(通常称为节点)上分配实例,并根据需要扩展它们的复杂基础设施。这些类型的结构将在 5.5 节中介绍,第 6 章和第 7 章也有详细的讨论。

此外,通过异步通信的分布式微服务的细粒度扩展要求每个微服务具有可恢复性。事实上,定向到特定微服务实例的通信可能会由于硬件故障或其他原因而失败,例如目标实例在负载均衡操作期间被终止或移到另一个节点这类简单原因。

临时故障可以通过指数重试来克服。指数重试是指每次失败后重试相同操作的延迟呈指数级增加,直到最大重试次数。例如,首先在 10 毫秒后重试,如果此重试操作还是失败,则在 20 毫秒后再重试,然后在 40 毫秒后重试,以此类推,直到最大重试次数。

另外,长期故障通常会导致重试操作激增,这可能会以类似于拒绝服务攻击的方式耗尽所有系统资源。因此,通常将指数重试与熔断策略一起使用:在失败一定次数之后,认为系统陷入了长期故障状态,不再尝试通信操作,而是直接返回失败响应,以阻止对资源的访问。

同样重要的是,由故障或请求峰值而导致的某些子系统的拥塞不会传播到其他系统部分,以防止整个系统的拥塞。我们可以通过以下方式进行舱壁隔离以避免拥塞传播：

- 同时仅允许最大数量(例如 10)的同类出站请求。这类似于为线程创建设置上限。
- 超过上述最大数量的请求将排队。
- 如果达到最大队列长度，所有后续请求都会引发异常，以中止它们。

重试策略可能会使同一消息被多次接收和处理，因为发送方没有收到消息已被接收的确认，或者只是因为操作超时，而接收方实际收到了消息。这个问题唯一可能的解决方案是将所有消息设计为幂等的，也就是说，对消息做这样的设计，使多次处理同一消息与一次处理消息具有相同的效果。

例如，将数据库表字段更新为值是一个幂等操作，因为一次或重复多次具有完全相同的效果。但是，增加十进制字段不是幂等运算。微服务设计者应该尽量用幂等元消息来设计整个应用程序。剩余的非幂等消息必须通过以下方式或使用其他类似技术转换为幂等消息：

- 附加唯一标识每条消息的时间和某个标识符。
- 将接收到的所有消息存储在字典中，该字典已由附加到上一点中提到的消息的唯一标识符编制索引。
- 拒绝旧消息。
- 当收到可能是重复的消息时，验证它是否包含在字典中。如果是，那么它已经被处理过了，应该拒绝它。
- 由于旧消息会被拒绝，因此可以定期将它们从字典中删除，以避免其成倍增长。

我们将在第 6 章末尾的示例中使用该技术。

值得指出的是，一些消息代理(如 Azure 服务总线)提供了实现前面描述的技术的工具。Azure 服务总线将在 ".NET 通信工具" 小节中讨论。

在下一小节中，我们将讨论基于 Docker 的微服务容器化。

5.2.3　容器和 Docker

我们已经讨论了拥有不依赖于运行环境的微服务的优势：更好的硬件利用率、将传统软件与较新模块混合的能力、混合多个开发技术栈以便为每个模块实现使用最佳技术栈的能力，等等。通过将每个微服务及其所有依赖项部署到私有虚拟机上，可以轻松实现与宿主环境的独立性。

但是，使用操作系统的私有副本启动虚拟机需要大量时间，必须快速启动和停止微服务，以降低负载均衡和故障恢复成本。事实上，启动新的微服务可能是为了替换有故障的微服务，也可能是因为它们从一个硬件节点移到另一个硬件节点以执行负载均衡。此外，将操作系统的整个副本添加到每个微服务实例会是一种过度开销。

幸运的是，微服务可以依赖于一种更轻的技术形式：容器。容器是一种轻量级的虚拟机，它们没有虚拟化一台完整的机器，只是虚拟化位于操作系统内核级别之上的文件系统级别。它们使用宿主机器的操作系统(内核、DLL 和驱动程序)，并依赖操作系统的本地功能来隔离进程和资源，以确保为它们运行的镜像提供一个隔离的环境。

因此，容器被绑定到特定的操作系统，但它们不需要付出在每个容器实例中复制和启动整个操作系统的开销。

在每台宿主机器上，容器由运行时来处理。运行时负责从镜像创建容器，并为每个容器创建一个隔离的环境。最著名的容器运行时是 Docker，它是容器化技术事实上的标准。

镜像是指定每个容器中放置的内容以及在容器外部公开哪些容器资源(如通信端口)的文件。镜像不需要明确指定其全部内容,而是可以分层。这样,通过在现有镜像上添加新的软件和配置信息,可以构建新的镜像。

例如,如果要将.NET 应用程序部署为 Docker 镜像,只需要将软件和文件添加到 Docker 镜像,然后引用现有的.NET Docker 镜像即可。

为了便于镜像引用,可以将镜像聚集到公共或私有的注册表。它们类似于 NuGet 或 npm 注册表。Docker 提供了一个公共注册表(见参考网站 5.2),你可以在其中找到可能需要在自己的镜像中引用的大多数公共镜像。另外,每个公司可以定义私有注册表。例如,Azure 提供 Microsoft 容器注册表(见参考网站 5.3),可以在其中定义私有容器注册表服务。在那里,还可以找到代码中可能需要引用的大多数与.NET 相关的镜像。

在实例化每个容器之前,Docker 运行时必须解决所有递归引用。由于 Docker 运行时有一个缓存,它在其中存储与每个输入镜像相对应且已处理的完整搭建的镜像,因此不需要在每次创建新容器时重复烦琐的工作。

由于每个应用程序通常由多个模块组成,且这些模块在不同的容器中运行,Docker 还允许通过.yml 文件[1] (也称为合成文件)指定以下信息:

- 要部署哪些镜像。
- 每个镜像公开的内部资源必须如何映射到宿主机器的物理资源。例如,Docker 镜像公开的通信端口必须如何映射到物理机器的端口。

我们将在 5.4 节中分析 Docker 镜像和.yml 文件。

Docker 运行时在一台机器上处理镜像和容器,但通常,容器化的微服务是在由多台机器组成的群集[2]上进行部署和负载均衡的。群集由称为编排器(Orchestrator)的一类软件来处理。编排器将在 5.5 节中介绍,并在第 6 章和第 7 章详细讨论。

现在我们已经了解了什么是微服务,它们可以解决什么问题,以及它们的基本设计原则,下面分析何时以及如何在系统架构中使用它们。

5.3　微服务什么时候有帮助

微服务什么时候有帮助? 要回答这个问题,要求了解微服务在现代软件架构中扮演的角色。本节将从两方面介绍这一点:分层架构和微服务,以及什么时候值得考虑微服务架构。

我们先来了解分层架构和微服务。

5.3.1　分层架构和微服务

企业系统通常组织在逻辑独立的层中。第一层是与用户交互的层,称为表示层;最后一层负责存储/检索数据,称为数据层。请求起源于表示层,并经过所有层最终到达数据层,存储/检索数据之后沿相反方向返回,经过所有层最终到达负责将结果呈现给用户/客户端的表示层。中间不能跳层。

1　译者注: YAML 官方推荐扩展名为.yaml,但本章使用的是.yml。
2　译者注: 此处的 "群集" 并非误译,Azure 中文官网就是称为 "群集"。

　　每层从上一层获取数据，对其进行处理，并将其传递到下一层。然后，从下一层接收结果并将其发送回上一层。此外，抛出的异常不能跳层——每一层都必须拦截所有异常，并以某种方式解决它们，或者将它们转换为用其前一层语言表示的其他异常。分层架构确保每层的功能与所有其他层的功能完全独立。

　　例如，我们可以在不影响数据层之上的所有层的情况下更改数据库引擎。同样，我们可以完全更改用户界面，即表示层，而不会影响系统的其余部分。

　　此外，每一层实现不同类型的系统规范。数据层负责系统必须记住什么，表示层负责系统用户交互协议，中间的所有层负责实现领域规则，它指定数据必须如何处理(例如，必须如何计算雇员工资)。通常，数据层和表示层仅由一个领域规则层(称为业务层或应用层)分隔。

　　每一层使用不同的语言：数据层使用所选存储引擎的语言，业务层使用领域专家的语言，表示层使用用户的语言。因此，当数据和异常从一层传递到另一层时，必须将它们翻译成目标层的语言。

　　关于如何构建分层架构的详细示例，将在第 12 章给出。

　　微服务如何适应分层架构？它们是否足以满足所有层或某些层的功能？单个微服务可以跨多个层吗？最后一个问题最容易回答：是的！事实上，我们已经说过，微服务应该在其逻辑边界内存储所需的数据。因此，跨越业务层和数据层的微服务是存在的。还有一些微服务只负责封装共享数据，并将其限制在数据层中。因此，我们可能有业务层微服务、数据层微服务和跨这两层的微服务。那么，表示层呢？

表示层

　　如果表示层是在服务器端实现的，那么它也适用于微服务架构。单页应用程序和移动端应用程序在客户机上运行表示层，因此它们要么直接连接到业务微服务层，要么更经常地连接到 API 网关，API 网关负责公开公共接口并将请求路由到正确的微服务。

　　在微服务架构中，当表示层是网站时，可以使用一组微服务来实现。但是，如果它需要大量的 Web 服务器和/或大量的框架，那么容器化起来可能并不方便。同时还必须考虑容器化 Web 服务器和其他系统在跨越硬件防火墙通信时的性能损失。

　　ASP.NET 是一个轻量级框架，运行在轻量级的 Kestrel Web 服务器上，因此它可以高效地进行容器化，并用于内联网应用程序的微服务。然而，公共高流量网站需要专用的硬件/软件组件，以防止它们与其他微服务一起部署。事实上，虽然 Kestrel 是内联网网站的可接受解决方案，但公共网站需要更完整的 Web 服务器，如 IIS、Apache 或 NGINX。在这种情况下，安全性和负载均衡要求更加迫切，需要专用的硬件/软件节点和组件。因此，基于微服务的架构通常提供专门的组件，负责与外界的接口。例如，在第 7 章，Kubernetes 群集中的这个角色由所谓的入口(ingress)来扮演。

　　一些不需要特定于微服务的技术，例如单体的大型网站也可以轻松分解为负载均衡的较小子网站，但微服务架构可以将微服务的所有优势带入单个 HTML 页面的构建中。更具体而言，不同的微服务可能负责每个 HTML 页面的不同区域。遗憾的是，在撰写本书时，使用现有的.NET 技术很难实现类似的场景。

　　可以在此处找到使用基于 ASP.NET 的微服务来实现网站的概念验证(PoC)，这些微服务在每个 HTML 页面的构建中相互协作配合(见参考网站 5.4)。这种方法的主要限制是，微服务的配合只是为了生成 HTML 页面所需的数据，而不是生成实际的 HTML 页面。相反，这是由单体网关负责处理的。事实上，在撰写本书时，ASP.NET MVC 之类的框架并没有为 HTML 生成的分发提供合适的工具。我们将在第 15 章继续讲这个例子。

现在，我们已经澄清了系统的哪些部分可以从采用微服务中受益。接下来，我们准备说明决定如何采用微服务时需要的规则。

5.3.2 什么时候值得考虑微服务架构

微服务可以改进业务层和数据层的实现，但采用它们会带来一些成本：

- 将实例分配给节点并扩展它们需要支付云费用或内部基础设施和许可证费用。
- 将一个独特的进程拆分为更小的通信进程会增加通信成本和硬件需求，特别是在微服务是容器化的情况下。
- 为微服务设计和测试软件需要更多的时间，并且在时间和复杂性上增加了工程成本。特别是，使微服务具有可恢复性并确保它们充分处理所有可能的故障，以及通过集成测试验证这些功能，这些将使开发时间增加一个数量级以上。

那么，什么时候值得使用微服务呢？是否有些功能必须作为微服务来实现？

第二个问题的粗略答案是：是的，当应用程序在流量和/或软件复杂性方面足够大时。事实上，随着应用程序的增长，在复杂性和流量增加的情况下，建议支付与扩展它相关的成本，因为这允许开发团队进行更多的扩展优化和更好的处理。为此支付的成本很快就会超过采用微服务的成本。

因此，如果细粒度扩展对应用程序有意义，并且如果能够估计细粒度扩展和开发节省的成本，就可以轻松地计算出总体应用程序吞吐量限制，从而方便采用微服务。

微服务成本也可以通过产品/服务的市场价值的增加来证明。由于微服务架构允许使用已经优化过的技术来实现每个微服务，所以软件中提高的质量可以证明全部或部分微服务成本是合理的。

然而，扩展和技术优化并不是唯一需要考虑的因素。有时，开发者被迫采用微服务架构，而无法进行详细的成本分析。

如果负责整个系统的 CI/CD 的团队规模过大，那么这个大团队的组织和协调会造成困难和低效。在这种情况下，最好采用一种架构，将整个 CI/CD 周期分解为可由较小团队处理的独立部分。

此外，由于这些开发成本只有在大量请求的情况下才是合理的，因此可能需要由不同团队开发的独立模块处理高流量。扩展优化和减少开发团队之间交互的需要使得采用微服务架构非常方便。

由此可以得出结论，如果系统和开发团队增长过多，那么有必要将开发团队分成更小的团队，每个团队都是如此处理有效的有界上下文子系统。在类似的情况下，微服务架构很可能是唯一可能的选择。

另一种必须采用微服务架构的情况是将较新的子部分与基于不同技术的遗留子系统集成，因为容器化微服务是实现它的唯一方式。旧系统和新子部件之间的有效交互，以便逐渐用新的子部件替换旧的子部件。类似地，如果团队由具有不同开发技术栈经验的开发者组成，那么基于容器化微服务的架构可能成为必须的架构。

在下一节中，我们将分析可用的构建模块和工具，以便实现基于.NET 的微服务。

5.4 .NET 如何处理微服务

.NET 被认为是一个跨平台框架，它轻巧、快速，足以实现高效的微服务。特别是，ASP.NET 是实现文本 REST 和二进制 gRPC API 以与微服务通信的理想工具，因为它可以与 Kestrel 等轻型 Web 服务器高效运行，并且本身是轻型和模块化的。

整个.NET 框架是随着微服务作为一个战略部署平台的发展而演变的，它拥有用于构建高效轻量级 HTTP 和 gRPC 通信的工具与软件包，以确保服务具有可恢复性并处理长期运行的任务。下面介绍可以用来实现基于.NET 的微服务架构的一些不同工具或解决方案。

5.4.1 .NET 通信工具

微服务需要两种通信渠道。

- 第一种是直接或通过 API 网关接收外部请求的通信渠道。HTTP 是 Web 服务标准和工具中用于外部通信的常用协议。.NET 的主要 HTTP/gRPC 通信工具是 ASP.NET，因为它是一个轻量级 HTTP/gRPC 框架，非常适合在小型微服务中实现 Web API。我们将在第 14 章详细介绍 ASP.NET 应用程序，该架构专用于 HTTP 和 gRPC 服务。.NET 还提供了一个高效、模块化的 HTTP 客户端解决方案，它能够池化和重用大量连接对象。第 14 章还将对 HttpClient 类进行更详细的讨论。
- 第二种通信渠道用于向其他微服务推送更新。事实上，我们已经提到，微服务内部通信不能由正在进行的请求触发，因为阻止调用其他微服务的复杂树会将请求延迟增加到不可接受的水平。因此，在使用更新之前不得立即请求更新，并且应在状态发生更改时推送更新。理想情况下，这种通信应该是异步的，以使得性能是可接受的。事实上，同步调用会在发送方等待时阻止发送方。这样就增加了每个微服务的空闲时间。但是，如果通信足够快(低通信延迟和高带宽)，则可以接受仅将请求放入处理队列，然后返回成功通信的确认而不是最终结果的同步通信。发布者-订阅者通信更为可取，因为在这种情况下，发送方和接收方不需要相互了解，从而增加了微服务的独立性。事实上，所有对某种类型的通信感兴趣的接收方只需要注册以接收特定事件，而发送方只需要发布这些事件。所有连接均由负责将事件排队并将其分发给所有订阅者的服务来执行。发布者-订阅者模式以及其他有用的模式将在第 11 章进行更详细的描述。

虽然.NET 不直接提供有助于异步通信的工具，也不直接提供实现发布者-订阅者通信的客户端/服务器工具，但 Azure 通过 Azure 服务总线提供了类似的服务。Azure 服务总线处理两种异步通信：一种是 Azure 服务总线队列中入队的异步通信，另一种是通过 Azure 服务总线主题的发布者-订阅者通信。

在 Azure 门户上配置 Azure 服务总线后，可以连接到它，以便通过 Microsoft.Azure.ServiceBus NuGet 程序包中包含的客户端来发送消息/事件和接收消息/事件。

Azure 服务总线有两种类型的通信：基于队列的通信和基于主题的通信。一方面，在基于队列的通信中，发送方放入队列中的每条消息都会由从队列中提取消息的第一个接收方从队列中删除；另一方面，基于主题的通信是发布者-订阅者模式的实现。每个主题都有多个订阅，可以从每个主题订阅中提取发送到主题的每条消息的不同副本。

设计流程如下:

(1) 定义 Azure 服务总线专用名称空间。

(2) 获取 Azure 门户中已创建的根连接字符串,或定义具有较少权限的新连接字符串。

(3) 定义发送方发送消息(以二进制格式)的队列或主题。

(4) 对于每个主题,定义所有必需订阅的名称。

(5) 在基于队列的通信中,发送方向队列发送消息,接收方从同一队列中提取消息。每条消息都会传递给一个接收方。也就是说,一旦接收方获得对队列的访问权,它就会读取并删除一条或多条消息。

(6) 在基于主题的通信中,每个发送方向主题发送消息,而每个接收方从与该主题相关联的私有订阅中提取消息。

Azure 服务总线还有其他商业替代产品,如 NServiceBus、MassTransit、Brighter 和 ActiveMQ。还有一个免费的开源选项——RabbitMQ。RabbitMQ 可以安装在本地、虚拟机或 Docker 容器中,然后可以通过 RabbitMQ.client NuGet 程序包中包含的客户端与之连接。

RabbitMQ 的功能类似于 Azure 服务总线提供的功能,但必须处理所有的实现细节、已执行操作的确认等,而 Azure 服务总线则负责所有的低级别的操作,并提供更简单的接口。Azure 服务总线将在第 11 章详细介绍。

如果将微服务发布到 Azure Service Fabric,则可以使用内置的可靠二进制通信,这将在第 6 章介绍。

通信是可恢复的,因为通信自动使用重试策略。这种通信是同步的,但不会带来很大限制,因为 Azure Service Fabric 中的微服务具有内置队列,因此在接收方接收到消息后可以将其放入队列并立即返回,而不会阻塞发送方。

然后,队列中的消息由单独的线程处理。这种内置通信的主要限制是它不基于发布者-订阅者模式,要求发送方和接收方必须相互了解。当这一点不可接受时,应该使用 Azure 服务总线。我们将在第 6 章学习如何使用 Service Fabric 的内置通信。

5.4.2　可恢复性任务执行

可恢复性通信和可恢复性任务执行通常可以在名为 Polly 的.NET 程序库的帮助下轻松实现,Polly 项目是.NET 基金会旗下的一个项目。.NET Core 可通过 StackExchange.Redis NuGet 程序包获得。

在 Polly 中,可以定义策略(Policy),然后在这些策略的上下文中执行任务,如下所示:

```
var myPolicy = Policy
  .Handle<HttpRequestException>()
  .Or<OperationCanceledException>()
  .Retry(3);
....
....
myPolicy.Execute(()=>{
    //your code here
});
```

每个策略的第一部分指定必须处理的异常。然后,指定捕获其中之一的异常时要执行的操作。在前面的代码中,如果由于 HttpRequestException 异常或 OperationCanceledException 异常导致失败，则执行方法最多重试 3 次。

以下是指数重试策略的实现：

```
var erPolicy= Policy
    ...
    //Exceptions to handle here
    .WaitAndRetry(6,
        retryAttempt => TimeSpan.FromSeconds(Math.Pow(2,
            retryAttempt)));
```

WaitAndRetry 的第一个参数指定在发生故障时最多执行 6 次重试。作为第二个参数传递的 lambda 函数指定在下次尝试之前等待的时间。在这个特定的示例中，此时间随着尝试次数以 2 的幂指数增长(第一次重试为 2 秒，第二次重试为 4 秒，以此类推)。

以下是一个简单的熔断策略：

```
var cbPolicy=Policy
    .Handle<SomeExceptionType>()
    .CircuitBreaker(6, TimeSpan.FromMinutes(1));
```

6 次失败后，由于返回异常，任务在 1 分钟内无法执行。

以下是舱壁隔离策略的实现(参见"微服务设计原则"一节了解更多信息)：

```
Policy
    .Bulkhead(10, 15)
```

Execute 方法中最多允许 10 次并行执行。之后的任务会插入到执行队列中，有 15 个任务的限制。如果超过队列限制，将引发异常。

 为了使舱壁隔离策略正常工作，并且通常为了使每个策略正常工作，必须通过相同的策略实例触发任务执行；否则，Polly 无法计算特定任务的活动执行次数。

策略可以与 Wrap 方法结合使用：

```
var combinedPolicy = Policy
    .Wrap(erPolicy, cbPolicy);
```

Polly 提供了更多的选项，例如提供一些方法用于返回特定类型的任务、超时策略、任务结果缓存、定义自定义策略等。也可以在 ASP.NET 或.NET 应用程序的依赖注入文件部分将 Polly 配置为 HttPClient 定义的一部分。通过这种方式，可以迅速定义可恢复性客户端。

有关 Polly 官方文件的链接，可扫封底二维码参阅本章"扩展阅读"的内容。

5.4.3　使用通用宿主[1]

每个微服务可能需要运行几个独立的线程，每个线程对接收到的请求执行不同的操作。这样的线程需要多种资源，例如数据库连接、通信通道、执行复杂操作的专用模块等。此外，当微服务启动时，所有处理线程都必须进行充分的初始化，当微服务由于负载均衡或错误而停止时，线程必须正常地停止。

所有这些需求促使.NET 团队构思并实现托管服务和宿主。宿主(又称主机)为运行多个任务(称

1　译者注：对于 generic hosts 这个词，微软官方有多种翻译：通用宿主、泛型主机、通用主机。本书统一称"通用宿主"。

为托管服务)创建适当的环境，并为它们提供资源、公共设置和彻底的启动/停止。

Web 宿主的概念主要是为了实现 ASP.NET Core Web 框架，但从.NET Core 2.1 开始，宿主概念扩展到了所有.NET 应用程序。

在编写本书时，会在任何 ASP.NET Core 或 Blazor 项目中自动创建一个宿主，因此在其他项目类型中需要手动添加它。

与宿主概念相关的所有功能都包含在 Microsoft.EntityFrameworkCore.Cosmos NuGet 程序包中。

首先，需要使用流畅的界面配置宿主，从 HostBuilder 实例开始。此配置的最后一步是调用 Build 方法，该方法使用所提供的所有配置信息构建实际宿主：

```
var myHost=new HostBuilder()
    //Several chained calls
    //defining Host configuration
    .Build();
```

宿主配置包括定义公共资源、定义文件的默认文件夹、从多个源(JSON 文件、环境变量和传递给应用程序的任何参数)加载配置参数，以及声明所有托管服务。

值得指出的是，.NET Core 和 Blazor 项目使用相关方法执行宿主包括上述几个任务的预配置。然后，可以启动宿主，从而启动所有托管服务：

```
host.Start();
```

在宿主关闭之前，程序将一直被前一条指令阻塞。宿主可以由一个托管服务关闭，也可以通过调用 await host.StopAsync(timeout)在外部关闭。这里，timeout 是一个时间跨度，定义了等待托管服务正常停止的最长时间。在此之后，如果所有托管服务尚未终止，则将中止这些服务。

通常，当通过编排器启动微服务时，微服务会得到一个 cancellationToken，并通过这个 cancellationToken 来标识和触发关闭。例如，当微服务托管在 Azure 服务结构中时，就会发生这种情况。

因此，在大多数情况下，可以使用 RunAsync 或 Run 方法以向其传递从编排器或操作系统接收到的 cancellationToken，而不是使用 host.Start()：

```
await host.RunAsync(cancellationToken)
```

cancellationToken 进入 canceled 状态之后就会触发关闭。默认情况下，宿主有 5 秒钟的关闭超时时间，也就是说，一旦请求关闭，它将等待 5 秒钟后退出。这个超时时间可以在用于声明托管服务和其他资源的 ConfigureServices 方法中更改：

```
var myHost = new HostBuilder()
    .ConfigureServices((hostContext, services) =>
    {
        services.Configure<HostOptions>(option =>
        {
            option.ShutdownTimeout = System.TimeSpan.FromSeconds(10);
        });
        ....
        ....
        //further configuration
    })
    .Build();
```

但是，增加宿主超时不会增加编排器超时，因此如果宿主等待时间过长，整个微服务将被编排器终止。

如果没有显式地将 cancellationToken 传递给 Run 或 RunAsync，则会自动生成一个 cancellationToken，并在操作系统通知应用程序将要终止它时自动发出信号。该 cancellationToken 将传递给所有托管服务，以使它们能够正常地停止。托管服务是 IHostedService 接口的实现，它只有 StartAsync(cancellationToken)和 StopAsync(cancellationToken)方法。

这两个方法都接收到一个 cancellationToken。StartAsync 方法中的 cancellationToken 表示请求关闭。

一方面，StartAsync 方法在执行启动宿主所需的所有操作时定期检查该 cancellationToken，如果发出信号，宿主启动过程将中止；另一方面，StopAsync 方法中的 cancellationToken 表示关闭超时已到期。

可以使用用于定义宿主选项的同一 ConfigureServices 方法声明托管服务，如下所示：

```
services.AddHostedService<MyHostedService>();
```

但是，有些项目模板(如 ASP.NET Core 项目模板)在不同的类中定义 ConfigureServices 方法。如果此方法接收到 HostBuilder.ConfigureServices 方法中可用的相同服务参数，则此方法可以正常工作。ConfigureServices 中的大多数声明都需要添加以下名称空间：

```
using Microsoft.Extensions.DependencyInjection;
```

通常，不会直接实现 IHostedService 接口，而是可以继承 BackgroundService 抽象类，该抽象类公开了更易于实现的 ExecuteAsync(CancellationToken)方法，可以在该方法中放置服务的整个逻辑。

通过将 cancellationToken 作为参数传递来表示关闭更易于处理。我们将在第 6 章末尾的示例中查看 IHostedService 的实现。由于旧消息会被拒绝，因此可以定期将它们从字典中删除，以避免其成倍增长。

要允许托管服务关闭宿主，需要声明 IApplicationLifetime 接口作为其构造函数参数：

```
public class MyHostedService: BackgroundService
{
    private readonly IHostApplicationLifetime applicationLifetime;
    public MyHostedService(IHostApplicationLifetime applicationLifetime)
    {
        this.applicationLifetime=applicationLifetime;
    }
    protected Task ExecuteAsync(CancellationToken token)
    {
        ...
        applicationLifetime.StopApplication();
        ...
    }
}
```

创建托管服务时，会自动向其传递一个 IHostApplicationLifetime 的实现，其 StopApplication 方法将触发宿主关闭。这个实现是自动处理的，但也可以声明自定义资源，这些资源的实例将自动传递给将它们声明为参数的所有宿主服务构造函数。因此，假设定义这样一个构造函数：

```
Public MyClass(MyResource x, IResourceInterface1 y)
{
    ...
}
```

有几种方法可以定义前面的构造函数所需的资源:

```
services.AddTransient<MyResource>();
services.AddTransient<IResourceInterface1, MyResource1>();
services.AddSingleton<MyResource>();
services.AddSingleton<IResourceInterface1, MyResource1>();
```

使用 AddTransient 时,会创建不同的实例并将每一个实例传递给需要该声明类型的所有构造函数。而使用 AddSingleton 将创建一个唯一实例,并将其传递给所有需要声明类型的构造函数。带有两个泛型类型的重载允许传递接口和实现该接口的类型。通过这种方式,构造函数需要该接口,并与接口的具体实现解耦。

如果资源构造函数包含参数,它们将以递归方式自动实例化,并使用 ConfigureServices 中声明的类型。这种与资源交互的模式称为依赖注入(DI),将在第 11 章详细讨论。

HostBuilder 还有一种方法可用于定义默认文件夹。默认文件夹用于解析在所有.NET 方法中提到的相对路径的根文件夹:

```
.UseContentRoot("c:\\<deault path>")
```

它还有一些方法可用于添加日志记录的输出目标:

```
.ConfigureLogging((hostContext, configLogging) =>
    {
        configLogging.AddConsole();
        configLogging.AddDebug();
    })
```

前面的示例显示了一个基于控制台的日志记录源,我们也可以使用合适的方法将日志记录输出到 Azure。配置日志记录后,可以通过在其构造函数中添加 ILoggerFactory 或 ILogger<T>参数来启用托管服务并记录自定义消息。

最后,HostBuilder 提供了从各种来源读取配置参数的方法:

```
.ConfigureHostConfiguration(configHost =>
    {
        configHost.AddJsonFile("settings.json", optional: true);
        configHost.AddEnvironmentVariables(prefix: "PREFIX_");
        configHost.AddCommandLine(args);
    })
```

我们将在专门讲 ASP.NET 的第 15 章详细介绍从应用程序内部使用参数的方式。

5.4.4   Visual Studio 对 Docker 的支持

VisualStudio 支持创建、调试和部署 Docker 镜像。Docker 部署要求我们在开发机器上安装 Docker Desktop for Windows,以便运行 Docker 镜像。所有的选项都可以在本章的"扩展阅读"中找到。在开始任何开发活动之前,必须确保它已安装并正在运行(当 Docker 运行时正在运行时,可以在 Windows 通知栏中看到 Docker 图标)。

对 Docker 的支持将通过一个简单的 ASP.NET MVC 项目来描述。下面创建一个项目，步骤如下：

(1) 将项目命名为 MvcDockerTest。

(2) 为简单起见，如果尚未禁用身份验证，请禁用身份验证。

(3) 可以选择在创建项目时添加 Docker 支持，但请不要选中 Docker 支持复选框。可以测试 Docker 支持在创建任何项目后如何添加到该项目中。

构建并运行 ASP.NET MVC 应用程序后，右击解决方案资源管理器中的项目图标，然后选择"添加" | "容器编排器支持" | Docker Compose，将打开一个对话框，要求选择容器应该使用的操作系统；选择与安装 Docker Desktop for Windows 时相同的选项。这不仅可以创建 Docker 镜像，还可以创建 Docker Compose 项目，有助于配置 Docker Compose 文件，以便它们同时运行和部署多个 Docker 镜像。事实上，如果向解决方案中添加另一个 MVC 项目并启用容器编排器支持，则新的 Docker 镜像将添加到同一 Docker Compose 文件中。

启用 Docker Compose 而不仅仅是 Docker 的优点是，通过编辑添加到解决方案中的 Docker Compose 文件，可以手动配置镜像在开发计算机上的运行方式，以及定义 Docker 镜像端口如何映射到外部端口。

如果 Docker 运行时已正确安装并正在运行，则应该能够从 Visual Studio 运行 Docker 镜像。

1. 分析 Docker 文件

让我们分析一下 Visual Studio 创建的 Docker 文件。这是一系列镜像创建步骤。在 From 指令的帮助下，每个步骤都会使用其他内容丰富现有镜像，From 指令是对现有镜像的引用。以下是第一步：

```
FROM mcr.microsoft.com/dotnet/aspnet:x.x AS base
WORKDIR /app
EXPOSE 80
EXPOSE 443
```

第一步使用 Microsoft 在 Docker 公共存储库中发布的 mcr.microsoft.com/dotnet/aspnet:x.x 这个 ASP.NET(Core)运行时，其中 x.x 是在项目中选择的 ASP.NET(Core)版本。

WORKDIR 命令在将要创建的镜像中创建该命令之后的目录。如果该目录尚不存在，则会在镜像中创建该目录。两个 EXPOSE 命令声明镜像端口的哪些端口将在镜像外部公开并映射到实际宿主机器。映射端口在部署阶段作为 Docker 命令的命令行参数或在 Docker Compose 文件中确定。在我们的例子中有两个端口：一个用于 HTTP(80)，另一个用于 HTTPS(443)。

这个中间镜像由 Docker 缓存，Docker 不需要重新计算它，因为它不依赖我们编写的代码，而只依赖所选的 ASP.NET (Core)运行时版本。

第二步生成一个不会用于部署的不同镜像。相反，它将用于创建要部署的特定于应用程序的文件：

```
FROM mcr.microsoft.com/dotnet/core/sdk:x  AS build
WORKDIR /src
COPY ["MvcDockerTest/MvcDockerTest.csproj", "MvcDockerTest/"]
RUN dotnet restore MvcDockerTest/MvcDockerTest.csproj
COPY . .
WORKDIR /src/MvcDockerTest
RUN dotnet build MvcDockerTest.csproj -c Release -o /app/build
```

```
FROM build AS publish
RUN dotnet publish MvcDockerTest.csproj -c Release -o /app/publish
```

此步骤从 ASP.NET SDK 镜像开始,其中包含不需要添加以进行部署的部分,这些是处理项目代码所必需的。新的 src 目录在构建镜像中创建并成为当前镜像目录,然后将项目文件复制到 /src/MvcDockerTest 中。

RUN 命令在镜像上执行操作系统命令。在本例中,它调用 dotnet 运行时,要求还原先前复制的项目文件引用的 NuGet 程序包。然后,COPY 命令将整个项目文件树复制到 src 镜像目录中,将项目目录设置为当前目录,并要求 dotnet 运行时以发布模式构建项目,并将所有输出文件复制到新的/app/build 目录中。最后,dotnet 发布任务在一个名为 publish 的新镜像中执行,将已发布的二进制文件输出到/app/publish。

最后一步从第一步中创建的镜像开始,该镜像包含 ASP.NET(Core)运行时,并添加前一步中发布的所有文件:

```
FROM base AS final
WORKDIR /app
COPY --from=publish /app/publish .
ENTRYPOINT ["dotnet", "MvcDockerTest.dll"]
```

ENTRYPOINT 命令指定执行镜像所需的操作系统命令。它接受一个字符串数组。在我们的例子中,它接受 dotnet 命令及其第一个命令行参数,即需要执行的 DLL。

2. 发布项目

如果在项目上右击并单击"发布",则会显示两个选项:

- 将镜像发布到现有或新的 Web 应用程序(由 Visual Studio 自动创建)。
- 发布到某个 Docker 注册表,包括私有 Azure 容器注册表,如果该注册表不存在,则可以从 Visual Studio 中创建。

Docker Compose 支持运行和发布多容器应用程序,并添加更多镜像,例如随处可用的容器化数据库。

以下 Docker Compose 文件将两个 ASP.NET 应用程序添加到同一 Docker 镜像中:

```
version: '3.4'

services:
  mvcdockertest:
    image: ${DOCKER_REGISTRY-}mvcdockertest
    build:
      context: .
      dockerfile: MvcDockerTest/Dockerfile

  mvcdockertest1:
    image: ${DOCKER_REGISTRY-}mvcdockertest1
    build:
      context: .
      dockerfile: MvcDockerTest1/Dockerfile
```

前面的代码引用了现有的 Docker 文件。任何与环境相关的信息都放置在 docker-compose.override.yml 文件中,当从 Visual Studio 启动应用程序时,该文件将与

docker-compose.yml 文件合并：

```
version: '3.4'

services:
  mvcdockertest:
    environment:
      - ASPNETCORE_ENVIRONMENT=Development
      - ASPNETCORE_URLS=https://+:443;http://+:8
    ports:
      - "3150:80"
      - "44355:443"
    volumes:
      - ${APPDATA}/Asp.NET/Https:/root/.aspnet/https:ro
  mvcdockertest1:
    environment:
      - ASPNETCORE_ENVIRONMENT=Development
      - ASPNETCORE_URLS=https://+:443;http://+:80
      - ASPNETCORE_HTTPS_PORT=44317
    ports:
      - "3172:80"
      - "44317:443"
    volumes:
      - ${APPDATA}/Asp.NET/Https:/root/.aspnet/https:ro
```

对于每个镜像，该文件定义了一些(启动应用程序时将在镜像中定义的)环境变量、端口映射和宿主文件。

宿主中的文件直接映射到镜像中。每个声明都包含宿主中的路径、路径在镜像中的映射方式以及所需的访问权限。在我们的示例中，volumes 用于映射 Visual Studio 使用的自签名 HTTPS 证书。

现在，假设我们要添加一个容器化 SQL Server 实例，需要在 docker-compose.yml 和 docker-compose.override.yml 之间拆分以下指令：

```
sql.data:
  image: mssql-server-linux:latest
  environment:
  - SA_PASSWORD=Pass@word
  - ACCEPT_EULA=Y
  ports:
  - "5433:1433"
```

前面的代码指定了 SQL Server 容器的属性，以及 SQL Server 的配置和安装参数。更具体而言，上述代码包含以下信息：

- sql.data 是给定容器的名称。
- image 指定从何处获取镜像。在我们的例子中，镜像包含在公共 Docker 注册表中。
- environment 指定 SQL Server 所需的环境变量，即管理员密码和接受 SQL Server 许可证。
- 通常，ports 指定端口映射。
- docker-compose.override.yml 用于从 Visual Studio 中运行镜像。

如果需要为生产环境或测试环境指定参数，可以添加更多 docker-compose-xxx.override.yml 文件，例如 docker-compose-staging.override.yml 和 docker-compose production.override.yml，然后在目标环境中手动启动它们，代码如下：

```
docker-compose -f docker-compose.yml -f docker-compose-staging.override.yml
```

之后，可以使用以下代码销毁所有容器：

```
docker-compose -f docker-compose.yml -f docker-compose.test.staging.yml down
```

虽然 docker compose 在处理节点群集时能力有限，但它主要用于测试和开发环境。对于生产环境，需要更复杂的工具，将在 5.5 节中介绍。

5.4.5　Azure 和 Visual Studio 对微服务编排的支持

Visual Studio 有基于 Service Fabric 平台的微服务应用程序的特定项目模板，可以在其中定义各种微服务，对其进行配置，并将它们部署到 Azure Service Fabric 中。Azure Service Fabric 是一种微服务编排器，第 6 章将对其进行更详细的描述。

Visual Studio 还有用于定义要在 Azure Kubernetes 中部署的微服务的特定项目模板，以及用于在与部署在 Azure Kubernetes 中的其他微服务通信时调试单个微服务的扩展。

还有一些工具可以用来测试和调试开发机器中的通信微服务，不需要安装任何 Kubernetes 软件，只需要极少的配置信息即可在 Azure Kubernetes 上自动部署它们。

Azure Kubernetes 的所有 Visual Studio 工具将在第 7 章介绍。

5.5　管理微服务需要哪些工具

要想在 CI/CD 周期中有效处理微服务，需要一个私有 Docker 镜像注册表，以及能够执行以下操作的先进微服务编排器：

- 在可用硬件节点上分配和负载均衡微服务。
- 监控服务的运行状况，并在发生硬件/软件故障时更换故障服务。
- 日志记录和展示分析。
- 允许设计者动态更改需求，例如分配给群集的硬件节点、服务实例的数量等。

下面介绍可以用来存储 Docker 镜像的 Azure 工具。Azure 中可用的微服务编排器将在独立的章节中进行描述，即第 6 章和第 7 章。

在 Azure 中定义私有 Docker 注册表

在 Azure 中定义私有 Docker 注册表很容易，只需要在 Azure 搜索栏中输入容器注册表，然后选择容器注册表，在出现的页面上单击"创建"按钮。此时将打开图 5.1 所示界面。

图 5.1　创建 Azure 私有 Docker 注册表

图 5.1 中填入的注册表名称用于组成整个注册表 URI：<名称>.azurecr.io。通常，可以指定订阅、资源组和位置。SKU 下拉列表允许从不同级别的产品中进行选择，这些产品在性能、可用内存和其他辅助功能方面有所不同。

无论何时在 Docker 命令或 Visual Studio 发布表单中提及镜像名称，都必须在它们前面加上注册表 URI：<名称>.azurecr.io/<镜像名称>。

如果镜像是使用 Visual Studio 创建的，则可以按照发布项目后出现的说明进行发布。否则，必须使用 Docker 命令将它们推送入注册表。

使用与 Azure 注册表交互的 Docker 命令的最简单方法是在计算机上安装 Azure CLI(可以登录参考网站 5.5 下载安装程序)。安装 Azure CLI 后，可以在 Windows 命令提示符或 PowerShell 中使用 az 命令。为了连接 Azure 账户，必须执行以下登录命令：

```
az login
```

此命令会启动默认浏览器，并引导你完成手动登录过程。

登录 Azure 账户后，可以通过输入以下命令登录私有注册表：

```
az acr login --name {registryname}
```

现在，假设另一个注册表中有一个 Docker 镜像。首先，在本地计算机上提取镜像：

```
docker pull other.registry.io/samples/myimage
```

如果前面的镜像有多个版本，则将提取最新版本，因为未指定任何版本。可以按如下方式指定镜像的版本：

```
docker pull other.registry.io/samples/myimage:version1.0
```

使用以下命令，可以在本地镜像列表中看到 myimage：

```
docker images
```

然后，使用要在 Azure 注册表中分配的路径标记镜像：

```
docker tag myimage myregistry.azurecr.io/testpath/myimage
```

名称和目标标记都允许在后方加上版本(即<版本名称>)。最后，使用以下命令将其推送到注册表：

```
docker push myregistry.azurecr.io/testpath/myimage
```

在这种情况下，可以指定一个版本；否则，将推送最新版本。

通过执行此操作，可以使用以下命令从本地计算机删除镜像：

```
docker rmi myregistry.azurecr.io/testpath/myimage
```

5.6 本章小结

本章介绍了什么是微服务，以及它们是如何从模块的概念演变而来的；讨论了微服务的优势，何时值得使用它们，以及设计的一般标准；解释了什么是 Docker 容器，并分析了容器与微服务架构之间的紧密联系。

本章通过描述.NET 中可用的所有工具来进行更具体的实现，可以实现基于微服务的架构。本章还描述了微服务所需的基础架构，以及 Azure 群集如何提供 Azure Kubernetes 服务和 Azure Service Fabric。

下一章将详细讨论 Azure Service Fabric 编排器。

5.7 练习题

1. 模块概念的双重性质是什么？
2. 扩展优化是微服务的唯一优势吗？如果不是，请进一步列举微服务的优势。
3. Polly 是什么？
4. Visual Studio 提供了哪些 Docker 支持？
5. 什么是编排器？Azure 上有哪些编排器？
6. 为什么基于发布者-订阅者的通信在微服务中如此重要？
7. 什么是 RabbitMQ？
8. 为什么幂等信息如此重要？

第6章

Azure Service Fabric

本章专门介绍 Azure Service Fabric，它是 Microsoft 推荐的微服务编排器，既可以在 Azure 上使用，也可以下载到本地安装使用，这意味着用户可以使用它来定义自己的本地微服务群集。

虽然 Service Fabric 不像 Kubernetes 一样广为传播，但它具有更好的学习曲线，使用户能够了解微服务的基本概念，并在很短的时间内构建复杂的解决方案。此外，它还提供集成部署环境，包括实现完整应用程序所需的一切。更具体而言，它还提供了集成的通信协议，以及简单、可靠的存储状态信息的方法。

本章涵盖以下主题：

- Visual Studio 对 Azure Service Fabric 应用程序的支持。
- 如何定义和配置 Azure Service Fabric 群集。
- 如何编写可靠的微服务及其之间的通信，通过"购买记录微服务"用例进行实践。

本章还将介绍基于 Azure Service Fabric 的完整解决方案。

6.1　技术性要求

学习本章之前需要满足以下几点要求：

- 使用安装了所有数据库工具的 Visual Studio 2019 社区版(免费)或更高版本。
- 拥有一个 Azure 账户，如果没有，则可以按照第 1 章的介绍去创建一个免费 Azure 账户。
- 安装 Azure Service Fabric 的本地模拟器，用于在 Visual Studio 中调试微服务。该模拟器是免费的，可以登录参考网站 6.1 下载。

为避免安装问题，请确保 Windows 操作系统的版本是最新的。此外，模拟器需要使用 PowerShell 高权限级别的命令，默认情况下，这些命令会被 PowerShell 阻止。要启用这些命令，需要以管理员身份启动 Visual Studio 或 PowerShell 控制台(以确保命令成功执行)，并在 Visual Studio 程序包管理控制台(Package Manager Console)或 PowerShell 控制台中执行以下命令：

```
Set-ExecutionPolicy -ExecutionPolicy Unrestricted -Force -Scope CurrentUser
```

Visual Studio 对 Azure Service Fabric 的支持

Visual Studio 提供基于 Service Fabric 平台的微服务应用程序的特定项目模板，可以在其中定义各种微服务，对其进行配置，并将它们部署到 Azure Service Fabric 中。Azure Service Fabric 是一种微服务编排器,下一节将对它进行更详细的描述。

本节将介绍可以在 Service Fabric 应用程序中定义的各种类型的微服务。

在 Visual Studio 项目类型下拉列表框中选择"云",可以找到 Service Fabric 应用程序,如图 6.1 所示。

图 6.1 选择 Service Fabric 应用程序

选择项目并填写项目和解决方案名称后,可以从服务列表中选择所需的服务,如图 6.2 所示。

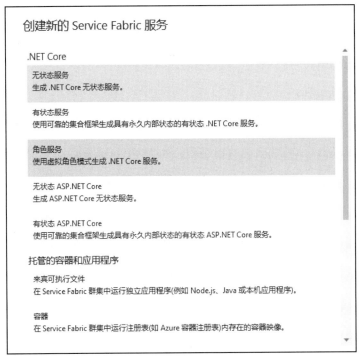

图 6.2 选择所需的服务

.NET Core 下的所有项目都使用特定于 Azure Service Fabric 的微服务模型。访客可执行文件围绕现有 Windows 应用程序添加了一层包装,以将其转变为可以在 Azure Service Fabric 中运行的微服务。容器应用程序支持在 Service Fabric 应用程序中添加任何 Docker 镜像。所有其他选择都搭建了一个模板,允许使用特定于 Service Fabric 的模式来编写微服务。

如果选择无状态服务并填写所有请求信息,Visual Studio 将创建两个项目:一个是包含整个应用程序配置信息的应用程序项目,另一个是包含服务代码和服务具体配置的服务项目。如果要向应用程序添加更多微服务,请右击应用程序项目并选择添加新项目。

如果右击解决方案并选择添加新项目，将创建一个新的 Service Fabric 应用程序，而不是将新服务添加到现有的应用程序中。

如果选择访客可执行文件，则需要提供以下内容。

● 服务名称。

● 包含主要的可执行文件及其正常工作所需的所有文件的文件夹。如果要在项目中创建此文件夹的副本或仅链接到现有文件夹，则需要此操作。

● 对于上述文件夹，是添加指向它的链接，还是将其内容复制到 Service Fabric 项目中。

● 主可执行文件。

● 要在命令行上传递给该可执行文件的参数。

● Azure 上的工作文件夹，有三个选项：① CodeBase，即包含主要可执行文件的文件夹；② CodePackage，即 Azure Service Fabric 将在其中打包整个微服务的文件夹；③ Work，即创建名为 Work 的新子文件夹。

如果选择容器，则需要提供以下内容。

● 服务名称。

● 私有 Azure 容器注册表中 Docker 镜像的完整名称。

● 将用于连接 Azure 容器注册表的用户名。密码将在为该用户名自动创建的应用程序配置文件的同一 XML 元素 RepositoryCredentials 中手动指定。

● 可以访问服务的端口(宿主端口)和宿主端口必须映射到的容器内的端口(容器端口)。容器端口必须与 Docker 文件中公开并用于定义 Docker 镜像的端口相同。

之后，可能需要进一步手动配置，以确保 Docker 应用程序正常工作。可扫封底二维码获取"扩展阅读"中官方文档的链接，了解更多详细信息。

有 5 种模式的.NET Core 的本地 Service Fabric 服务。角色服务模式是 Carl Hewitt 几年前构思的一种独特的模式，本书对此不做介绍，可通过"扩展阅读"中的链接了解更多信息。其余 4 种模式根据是否使用 ASP.NET Core 作为主要交互协议以及服务是否具有内部状态进行区分。事实上，Service Fabric 允许微服务使用分布式队列和字典，这些分布式队列和字典可用于声明它们的微服务的所有实例全局访问，而与它们运行所在的硬件节点无关(它们在需要时序列化并分发到所有可用实例)。

有状态模板和无状态模板主要在配置方面有所不同。所有本地服务都只需要实现两个方法的类。有状态服务需要实现：

```
protected override IEnumerable<ServiceReplicaListener>
CreateServiceReplicaListeners()

protected override async Task RunAsync(CancellationToken cancellationToken)
```

而无状态服务需要具体实现：

```
protected override IEnumerable< ServiceInstanceListener >
CreateServiceInstanceListeners()

protected override async Task RunAsync(CancellationToken cancellationToken)
```

CreateServiceReplicaListeners 和 CreateServiceInstanceListeners 方法中需要实现微服务用于接收消息的监听器(Listener)列表以及处理这些消息的代码。监听器可以使用任何协议，但需要实现对应的套接字(Socket)实例。

RunAsync 包含后台线程的代码，这些线程异步运行由接收的消息所触发的任务。在这里，可以构建运行多个托管服务的宿主。

ASP.NET Core 模板遵循相同的模式，但是它们使用统一的 ASP.NET Core 的监听器，没有 RunAsync 实现，因为后台任务可以从 ASP.NET Core 内部启动，ASP.NET Core 的监听器定义了一个完整的 Web 宿主。不过，也可以通过 Visual Studio 创建的 CreateServiceReplicaListeners 实现向返回的监听器数组中添加更多监听器，还可以添加自定义的 RunAsync 方法重写。

值得指出的是，因为 RunAsync 是可选的，而且由于 ASP.NET Core 模板没有实现它，所以 CreateServiceReplicaListeners 和 CreateServiceInstanceListeners 也是可选的，例如，通过计时器操作的后台工作程序不需要实现这两者中的任何一个。

下一节将介绍关于 Service Fabric 的本地服务模式的更多细节，6.3 节将提供完整的代码示例。

6.2 定义和配置 Azure Service Fabric 群集

Azure Service Fabric 是主要的 Microsoft 编排器，它可以承载 Docker 容器、本地.NET 应用程序和一种称为可靠服务的分布式计算模型。6.1 节已经介绍了如何创建包含这三种类型服务的应用程序，本节将解释如何在 Azure 门户中创建 Azure Service Fabric 群集，并提供有关可靠服务的更多详细信息。

在 Azure 搜索栏中输入 Service Fabric 并选择 Service Fabric 群集，可以进入 Azure 的 Service Fabric，此时将显示所有 Service Fabric 群集的概括页面，页面中应该还没有记录。单击"添加"按钮创建第一个群集时，将显示一个多步骤向导，步骤如下。

6.2.1 步骤 1：基本信息

创建 Azure Service Fabric 的界面如图 6.3 所示。

在这里，可以填选订阅、资源组、位置、操作系统，以及用户名和密码，用于将远程桌面连接到所有群集节点。

此处需要选择一个群集名称，该名称将用于组成群集 URI：<群集名称>.<位置>. cloudapp.azure.com。此处的位置对应所选数据中心位置的名称。这里选择 Windows 操作系统，因为 Service Fabric 最初是为 Windows 设计的。Linux 操作系统的更优选择是 Kubernetes，这将在下一章中介绍。

然后，选择要用作主节点的虚拟机类型(节点类型)和要使用的最大虚拟机数量(初始 VM 规模集容量)。作为实验，请选择一种便宜的节点类型，并且不要超过 3 个节点，否则可能会很快消耗完所有免费 Azure 信用。

最后，可以选择一个证书来保护节点到节点的通信。单击"选择证书"链接，在打开的窗口中选择自动创建新的密钥保管库和证书。有关安全性的更多信息将在 6.2.3 小节"步骤 3：安全配置"中提供。

项目详细信息

选择一个订阅来管理部署的资源和成本。使用文件夹等资源组组织和管理你的所有资源。

订阅 * ①	免费试用 ∨
└─ 资源组 * ①	资源组1 ∨
	新建

群集详细信息

群集名称 *	csharpbook ✓
	.westeurope.cloudapp.azure.com
位置 *	(Europe) West Europe ∨
操作系统 *	WindowsServerSemiAnnual Datacenter-Core-1803-with-Containers ∨
用户名 *	myusername ✓
密码 *	•••••••• ✓
确认密码 *	•••••••• ✓

主节点类型详细信息

节点类型定义了用于管理群集的规模集。一个 Service Fabric 群集可以包含多个节点类型。在这种情况下，群集包含一个主节点类型和一个或多个非主节点类型。请在此处配置你的主节点类型。 深入了解节点类型

初始 VM 规模集容量 *   ━━━━○━━━━━━━━━━━━━━━━━━━ | 5 |

                                                                 50

节点类型 * ①   **Standard D2as v5**
                    选择 VM 大小

安全性

Service Fabric 需要使用主要证书来对群集中的节点进行身份验证并提供安全通信。此证书必须包含私钥，并有与用于访问群集的域相匹配的使用者名称。你可以立即新建证书，也可以选择 Azure Key Vault 中的现有证书。证书必须存储在与群集相同的订阅和区域中的 Azure Key Vault 内。 了解 Service Fabric 安全性的详细信息

密钥保管库和主要证书 *   选择证书

图 6.3 创建 Azure Service Fabric

6.2.2 步骤 2：群集配置

步骤 1 中选择了群集主节点，步骤 2 中可以选择是否添加各种具有扩展容量的从节点，优化调整群集节点类型和数量，如图 6.4 所示。创建不同的节点类型后，可以将服务配置为仅在功能足以满足其需要的特定节点类型上运行。

基本	**节点类型**	安全性	高级	标记	查看 + 创建

节点类型定义了将用于管理群集的规模集。深入了解节点类型 ↗

单节点群集 ①　　　　　　　○ 是 ⦿ 否

＋ 添加　🗑 删除

节点类型名称	初始 VM 规模集容量	虚拟机大小
☐ Type512 (主节点)	5	Standard_D2as_v5

图 6.4 调整群集节点类型和数量

单击"添加"按钮添加新的节点类型，如图 6.5 所示。

节点类型名称 * ⓘ	secondary	✓
耐久性层 * ⓘ	Silver	⌄
虚拟机大小 *	选择 VM 大小	
初始 VM 规模集容量 *	●━━○━━━━━━━━━━━━━	5
自定义终结点 ⓘ	例如: 80、83、8081	
启用反向代理	◉ 是 ○ 否	
反向代理	19081	
配置高级设置 ⓘ	○ 是 ◉ 否	

图 6.5 添加新的节点类型

不同节点类型的节点可以独立扩展，主节点类型是 Azure Service Fabric 运行时服务的托管位置。对于每种节点类型，可以指定机器类型(耐久性层)、机器规格(CPU 和 RAM)，以及初始节点数，还可以指定从群集外部可见的所有端口(自定义终结点)。

 托管在群集不同节点上的服务可以通过任何端口进行通信，因为它们从属于同一本地网络。因此，自定义终结点必须声明需要接受群集外部流量的端口。在自定义节点中公开的端口是群集的公共接口，可以通过群集 URI 访问该接口，即<群集名称>.<位置>.cloudapp.azure.com。它们的流量会自动重定向到由集群负载均衡器打开相同端口的所有微服务。

为了理解启用反向代理选项，必须解释如何将通信发送到物理地址在其生命周期内发生变化的服务的多个实例。在群集中，服务使用诸如 fabric://<应用名称>/<服务名称>之类的 URI 进行标识。也就是说，此名称允许访问<服务名称>的几个负载均衡实例之一。但是，这些 URI 不能直接被通信协议使用，而是用于从 Service Fabric 命名服务[1]中获取所需资源的物理 URI 及其所有可用端口和协议。

稍后，将学习如何使用可靠服务执行此操作。但是，此模型不适用于未设计为专门在 Azure Service Fabric 上运行的 Docker 化服务，因为某些特定于 Service Fabric 的命名服务和 API 对于这些服务是不可知的。

因此，Service Fabric 提供了另外两个选项，我们可以使用它们来标准化 URL，而不是直接与 Service Fabric 命名服务交互。

- DNS：每个服务都可以指定其 hostname，即 DNS 名称。DNS 服务负责将其转换为实际的服务 URL。例如，如果一个服务指定了一个 order.processing 的 DNS 名称，且它有一个在端口 80 上的 HTTP 终节点和一个名为/purchase 的服务路径，那么我们可以使用 http://order.processing:80/purchase 访问该服务终节点。默认情况下，DNS 服务处于启用状态，但可以通过转到高级选项卡来禁用它。

---

1 译者注：这是一种用于服务发现和解析的服务。

- 反向代理: Service Fabric 的反向代理截获所有已定向到群集地址的调用,并使用命名服务将它们发送到该应用程序中正确的应用程序和服务。反向代理服务解析的地址具有以下结构: <群集名称><位置>.cloudapp.azure.com:<端口>//<应用名称>/<服务名称>/<终节点路径>?PartitionKey=<分区密钥>&PartitionKind=value。在这里,分区密钥用于优化有状态的可靠服务,本小节末尾将对此进行解释。这也就意味着无状态服务会缺少上方地址的查询字符串部分。因此,由反向代理解决的典型地址可能类似于这样: myCluster.eastus.cloudapp.azure.com:80//myapp/myservice/< 终 节 点 路 径 >?PartitionKey= A&PartitionKind=Named。如果前面的终节点是从托管在同一群集上的服务(即来自同一群集但不必须来自同一节点)调用的,那么可以不使用完整的群集名称,而是使用 localhost,类似于这样: localhost:80//myapp/myservice/<终节点路径>?PartitionKey=A&PartitionKind= Named。默认情况下,反向代理不会启用。

> 由于我们将通过 Service Fabric 内置通信工具来使用 Service Fabric 可靠服务,且这些内置通信设施不需要反向代理或 DNS,因此在这里不要更改这些设置。
>
> 此外,如果创建 Service Fabric 群集的唯一目的是在本章用例中进行试验,请只使用主节点,避免因创建从节点而消耗免费 Azure 信用。

6.2.3 步骤 3: 安全配置

步骤 2 完成后,将进入安全性页面,如图 6.6 所示。

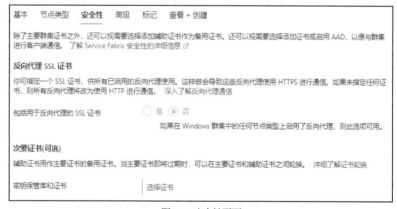

图 6.6 安全性页面

我们已经在步骤 1 中定义了主证书。在这里,可以选择在主证书即将到期时使用次证书,还可以添加证书用于启用 HTTPS 反向代理上的通信。因为示例中不会使用 Docker 化的服务(因此不需要反向代理),所以不需要此选项。

此时,可以单击“查看+创建”按钮来创建群集。提交请求后,群集将会被创建。注意: 一个群集可能会在短时间内花费完免费 Azure 信用,所以只需要在测试时保持群集开启即可,之后应该删除它。

应将主证书下载到开发机器上,因为需要它来部署应用程序。下载证书后,双击它就可以将其安装到机器上。在部署应用程序之前,需要将以下信息添加到 Visual Studio 中的 Service Fabric

应用程序的云发布配置文件中(有关更多详细信息，请参阅 6.3 节):

```
<ClusterConnectionParameters
    ConnectionEndpoint="<cluster name>.<location
    code>.cloudapp.azure.com:19000"
    X509Credential="true"
    ServerCertThumbprint="<server certificate thumbprint>"
    FindType="FindByThumbprint"
    FindValue="<client certificate thumbprint>"
    StoreLocation="CurrentUser"
    StoreName="My" />
```

由于客户端(即 Visual Studio)和服务器都使用相同的证书进行身份验证，因此服务器和客户端的证书指纹是相同的。证书指纹可以从 Azure 密钥保管库中复制。值得一提的是，还可以通过在步骤 3 中选择相应的选项，将特定于客户端的证书添加到主服务器证书中。

正如 6.1 节中提到的，Azure Service Fabric 支持两种可靠的服务:无状态服务和有状态服务。无状态服务要么不存储永久数据，要么将其存储在某些外部支持(如 Redis 缓存或数据库)中。有关 Azure 提供的主要存储选项，请参阅第 9 章。

有状态服务使用特定于 Service Fabric 的分布式字典和队列。每个分布式数据结构都可以从服务的所有相同副本中访问，但只允许一个副本(称为主副本)对其做写入操作，以避免对这些分布式资源的同步访问，毕竟这可能会导致瓶颈。

所有其他副本(称为从副本)只能对这些分布式数据结构做读取操作。

可以通过查看代码从 Azure Service Fabric 运行时接收的上下文对象来检查副本是否是主副本，但通常不需要这样做。事实上，在声明服务终节点时，需要对那些只读的服务终节点进行声明。只读终节点应该可以接收请求，以从共享数据结构中读取数据。因此，如果正确地实现它们，做到只有只读终节点对从副本是启用的，则写入/更新操作能够自动防止在有状态的从副本上执行，而不需要执行进一步的检查。

在有状态服务中，从副本支持读取操作的并行性，而为了能获得写入/更新操作的并行性，为有状态服务分配了不同的数据分区。更具体而言，对于每个有状态服务，Service Fabric 为每个分区创建一个主实例。然后，每个分区可能有几个从副本。

分布式数据结构在每个分区的主实例及其从副本之间共享。在有状态服务中存储的整个数据范围可以被所选定的分区数量进行分割，分区键由散列算法对所要存储数据计算生成，用以确定某条数据存储到具体的哪个分区。

通常，分区键属于在所有可用分区之间分割的给定间隔的整数。例如，可以通过对一个或多个字符串字段使用大家熟知的哈希算法来获得整数并继续处理以获得唯一整数(例如使用整数位上的异或操作)，然后通过取整数除法的余数将该整数约取到分区键选择的整数间隔(例如，1000 的除法余数将是 0~999 间隔中的整数)，以生成分区键。确保所有服务使用完全相同的哈希算法非常重要，因此更好的解决方案是为所有服务提供一个公共哈希库。

假设需要 4 个分区，且要使用 0~999 间隔内的整数键来选择它们。这里 Service Fabric 会自动创建 4 个主实例，并为其分配以下 4 个分区密钥子间隔: 0~249、250~499、500~749 和 750~999。

需要在代码中计算发送到有状态服务的数据的分区键，然后 Service Fabric 运行时将会选择正确的主实例。下一节提供了更多实践细节，并介绍如何在实践中使用可靠服务。

6.3　用例——购买记录微服务

本节将介绍一个基于微服务的系统，该系统在 WWTravelClub 用例中记录与不同目的地相关的购买数据，并设计微服务来计算每个地点的每日收入。在这里，假设这些微服务从托管在同一 Azure Service Fabric 应用程序中的其他子系统接收数据。更具体而言，每个购买日志消息都由地点名称、总体旅行套餐成本、购买日期和时间组成。

首先确保 6.1 节中提到的 Service Fabric 模拟器已经安装并在开发机器上运行。现在，需要切换它，使其运行 5 个节点：右击 Windows 通知区域中的 Service Fabric 群集图标，然后在打开的上下文菜单中，选择 Setup Local Cluster ->5 Node[1]。

按照 6.1 节中列出的步骤创建名为 Purchase Logging 的 Service Fabric 项目。选择一个 .NET Core 有状态可靠服务，并将其命名为 LogStore。

Visual Studio 创建的解决方案由一个 Purchase Logging 项目和一个 LogStore 项目组成。前者代表整个应用程序，后者则包含了 Purchase Logging 应用程序中第一个微服务的实现。

在 PackageRoot 文件夹中，LogStore 服务和每个可靠服务都包含 ServiceManifest.xml 配置文件和 Settings.xml 文件夹(在 Config 子文件夹中)。Settings.xml 文件包含一些服务代码中会读取的设置。初始文件包含 Service Fabric 运行时所需的预定义设置。在 Settings 文件中添加一个新的 Section 标签，如以下代码所示：

```xml
<?xml version="1.0" encoding="utf-8" ?>
<Settings xmlns:xsd="http://www.w3.org/2001/XMLSchema"
        xmlns:xsi="http://www.w3.org/2001/XMLSchema-instance"
        xmlns="http://schemas.microsoft.com/2011/01/fabric">
<!-- This is used by the StateManager's replicator. -->
<Section Name="ReplicatorConfig">
<Parameter Name="ReplicatorEndpoint" Value="ReplicatorEndpoint" />
</Section>
<!-- This is used for securing StateManager's replication traffic. -->
<Section Name="ReplicatorSecurityConfig" />

<!-- Below the new Section to add -->

<Section Name="Timing">
<Parameter Name="MessageMaxDelaySeconds" Value="" />
</Section>
</Settings>
```

将使用 MessageMaxDelaySeconds 的值来配置系统组件并确保消息的幂等性。该设置值为空，这是因为大部分设置在部署服务时被 PurchaseLogging 目录中包含的整体应用程序设置覆盖。

ServiceManifest.xml 文件包含一些由 Visual Studio 自动处理的配置标签以及终节点列表。有两个终节点是预配置的，因为它们会在 Service Fabric 运行时中使用。在这里，必须添加微服务所要监听的所有终节点的配置详细信息。每个终节点定义具有以下格式：

```xml
<Endpoint Name="<endpoint name>" PathSuffix="<the path of the endpoint URI>"
Protocol="<a protocol like Tcp, http, https, etc.>" Port="the exposed port"
Type="<Internal or Input>"/>
```

1　译者注：Azure 的界面变化很快，读者此时见到的界面可能会与本书不一致，但是原则上还是一样的，所以读者不难掌握最新的操作方法。

如果类型为 Internal，则端口将在群集的私有网络范围公开；否则，该端口允许在群集外部调用。在前面的例子中，还必须在 Azure Service Fabric 群集的配置中声明该端口，否则群集负载均衡器/防火墙将不会向其转发消息。

 可以直接通过群集 URI(<群集名称><位置代码>.cloudapp.azure.com)访问公共端口，因为连接每个群集的负载均衡器会把这个 URI 接收到的输入流量转发给它们。

我们不在本例中定义终节点，因为将使用预定义的基于远程调用的通信，本节将展示如何使用它们。

在解决方案资源管理器中，PurchaseLogging 项目的服务节点包含对 LogStore 项目的引用，同时项目中还包含了具有各种 XML 配置文件的一些文件夹。更具体而言，有以下文件夹。

(1) ApplicationPackageRoot，其中包含名为 ApplicationManifest.xml 的整个应用程序清单。此文件包含一些初始参数定义及其他配置。参数的格式如下：

```
<Parameter Name="<parameter name>" DefaultValue="<parameter definition>" />
```

参数在定义之后可以替换文件其余部分中的任何值。将参数名称放在方括号中就可以引用参数值，如以下代码所示：

```
<UniformInt64Partition PartitionCount="[LogStore_PartitionCount]" LowKey="0"
HighKey="1000" />
```

一些参数定义了每个服务的副本和分区的数量，由 Visual Studio 自动创建。用以下代码段中的值替换 Visual Studio 建议的这些初始值：

```
<Parameter Name="LogStore_MinReplicaSetSize" DefaultValue="1" />
<Parameter Name="LogStore_PartitionCount" DefaultValue="2" />
<Parameter Name="LogStore_TargetReplicaSetSize" DefaultValue="1" />
```

我们将只使用两个分区来展示分区是如何工作的，但是可以增加这个值来提高写入/更新的并行性。LogStore 服务的每个分区不需要多个副本，因为此服务不是为提供读取服务而设计的，而副本主要提高读取操作的性能。在类似的情况下，可以选择两到三个副本，以使系统具有冗余性，并对故障具有更强的健壮性。不过这里只留下一个，因为这只是一个示例，不考虑故障问题。

前面的参数用于定义 LogStore 服务在整个应用程序中的角色。此定义由 Visual Studio 在同一文件中自动生成，Visual Studio 创建的初始定义如下，只是分区间隔更改为 0～1000：

```
<Service Name="LogStore" ServicePackageActivationMode="ExclusiveProcess">
<StatefulService ServiceTypeName="LogStoreType"
    TargetReplicaSetSize=
    "[LogStore_TargetReplicaSetSize]"
    MinReplicaSetSize="[LogStore_MinReplicaSetSize]">
<UniformInt64Partition PartitionCount="
      [LogStore_PartitionCount]"
      LowKey="0" HighKey="1000" />
</StatefulService>
</Service>
```

(2) ApplicationParameters，包含各种部署环境对 ApplicationManifest.xml 中定义参数的可能覆盖值，这些部署环境包括云(实际的 Azure Service Fabric 群集)、一个节点的本地模拟器，以及 5

个节点的本地模拟器。

(3) PublishProfiles，包含各种部署环境在发布应用时所需的配置，这里的部署环境与 ApplicationParameters 文件夹中的相同。只需要使用 Azure Service Fabric URI 的实际名称，以及在 Azure 群集配置过程中下载的身份验证证书：

```
<ClusterConnectionParameters
    ConnectionEndpoint="<cluster name>.<location
    code>.cloudapp.azure.com:19000"
    X509Credential="true"
    ServerCertThumbprint="<server certificate thumbprint>"
    FindType="FindByThumbprint"
    FindValue="<client certificate thumbprint>"
    StoreLocation="CurrentUser"
    StoreName="My" />
```

完成应用程序应遵循的其余步骤在接下来的几个小节中说明。下面从确保消息幂等性开始介绍。

6.3.1　确保消息幂等性

由于负载均衡导致的故障和短暂超时，消息可能会丢失。此处将使用预定义的基于远程调用的通信，在发生故障时执行自动消息重试。但是，这可能会导致相同的消息被接收两次。由于是对订单的收入进行汇总，因此必须避免将同一笔订单进行多次汇总。

为此，将实现一个包含必要工具的程序库，以确保重复的消息副本能被中止。

向解决方案添加一个新的.NET Standard 2.0 的类库项目，名为 IdempotencyTools。现在，移除 Visual Studio 构建的初始类。此类库需要引用与 LogStore 所引用的版本相同的 Microsoft.ServiceFabric.Service NuGet 程序包，因此需要验证版本号，并将相同的 NuGet 程序包引用添加到 IdempotencyTools 项目中。

确保消息幂等性的主要工具是 IdempotentMessage 类：

```
using System;
using System.Runtime.Serialization;

namespace IdempotencyTools
{
    [DataContract]
    public class IdempotentMessage<T>
    {
        [DataMember]
        public T Value { get; protected set; }
        [DataMember]
        public DateTimeOffset Time { get; protected set; }
        [DataMember]
        public Guid Id { get; protected set; }

        public IdempotentMessage(T originalMessage)
        {
            Value = originalMessage;
            Time = DateTimeOffset.Now;
            Id = Guid.NewGuid();
        }
```

```
    }
}
```

添加了 **DataContract** 和 **DataMember** 属性，因为它们在用于内部消息的远程通信序列化程序中需要用到。

基本上，前面的类是一个包装器，它向传递给其构造函数的消息类实例添加 Guid 和时间标记。

IdempotencyFilter 类使用分布式字典来跟踪已经收到的消息。为避免此字典无限增长，会定期删除旧的记录。那些太旧而无法在字典中找到的消息将被自动丢弃。

时间间隔记录保存在字典中，并在 IdempotencyFilter 的静态工厂方法中传递，该方法创建新的过滤器实例，以及字典名称和 IReliableStateManager 实例，这是创建分布式字典所需的:

```
public class IdempotencyFilter
{
    protected IReliableDictionary<Guid, DateTimeOffset> dictionary;
    protected int maxDelaySeconds;
    protected DateTimeOffset lastClear;
    protected IReliableStateManager sm;
    protected IdempotencyFilter() { }
    public static async Task<IdempotencyFilter> NewIdempotencyFilter(
        string name,
        int maxDelaySeconds,
        IReliableStateManager sm)
    {

        return new IdempotencyFilter()
            {
                dictionary = await
                sm.GetOrAddAsync<IReliableDictionary<Guid,
                DateTimeOffset>>(name),
                maxDelaySeconds = maxDelaySeconds,
                lastClear = DateTimeOffset.UtcNow,
                sm = sm,
            };
    }
    ...
    ...
```

该字典包含由消息 Guid 索引的每个消息时间标记，并通过使用字典类型和名称调用 IReliableStateManager 实例的 GetOrAddAsync 方法来创建。lastClear 包含删除所有旧消息的时间。

字典包含了每条消息的时间标记，时间标记通过使用字典类型和名称调用 IReliableStateManager 实例的 GetOrAddAsync 方法创建，并使用消息 Guid 进行索引。lastClear 包含删除所有旧消息的时间。

当新消息到达时，NewMessage 方法检查是否应当丢弃它。如果应当丢弃消息，则返回 null; 否则，它会将新消息添加到字典中，并返回不带 IdempotentMessage 包装器的消息。

```
public async Task<T> NewMessage<T>(IdempotentMessage<T> message)
{
    DateTimeOffset now = DateTimeOffset.Now;
    if ((now - lastClear).TotalSeconds > 1.5 * maxDelaySeconds)
    {
        await Clear();
    }
    if ((now - message.Time).TotalSeconds > maxDelaySeconds)
```

```
            return default(T);
       using (var tx = this.sm.CreateTransaction())
       {
           ...
           ...
       }
   }
```

作为第一步，该方法验证是否应该清除字典，以及消息是否太旧。然后，它启动一个事务来访问字典。所有分布式字典操作必须包含在事务中，如以下代码所示：

```
using (ITransaction tx = this.sm.CreateTransaction())
{
    if (await dictionary.TryAddAsync(tx, message.Id, message.Time))
    {
        await tx.CommitAsync();
        return message.Value;
    }
    else
    {
        return default;
    }
}
```

如果在字典中找到消息 Guid，则事务将中止，因为字典不需要更新，并且该方法返回 default(T)，该值实际上为 null，因为消息不能被处理。否则，将消息条目添加到字典中，并返回未包装的消息。

Clear 方法的代码可以在与本书相关联的 GitHub 存储库中找到。

6.3.2　交互程序库

有些类型必须在所有微服务之间共享。如果内部通信是通过远程调用或 WCF 实现的，则每个微服务应当为其他微服务需要调用的所有方法公开一个接口。这些接口必须在所有微服务之间共享。此外，对于所有通信接口，用于实现消息的类也必须在所有微服务(或其中的一些子集)之间共享。所以，所有这些结构都在微服务引用的外部程序库中声明。

现在，向解决方案中添加一个新的.NET Standard 2.0 类库项目 Interactions。由于此程序库需要使用 IdempotentMessage 类，因此还需要为其添加对 IdempotencyTools 项目的引用。另外，还需要添加对包含在 Microsoft.ServiceFabric.Services.Remoting NuGet 程序包中的远程通信库的引用，因为用于公开微服务远程方法的所有接口都必须继承自此包中定义的 IService 接口。

IService 是一个空接口，它声明继承接口的通信角色。Microsoft.ServiceFabric.Services.Remoting NuGet 程序包版本必须与其他项目中声明的 Microsoft.ServiceFabric.Services 程序包版本相匹配。

以下代码显示了需要由 LogStore 类实现的接口声明：

```
using System;
using System.Collections.Generic;
using System.Text;
using System.Threading.Tasks;
using IdempotencyTools;
using Microsoft.ServiceFabric.Services.Remoting;
```

```
namespace Interactions
{
    public interface ILogStore: IService
    {
        Task<bool> LogPurchase(IdempotentMessage<PurchaseInfo>
        idempotentMessage);
    }
}
```

以下是 PurchaseInfo 消息类的代码，该类在 ILogStore 接口中引用：

```
using System;
using System.Collections.Generic;
using System.Runtime.Serialization;
using System.Text;

namespace Interactions
{
    [DataContract]
    public class PurchaseInfo
    {
        [DataMember]
        public string Location { get; set; }
        [DataMember]
        public decimal Cost { get; set; }
        [DataMember]
        public DateTimeOffset Time { get; set; }
    }
}
```

现在，已经准备好实现主要 LogStore 微服务。

6.3.3　实现通信的接收端

为了实现 LogStore 微服务，必须添加对 Interaction 程序库的引用，这将自动创建对 Remoting 程序库和 IdempotencyTools 项目的引用。

然后，LogStore 类应当实现 ILogStore 接口：

```
internal sealed class LogStore : StatefulService, ILogStore
...
...
private IReliableQueue<IdempotentMessage<PurchaseInfo>> LogQueue;
public async Task<bool>
    LogPurchase(IdempotentMessage<PurchaseInfo> idempotentMessage)
{
    if (LogQueue == null) return false;
    using (ITransaction tx = this.StateManager.CreateTransaction())
    {
        await LogQueue.EnqueueAsync(tx, idempotentMessage);
        await tx.CommitAsync();
        return true;
    }
}
```

一旦服务从远程调用运行时接收到 LogPurchase 调用，它就会将消息放入 LogQueue，以避免调用方保持阻塞状态一直等待消息处理完成。通过这种方式，既实现了同步消息传递协议的可靠性(调用方知道消息已被接收)，也实现了异步消息处理的性能优势，这是典型的异步通信。

LoqQueue 作为所有分布式集合的最佳实践，是在 RunAsync 方法中创建的，因此如果在 Azure Service Fabric 运行时调用 RunAsync 之前第一次调用到达，则 LogQueue 可能为 null。在这种情况下，该方法返回 false 以表示服务尚未就绪，在这种情况下，发送方将稍等片刻，然后重新发送消息。反之，将创建一个事务使新消息入队。

但是，如果不提供 CreateServiceReplicaListeners()的实现来返回服务要激活的所有监听器，则服务将不会收到任何通信。在远程通信的情况下，有一个预定义的方法来执行整个工作，因此只需要调用它:

```
protected override IEnumerable<ServiceReplicaListener>
    CreateServiceReplicaListeners()
{
    return this.CreateServiceRemotingReplicaListeners<LogStore>();
}
```

这里，CreateServiceRemotingReplicaListeners 是远程通信库中定义的扩展方法。它为主副本和从副本(用于只读操作)创建监听器。创建客户机时，可以指定其通信是仅针对主副本还是针对从副本。

如果要使用不同的监听器，则必须创建 ServiceReplicaListener 实例的 IEnumerable。对于每个监听器，需要使用以下 3 个参数调用 ServiceReplicaListener 构造函数。

- 接收可靠服务上下文对象作为其输入并返回 ICommunicationListener 接口实现的函数。
- 监听器的名称。当服务有多个监听器时，第二个参数成为必需参数。
- 一个布尔值，如果需要在从副本上激活监听器，则为 true。

例如，如果我们希望同时添加自定义监听器和 HTTP 监听器，则代码如下所示:

```
return new ServiceReplicaListener[]
{
    new ServiceReplicaListener(context =>
    new MyCustomHttpListener(context, "<endpoint name>"),
    "CustomWriteUpdateListener", true),

    new ServiceReplicaListener(serviceContext =>
    new KestrelCommunicationListener(serviceContext, "<endpoint name>",
    (url, listener) =>
        {
            ...
        })
        "HttpReadOnlyListener",
    true)
};
```

MyCustomHttpListener 是 ICommunicationListener 的自定义实现，而 KestreCommunicationListener 是一个基于 Kestrel 和 ASP.NET Core 的预定义 HTTP 监听器。以下是定义 KestreCommunicationListener 监听器的代码:

```
new ServiceReplicaListener(serviceContext =>
new KestrelCommunicationListener(serviceContext, "<endpoint name>", (url,
listener) =>
```

```
{
    return new WebHostBuilder()
    .UseKestrel()
    .ConfigureServices(
        services => services
        .AddSingleton<StatefulServiceContext>(serviceContext)
        .AddSingleton<IReliableStateManager>(this.StateManager))

    .UseContentRoot(Directory.GetCurrentDirectory())
    .UseStartup<Startup>()
    .UseServiceFabricIntegration(listener,

    ServiceFabricIntegrationOptions.UseUniqueServiceUrl)
    .UseUrls(url)
    .Build();
})
"HttpReadOnlyListener",
true)
```

对 ICommunicationListener 的实现还必须有一个用于关闭已打开的通信通道的 Close 方法，以及一个会立即关闭通信通道(即不通知连接的客户端等)的 Abort 方法。

现在我们已经打开了通信，可以实现服务逻辑了。

6.3.4　实现服务逻辑

当 Service Fabric 运行时调用 RunAsync 时，服务逻辑由作为独立线程启动的任务执行。当只需要实现一个任务时，最好创建 IHost 并将所有任务设计为 IHostService 的实现。事实上，IHostedService 实现是更容易进行单元测试的独立软件块。IHost 和 IHostedService 在第 5 章有详细的介绍。

本节将实现在名为ComputeTestatics的IHostedservice 实现中计算每个地点的每日收入的逻辑，该服务使用分布式字典，其关键字是地点名称，其值是名为 RunningTotal 的类的实例。该类存储当前流水总计(Count)和当前计算日(Day)：

```
namespace LogStore
{
    public class RunningTotal
    {
        public DateTime Day { get; set; }
        public decimal Count { get; set; }

        public RunningTotal
                Update(DateTimeOffset time, decimal value)
        {
            ...
        }
    }
}
```

该类有一个更新方法，该方法在收到新的购买消息时更新实例。首先，传入消息的时间(DateTime)会被标准化为通用时间。然后，提取该时间的日期部分，并与流水总计的当前计算日进行比较，如以下代码所示：

```
public RunningTotal Update(DateTimeOffset time, decimal value)
    {
        var normalizedTime = time.ToUniversalTime();
        var newDay = normalizedTime.Date;
        ...
        ...
    }
```

如果是新的日期，假设前一天的流水总计的计算已经完成，因此 Update 方法在新的
RunningTotal 实例中返回它，并重置 Day 和 Count，以便计算新一天的流水总计。否则，新值将
添加到流水总计中，并且该方法返回 null，这意味着当前日总数尚未准备就绪。此实现可以在以
下代码中看到：

```
public RunningTotal Update(DateTimeOffset time, decimal value)
{
    ...
    ...
    var result = newDay > Day && Day != DateTime.MinValue ?
    new RunningTotal
    {
        Day=Day,
        Count=Count
    }
    : null;
    if(newDay > Day) Day = newDay;
    if (result != null) Count = value;
    else Count += value;
    return result;
}
```

ComputeTestatics 的 IHostedService 实现需要一些参数才能正常工作，如下：

● 包含所有传入消息的队列。

● IReliableStateManager 服务，以便可以创建存储数据的分布式字典。

● ConfigurationPackage 服务，以便可以读取 settings.xml 服务文件中定义的设置，以及应用
程序清单中可能覆盖的设置。

当 IHost 通过依赖注入创建 ComputeTestistics 实例时，必须在 ComputeTestistics 构造函数中传
递前面的参数。我们将在下一小节中返回 IHost 定义。现在，集中讨论 ComputeTestistics 构造函数
及其字段：

```
namespace LogStore
{
    public class ComputeStatistics : BackgroundService
    {
        IReliableQueue<IdempotentMessage<PurchaseInfo>> queue;
        IReliableStateManager stateManager;
        ConfigurationPackage configurationPackage;
        public ComputeStatistics(
            IReliableQueue<IdempotentMessage<PurchaseInfo>> queue,
            IReliableStateManager stateManager,
            ConfigurationPackage configurationPackage)
        {
            this.queue = queue;
            this.stateManager = stateManager;
```

```
              this.configurationPackage = configurationPackage;
      }
```

所有构造函数参数都存储在私有字段中，以便在调用 ExecuteAsync 时使用：

```
protected async override Task ExecuteAsync(CancellationToken stoppingToken)
{
   bool queueEmpty = false;
   var delayString=configurationPackage.Settings.Sections["Timing"]
      .Parameters["MessageMaxDelaySeconds"].Value;
   var delay = int.Parse(delayString);
   var filter = await IdempotencyFilter.NewIdempotencyFilterAsync(
      "logMessages", delay, stateManager);
   var store = await
      stateManager.GetOrAddAsync<IReliableDictionary<string,
RunningTotal>>("partialCount");
....
...
```

进入循环之前，ComputeTestatics 服务准备一些结构和参数。它将 queueEmpty 设置为 false，这意味着可以开始对消息进行出队。然后，它从服务设置中提取 MessageMaxDelaySeconds 并将其转换为整数。此参数的值在 Settings.xml 文件中保留为空。现在，通过在 ApplicationManifest.xml 中定义它的实际值来覆盖它：

```
<ServiceManifestImport>
<ServiceManifestRef ServiceManifestName="LogStorePkg" ServiceManifestVersion="1.0.0" />
<!--code to add start -->
<ConfigOverrides>
<ConfigOverride Name="Config">
<Settings>
<Section Name="Timing">
<Parameter Name="MessageMaxDelaySeconds" Value="[MessageMaxDelaySeconds]" />
</Section>
</Settings>
</ConfigOverride>
</ConfigOverrides>
<!--code to add end-->
</ServiceManifestImport>
```

ServiceManifestImport 在应用程序中导入服务清单并覆盖某些配置。每次更改其内容或服务定义以及在 Azure 中重新部署应用程序时，都必须更改其版本号，因为版本号的更改会告诉 Service Fabric 运行时要在群集中更改什么。版本号也显示在其他配置设置中。每次引用的实体发生更改时，都必须对其进行更改。

MessageMaxDelaySeconds 与已接收消息的字典名称以及 IReliableStateManager 服务实例一起传递给幂等过滤器的实例。最后，创建用于存储流水总计的主分布式字典。

在此之后，服务进入其循环，并在 stoppingToken 信号被发出时(即 Service Fabric 运行时发出停止服务的信号时)结束：

```
while (!stoppingToken.IsCancellationRequested)
   {
       while (!queueEmpty && !stoppingToken.IsCancellationRequested)
       {
          RunningTotal total = null;
```

```
                using (ITransaction tx = stateManager.CreateTransaction())
                {
                    ...
                    ...
                    ...
                }
            }
        await Task.Delay(100, stoppingToken);
        queueEmpty = false;
        }
    }
```

内部循环一直运行，直到队列变为空，然后退出并等待 100 毫秒，最后验证是否有新消息入队。

以下是包含在事务中的内部循环的代码：

```
RunningTotal finalDayTotal = null;
using (ITransaction tx = stateManager.CreateTransaction())
{
    var result = await queue.TryDequeueAsync(tx);
    if (!result.HasValue) queueEmpty = true;
    else
    {
        var item = await filter.NewMessage<PurchaseInfo>(result.Value);
        if(item != null)
        {
            var counter = await store.TryGetValueAsync(tx,
            item.Location);
            //counter update
            ...
        }
        ...
        ...
    }
}
```

在这里，服务正在尝试将消息发出去。如果队列为空，则将 queueEmpty 设置为 true 以退出循环；否则，它将通过幂等过滤器传递消息。如果消息在此步骤中存活，它将更新消息所引用地点的流水总计。但是，分布式字典的正确操作要求每次更新条目时用新计数器替换旧计数器。因此，旧计数器被复制到新的 RunningTotal 对象中。如果调用更新方法，则可以使用新数据更新此新对象：

```
    //counter update
    var newCounter = counter.HasValue ?
    new RunningTotal
    {
        Count=counter.Value.Count,
        Day= counter.Value.Day
    }
    : new RunningTotal();
    finalDayTotal = newCounter.Update(item.Time, item.Cost);
    if (counter.HasValue)
        await store.TryUpdateAsync(tx, item.Location,
        newCounter, counter.Value);
```

```
    else
        await store.TryAddAsync(tx, item.Location, newCounter);
```

然后，事务被提交，代码如下所示：

```
if(item != null)
{
  ...
  ...
}
await tx.CommitAsync();
if(finalDayTotal != null)
{
    await SendTotal(finalDayTotal, item.Location);
}
```

当 Update 方法返回完整的计算结果时，即当 total 不为 null 时，则调用以下方法：

```
protected async Task SendTotal(RunningTotal total, string location)
{
    //Empty, actual application would send data to a service
    //that exposes daily statistics through a public Http endpoint
}
```

SendTotal 方法将流水总计发送到通过 HTTP 终节点公开所有统计信息的服务。阅读了专注于 Web API 的第 14 章之后，你可能希望使用连接到数据库的无状态 ASP.NET Core 微服务实现类似的服务。无状态 ASP.NET Core 服务模板会自动创建基于 ASP.NET Core 的 HTTP 终节点。

但是，由于此服务必须从 SendTotal 方法接收数据，因此它还需要基于远程调用的终节点。所以，我们必须创建它们，就像为 LogStore 微服务所做的那样，并将基于远程调用的终节点阵列与包含 HTTP 终节点的现有阵列连接起来。

6.3.5　定义微服务的宿主

现在，已经准备好了定义微服务的 RunAsync 方法：

```
protected override async Task RunAsync(CancellationToken cancellationToken)
{
    LogQueue = await
        this.StateManager
        .GetOrAddAsync<IReliableQueue
<IdempotentMessage<PurchaseInfo>>>("logQueue");
    var configurationPackage = Context
        .CodePackageActivationContext
        .GetConfigurationPackageObject("Config");
    ...
    ...
```

在这里，将创建服务队列，并且服务的配置将存入 configurationPackage 中。
之后，可以创建 IHost 服务，正如第 5 章所述：

```
var host = new HostBuilder()
    .ConfigureServices((hostContext, services) =>
    {
        services.AddSingleton(this.StateManager);
        services.AddSingleton(this.LogQueue);
```

```
        services.AddSingleton(configurationPackage);
        services.AddHostedService<ComputeStatistics>();
    })
    .Build();
await host.RunAsync(cancellationToken);
```

ConfigureServices 定义 IHostedService 实现所需的所有单例实例，因此它们被注入引用其类型的所有实现的构造函数中。然后，AddHostedService 声明微服务的唯一 IHostedService。构建 IHost 后，我们将运行它，直到发出 RunAsync 中止令牌的信号。当中止令牌发出信号时，关闭请求将传递给所有 IHostedService 实现。

6.3.6　与服务进行通信

由于还没有实现整个购买逻辑，因此将实现一个无状态的微服务，它向 LogStore 服务发送随机数据。右击解决方案资源管理器中的 PurchaseLogging 项目，然后选择"添加 | Service Fabric 服务"，选择.NET Core 无状态模板并将新的微服务项目命名为 FakeSource。

现在，为 Interaction 项目添加一个引用。在继续讨论服务代码之前，需要在 ApplicationManifest.xml 中更新新建服务的副本数，同时也在所有其他部署环境(云、一个节点的本地群集、5 个节点的本地群集)中用具体的参数覆盖：

```
<Parameter Name="FakeSource_InstanceCount" DefaultValue="2" />
```

该仿造服务不需要监听器，其 RunAsync 方法非常简单：

```
string[] locations = new string[] { "Florence", "London", "New York", "Paris" };

protected override async Task RunAsync(CancellationToken cancellationToken)
{
    Random random = new Random();
    while (true)
    {
        cancellationToken.ThrowIfCancellationRequested();

        PurchaseInfo message = new PurchaseInfo
        {
            Time = DateTimeOffset.UtcNow,
            Location= locations[random.Next(0, locations.Length)],
            Cost= 200m*random.Next(1, 4)
        };
        //Send message to counting microservices
        ...
        ...

        await Task.Delay(TimeSpan.FromSeconds(1), cancellationToken);
    }
}
```

在每个循环中，都会创建一条随机消息并发送给计数微服务。然后，线程休眠一秒钟并开始一个新循环。发送已创建消息的代码如下所示：

```
//Send message to counting microservices
var partition = new ServicePartitionKey(Math.Abs(message.Location.GetHashCode())
% 1000);
```

```
var client = ServiceProxy.Create<ILogStore>(
    new Uri("fabric:/PurchaseLogging/LogStore"), partition);
try
{
    while (!await client.LogPurchase(new
    IdempotentMessage<PurchaseInfo>(message)))
    {
        await Task.Delay(TimeSpan.FromMilliseconds(100),
        cancellationToken);
    }
}
catch
{

}
```

这里，使用 GetHashCode 从位置字符串计算 0～9999 范围内的键，因为确信所有涉及的服务都使用相同的.NET Core 版本，因此确信它们使用相同的 GetHashCode 实现并以完全相同的方式计算哈希。但是，一般来说，最好提供一个带有标准哈希代码实现的程序库。

此整数被传递给 ServicePartitionKey 构造函数。然后，创建一个服务代理，并传递要调用的服务的 URI 和分区密钥。代理使用此数据向命名服务请求给定分区值的主实例的物理 URI。

Create 还接受第三个可选参数，该参数指定代理发送的消息是否也可以路由到从副本。默认情况下，消息只路由到主实例。如果消息目标返回 false，意味着它还没有准备好(请记住，当尚未创建 LogStore 消息队列时，LogPurchase 会返回 false)，则在 100 毫秒后会尝试相同的传输。

向远程调用目标发送消息非常容易。但是，其他通信监听器要求发送方手动与命名服务交互以获取物理服务 URI。这可以通过以下代码完成：

```
ServicePartitionResolver resolver = ServicePartitionResolver.GetDefault();

ResolvedServicePartition partition =
await resolver.ResolveAsync(new Uri("fabric:/MyApp/MyService"),
    new ServicePartitionKey(.....), cancellationToken);
//look for a primary service only endpoint
var finalURI= partition.Endpoints.First(p =>
    p.Role == ServiceEndpointRole.StatefulPrimary).Address;
```

此外，对于通用通信协议，必须使用 Polly 之类的程序库手动处理故障和重试。关于这点的更多信息，请参阅第 5 章。

6.3.7　测试应用程序

要测试应用程序，需要以管理员权限启动 Visual Studio。因此，请关闭 Visual Studio，然后右击 Visual Studio 图标并选择以管理员身份启动它的选项。再次进入 Visual Studio 后，加载 Purchase Logging 解决方案，并在 computeTestatics.cs 文件中放置断点：

```
total = newCounter.Update(item.Time, item.Cost);
if (counter.HasValue)...//put breakpoint on this line
```

每次命中断点时，查看 newCounter 的内容，以验证所有地点的流水总计是如何变化的。在调试模式下启动应用程序之前，请确保正在运行的是 5 个节点的本地群集。如果从一个节点更改为

5 个节点，本地群集菜单会暂时变灰直到操作完成，因此请等待菜单恢复正常。

启动应用程序并构建应用程序后，将显示一个控制台，开始接收 Visual Studio 中已完成操作的通知。在所有节点上加载应用程序需要几分钟的时间，在此之后，断点应该会开始被命中。

6.4　本章小结

在本章中，我们描述了如何在 Visual Studio 中定义 Service Fabric 解决方案，以及如何在 Azure 中设置和配置 Service Fabric 群集。

我们描述了 Service Fabric 构建块、可靠服务、各种类型的可靠服务，以及它们在 Service Fabric 应用程序中的角色。

最后，我们通过实现一个 Service Fabric 应用程序将这些概念付诸实践。在这里，我们提供了关于每个可靠服务的架构，以及组织和编码它们的通信的更多实用细节。

下一章将介绍另一个著名的微服务编排器 Kubernetes 及其在 Azure 云中的实现。

6.5　练习题

1. 什么是可靠服务？
2. 能否列出不同类型的可靠服务及其在 Service Fabric 应用程序中的角色？
3. 什么是 ConfigureServices？
4. 在定义 Azure Service Fabric 群集期间必须声明哪些类型的端口？
5. 为什么有状态可靠服务需要分区？
6. 如何声明远程通信必须由从副本寻址？对于其他类型的通信呢？

第7章

Azure Kubernetes 服务

本章将专门介绍 Kubernetes 微服务编排器，特别是其在 Azure 中的实现，即 Azure Kubernetes 服务。本章解释了 Kubernetes 的基本概念，然后重点介绍了如何与 Kubernetes 群集交互，以及如何部署 Azure Kubernetes 应用程序。所有概念都通过简单的例子付诸实践。在学习本章之前，我们建议先阅读第 5 章和第 6 章，因为本章依赖于前几章中解释的概念。

本章涵盖以下主题:

- Kubernetes 基础。
- 与 Azure Kubernetes 群集交互。
- Kubernetes 高级概念。

本章还介绍了如何实现基于 Azure Service Fabric 的完整解决方案。

7.1 技术性要求

要完成本章内容，需要满足以下几点要求。

- 使用安装了所有数据库工具和其他相关工具(如 Visual Studio Code 之类的.yaml 文件编辑器)的 Visual Studio 2019 社区版(免费)或更高版本。
- 拥有一个 Azure 账户，如果没有，可以按照第 1 章的内容去创建一个免费的 Azure 账户。

本章用到的代码可以扫封底二维码获得。

7.2 Kubernetes 基础

Kubernetes 是一种先进的开源编排器，可以在专用计算机群集上本地安装它。在撰写本文时，它是最普遍的编排器，目前是行业标准，并且可以依赖广泛的工具和应用程序生态系统，因此 Microsoft 提供它作为替代 Azure Service Fabric 的更通用选择。本节介绍 Kubernetes 的基本概念和实体。

Kubernetes 群集是运行 Kubernetes 编排器的虚拟机群集。对于 Azure 服务结构，组成群集的虚拟机称为节点。在 Kubernetes 上部署的最小软件单元不是单例的应用程序(如 Azure Service Fabric)，而是称为 Pod 的容器化应用程序的集合。虽然 Kubernetes 支持各种类型的容器，但最常用的容器类型是 Docker，第 5 章已经对此进行了分析，因此我们将仅讨论 Docker。

Pod 非常重要，因为属于同一 Pod 的应用程序可以确保在同一节点上运行，这意味着它们可以轻松地通过本地主机端口进行通信。而不同 Pod 之间的通信则更为复杂，因为 Pod 的 IP 地址是短暂的资源，它们不运行在固定节点中，而是交由编排器从一个节点移到另一个节点。此外，我们可以通过复制 Pod 以提高性能，因此，一般来说，将消息寻址到特定 Pod 是没有意义的，只能寻址到同一 Pod 的任一相同副本(replicas)。

虽然在 Azure Service Fabric 中，基础设施会自动将虚拟网络地址提供给相同副本的组，但在 Kubernetes 中，需要定义被称为 Service(服务)的显式资源，这些资源由 Kubernetes 基础设施分配虚拟地址，并将其通信转发给相同的 Pod 组。简而言之，Service 是 Kubernetes 为 Pod 副本集合分配恒定虚拟地址的方法。

所有 Kubernetes 实体都可以被分配名为 Label (标签)的名称数值对，作用是可以通过模式匹配机制引用它们。更具体而言，选择器通过列出它们必须具有的 Label 来选择 Kubernetes 实体。

因此，例如，可以通过在 Service 定义中指定其必须具有的 Label 来选择从同一服务接收流量的所有 Pod。

服务如何将其流量路由到所有连接的 Pod，取决于 Pod 的组织方式。无状态 Pod 被组织在所谓的 ReplicaSet 中，这类似于 Azure Service Fabric 服务的无状态副本。正如 Azure Service Fabric 无状态服务，ReplicaSet 为整个组分配了一个唯一的虚拟地址，流量在同组的所有 Pod 中平均分配。

有状态的 Kubernetes Pod 副本被组织成所谓的 StatefulSet。与 Azure Service Fabric 有状态服务类似，StatefulSet 使用分片在其所有 Pod 之间分割流量。由于这个原因，Kubernetes 服务为它们连接到的 StatefulSet 中每个 Pod 分配不同的名称。这些名称类似于以下形式：basename-0.<base URL>，basename-1.< base URL>，…，basename-n.< base URL>。通过这种方式，消息分片可以轻松完成，步骤如下。

(1) 每次将消息发送到由 n 个副本组成的 StatefulSet 时，都会计算一个介于 0 和 $n-1$ 之间的哈希值，例如 x。

(2) 将后缀 x 添加到基名称以获取群集地址，例如 basename-x.< base URL>。

(3) 将消息发送到 basename-x.< base URL>群集地址。

Kubernetes 没有预定义的存储设施，而且不能使用固定节点的磁盘存储，因为 Pod 是在可用节点之间移动的，所以长期存储必须使用分片云数据库或其他类型的云存储。虽然 StatefulSet 的每个 Pod 都可以使用通常的连接字符串技术访问对应的分片云数据库，但 Kubernetes 还提供了一种技术来抽象外部 Kubernetes 群集环境提供的类似磁盘的云存储。我们将在 7.4 节描述这些。

上文提到的所有 Kubernetes 实体都可以定义在.yaml 文件中，部署到 Kubernetes 群集之后，就会实际创建该文件中定义的所有实体。7.2.1 小节将介绍.yaml 文件，而随后的其他小节将详细描述到目前为止提到的各种基本 Kubernetes 对象，并解释如何在.yaml 文件中定义。本章后续内容中会进一步描述 Kubernetes 对象。

7.2.1　.yaml 文件

.yaml 文件与 JSON 文件一样，是以人类可读的方式描述嵌套对象和集合的一种方法，但它们使用不同的语法。同样拥有对象和列表，但对象属性不使用大括号{}来引用，列表也不使用中括号[]来引用。相反，嵌套对象是通过简单地用空格缩进其内容来声明的。空格缩进长度可以自由选择，但一旦选择了，就必须始终如一地使用这种缩进长度。

通过在列表项前面加上连字符(-)，可以将列表项与对象属性区分开来。

下面是一个涉及嵌套的对象和列表的示例:

```
Name: Jhon
Surname: Smith
Spouse:
  Name: Mary
  Surname: Smith
Addresses:
- Type: home
  Country: England
  Town: London
  Street: My home street
- Type: office
  Country: England
  Town: London
  Street: My home street
```

前面的 Person 对象有一个嵌套的 Spouse(配偶)对象和一个嵌套的 Addresses(地址)列表。

.yaml 文件可以包含多个节段[1]，每个节段定义一个不同的完整对象实体，不同的节段由包含"---"字符串的行来分隔。必须在每个注释行前面添加#符号。

每一节段在开头会先声明 Kubernetes API 组和版本。事实上，并非所有对象都属于同一个 API 组。对于属于主体 API 组的对象，可以只指定 API 版本，如以下代码所示:

```
apiVersion: v1
```

而属于不同 API 组的对象则必须指定 API 名称，如以下代码所示:

```
apiVersion: apps/v1
```

在下一小节中，我们将详细分析构建在它们之上的 ReplicaSet 和 Deployment。

7.2.2　ReplicaSet 和 Deployment

Kubernetes 应用程序最重要的构建块是 ReplicaSet，即一个 Pod 被复制 *n* 次。但是，通常情况下，会采用一个构建在 ReplicaSet 之上的更复杂的对象，即 Deployment。Deployment 不仅可以创建一个 ReplicaSet，还可以对其进行监视，以确保副本的数量保持不变，而与硬件故障和可能涉及 ReplicaSet 的其他事件无关。换句话说，它们是定义 ReplicaSet 和 Pod 的声明方式。

每个 Deployment 都有一个指定名称的 metadata->name 属性、一个指定所需副本数量的 spec->replicas 属性、一个用于筛选要监视的 Pod 的 spec -> selector-> matchLabels 键-值对列表，以及一个指定用于构建 Pod 的副本模板的 spec->template 属性:

```
apiVersion: apps/v1
kind: Deployment
metadata:
  name: my-deployment-name
  namespace: my-namespace #this is optional
spec:
  replicas: 3
```

1　译者注: 我们会在不同语境中使用"节段"或"对象"两种说法，但都是指同一个东西。

```
    selector:
     matchLabels:
       my-pod-label-name: my-pod-label-value
         ...
    template:
       ...
```

namespace(名称空间)是可选属性，如果未提供，则默认使用名为 default 的名称空间。名称空间是区分 Kubernetes 群集对象的一种方式。例如，群集可以承载两个完全独立的应用程序的对象，每个应用程序都置放在一个单独的名称空间中。

template(模板)下的缩进内容是要用于复制的 Pod 的模板定义。复杂对象(如 Deployment)还可以包含其他类型的模板，例如，外部环境所需的用内存虚拟磁盘的模板。我们将在 "Kubernetes 高级概念" 一节中描述这些。

进一步地，Pod 模板包含一个 metadata 节段，其中包含用于筛选 Pod 的 labels(标签)字段，以及一个 spec 节段，它包含了一个表示所有容器的 containers 列表:

```
metadata:
 labels:
   my-pod-label-name: my-pod-label-value
     ...
spec:
 containers:
  ...
 - name: my-container-name
   image: <Docker imagename>
   resources:
    requests:
      cpu: 100m
      memory: 128Mi
    limits:
      cpu: 250m
      memory: 256Mi
   ports:
   - containerPort: 6379
   env:
   - name: env-name
    value: env-value
      ...
```

每个容器都必须有一个 name 字段，用于指定创建容器的 Docker 镜像的名称。如果 Docker 镜像没有包含在公共 Docker 注册表中，则该名称必须还包含存储库位置的 URI。

然后，容器必须在 resources->requests 中指定创建所需的内存和 CPU 资源。只有当这些资源当前可用时，才会创建 Pod 副本。resources->limit 则指定容器副本实际可以使用的最大资源。如果在容器执行期间超过了这些限制，则要采取措施限制它们。更具体而言，如果超过 CPU 限制，则会中止容器(停止其执行以恢复其 CPU 消耗)；而如果超过内存限制，则会重新启动容器。containerPort 是容器公开的端口。在这里，还可以指定进一步的信息，例如所使用的协议。

CPU 时间以毫秒为单位，其中 1000 毫秒表示 100%的 CPU 时间，而内存以兆字节(1 兆字节=1024*1024 字节)或其他单位表示。env 对象列出了要传递给容器的所有环境变量及其值。

容器和 Pod 模板都可以包含更多字段，例如，定义虚拟文件的属性，以及定义返回容器就绪性和运行状况的命令的属性。我们将在 7.4 节中描述这些。

下一小节描述了有存储状态信息的 Pod 集合。

7.2.3 StatefulSet

StatefulSet 与 ReplicaSet 非常相似，但 ReplicaSet 的 Pod 是无法区分的处理器，通过负载均衡策略对同一工作负载做出并行贡献，而 StatefulSet 中的 Pod 具有唯一标识，并且只能通过分片对同一工作负载做出贡献。这是因为 StatefulSet 是用来存储信息的，而信息不能并行存储，只能通过分片的方式在多个存储中进行分割。

出于同样的原因，每个 Pod 实例始终绑定到它所需的虚拟磁盘空间(请参阅 7.4 节"Kubernetes 高级概念"的内容)，因此每个 Pod 实例负责写入特定的存储。

此外，StatefulSet 的 Pod 实例具有序号。它们按照这些序号顺序启动，并按相反顺序停止。如果 StatefulSet 包含 n 个副本，则这些数字为 0 到 $n-1$。此外，可以通过链接获得每个实例的唯一名称模板中使用实例序号指定的 Pod 名称，格式为<pod 名称>-<实例序号>。因此，实例名称将类似于 mypodname-0、mypodname-1 等。正如我们将在下一小节中看到的，实例名称用于为所有实例构建唯一的群集网络 URI，以便其他 Pod 可以与 StatefulSet 中某个具体 Pod 实例通信。

下面是一个典型的 StatefulSet 定义：

```
apiVersion: apps/v1
kind: StatefulSet
metadata:
  name: my-stateful-set-name
spec:
  selector:
    matchLabels:
      my-pod-label-name: my-pod-label-value
...
  serviceName: "my-service-name"
  replicas: 3
  template:
    ...
```

StatefulSet 的 template(模板)与 Deployment 的 template 相同。StatefulSet 与 Deployment 在概念上的主要区别是 serviceName 字段。必须指定与 StatefulSet 连接的 Service 的名称，以便为所有 Pod 实例提供唯一的网络地址。我们将在下一小节中更详细地讨论这个问题。此外，StatefulSet 通常使用某种形式的存储。我们将在 7.4 节中描述这些。

值得指出的是，StatefulSet 的默认有序创建和停止策略可以通过显式地指定 spec -> podManagementPolicy 属性来更改为 Parallel(默认值为 OrderedReady)。

下一小节描述了如何为 ReplicaSet 和 StatefulSet 提供稳定的网络地址。

7.2.4 Service

由于 Pod 实例可以在节点之间移动，因此它们没有固定的 IP 地址。Service 负责为整个 ReplicaSet 分配一个唯一且稳定的虚拟地址，并负责对其所有实例的流量进行负载均衡。Service 不是在群集中创建的软件对象，只是用于实现其功能所需的各种设置和活动的抽象。

Service 工作在网络协议栈的第 4 层上，所以它们能够理解 TCP 等协议，但无法执行特定于 HTTP 的操作/转换，例如确保安全的 HTTPS 连接。因此，如果需要在 Kubernetes 群集上安装 HTTPS 证书，则需要一个能够在网络协议栈的第 7 层进行交互的更复杂的对象。Ingress(入口)对象就是为此而设计的。我们将在下一小节中讨论这一点。

Service 还负责为 StatefulSet 的每个实例分配唯一的虚拟地址。事实上，有各种各样的 Service，有些是为 ReplicaSet 设计的，有些是为 StatefulSet 设计的。

ClusterIP 类型的 Service 分配有唯一的群集内部 IP 地址。它通过 Label 模式匹配指定其连接到的 ReplicaSet 或 Deployment。它使用 Kubernetes 基础设施维护的表来负载均衡它所连接的所有 Pod 实例的流量。

因此，其他 Pod 可以通过与分配了稳定网络名称<Service 名称>.<Service 名称空间>.svc.cluster.local 的 Service 交互，来与连接到 Service 的 Pod 通信。因为它们只是分配了本地 IP 地址，所以不能从 Kubernetes 群集外部访问 ClusterIP Service。以下是典型的 ClusterIP Service 的定义：

```
apiVersion: v1
kind: Service
metadata:
  name: my-service
  namespace: my-namespace
spec:
  selector:
    my-selector-label: my-selector-value
    ...
  ports:
    - name: http
      protocol: TCP
      port: 80
      targetPort: 9376
    - name: https
      protocol: TCP
      port: 443
      targetPort: 9377
```

每个 Service 可以在多个端口(port)上工作，并且可以将任何端口路由到容器公开的端口 (targetPort)。不过通常情况下，port 与 targetPort 相同。端口可以指定名称，但这些名称是可选的。此外，协议的规范是可选的，在这种情况下，允许使用所有受支持的第 4 层协议。spec->selector 属性指定了用于选择 Service 的 Pod 的所有名称/值对，以将其接收的通信路由到这些 Pod。

由于 ClusterIP Service 不能从 Kubernetes 群集外部访问，因此需要其他类型的 Service 来公开 Kubernetes 应用程序到公共 IP 地址上。

NodePort 类型的 Service 是向外部世界公开 Pod 的最简单方法。为了实现 NodePort Service，Kubernetes 群集的所有节点上都打开了相同的端口 x，每个节点都将在此端口上接收的流量路由到一个新建的 ClusterIP Service。

继而，ClusterIP Service 将其流量路由到 Service 选择的所有 Pod，如图 7.1 所示。

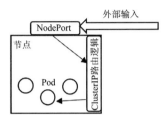

图 7.1　NodePort Service

因此，对于任何群集节点，通过公共 IP 与端口 x 就足以访问连接到 NodePort Service 的 Pod，并与之通信。当然，整个过程是完全自动的，对开发者来说是透明的，唯一需要关注的是获取用于将外部通信转发到内部的端口号 x。

NodePort Service 的定义与 ClusterIP Service 的定义相同，唯一的区别是它为 spec->type 属性指定了 NodePort 值：

```
...
spec:
  type: NodePort
  selector:
  ...
```

默认情况下，会为服务指定的每个 targetPort 自动选择范围为 30000～327673 的节点端口 x。与每个 targetPort 关联的 port 属性对于 NodePort Service 来说没有意义，因为所有流量都通过选定的节点端口 x，并且按照惯例会设置为与 targetPort 相同的值。开发者还可以通过 nodePort 属性直接设置节点端口 x：

```
...
ports:
  - name: http
    protocol: TCP
    port: 80
    targetPort: 80
    nodePort: 30007
  - name: https
    protocol: TCP
    port: 443
    targetPort: 443
    nodePort: 30020
...
```

当 Kubernetes 群集托管在云中时，将一些 Pod 公开给外部世界的更方便的方式是通过 LoadBalancer Service，在这种情况下，Kubernetes 群集通过所选云提供商的第 4 层协议负载均衡器公开到外部世界。

LoadBalancer Service 的定义与 ClusterIp Service 的定义相同，唯一的区别是 spec->type 属性必须设置为 LoadBalancer：

```
...
spec:
  type: LoadBalancer
  selector:
```

```
  ...
```

如果没有在 spec 添加进一步的内容，则随机分配一个动态公共 IP。但是，如果需要云提供程序的特定公共 IP 地址，则可以通过在 spec->loadBalancerIP 属性中指定该地址，将其用作群集负载均衡器的公共 IP 地址：

```
...
spec:
  type: LoadBalancer
  loadBalancerIP: <your public ip>
  selector:
  ...
```

在 Azure Kubernetes 中，还必须在 annotations 属性中指定分配 IP 地址的资源组：

```
apiVersion: v1
kind: Service
metadata:
  annotations:
    service.beta.kubernetes.io/azure-load-balancer-resource-group: <IP resource
group name>
  name: my-service name
...
```

在 Azure Kubernetes 中，既可以保留动态 IP 地址，也可以获得类型为<my-service-label>.<location>.cloudapp.azure.com 的公共静态域名。其中<location>是为资源选择的地理标签。<my-service-label>是一个用于验证以前的域名的唯一 Label。所选 Label 必须在 Service 的 annotations 属性中声明，如下所示：

```
apiVersion: v1
kind: Service
metadata:
  annotations:
service.beta.kubernetes.io/azure-dns-label-name: <my-service-label>
  name: my-service-name
...
```

StatefulSet 不需要任何负载均衡，因为每个 Pod 实例都有自己的标识，对于每个 Pod 实例有唯一的 URL 地址。这种独特的 URL 由所谓的 Headless Service 提供。Headless Service 的定义与 ClusterIP Service 类似，唯一的区别是它的 spec->ClusterIP 属性设置为 none：

```
...
spec:
clusterIP: none
  selector:
  ...
```

由 Headless Service 处理的 StatefulSet 必须将 Service 名称放在它们的 spec->serviceName 属性中，如 7.2.3 小节中所述。headles Service 为其处理的所有 StatefulSet 的 Pod 实例提供的唯一名称如下：<唯一 pod 名称>.<Service 名称>.<名称空间>.svc.cluster.local。

Service 只能理解如 TCP/IP 的低级协议，但大多数 Web 应用程序都位于更复杂的 HTTP 协议上。这就是为什么 Kubernetes 提供了构建在 Service 之上的更高级别的实体，称为 Ingress(入口)。下一小节描述了这些，并解释了如何通过网络协议栈的第 7 层负载均衡器公开一组 Pod，它可以提供典型的 HTTP 服务，而不需要通过 LoadBalancer Service。

7.2.5 Ingress

Ingress 主要用于 HTTP(S)，主要提供以下服务。

- HTTPS 服务终节点接受 HTTPS 连接，并以 HTTP 格式将它们路由到云中的任何 Service。
- 基于名称的虚拟主机。它们将多个域名与相同的 IP 地址关联，并将每个域或 <domain>/<path prefix>路由到不同的群集 Service。
- 负载均衡。

Ingress 依赖 Web 服务器提供上述服务。事实上，只有安装了入口控制器(Ingress Controller) 之后才能使用 Ingress。入口控制器必须安装在群集中的自定义 Kubernetes 对象上。它们处理 Kubernetes 和 Web 服务器之间的接口，Web 服务器可以是外部 Web 服务器，也可以是作为入口 控制器安装一部分的 Web 服务器。

我们将在"Kubernetes 高级概念"一节描述基于 NGINX Web 服务器的入口控制器的安装， 作为使用 Helm 的示例。扫封底二维码可获取"扩展阅读"的内容，了解如何安装入口控制器以 接通与外部 Azure 应用程序网关的有关信息。

HTTPS 服务终节点和基于名称的虚拟主机可以在 Ingress 定义中以独立于所选入口控制器的 方式进行配置，而实现负载均衡的方式取决于所选的特定入口控制器及其配置。一些入口控制器 配置数据可以在 Ingress 定义的 metadata-> annotations 字段中传递。

基于名称的虚拟主机在 Ingress 定义的 spec>rules 中定义:

```
...
spec:
...
  rules:
  - host: *.mydomain.com
    http:
      paths:
      - path: /
        pathType: Prefix
        backend:
          service:
            name: my-service-name
            port:
              number: 80
  - host: my-subdomain.anotherdomain.com
...
```

每个 rule(规则)可指定包含*通配符的可选主机名。如果未提供主机名，则该规则匹配所有主 机名。对于每个规则，可以指定几个路径，每个路径重定向到不同的 Service 和端口，其中 Service 通过其名称引用。与每个路径匹配的方式取决于 pathType 的值，如果此值为 Prefix，则指定的路 径必须是任何匹配路径的前缀。如果此值为 Exact，则必须精确匹配。匹配过程区分大小写。

特定主机名上的 HTTPS 服务终节点是通过将其与 Kubernetes 密码中编码的证书相关联来指定的:

```
...
spec:
...
  tls:
  - hosts:
     - www.mydomain.com
     secretName: my-certificate1
     - my-subdomain.anotherdomain.com
     secretName: my-certificate2
...
```

HTTPS 证书可登录参考网站 7.1 免费获得。其流程在网站上进行了解释,基本与所有证书颁发机构一样,即提供一个密钥,它们根据该密钥返回证书。还可以安装一个证书管理器,负责自动安装和更新证书。密钥/证书对在 Kubernetes Secret 字符串中的编码方式在 7.4 节中有详细说明。

完整的 Ingress 定义如以下代码所示:

```
apiVersion: networking.k8s.io/v1
kind: Ingress
metadata:
  name: my-example-ingress
  namespace: my-namespace
spec:
  tls:
  ...
  rules:
...
```

这里,名称空间是可选的,如果未指定,则假定为默认名称空间。

在下一节中,我们将通过定义 Azure Kubernetes 群集并部署一个简单的应用程序来实践本节介绍的一些概念。

7.3　与 Azure Kubernetes 群集交互

要创建 Azure Kubernetes Service(AKS) 群集,请在 Azure 搜索框中输入 AKS,选择 Kubernetes 服务,然后单击“创建”按钮,将出现图 7.2 所示表单界面。

值得一提的是,可以将鼠标悬停在带圆圈的 i 上来查看帮助,如图 7.2 所示。

通常可以指定订阅、资源组和区域,然后选择一个唯一的 Kubernetes 群集名称和要使用的 Kubernetes 版本。对于计算能力,要求选择单个节点机器的模板(即节点大小)和节点计数。初始界面显示默认的三个节点,我们将其减少为两个,因为对于 Azure 免费服务来说,三个节点有点多了。此外,默认的虚拟机也可以替换为更便宜的虚拟机,故单击 Change size 并选择 DS2 v2。

图 7.2 创建 Kubernetes 群集

可用性区域设置允许将节点分布在多个地理区域，以实现更好的容错性。默认设置为三个区域，请将其更改为两个区域，因为只有两个节点。进行上述更改后，应该会看到图 7.3 所示设置。

现在，可以通过单击"查看+创建"按钮来创建群集。应该出现一个查看页面，确认并创建群集。如果单击"下一步"按钮，则还可以定义其他节点类型，可以提供称为服务主体的安全信息，以及指定是否要启用基于角色的访问控制。在 Azure 中，服务主体是与可用于定义资源访问策略的服务关联的账户，还可以更改默认网络设置和其他设置。

部署可能需要一段时间(10～20 分钟)，之后即可创建一个 Kubernetes 群集! 本章学习结束后，当不再需要群集时，请不要忘记删除它，以避免浪费 Azure 免费信用。

在下一小节中，你将学习如何通过 Kubernetes 的官方客户端 Kubectl 与群集进行交互。

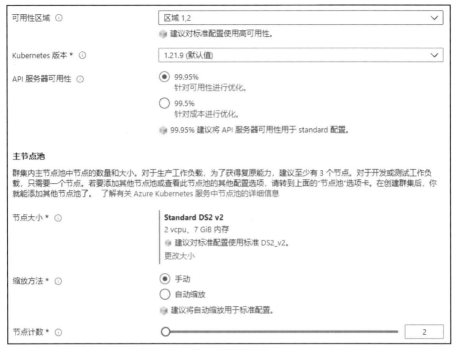

图 7.3　选定的设置

7.3.1　使用 Kubectl

创建群集后，可以使用 Azure Cloud Shell 与之交互。单击 Azure 门户界面右上角的控制台图标，Azure Shell 图标如图 7.4 所示。

图 7.4　Azure Shell 图标

出现提示时，选择 Bash Shell，然后会提示创建存储账户，请确认并创建它。我们将使用这个 Shell 与群集进行交互。Shell 的顶部有一个文件图标，单击该图标可以上传.yaml 文件，如图 7.5 所示。

图 7.5　单击文件图标在 Azure Cloud Shell 中上传文件

还可以登录参考网站 7.2 下载名为 Azure CLI 的客户端并将其安装在本地计算机上，但在本例中，还需要安装与 Kubernetes 群集交互所需的所有工具(如 Kubectl 和 Helm)，它们已经预装在 Azure Cloud Shell 中。创建 Kubernetes 群集后，就可以通过命令行工具 Kubectl 与之交互。Kubectl 集成在 Azure Shell 中，只需要激活群集凭据就可以使用它。可以使用以下 Cloud Shell 命令执行此操作：

```
az aks get-credentials --resource-group <resource group> --name <cluster name>
```

前面的命令将自动创建的凭据存储在/kube/config 配置文件中，使用户能够与群集进行交互。

从现在起,可以发出 Kubectl 命令,而不需要进一步验证。

如果发出 kubectl get nodes 命令,将获得所有 Kubernetes 节点的列表。更通用地,kubectl get <object type>命令会列出给定类型的所有对象,可以将其用于节点、Pod、StatefulSet 等。kubectl get all 命令会列出在群集中创建的所有对象。如果添加特定对象的名称,则只会获得该特定对象的信息,如下所示:

```
kubectl get <object type><object name>
```

如果添加--watch 选项,对象列表将不断更新,因此可以看到所有选定对象的状态随时间变化。按 Ctrl+C 键可以退出此监控状态。

以下命令显示特定对象的详细报告:

```
kubectl describe <object name>
```

可使用以下命令创建在一个.yaml 文件(如 myClusterConfiguration.yaml)中描述的所有对象:

```
kubectl create -f myClusterConfiguration.yaml
```

然后,如果修改了.yaml 文件,可以使用 apply 命令使群集上的所有修改生效,如下所示:

```
kubectl apply -f myClusterConfiguration.yaml
```

apply 命令执行与 create 命令相同的任务,但如果资源已经存在,则 apply 命令将覆盖它,而 create 命令将退出并显示错误消息。

通过传递相同的文件添加到 delete 命令,可以销毁创建的所有对象,如下所示:

```
kubectl delete -f myClusterConfiguration.yaml
```

还可以向 delete 命令传递对象类型和要销毁的该类型对象的名称列表,如下所示:

```
kubectl delete deployment deployment1 deployment2...
```

前面展示的 Kubectl 命令应该足以满足大多数实际需要。更多详细信息可以扫封底二维码参考"扩展阅读"中列举的官方文档的链接。

在下一小节中,我们将使用 kubectl create 命令来安装一个简单的示例应用程序。

7.3.2 部署留言板示例应用程序

留言板应用程序是 Kubernetes 官方文档中使用的示例应用程序,我们将把它作为 Kubernetes 应用程序的一个例子,因为它的 Docker 镜像已经在公共 Docker 存储库中可用,所以不需要编写应用程序。

留言板应用程序存储那些访问过酒店或餐厅的客户的意见。它由一个通过 Deployment 实现的 UI 层和一个通过基于 Redis 的内存存储实现的数据库层组成。进一步地,Redis 存储由一个用于写入/更新操作的唯一主存储器和几个基于 Redis 实现并行读取的只读副本实现。写入/更新的并行可以通过几个分片的 Redis 主数据库来实现,但就示例应用程序本身而言,写入操作不应占主导地位,因此在单个餐厅/酒店的实际情况下,单个主数据库就足够了。整个应用程序由 3 个.yaml 文件组成,可以在与本书相关的 GitHub 存储库中找到它们。

下面是基于 Redis 的主存储器的代码,包含在 redis-master.yaml 文件中:

```
apiVersion: apps/v1
```

```
kind: Deployment
metadata:
  name: redis-master
  labels:
    app: redis
spec:
  selector:
    matchLabels:
      app: redis
      role: master
      tier: backend
  replicas: 1
  template:
    metadata:
      labels:
        app: redis
        role: master
        tier: backend
    spec:
      containers:
      - name: master
        image: k8s.gcr.io/redis:e2e
        resources:
          requests:
            cpu: 100m
            memory: 100Mi
        ports:
        - containerPort: 6379
---
apiVersion: v1
kind: Service
metadata:
  name: redis-master
  labels:
    app: redis
    role: master
    tier: backend
spec:
  ports:
  - port: 6379
    targetPort: 6379
  selector:
    app: redis
    role: master
    tier: backend
```

该文件由两个对象定义组成，两个对象定义之间用对象定义分隔符(---)来分隔。第一个对象是一个带有单个副本的 Deployment，第二个对象是一个 ClusterIP Service，它在内部网络地址 redis-master.default.svc.cluster.local 的 6379 端口上公开了 Deployment。Deployment 中 Pod 的 template(模板)定义了 app、role 和 tier 这 3 个 label 及其值，这些 label 用于在 Service 的 selector(选择器)定义中，将 Service 与 Deployment 中定义的唯一 Pod 连接起来。

上传 redis-master.yaml 文件，然后使用以下命令将其部署到群集中：

```
kubectl create -f redis-master.yaml
```

操作完成后，可以使用 kubectl get all 命令。

从存储器在 redis-slave.yaml 文件中定义与主存储器的定义类似，唯一的区别是此处有两个副本和一个不同的 Docker 镜像。

上传这个文件，并使用以下命令部署它:

```
kubectl create -f redis-slave.yaml
```

UI 层的代码包含在 frontend.yaml 文件中。Deployment 有 3 个副本和不同的 Service 类型。使用以下命令上传并部署此文件:

```
kubectl create -f frontend.yaml
```

有必要分析一下 frontend.yaml 文件中 Service 的代码:

```
apiVersion: v1
kind: Service
metadata:
  name: frontend
  labels:
    app: guestbook
    tier: frontend
spec:
  type: LoadBalancer
  ports:
  - port: 80
  selector:
    app: guestbook
    tier: frontend
```

这种 Service 属于 LoadBalancer 类型，因为它必须在公共 IP 地址上公开应用程序。要获取分配给 Service，然后分配给应用程序的公共 IP 地址，请使用以下命令:

```
kubectl get service
```

前面的命令应该显示所有已安装的 Service 的信息。应该在列表的 EXTERNAL-IP 列下找到公共 IP 地址。如果只看到<none>值，请重复该命令，直到将公共 IP 地址分配给负载均衡器。

获得 IP 地址后，就可以使用浏览器导航到此地址。应用程序主页现在应该出现了!

完成应用程序的实验后，使用以下命令将应用程序从群集中删除，以避免浪费 Azure 免费信用(公共 IP 地址需要花钱):

```
kubectl delete deployment frontend redis-master redis-slave
kubectl delete service frontend redis-master redis-slave
```

我们将在下一节分析 Kubernetes 的其他重要功能。

7.4　Kubernetes 高级概念

在本节中，我们将讨论 Kubernetes 的其他重要功能，包括如何为 StatefulSet 分配永久存储，如何存储密码、连接字符串或证书等秘密信息，容器如何通知 Kubernetes 其健康状态，以及如何使用 Helm 处理复杂的 Kubernetes 包。

7.4.1　需要永久存储

由于 Pod 是在节点之间移动的，所以它们不能依赖当前运行的节点提供的永久存储。这给我们提供了以下两个选择。

(1) 使用外部数据库：在数据库的帮助下，ReplicaSet 还可以存储信息。然而，如果在写/更新操作方面需要更好的性能，则应该使用基于 NoSQL 引擎(如 Cosmos DB 或 MongoDB)的分布式分片数据库(参见第 9 章)。在这种情况下，为了最大限度地利用表的分片，需要使用 StatefulSet，其中每个 Pod 实例负责不同的分片。

(2) 使用云存储：云存储不与物理群集节点绑定，可以与 StatefulSet 的特定 Pod 实例永久关联。

由于对外部数据库的访问不需要任何特定于 Kubernetes 的技术，可以通过常用的连接字符串来完成，因此我们将集中讨论云存储。Kubernetes 提供了一个名为持久化存储卷声明 (PVC，即 PersistentVolumeClaim)的存储抽象，它独立于底层存储提供程序。更具体而言，PVC 是由预定义资源动态匹配或分配请求的。

当 Kubernetes 群集位于云中时，通常使用由云提供商安装的动态提供程序来执行动态分配。

Azure 等云服务提供商提供了不同性能和成本的不同存储类别。此外，PVC 还可以指定以下访问模式。

- ReadWriteOnce：该存储卷可以通过单个 Pod 以读写方式挂载。
- ReadOnlyMany：该存储卷可以由许多 Pod 以只读方式挂载。
- ReadWriteMany：该存储卷可以由许多 Pod 以读写方式挂载。

存储卷声明可以通过 spec->volumeClaimTemplates 对象添加到 StatefulSet 中：

```
volumeClaimTemplates:
- metadata:
  name: my-claim-template-name
spec:
  resources:
    request:
      storage: 5Gi
  volumeMode: Filesystem
  accessModes:
    - ReadWriteOnce
  storageClassName: my-optional-storage-class
```

storge 属性包含存储要求。volumeMode 设为 Filesystem 是一种标准设置，这意味着存储将作为文件路径提供。另一个可能的值是 Block，它将内存分配为未格式化。storageClassName 必须设置为云提供商提供的现有存储类。如果省略，将采用默认存储类。

可以使用以下命令列出所有可用的存储类：

```
kubectl get storageclass
```

一旦 volumeClaimTemplates 定义了如何创建永久存储，那么每个容器都必须在 spec->containers->volumeMounts 属性中指定将永久存储附加到哪个文件路径：

```
...
volumeMounts
- name: my-claim-template-name
  mountPath: /my/requested/storage
```

```
    readOnly: false
...
```

此处，名称必须与 PVC 的名称相对应。

下一小节展示了如何使用 Kubernetes 加密。

7.4.2 Kubernetes Secret

Secret 是一组为保护安全而加密了的键-值对，可以通过将每个值放入文件中，然后调用以下 Kubectl 命令来创建它们：

```
kubectl create secret generic my-secret-name \
  --from-file=./secret1.bin \
  --from-file=./secret2.bin
```

在这种情况下，文件名为键，文件内容则是值。

当值是字符串时，可以直接在 Kubectl 命令中指定，如下所示：

```
kubectl create secret generic dev-db-secret \
  --from-literal=username=devuser \
  --from-literal=password=sdsd_weew1'
```

在这种情况下，键和值会依次列出，并用=字符分隔。

定义后，可以在 Pod(Deployment 或 StatefulSet 的模板)的 spec->volume 属性中引用 Secret，如下所示：

```
...
volumes:
  - name: my-volume-with-secrets
    secret:
      secretName: my-secret-name
...
```

之后，每个容器都可以在 spec->containers->volumeMounts 属性中指定挂载它们的路径：

```
...
volumeMounts:
  - name: my-volume-with-secrets
    mountPath: "/my/secrets"
    readOnly: true
...
```

在前面的示例中，每个密钥都被视为具有相同密钥名称的文件。文件的内容是使用 Base64 编码的值。因此，读取每个文件的代码必须对其内容进行解码(在.NET 中可以使用 Convert.FromBase64 完成这项工作)。

当 Secret 中包含字符串时，它们也可以在 spec->containers->env 中作为环境变量传递：

```
env:
  - name: SECRET_USERNAME
    valueFrom:
      secretKeyRef:
        name: dev-db-secret
        key: username
  - name: SECRET_PASSWORD
```

```
    valueFrom:
      secretKeyRef:
        name: dev-db-secret
        key: password
```

在这里，name 属性必须与 Secret 名称匹配。当容器承载 ASP.NET Core 应用程序时，将 Secret 作为环境变量传递非常方便，因为在这种情况下，环境变量可以直接在配置对象中使用(请参阅第 15 章)。

Secret 还可以使用以下 Kubectl 命令对 HTTPS 证书的密钥/证书对进行编码：

```
kubectl create secret tls test-tls --key="tls.key" --cert="tls.crt"
```

以这种方式定义的 Secret 可用于在 Ingress 中启用 HTTPS 终端。在 Ingress 的 spec->tls->hosts->secretName 属性中设置 Secret 名称就足够了。

7.4.3　存活性和就绪性检查

Kubernetes 会自动监控所有容器，以确保它们仍然处于活动状态，并将资源消耗保持在 spec->containers->resources->limits 中声明的限制范围内。当违反某些条件时，容器要么被限制，要么重新启动，或者整个 Pod 实例在另一个节点上重新启动。Kubernetes 如何知道容器处于健康状态？虽然它可以使用操作系统检查节点的健康状态，但它没有适用于所有容器的通用检查。

因此，容器本身必须告知 Kubernetes 其健康状态，否则 Kubernetes 必须放弃验证。容器可以通过两种方式通知 Kubernetes 其健康状态：一种是声明一个返回健康状态的控制台命令，另一种是声明一个提供相同信息的服务终节点。

这两个声明都在 spec->containers->livenessProb 中提供。控制台命令检查的声明如下所示：

```
...
  livenessProbe:
    exec:
      command:
      - cat
      - /tmp/healthy
    initialDelaySeconds: 10
    periodSeconds: 5
...
```

如果命令行返回值为 0，这个容器是健康的。在前面的示例中，我们假设容器中运行的应用程序会将其运行状况记录在/tmp/health 文件中，以便 cat/tmp/health 命令返回它。PeriodSeconds 是两次检查之间的时间间隔，initialDelaySeconds 是执行第一次检查之前的初始延迟。初始延迟始终是必要的，以便为容器提供启动时间。

终节点检查非常相似：

```
...
  livenessProbe:
    exec:
      httpGet:
        path: /healthz
        port: 8080
        httpHeaders:
          - name: Custom-Health-Header
```

```
      value: container-is-ok
    initialDelaySeconds: 10
    periodSeconds: 5
  ...
```

如果 HTTP 响应包含声明的头和声明的值，则测试成功。也可以使用纯 TCP 检查，如下所示：

```
  ...
    livenessProbe:
      exec:
        tcpSocket:
          port: 8080
      initialDelaySeconds: 10
      periodSeconds: 5
    ...
```

在这种情况下，如果 Kubernetes 能够在声明的端口上打开连接到容器的 TCP socket，则检查成功。

以类似的方式，容器安装后的准备状态通过准备状态检查进行监控。就绪性(readiness)检查的定义方式与存活性(liveness)检查完全相同，唯一的区别是 livenessProbe 被 readinessProbe 取代。

下一小节介绍如何自动缩放 Deployment。

7.4.4 自动缩放

我们不需要手动修改 Deployment 中的副本数量，以便使其适应负载的减少或增加，而是可以让 Kubernetes 试图保持声明的资源消耗恒定而自行决定副本数量。因此，如果我们声明一个 10%的 CPU 消耗目标，当每个复制副本的平均资源消耗超过这个限制时，就会创建一个新的副本；而如果平均 CPU 消耗低于这个限制，就会销毁一个副本。用于监视副本的典型资源是 CPU 消耗，但也可以使用内存消耗。

自动缩放是通过定义 HorizontalPodAutoscaler 对象来实现的。以下是 HorizontalPodAutoscaler 定义的示例：

```
apiVersion: autoscaling/v2beta1
kind: HorizontalPodAutoscaler
metadata:
  name: my-autoscaler
spec:
  scaleTargetRef:
    apiVersion: extensions/v1beta1
    kind: Deployment
    name: my-deployment-name
  minReplicas: 1
  maxReplicas: 10
  metrics:
  - type: Resource
    resource:
      name: cpu
      targetAverageUtilization: 25
```

spec->scaleTargetRef->name 指定要自动缩放的 Deployment 的名称，而 targetAverageUtilization 指定目标资源(在我们的例子中是 CPU)的使用百分比(在我们的例子中是 25%)。

下一小节简要介绍了 Helm 程序包管理器和 Helm Chart，并解释了如何在 Kubernetes 群集上安装 Helm Chart，同时给出了安装入口控制器的示例。

7.4.5　Helm：安装入口控制器

Helm Chart 是一种组织复杂 Kubernetes 应用程序安装的方法，其中包含多个应用程序的.yaml 文件。一个 Helm Chart 是一组.yaml 文件，组织成文件夹和子文件夹。官方文件的 Helm Chart 的典型文件夹结构如图 7.6 所示。

```
Chart.yaml         # A YAML file containing information about the chart
LICENSE            # OPTIONAL: A plain text file containing the license for the chart
README.md          # OPTIONAL: A human-readable README file
values.yaml        # The default configuration values for this chart
values.schema.json # OPTIONAL: A JSON Schema for imposing a structure on the values.yaml file
charts/            # A directory containing any charts upon which this chart depends.
crds/              # Custom Resource Definitions
templates/         # A directory of templates that, when combined with values,
                   # will generate valid Kubernetes manifest files.
templates/NOTES.txt # OPTIONAL: A plain text file containing short usage notes
```

图 7.6　Helm Chart 的目录结构

特定于应用程序的.yaml 文件放在顶层 templates 目录中，而 charts 目录可能包含用作帮助程序库的其他 Helm Chart。顶层的 Chart.yaml 文件包含程序包的一般信息(名称和描述)，以及应用程序版本和 Helm Chart 版本。以下是一个典型的例子：

```
apiVersion: v2
name: myhelmdemo
description: My Helm chart
type: application
version: 1.3.0
appVersion: 1.2.0
```

在这里，type 可以是 application 或 library。只有 application 类型的 Chart 可以部署，而 library 类型的 Chart 是开发其他 Chart 的实用工具，它们放置在其他 Helm Chart 的 charts 文件夹中。

为了配置每个具体的应用程序安装，Helm Chart 的.yaml 文件包含安装 Helm Chart 时指定的变量。此外，Helm Chart 还提供了一种简单的模板语言，仅当满足依赖于输入变量的某些条件时，才允许包含某些声明。顶层的 values.yaml 文件声明了输入变量的默认值，这意味着开发者只需要指定少数几个不同于默认值的值变量。此处不介绍 Helm Chart 的模板语言，但可以在"扩展阅读"中提到的官方 Helm 文档中找到它。

Helm Chart 通常以类似于 Docker 镜像的方式组织在公共或私人存储库中。可以使用 Helm 客户端从远程存储库下载程序包，并在 Kubernetes 群集中安装 Chart。Helm 客户端在 Azure Cloud Shell 中可以直接使用，不需要安装即可为所创建的 Azure Kubernetes 群集使用 Helm。

使用远程存储库的程序包之前，必须添加远程存储库，如下所示：

```
helm repo add <my-repo-local-name> https://kubernetes-charts.storage.googleapis.com/
```

前面的命令使用户可以使用远程存储库的程序包，并为其提供本地名称。之后，可以使用以下命令安装远程存储库的任何程序包：

```
helm install <instance name><my-repo-local-name>/<package name> -n <namespace>
```

这里提到的<namespace>是安装应用程序的名称空间。通常情况下，如果不提供名称空间，将会假设一个名称空间。<instance name>是为已安装的应用程序指定的名称，需要使用此名称，才能使用以下命令获取有关已安装应用程序的信息：

```
helm status <instance name>
```

通过以下命令，还可以获得有关 Helm 安装的所有应用程序的信息：

```
helm ls
```

通过以下命令从群集中删除应用程序时，还需要应用程序名：

```
helm delete <instance name>
```

安装应用程序时，还可以提供一个.yaml 文件，包含想要覆盖的所有变量值。还可以指定 Helm Chart 的特定版本，否则假定为更新的版本。下面是一个同时覆盖版本和值的示例：

```
helm install <instance name><my-repo-local-name>/<package name> -f values.yaml
-version <version>
```

最后，还可以通过--set 选项提供值覆盖，如下所示：

```
...--set <variable1>=<value1>,<variable2>=<value2>...
```

还可以使用 upgrade 命令升级现有安装，如下所示：

```
helm upgrade <instance name><my-repo-local-name>/<package name>...
```

upgrade 命令可以使用-f 选项或--set 选项指定新的值覆盖，还可以使用--version 指定新版本。

下面使用 Helm 为留言板示例应用程序提供入口。具体而言，将使用 Helm 安装基于 Nginx 的入口控制器。详细步骤如下。

(1) 添加远程资源库：

```
helm repo add gcharts https://kubernetes-charts.storage.googleapis.com/
```

(2) 安装入口控制器：

```
helm install ingress gcharts/nginx-ingress
```

(3) 安装完成后，如果输入 kubectl get service，则应在已安装的 Service 中看到已安装入口控制器的条目。条目应包含公共 IP。请记下此 IP，因为它将是应用程序的公共 IP。

(4) 打开 frontend.yaml 文件并删除 type: LoadBalancer 行，保存并上传到 Azure Cloud Shell。我们将前端应用程序的 Service 类型由 LoadBalancer 更改为 ClusterIP(默认)，此 Service 将连接到将要定义的新 Ingress。

(5) 用 kubectl 部署 redis-master.yaml、redis-slave.yaml 和 frontend.yaml，详见 7.3.2 小节。新建一个 frontend-ingress.yaml 文件并在其中加入以下代码：

```
apiVersion: extensions/v1beta1
kind: Ingress
metadata:
  name: simple-frontend-ingress
spec:
```

```
    rules:
    - http:
        paths:
        - path:/
          backend:
            serviceName: frontend
            servicePort: 80
```

(6) 上传 frontend-ingress.yaml 到 Cloud Shell，并用以下命令部署：

```
kubectl apply -f frontend-ingress.yaml
```

(7) 打开浏览器并导航到步骤(3)中的公共 IP。在这里，应该看到应用程序正在运行。

由于分配给入口控制器的公共 IP 在 Azure 的公共 IP 地址(使用 Azure 搜索框查找)处可用，因此可以在 Azure 搜索框中检索它，并为其分配格式为<所选名称>.<Azure 区域>.cloudeapp 的主机名。

建议为应用程序公共 IP 分配一个主机名，然后使用此主机名从参考网站 7.3 中获取免费的 HTTPS 证书。获得证书后，可以使用以下命令从中生成一个 Secret：

```
kubectl create secret tls guestbook-tls --key="tls.key" --cert="tls.crt"
```

然后，可以通过向 frontend-ingress.yaml 的 Ingress 中添加以下 spec->tls 的内容，将前面的 Secret 添加到其中：

```
...
spec:
...
  tls:
  - hosts:
      - <chosen name>.<your Azure region>.cloudeapp.com
secretName: guestbook-tls
```

更新之后，将文件上传到 Azure Cloud Shell，并使用以下内容更新以前的 Ingress 定义：

```
kubectl apply frontend-ingress.yaml
```

此时，应该能够使用 HTTPS 访问留言板应用程序。

完成实验后，不要忘记删除群集中的所有内容，以避免浪费免费 Azure 信用。可以通过以下命令执行此操作：

```
kubectl delete frontend-ingress.yaml
kubectl delete frontend.yaml
kubectl delete redis-slave.yaml
kubectl delete redis-master.yaml
helm delete ingress
```

7.5　本章小结

本章描述了 Kubernetes 的基本概念和对象，然后讲解了如何创建 Azure Kubernetes 群集，还展示了如何部署应用程序，以及如何使用一个简单的演示应用程序监视和检查群集的状态。

本章还介绍了更高级的 Kubernetes 功能，这些功能涵盖了实际应用中的基本角色，包括如何为运行在 Kubernetes 上的容器提供永久存储，如何告知 Kubernetes 容器的运行状况，以及如何提供高级 HTTP 服务，例如 HTTPS 和基于名称的虚拟主机。

本章还演示了如何使用 Helm 安装复杂的应用程序，并简要介绍了 Helm 和 Helm 命令。

在下一章中，你将学习如何使用 Entity Framework 将.NET 应用程序连接到数据库。

7.6 练习题

1. 为什么需要 Service？
2. 为什么需要 Ingress?
3. 为什么需要 Helm?
4. 是否可以在同一个.yaml 文件中定义多个 Kubernetes 对象？如果是，怎么做？
5. Kubernetes 如何检测容器故障？
6. 为什么需要 PVC？
7. ReplicaSet 和 StatefulSet 的区别是什么？

第 8 章

在 C#中与数据进行交互——
Entity Framework Core

正如第 5 章所提到的,软件系统可以按照分层的形式来组织,每一层通过接口与其上一层和下一层进行通信,这些接口不依赖于层的具体实现。对于业务系统或企业系统来说,通常至少包括 3 层:数据层、业务层和表示层。总体来讲,每一层所提供的接口以及层的具体实现方式是由具体应用程序来决定的。

然而,事实上数据层提供的功能是相当标准的,因为它们做的事情都是将数据从数据存储子系统映射到对象中去;反之,亦然。这一点促成了一种以基本声明方式实现数据层通用框架的概念的产生。这类工具称为对象关系映射(ORM)工具,因为它们基于关系型数据库这类数据存储子系统。不过,它们也适用于一种现代非关系型存储类型——NoSQL 数据库(如 MongoDB 和 Azure Cosmos DB)。因为与纯关系型模型相比,此类数据库的数据模型更接近目标对象的模型。

本章涵盖以下主题:

- 理解 ORM 基础。
- 配置 Entity Framework Core。
- Entity Framework Core 迁移。
- 使用 Entity Framework Core 查询和更新数据。
- 数据层的部署。
- 了解 Entity Framework Core 高级功能——全局过滤器。

本章将介绍 ORM 以及如何配置它们,然后重点介绍 Entity Framework Core,即.NET 5 中使用的 ORM 框架。

8.1 技术性要求

学习本章内容之前,需要使用安装了所有数据库工具的 Visual Studio 2019 社区版(免费)或更高版本。

本章提到的所有概念会通过基于本书的 WWTravelClub 用例的一些实际示例程序来阐述。扫封底二维码可获得本章示例代码。

8.2 ORM 基础

ORM 可以将关系数据库的表映射到内存中的对象集合中，其中对象的属性对应数据库表中的字段。C#中的一些类型，如布尔型、数值类型和字符串类型，在数据库中有着对应的类型。如果某些类型，如 GUID 类型，可能在所映射的数据库中是不可用的，则像 GUID 这类类型将映射为与其等效的字符串表示形式。当日期/时间中不包含时区信息时，所有日期和时间类型都映射为C#中的 DateTime 类型；当日期/时间中包含显式的时区信息时，则映射为 DateTimeOffset 类型。数据库中的持续时间段会映射为 TimeSpan 类型。最后，单个字符的类型无法映射为数据库中的任意字段类型。

由于大多数面向对象的语言中的字符串类型的属性没有相应的长度限制(而数据库的字符串字段通常会有长度限制)，因此在数据库映射的配置中也考虑了数据库中字段的长度限制。通常，数据库中的类型和面向对象语言中的类型之间的映射关系需要通过某些设置来指定，这些设置通常在映射配置中声明。

整个映射配置是如何定义的，由具体的 ORM 框架决定。Entity Framework Core 中提供了 3种选择：

- 数据注解，即属性(property)的特性(attribute)[1]；
- 命名约定；
- 基于配置对象和方法的流畅式配置接口。

流畅式接口可用于指定任何映射配置中的设置，而数据注解和命名约定可用于部分映射配置中的设置。

就个人而言，我更喜欢在大多数设置中使用流畅式接口。我只会将命名约定用于指定带有 ID属性名称的主键，因为我发现将其用于更复杂的设置是非常危险的。事实上，我们没有对命名约定做编译时检查，因此做重构操作时，可能会错误地改变或者破坏原有的一些 ORM 设置。

我主要将数据注解用于对属性可能取值的特定的约束，例如值的最大长度，或者属性是强制非空的。事实上，这些约束限定了每个属性中指定的类型，因此将它们放置在对应的属性旁边，可以增加代码的可读性。

其他所有的设置可以通过使用流畅式接口来更好地实现分组和组织，以提高代码的可读性和可维护性。

每个 ORM 框架都会为具体的数据库类型(Oracle、MySQL、SQL Server 等)提供特定于数据库的适配器，称为提供程序(provider)或连接器(connector)。Entity Framework Core 为市面上的大多数数据库引擎都提供了相应的提供程序。

可在参考网站 8.1 中找到完整的提供程序的清单。

适配器对于不同数据库类型而言是必须的，这是因为不同数据库之间会有差异，如处理事务的方式，以及一些非 SQL 语言标准化的其他功能。

表之间的关系用对象指针来表示。例如，对于一对多关系，关系中的"一"映射为一个类，

---

1 译者注：仅在此处将 attribute 翻译成特性，绝大多数情况下还是将 attribute 翻译成属性。

这个类中包含一个集合，该集合由对应于关系中的"多"的对象组成。反过来，关系中的"多"所映射的类中，包含一个简单的属性，该属性指向对应于关系中的"一"的唯一对象。整个数据库(或只是其中的一部分)由一个内存缓存类表示，该类中含有映射到数据库表的每个集合的属性。首先，查询和更新操作在内存缓存类的一个实例上执行，然后该实例会与数据库同步。

Entity Framework Core 使用的内存缓存类称为 DbContext，其中包括映射配置。更具体而言，应用程序中具体使用的内存缓存类是通过继承 DbContext 并为其添加所有映射集合和所有必要的配置信息来获得的。

总之，DbContext 的子类对象实例中包含了数据库的局部快照，它可以通过与数据库同步来获取/更新实际数据。

数据库的查询是通过查询语言来执行的，该类语言由对内存缓存类的集合执行方法调用而构成。实际的 SQL 在同步阶段才会创建和执行。例如，Entity Framework Core 对映射到数据库表的集合执行语言集成查询(Language Integrated Query)，即 LINQ。

大体上，LINQ 查询会生成 IEnumerable 的实例。作为一种集合，当 IEnumerable 在查询结束时被创建时，其中的元素还未被计算出来，而是实际尝试从 IEnumerable 中检索集合元素时才会计算它们。这称为懒加载或者延迟执行。它的工作原理如下。

- LINQ 查询从 DbContext 中的集合映射开始创建一个 IEnumerable 的特定子类型，称为 IQueryable。
- IQueryable 中含有向数据库发出查询所需的所有信息，不过实际 SQL 的生成和执行过程会发生在 IQueryable 的第一个元素被检索时。
- 通常，每个 Entity Framework 查询语句会以 ToList 或 ToArray 操作结尾，该操作将 IQueryable 转换为列表或数组，从而引起在数据库中实际查询的执行。
- 如果期望查询仅返回单个元素或根本不返回元素，通常会执行可以返回单个元素(如果有)或 null 的 SingleOrDefault 操作。

此外，数据库表的更新、删除和添加实体等操作，可以通过在 DbContext 中表示数据库表的集合属性上模拟这些操作来完成。不过，要想通过这种方式更新和删除实体的话，需要先通过查询将实体加载到该内存集合中。更新查询要求对实体在内存中的映射对象按需要进行修改，而删除查询要求从其内存映射集合中将该实体在内存中的映射对象进行删除。在 Entity Framework Core 中，删除操作是通过调用集合的 Remove(entity)方法来执行的。

添加实体的操作没有进一步的要求，只须将新的实体添加到内存集合中即可。对各种内存集合执行的更新、删除和添加操作，要通过显示调用一个与数据库同步的方法来传递到数据库中。

例如，调用 DbContext.SaveChanges()方法时，Entity Framework Core 会把在 DbContext 的实例上执行的所有更改传递给数据库。

在同步操作期间传递给数据库的更改会在单个事务中执行。此外，对于像 Entity Framework Core 这类有显式事务表示的 ORM 框架，一个同步操作会在显式表示的事务范围内执行，而不会创建新的事务。

在本章的其余小节中，我们将通过基于本书 WWTravelClub 用例的示例代码说明如何使用 Entity Framework Core。

8.3 配置 Entity Framework Core

由于数据库处理会限制在应用程序专门的层中，因此，这里有一种良好实践，就是在单独的库中定义 Entity Framework Core (DbContext)。据此，需要定义一个.NET Core 类库项目。正如我们在第 2 章讨论过的，有两种不同类型的库项目：.NET Standard 和.NET (Core)。

.NET Core 库需要与特定的.NET Core 版本相关联，而.NET Standard 2.0 库具有广泛的用途，因为它适用于任何高于 2.0 的.NET 版本以及经典的.NET Framework 4.7.2 及更高版本。

不过，在.NET 5 中附带的 Microsoft.EntityFrameworkCore 程序包的第 5 版仅依赖于.NET Standard 2.1。这意味着它不是专门为与特定.NET (Core)版本一起使用而设计的，而是只需要一个支持.NET Standard 2.1 的.NET Core 版本。因此，Entity Framework 5 可以与.NET 5 和任何.NET Core 2.1 及以上版本一起正常工作。

由于我们的库不是一个通用的库(它只是某个特定.NET 5 应用程序中的一个组件)，因此可以简单地选择.NET 5 库项目，而不是.NET Standard 库项目。.NET 5 库项目可以按如下方式创建和准备。

(1) 打开 Visual Studio，并定义一个名为 WWTravelClubDB 的新解决方案，然后选择类库(.NET Core)，版本为现有最新的.NET Core 版本。

(2) 必须安装所有与 Entity Framework Core 相关的依赖项。最简单的安装所有必要依赖项的方法是添加所用数据库引擎的提供程序的 NuGet 程序包。在我们的示例中，正如第 4 章提到的，数据库引擎为 SQL Server。事实上，任何提供程序都将安装所有必需的程序包，因为这些程序包是它们的依赖项。添加 Microsoft.EntityFrameworkCore.SqlServer 的最新稳定版本，如果打算使用多种数据库引擎，还可以添加其他提供程序，它们可以并列工作。在本章后面，我们还会安装其他 NuGet 程序包，其中包括运行 Entity Framework Core 所需的工具。然后，我们会介绍如何安装更多的工具，它们是处理 Entity Framework Core 配置所需的。

(3) 将默认的 Class1 类重命名为 MainDbContext。这个类是类库中自动添加的。

(4) 用以下代码替换它的内容：

```
using System;
using Microsoft.EntityFrameworkCore;

namespace WWTravelClubDB
{
    public class MainDbContext: DbContext
    {
        public MainDbContext(DbContextOptions options)
            : base(options)
        {
        }
        protected override void OnModelCreating(ModelBuilder
        builder)
        {
        }
    }
}
```

(5) 类继承于 DbContext，需要将 DbContextOptions 参数传递给 DbContext 构造函数。DbContextOptions 中包含由目标数据库引擎决定的创建选项，例如数据库连接字符串。

(6) 映射到数据库表的所有集合都会以属性的形式添加到 MainDbContext 中。映射配置可以在重写的 OnModelCreating 方法中通过参数 ModelBuilder 对象来定义。

下一步是创建相关的类用以表示所有数据库表的行，这些类称作实体。需要为每个要映射的数据库表创建一个实体类。在项目根目录中创建一个 Models 文件夹，用于存放这些类。下一小节将说明如何定义所需要的实体。

8.3.1　定义数据库实体

就像应用程序的整体设计一样，数据库设计也是用迭代的方式来组织的。假设在第一次迭代中，需要一个带有两个数据库表的原型：一个表用于存放所有套餐，另一个表用于存放所有可用于套餐的目的地。每个套餐只包含一个目的地，而一个目的地可以被多个套餐所包含，因此这两个表通过一对多关系来连接。

先从目的地数据库表开始。正如上一节末尾提到的，需要一个实体类来表示该表的行。我们将这个实体类命名为 Destination：

```
namespace WWTravelClubDB.Models
{
    public class Destination
    {
        public int Id { get; set; }
        public string Name { get; set; }
        public string Country { get; set; }
        public string Description { get; set; }
    }
}
```

所有数据库字段都必须用 C#的读/写属性来表示。假设每个目的地(Destination)类似于一个城镇或一个地区，可以仅通过其名称(Name)和所在国家/地区(Country)来定义，并且其描述(Description)中包含了所有相关信息。我们可能会在未来的迭代中添加更多字段。Id 是一个自动生成的主键。

不管怎样，现在需要添加有关如何将所有字段映射到数据库字段的信息。在 Entity Framework Core 中，所有原生数据类型都可以由所使用的具体数据库引擎的提供程序(在我们的示例中为 SQL Server 提供程序)自动映射到数据库字段类型。

我们只需要关注下面几点。

- 字符串的长度限制：可以通过为每个字符串类型的属性添加适当的 MaxLength 和 MinLength 注解，以将长度限制考虑进去。在 System.ComponentModel.DataAnnotations 和 System.ComponentModel.DataAnnotations.Schema 名称空间中，包含了所有对实体的配置有用的注解。因此，这里有一种良好实践，就是将这两个名称空间添加到所有实体的定义中。
- 指定哪些字段是强制的，哪些是非强制的：如果项目没有使用可空(Nullable)引用类型这一新功能，则在默认情况下，所有引用类型(例如所有字符串)都假定为非强制的，而所有值类型(例如数字和 GUID)都假定为强制的。如果希望一个引用类型的属性是强制的，则应当使用 Required 注解来修饰它。反过来说，如果希望一个 T 类型的属性是非强制的，且 T 是值类型或者启用了可空引用类型功能，就应当用 T?来替换 T。

- 指定哪个属性用来表示主键: 可以通过对一个属性使用 Key 注解进行修饰, 以指定主键。不过, 如果 Key 注解未能找到, 则名为 Id 的属性(如果有)将会作为主键。在我们的例子中, 不需要使用 Key 注解。

由于每个目的地是一对多关系中的"一", 它必须包含相关套餐实体的集合; 否则, 我们将无法在 LINQ 查询语句的子句段中引用相关的实体。

综上所述, Destination 类的最终版本如下:

```
using System.Collections.Generic;
using System.ComponentModel.DataAnnotations;
using System.ComponentModel.DataAnnotations.Schema;

namespace WWTravelClubDB.Models
{
    public class Destination
    {
        public int Id { get; set; }
        [MaxLength(128), Required]
        public string Name { get; set; }
        [MaxLength(128), Required]
        public string Country { get; set; }
        public string Description { get; set; }
        public ICollection<Package> Packages { get; set; }
    }
}
```

由于 Description 属性没有长度限制, 因此它在 SQL Server 中将使用不定长的 nvarchar(MAX) 字段来实现。我们可以用类似的方式编写 Package 类的代码:

```
using System;
using System.ComponentModel.DataAnnotations;
using System.ComponentModel.DataAnnotations.Schema;
namespace WWTravelClubDB.Models
{
    public class Package
    {
        public int Id { get; set; }
        [MaxLength(128), Required]
        public string Name { get; set; }
        [MaxLength(128)]
        public string Description { get; set; }
        public decimal Price { get; set; }
        public int DurationInDays { get; set; }
        public DateTime? StartValidityDate { get; set; }
        public DateTime? EndValidityDate { get; set; }
        public Destination MyDestination { get; set; }
        public int DestinationId { get; set; }
    }
}
```

每个套餐都有持续时长(以天为单位), 以及作为非强制性字段的套餐有效期的开始和结束日期。在 Package 与 Destination 实体之间的多对一关系中, MyDestination 将套餐与其目的地连接起来, 而 DestinationId 是该关系的外键。

虽然指定外键不是必须的, 但这是一种良好实践, 因为这是指定关系中某些性质的唯一方法。

例如，在我们的例子中，DestinationId 是 int 类型(值类型)的，所以它是强制的。因此，这里的关系是一对多关系，而不是 0 或 1 对多关系。若将 DestinationId 定义由 int 替换为 int?，则会将一对多关系变成 0 或 1 对多关系。此外，我们在本章后面将会看到，外键的显式表示可以大大简化更新操作和一些查询。

在下一节中，我们会说明如何定义内存集合来表示数据库中的表。

8.3.2　定义映射集合

定义完所有用面向对象的方式来表示数据库行的实体之后，需要定义内存集合来表示数据库表本身。正如 8.2 节中提到的，所有数据库操作都会映射为对这些集合的操作(本章 8.5 节会说明如何做到这点)，只需要在 DbContext 中为每个实体 T 添加一个 DbSet<T>集合属性即可。因此，需要向 MainDbContext 添加以下两个属性：

```
public DbSet<Package> Packages { get; set; }
public DbSet<Destination> Destinations { get; set; }
```

到目前为止，我们已经将数据库的内容转换为属性、类和数据注解。但是，Entity Framework 还需要更多信息才能与数据库进行交互。在下一节中，我们会说明如何提供这些信息。

8.3.3　完成映射配置

映射配置信息无法在实体定义中指定，它们必须通过 DbContext 的 OnModelCreating 方法来添加。在该方法中，用以 builder.Entity<T>()开头的信息表示与实体 T 相关的配置信息，接着调用表示具体约束的方法，然后进一步嵌套调用更多表示具体约束的方法或属性。例如，一对多关系可以按如下方式进行配置：

```
builder.Entity<Destination>()
    .HasMany(m => m.Packages)
    .WithOne(m => m.MyDestination)
    .HasForeignKey(m => m.DestinationId)
    .OnDelete(DeleteBehavior.Cascade);
```

通过对实体添加导航的属性(即 HasMany 和 WithOne)来指定关系的两侧。HasForeignKey 指定外键。最后，OnDelete 指定当需要删除目的地时如何对套餐进行处理。在我们的例子中，它会对与被删除目的地相关的所有套餐实行级联删除。

还可以从关系的另一侧开始，来定义相同的映射配置，也就是以 builder.Entity<Package>()作为开头：

```
builder.Entity<Package>()
    .HasOne(m => m.MyDestination)
    .WithMany(m => m.Packages)
    .HasForeignKey(m => m.DestinationId)
    .OnDelete(DeleteBehavior.Cascade);
```

这里唯一的区别是前面语句的 HasMany-WithOne 方法被 HasOne-WithMany 方法所取代，因为是从关系的另一侧开始定义。在这个方法中，还可以为实数类型的属性选择其在数据库中所映射字段的精度。默认情况下，实数的精度有 18 位，其中小数位为 2 位。可以通过类似下方的代码来更改属性的这项设置：

```
...
.Property(m => m.Price)
    .HasPrecision(10, 3);
```

通过 ModelBuilder 对象 builder，还可以指定数据库索引，如下方示例代码所示：

```
builder.Entity<T>()
  .HasIndex(m => m.PropertyName);
```

多个属性的索引定义如下：

```
builder.Entity<T>()
  .HasIndex("propertyName1", "propertyName2", ...);
```

从 Entity Framework Core 的第 5 版开始，还可以通过在类中为属性添加注解的方式来定义索引。为单个属性添加索引的示例如下：

```
[Index(nameof(Property), IsUnique = true)]
public class MyClass
{
    public int Id { get; set; }

    [MaxLength(128)]
    public string Property { get; set; }
}
```

为多个属性添加索引的示例如下：

```
[Index(nameof(Property1), nameof(Property2), IsUnique = false)]
public class MyComplexIndexClass
{
    public int Id { get; set; }

    [MaxLength(64)]
    public string Property1 { get; set; }

    [MaxLength(64)]
    public string Property2 { get; set; }
}
```

添加完所有必要的映射配置信息之后，整个 OnModelCreating 方法将如下所示：

```
protected override void OnModelCreating(ModelBuilder builder)
{
    builder.Entity<Destination>()
        .HasMany(m => m.Packages)
        .WithOne(m => m.MyDestination)
        .HasForeignKey(m => m.DestinationId)
        .OnDelete(DeleteBehavior.Cascade);

    builder.Entity<Destination>()
        .HasIndex(m => m.Country);

    builder.Entity<Destination>()
        .HasIndex(m => m.Name);

    builder.Entity<Package>()
```

```
        .HasIndex(m => m.Name);

    builder.Entity<Package>()
        .HasIndex(nameof(Package.StartValidityDate),
                nameof(Package.EndValidityDate));
}
```

前面的示例展示的是一对多关系的配置，Entity Framework Core 5 还支持多对多关系：

```
modelBuilder
    .Entity<Teacher>()
    .HasMany(e => e.Classrooms)
    .WithMany(e => e.Teachers)
```

在这个例子中，数据库表联结所用的实体和联结表是自动选取创建的，不过也可以指定现有实体作为联结实体。例如，在上述示例代码中，联结实体可以是每个教师(Teacher)在每个教室(Classroom)里教的课程(Course)：

```
modelBuilder
  Entity<Teacher>()
  .HasMany(e => e.Classrooms)
  .WithMany(e => e.Teachers)
      .UsingEntity<Course>(
          b => b.HasOne(e => e.Teacher).WithMany()
          .HasForeignKey(e => e.TeacherId),
          b => b.HasOne(e => e.Classroom).WithMany()
          .HasForeignKey(e => e.ClassroomId));
```

配置完 Entity Framework Core 之后，可以使用已有的信息来创建实际的数据库，并安装所需的相关工具，以便随着应用程序的演变不断更新数据库的结构。在下一节中，我们会说明如何能做到这点。

8.4　Entity Framework Core 迁移

现在已经配置了 Entity Framework，并定义了针对应用程序的特定 DbContext 子类，可以使用 Entity Framework Core 设计工具来生成物理数据库，并创建一个数据库结构的快照，这个快照是 Entity Framework Core 与数据库进行交互所需要的。

对于每个需要使用 Entity Framework Core 设计工具的项目，可以以 NuGet 程序包的形式安装它。有以下两种等效方式可供选择。

- 适用于任何 Windows 控制台的工具：这些工具可通过 Microsoft.EntityFrameworkCore. Design 的 NuGet 程序包获得。在有 ef 命令行命令的.NET Core 应用程序中，通过 dotnet ef... 格式的 Entity Framework Core 命令可以调用它们。
- 特定于 Visual Studio 程序包管理器控制台的工具：这些工具包含在 Microsoft. EntityFrameworkCore.Tools 的 NuGet 程序包中。它们不需要通过 dotnet ef 前缀来调用，因为它们只能从 Visual Studio 程序包管理器控制台中启动。

Entity Framework Core 设计工具是在对数据库进行设计/更新的过程中使用的，整个过程如下。

(1) 先根据需要修改 DbContext 和实体的定义。

(2) 启动设计工具，让 Entity Framework Core 对所有更改执行检测和处理。

(3) 设计工具在启动之后会更新数据库结构的快照,并生成迁移,即一个包含修改物理数据库所需所有指令的文件,以反映所有的更改。

(4) 启动另一个工具,通过新创建的迁移来更新数据库。

(5) 测试新配置的数据层,如果需要创建新的更改,则返回步骤(1)。

(6) 当数据层的更改完成后,将其部署到预生产/生产环境中,即将所有迁移应用于实际的预生产/生产数据库。

在各种不同的软件项目的迭代中,以及在应用程序的生命周期中,这一过程会重复多次。

如果我们要对一个已经存在的数据库实行操作,则需要配置 DbContext 及其模型,以反映我们所映射的所有表的现有结构。还有,如果我们想要使用迁移,而不是直接更改数据库,我们可以调用设计工具的 IgnoreChanges 选项,以生成一个空白迁移。然后,需要将此空白迁移传递给物理数据库,使该迁移可以同步数据库结构的版本。该版本是与物理数据库相关联的记录于数据库快照中的版本。该版本信息十分重要,因为它决定了哪些迁移必须应用到数据库中,哪些已经应用。

整个设计过程需要配合一个测试/设计数据库来进行,而如果是对现有数据库实行操作,则测试/设计数据库的结构必须反映实际数据库的情况,至少在我们所要映射的表的范围内应当如此。要想通过启用设计工具与数据库进行交互,需要对其传递给 DbContext 构造函数的 DbContextOptions 选项进行定义。这些选项在设计时很重要,其中包含了测试/设计数据库的连接字符串。我们可以通过创建一个实现了 IDesignTimeDbContextFactory<T>接口的类,让设计工具知道我们所定义的 DbContextOptions 选项,其中 T 是 DbContext 的子类:

```
using Microsoft.EntityFrameworkCore;
using Microsoft.EntityFrameworkCore.Design;

namespace WWTravelClubDB
{
    public class LibraryDesignTimeDbContextFactory
        : IDesignTimeDbContextFactory<MainDbContext>
    {
        private const string connectionString =
            @"Server=(localdb)\mssqllocaldb;Database=wwtravelclub;
                Trusted_Connection=True;MultipleActiveResultSets=true";
        public MainDbContext CreateDbContext(params string[] args)
        {
            var builder = new DbContextOptionsBuilder<MainDbContext>();

            builder.UseSqlServer(connectionString);
            return new MainDbContext(builder.Options);
        }
    }
}
```

Entity Framework 将使用 connectionString 在本地 SQL Server 实例中创建一个新的数据库,要求该 SQL Server 实例已在开发计算机中安装,并通过 Windows 凭据来连接。你可以根据实际需要更改 connectionString。

现在,可以开始创建首个迁移,具体步骤如下。

(1) 打开程序包管理器控制台,选择 WWTravelClubDB 作为默认项目。

(2) 现在,输入 Add-Migration initial,按回车键发出该命令。在发出该命令之前,请先确认项目是否添加了 Microsoft.EntityFrameworkCore.Tools NuGet 程序包，否则可能会得到"无法识别的命令"之类的报错信息，如图 8.1 所示。

图 8.1　添加首个迁移

 initial 是给首个迁移取的名称。所以更通用地，应该使用如下命令：Add-Migration <迁移名称>。对现有数据库实行操作时，应将-IgnoreChanges选项添加到首个迁移中(并且只在首个迁移中添加)，以创建一个空白迁移。在"扩展阅读"的内容中，可以找到与迁移相关的整套命令的参考信息。

(3) 创建迁移之后，如果在将其应用到数据库之前意识到犯了一些错误，则可以使用 Remove-Migration 命令撤销操作。如果该迁移已被应用到数据库，则最简单的纠正错误的方法是对代码实行所有必要更改后，重新应用另一个迁移。

(4) 执行完 Add-Migration 命令之后，项目中会生成一个新的文件夹，如图 8.2 所示。

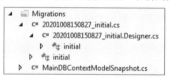

图 8.2　通过 Add-Migration 命令创建的文件

 20201008150827_initial.cs 是使用易于理解的程序语言来表示的迁移文件。

可以查看代码以验证生成的迁移没有问题，也可以修改迁移的内容(前提是熟练掌握这部分内容，能可靠地进行修改)。每个迁移都包含一个 Up 方法和一个 Down 方法。Up 方法展示了迁移的内容，而 Down 方法则是对相关更改的撤销。因此，Down 方法包含了 Up 方法内所有操作的反操作，并且是以相反的顺序排列这些反操作。

20201008150827_initial.Designer.cs 是 Visual Studio 设计器代码文件，不应该修改它的内容，而 MainDBContextModelSnapshot.cs 是数据库结构整体的快照。如果继续添加新的迁移，则会生成新的迁移文件及其设计器副本，而 MainDBContextModelSnapshot.cs 只有一份，它会进行更新以反映数据库的整体结构。

相同的命令可以通过在 Windows 控制台中输入 dotnet ef migrations add initial 发出，但必须从项目文件夹根目录中(而不是从解决方案文件夹目录中)发出该命令。

通过在程序包管理器控制台中输入 Update-Database，可以将迁移应用于数据库。等效的 Windows 控制台命令是 dotnet ef database update。让我们使用这个命令来创建物理数据库。

对于那些无法通过 Entity Framework 自动创建的数据库内容，我们会在下一小节中说明如何创建它们，然后介绍如何通过使用 Entity Framework 的映射配置来创建、查询和更新数据，使用的是用 dotnet ef database update 命令生成的数据库。

了解存储过程和管理 SQL 命令

对于某些数据库结构(例如存储过程)，通过前面描述的 Entity Framework Core 命令和声明无法自动生成它们。存储过程(如普通 SQL 字符串)可以通过 migrationBuilder.Sql("<sql 命令>")方法手动地包含到 Up 方法和 Down 方法中。

要想这样做，最安全的方法是创建一个不包含任何配置更改的迁移，使其在创建时为空白，然后将所需的 SQL 命令添加到该迁移的空白 Up 方法中，并添加它们的反向命令到空白 Down 方法中。这里有一个良好实践，就是将所有 SQL 字符串放在资源文件(.resx 文件)的属性中。

现在，我们准备通过 Entity Framework Core 与数据库进行交互。

8.5　使用 Entity Framework Core 查询和更新数据

为了测试数据库层，需要在解决方案中添加一个控制台项目，该项目应与数据层类库项目使用相同的.NET Core 版本，具体步骤如下。

(1) 将新的控制台项目命名为 WWTravelClubDBTest。

(2) 现在，需要右击控制台项目的依赖项(References)节点，然后选择添加引用(Add reference)，为控制台项目添加数据层项目作为依赖项。

(3) 删除 program.cs 文件的 Main 静态方法中原有的内容，并添加下方的示例代码：

```
Console.WriteLine("program start: populate database, press a key to continue");
Console.ReadKey();
```

(4) 在文件顶部添加下方的名称空间引用：

```
using WWTravelClubDB;
using WWTravelClubDB.Models;
using Microsoft.EntityFrameworkCore;
using System.Linq;
```

现在，我们已经完成了测试项目的准备工作，可以开始尝试查询和更新数据。我们先从创建一些数据库对象开始，也就是创建目的地对象和套餐对象，具体步骤如下。

(1) 使用适当的数据库连接字符串来创建 DbContext 子类的实例，可以通过 LibraryDesignTimeDbContextFactory 类(在设计工具中使用过这个类)来获取它：

```
var context = new LibraryDesignTimeDbContextFactory()
    .CreateDbContext();
```

(2) 要创建新的数据库行记录，只需要将对应类的实例添加到 DbContext 子类的映射集合中即可。如果目的地(Destination)实例有与之关联的套餐，我们可以简单地将套餐(Package)实例添加到目的地实例的 Packages 属性中：

```
var firstDestination= new Destination
{
```

```
            Name = "Florence",
            Country = "Italy",
            Packages = new List<Package>()
            {
                new Package
                {
                    Name = "Summer in Florence",
                    StartValidityDate = new DateTime(2019, 6, 1),
                    EndValidityDate = new DateTime(2019, 10, 1),
                    DurationInDays=7,
                    Price=1000
                },
                new Package
                {
                    Name = "Winter in Florence",
                    StartValidityDate = new DateTime(2019, 12, 1),
                    EndValidityDate = new DateTime(2020, 2, 1),
                    DurationInDays=7,
                    Price=500
                }
            }
        };
        context.Destinations.Add(firstDestination);
        context.SaveChanges();
        Console.WriteLine(
            "DB populated: first destination id is "+
            firstDestination.Id);
        Console.ReadKey();
```

这里不需要指定主键的值，它们由数据库自动生成并填充。实际中，通过 SaveChanges()操作将上下文与实际数据库同步之后，firstDestination.Id 属性会被赋值为非零值。对于 Package 的主键也是如此。

当我们通过将一个实体(示例中的 Package)插入一个父实体的某个集合(示例中的 Packages 集合)中，以此声明一个实体(示例中的 Package)是另一个实体(示例中的 Destination)的子实体时，不需要显式设置它的外键(示例中的 DestinationId)，因为 Entity Framework Core 会自动地推断外键。创建完 firstDestination 并将其同步到数据库后，我们可以通过两种不同的方式为其添加更多的套餐：

- 创建一个 Package 类的实例，将其 DestinationId 外键设置为 firstDestination.Id，并将该实例添加到 context.Packages 中；
- 创建一个 Package 类的实例，将其添加到其父 Destination 实例的 Packages 集合中，不需要设置其外键的值。

当子实体(Package)与其父实体(Destination)是同时被添加的，且父实体的主键是自动生成时，只能采用后一种方式，因为在这种情况下，执行添加操作时父实体的外键还未赋值。在其他大多数情况下，前一种方式显得更为简单，因为第二种方式需要将父实体连同其子实体集合一起加载到内存中，也就是说，连同与父实体关联的所有子实体一起加载(在默认情况下，查询操作则不会加载关联的实体)。

现在，假设要修改佛罗伦萨目的地的信息，并为所有与佛罗伦萨相关的套餐增加 10%的价格。我们要如何进行操作？具体步骤如下。

(1) 注释掉所有先前用于填充数据库记录的语句，只保留 DbContext 创建语句。

(2) 需要通过一个查询操作将该目的地实体加载到内存中，然后对其进行修改，再调用 SaveChanges()将更改与数据库同步。

假如只想修改该目的地的描述，那么像下面这样的查询就已经足够：

```
var toModify = context.Destinations
    .Where(m => m.Name == "Florence").FirstOrDefault();
```

(3) 与目的地相关的所有套餐默认不会自动加载，需要加载它们。这可以通过 Include 子句完成，如下方示例代码：

```
var toModify = context.Destinations
    .Where(m => m.Name == "Florence")
    .Include(m => m.Packages)
    .FirstOrDefault();
```

(4) 之后，可以修改目的地的描述和套餐的价格，如下方示例代码：

```
toModify.Description =
  "Florence is a famous historical Italian town";
foreach (var package in toModify.Packages)
  package.Price = package.Price * 1.1m;
context.SaveChanges();

var verifyChanges= context.Destinations
    .Where(m => m.Name == "Florence")
    .FirstOrDefault();

Console.WriteLine(
    "New Florence description: " +
    verifyChanges.Description);
Console.ReadKey();
```

如果包含在 Include 方法中的实体本身含有想要加载的下一层嵌套实体的集合，可以使用 ThenInclude 子句，如下方示例代码：

```
.Include(m => m.NestedCollection)
.ThenInclude(m => m.NestedNestedCollection)
```

由于 Entity Framework 总是尝试将每个 LINQ 转换为单个 SQL 查询语句，因此有时可能会生成过于复杂和执行缓慢的查询语句。针对这种情况，从 Entity Framework Core 5 开始，我们可以允许 Entity Framework 将 LINQ 查询拆分为多个 SQL 查询，如下方示例代码：

```
.AsSplitQuery().Include(m => m.NestedCollection)
.ThenInclude(m => m.NestedNestedCollection)
```

性能问题可以通过调用 ToQueryString 方法以检查 LINQ 查询生成的 SQL 语句来解决，如下方示例代码：

```
var mySQL = myLinQQuery.ToQueryString ();
```

从 Entity Framework Core 5 开始，包含在 Include 方法中的实体集合也可以使用 Where 语句来过滤，如下方示例代码：

```
.Include(m => m.Packages.Where(l-> l.Price < x))
```

到目前为止，已经执行过的查询主要是为了对检索到的实体实行更新操作。接下来，我们会介绍如何检索信息以将其展示给用户，或将其用于复杂业务操作。

8.5.1 将数据返回给表示层

为了保持分层结构中层与层的分离，同时使数据库查询根据具体用例的实际需要返回合适的数据，数据库中的实体不会直接按原样发送到表示层。替代的做法是，将数据投影到相对较小的类之中，该类包含用例所需的信息。上述方式可以通过表示层的调用者方法来实现。这种用于将数据从一层移到另一层的对象，称为数据传输对象(Data Transfer Object)，即 DTO。举个例子，创建一个 DTO，其中包含在向用户返回套餐列表时可以展示的摘要信息(假设用户在需要时可以通过单击自己感兴趣的套餐来获取更多详细信息)：

(1) 在 WWTravelClubDBTest 项目中添加一个 DTO，其中包含需要在套餐列表中显示的所有信息：

```
namespace WWTravelClubDBTest
{
    public class PackagesListDTO
    {
        public int Id { get; set; }
        public string Name { get; set; }
        public decimal Price { get; set; }
        public int DurationInDays { get; set; }
        public DateTime? StartValidityDate { get; set; }
        public DateTime? EndValidityDate { get; set; }
        public string DestinationName { get; set; }
        public int DestinationId { get; set; }
        public override string ToString()
        {
            return string.Format("{0}. {1} days in {2}, price:
            {3}", Name, DurationInDays, DestinationName, Price);
        }
    }
}
```

 归功于 LINQ Select 子句，数据库数据可以被直接投影到 DTO 中，而不需要先将实体加载到内存再复制其中的数据到 DTO。这最大限度地减少了与数据库交换的数据量。

(2) 例如，可以使用查询检索 8 月 10 日所有可用的套餐，输入到 DTO 中：

```
var period = new DateTime(2019, 8, 10);
var list = context.Packages
    .Where(m => period >= m.StartValidityDate
    && period <= m.EndValidityDate)
    .Select(m => new PackagesListDTO
    {
        StartValidityDate=m.StartValidityDate,
        EndValidityDate=m.EndValidityDate,
        Name=m.Name,
        DurationInDays=m.DurationInDays,
```

```
            Id=m.Id,
            Price=m.Price,
            DestinationName=m.MyDestination.Name,
            DestinationId = m.DestinationId
    })
    .ToList();
foreach (var result in list)
    Console.WriteLine(result.ToString());
Console.ReadKey();
```

(3) 在 Select 子句中，还可以定位到相关实体，以获取需要的数据。例如，前面的查询可以定位到相关目的地实体，以获取套餐目的地的名称。

(4) 在每个 Console.ReadKey()方法处，程序会暂停等待，直到按任意键后才继续运行。这样就有时间对 Main 方法中的代码片段所产生的输出进行分析。

(5) 现在，在解决方案资源管理器中右击 WWTravelClubDBTest 项目，将其设置为启动项目。然后运行该解决方案。

对于数据库的某些操作，有时无法有效地通过在代表数据库表的内存集合上执行即时操作来实现。接下来学习如何处理这些操作。

8.5.2 直接发出 SQL 命令

并非所有数据库操作都可以有效地通过使用 LINQ 查询数据库并更新内存实体来执行。例如，计数器的增量操作用单个 SQL 指令能更有效地执行。此外，通过定义合适的存储过程或 SQL 命令，某些操作可以获得不错的执行性能。在这些情况下，我们不得不向数据库直接发出 SQL 命令，或在 Entity Framework 代码中调用数据库的存储过程。有两种可行做法：一种是执行数据库操作但不返回实体的 SQL 语句，另一种则是返回实体的 SQL 语句。

不返回实体的 SQL 命令可以通过 DbContext 中的方法来执行，如下方示例代码：

```
int DbContext.Database.ExecuteSqlRaw(string sql, params object[] parameters)
```

命令的参数可以在字符串中使用{0},{1},...,{n}来引用。每个{m}字符串对应 parameters 数组中索引 m 处的对象，该对象会从.NET 类型转换为相应的 SQL 数据类型。该方法返回 SQL 命令所作用的行的数量。

若想返回实体集合，则应使用与实体关联的映射集合的 FromSqlRaw 方法发出 SQL 命令：

```
context.<mapped collection>.FromSqlRaw(string sql, params object[] parameters)
```

所以，例如一个返回 Package 实例的直接 SQL 命令，大概类似于下方示例代码：

```
var results = context.Packages.FromSqlRaw("<some sql>", par1, par2, ...).ToList();
```

SQL 字符串和参数在 ExecuteSqlRaw 方法中的使用示例如下：

```
var allPackages =context.Packages.FromSqlRaw(
    "SELECT * FROM Products WHERE Name = {0}",
    myPackageName)
```

这里有一种良好的实践，就是将所有 SQL 字符串放在资源文件中，并将所有 ExecuteSqlRaw 和 FromSqlRaw 调用封装到特定 DbContext 子类的公共方法里。这样，对具体数据库的依赖就能限制在基于 Entity Framework Core 的数据层内。

8.5.3　处理事务

对 DbContext 实例所做的所有更改，会在第一次 SaveChanges 调用时，以单个事务的形式传递给数据库。然而，有时需要在同一事务中同时包含多次查询和更新操作。在这种情况下，我们必须显式地处理事务。要使几个 Entity Framework Core 命令在数据库同一事务中执行，可以将这些命令放在一个事务对象的 using 语句块中：

```
using (var dbContextTransaction = context.Database.BeginTransaction())
try{
  ...
  ...
  dbContextTransaction.Commit();
}
catch
{
  dbContextTransaction.Rollback();
}
```

在前面的代码中，context 是我们所定义的 DbContext 子类的实例。在 using 语句块内部，可以通过调用事务对象的 Rollback 和 Commit 方法来中止和提交事务。包含在事务对象语句块中的任何 SaveChanges 调用，都会使用它们所在的现有事务传递变更，而不会创建新的事务。

8.6　数据层的部署

通常，当数据库层部署在生产环境或预生产环境中时，一个空数据库已经存在于该环境中，因此应当将所有迁移应用到该数据库中，以创建所需数据库对象。这可以通过调用 context.Database.Migrate()来完成。Migrate 方法只会将尚未应用到数据库的迁移应用到数据库中，因此，在应用程序的生命周期里，我们可以安全地对这个方法执行多次调用。context 是所定义的 DbContext 类的一个实例，为了创建表并执行迁移中包含的所有操作，context 应含有能提供足够权限的数据库连接字符串。因此，通常该连接字符串与之后在应用程序平时的操作期间所使用的字符串是不同的。

在 Azure 上部署 Web 应用程序时，可以使用连接字符串对迁移进行检查。还可以在应用程序启动时调用 context.Database.Migrate()方法，手动对迁移进行检查。我们将在第 15 章详细讨论这一点，该章主要介绍使用 ASP.NET MVC 的 Web 应用程序。

对于桌面应用程序，可以在应用程序的安装及后续更新期间将迁移应用到数据库中。

第一次进行应用程序的安装及后续更新时，可能会需要用初始数据对一些表进行填充。对于 Web 应用程序，该操作可以在应用程序启动时执行；而对于桌面应用程序，该操作可以被包含在应用程序的安装过程中。

数据库表可以使用 Entity Framework Core 的命令执行填充。不过，首先需要验证表是否为空，以避免在表中多次添加相同的行。这一步可以通过调用 Any()这个 LINQ 方法来完成，如下方示例代码：

```
if(!context.Destinations.Any())
{
    //populate here the Destinations table
}
```

接下来介绍 Entity Framework Core 中的一些高级功能。

8.7 Entity Framework Core 的高级功能

Entity Framework 中值得一提的一个高级功能是全局过滤器,它于 2017 年年底推出。通过全局过滤器,可以实现一些技术,如软删除,又如在由多个用户共享的多租户表中,令每个用户只能看到自己的记录。

全局过滤器使用 modelBuilder 对象进行定义,该对象可以用于 DbContext 的 OnModelCreating 方法之中。定义方法的语法如下:

```
modelBuilder.Entity<MyEntity>().HasQueryFilter(m => <define filter condition here>);
```

例如,如果为 Package 类添加一个 IsDeleted 属性,则可以通过定义下面这个过滤器来对一个套餐进行软删除,而不用将其从数据库中真正删除:

```
modelBuilder.Entity<Package>().HasQueryFilter(m => !m.IsDeleted);
```

另外要注意的是,过滤器中包含了 DbContext 属性。因此,假如将 CurrentUserID 属性添加到 DbContext 子类中(在创建 DbContext 实例后立即为其赋值),就可以在所有查询到的实体中添加下面这个过滤器,以获取与某个用户 ID 相关的实体:

```
modelBuilder.Entity<Document>().HasQueryFilter(m => m.UserId == CurrentUserId);
```

通过使用前面的过滤器,当前登录的用户就只能访问属于他们的文档(对应他们的 UserId 的文档)。对于多租户应用程序的实现,采用类似的技术非常有用。

另一个值得一提的高级功能是将实体映射到不可更新的数据库查询上,它是在 Entity Framework Core 5 中引入的。

定义实体时,可以显式地指定所要映射的数据库表/可更新视图的名称:

```
modelBuilder.Entity<MyEntity1>().ToTable("MyTable");
modelBuilder.Entity<MyEntity2>().ToView("MyView");
```

当实体映射到视图上时,数据库迁移不会生成表,因此必须由开发者手动定义数据库视图。

如果用于映射实体的视图是不可更新的,则 LINQ 无法使用它来将更新传递给数据库。对于这种情况,可以将同一实体同时映射到一个视图和一个表上:

```
modelBuilder.Entity<MyEntity>().ToTable("MyTable").ToView("MyView");
```

Entity Framework 会使用视图进行查询,使用表进行更新。如果想创建新版本的数据库表,同时还希望所有查询也能从旧版本的表中获取数据,这很有用。为此,可以定义一个视图,以允许从旧表和新表中获取数据,但只传递新表上的所有更新。

8.8　本章小结

本章介绍了 ORM 基础知识的要点，可以帮助用户理解它们为何如此有用。本章还对 Entity Framework Core 进行了详细描述，重点讨论了如何使用类的注解以及 DbContext 子类中的一些声明和命令来对数据库映射进行配置。

本章讨论了如何借助迁移来自动创建和更新物理数据库结构，如何通过 Entity Framework Core 来查询数据库和向数据库传递更新，如何通过 Entity Framework Core 向数据库直接传递 SQL 命令和事务，以及如何基于 Entity Framework Core 部署数据层。

本章还介绍了 Entity Framework Core 最新版本中推出的一些高级功能。

在下一章，我们会讨论 Entity Framework Core 如何与 NoSQL 数据模型一起使用，以及讨论在云(重点是 Azure)中可用的各类存储选项。

8.9　练习题

1. Entity Framework Core 如何适应几种不同的数据库引擎？

2. 如何在 Entity Framework Core 中声明主键？

3. 如何在 Entity Framework Core 中声明字符串字段的长度？

4. 如何在 Entity Framework Core 中声明索引？

5. 如何在 Entity Framework Core 中声明关系？

6. 迁移有两个重要的命令，它们分别是什么？

7. 默认情况下，LINQ 查询加载是否会将相关实体载入内存之中？

8. 在一个非数据库实体的类的实例中，是否可以返回数据库数据？如果可以，如何实现这一过程？

9. 如何在生产环境和预生产环境中应用迁移？

第9章

在云上选择数据存储

和其他云一样，Azure 提供了广泛的存储设备。最简单的方法是定义一组托管在云上的可扩展虚拟机，可以在其中实现自定义解决方案。例如，可以在云托管虚拟机上创建 SQL Server 群集，以提高可靠性和计算能力。然而，通常情况下，定制架构并不是最佳解决方案，它没有充分利用云基础设施提供的便利。

因此，本章不会讨论此类定制架构，而会更多地关注云(如 Azure)所提供的各种平台即服务(PaaS)存储产品。这些产品包括基于普通磁盘存储、关系型数据库、NoSQL 数据库和内存数据存储(如 Redis)的可扩展解决方案。

选择更合适的存储类型不仅要基于应用程序的功能需求，还要基于性能和扩展需求。事实上，虽然在处理资源时横向扩展能够为性能带来线性提升，但横向扩展存储资源并不一定能带来类似令人满意的性能线性提升。简而言之，无论复制了多少数据存储设备，如果多个请求试图改变同一数据块，则排队等待访问它的时间基本不变！

横向扩展数据能够为读取操作带来吞吐量的线性增加，因为每个副本都可以服务于不同的请求，但这并不意味着写入操作的吞吐量也能同样增加，因为同一数据块的所有副本都必须更新！因此，需要更复杂的技术来横向扩展存储设备，且并非所有存储引擎都可以同样好地扩展。

关系型数据库在各种场景中都不能很好地扩展。因此，在选择存储引擎和 SaaS 产品时，扩展需求和跨区域分布数据的需求起着至关重要的作用。

本章涵盖以下主题：

- 不同用途的不同存储库。
- 选择关系型存储还是 NoSQL 存储。
- Azure Cosmos DB——一种管理跨区域数据库的选择。
- 用例——存储数据。

让我们开始吧！

9.1 技术性要求

要完成本章内容，需要满足以下几点要求：

- 使用安装了所有数据库工具的 Visual Studio 2019 社区版(免费)或更高版本。

- 拥有一个 Azure 账户，如果没有，可以按照第 1 章的内容去创建一个免费的 Azure 账户。
- 为了获得更好的开发体验，建议安装 Cosmos DB 的本地模拟器。可以通过参考网站 9.1 获得该模拟器。

9.2　不同用途的不同存储库

本节介绍主流数据存储技术所提供的功能，主要关注它们能够满足的功能需求。下一节将分析性能和扩展特性，专门比较关系型数据库和 NoSQL 数据库。

在 Azure 中，可以通过在门户页面顶部的搜索栏中输入产品名称来找到各种产品。

下面介绍可以在 C#项目中使用的各种数据库。

9.2.1　关系型数据库

关系型数据库是最常见和学习人数最多的存储类型，能够为社会发展提供高水平的服务，存储不可计数的数据。无数应用程序使用此类数据库存储数据，广泛应用于金融、商业、工业领域。在关系型数据库中存储数据时，基本原则是定义要保存在每个数据库中的实体和属性，定义这些实体之间的正确关系。

几十年来，关系型数据库是设计大型项目的唯一选择。世界上许多大公司都建立了自己的数据库管理系统。Oracle、MySQL 和 MS SQL Server 被众人视为可以信任的存储数据的工具。

通常，云可以提供多种数据库引擎。Azure 提供了多种流行的数据库引擎，如 Oracle、MySQL 和 SQL Server(Azure SQL)。

关于 Oracle 数据库引擎，Azure 提供了安装了各种 Oracle 版本的可配置虚拟机，可以通过在 Azure 门户页面的搜索栏中输入 Oracle 后列出的建议项中轻松找到这些虚拟机。Azure 费用不包括 Oracle 许可证的费用，只包括计算时间，所以必须将自己的 Oracle 许可证带到 Azure。

使用 Azure 上的 MySQL 时，需要付费使用私有服务器实例。产生的费用取决于拥有的内核数量、必须分配的内存量以及备份保留时间。

MySQL 实例是冗余的，可以选择本地冗余或地域冗余，如图 9.1 所示。

Azure SQL 是最灵活的产品。在这里，可以配置每个数据库使用的资源。创建数据库时，可以选择将其放置在现有服务器实例上或创建新实例。

定义解决方案时，有多个定价选项可供选择，Azure 会不断增加这些选项，以尽可能允许用户选择在云中处理数据的合适方案。基本上，定价取决于所需的计算能力。

例如，在数据库事务单元(DTU)模型中，费用基于已保留的数据库存储容量以及由参考工作负载确定的 I/O 操作、CPU 使用和内存使用的线性组合。大致上，当增加 DTU 时，最大数据库性能会线性增加，如图 9.2 所示。

还可以通过启用读取横向扩展来配置数据副本，由此可以提高读取操作的性能。不同产品级别(基本、标准和高级)的备份保留期是固定的。

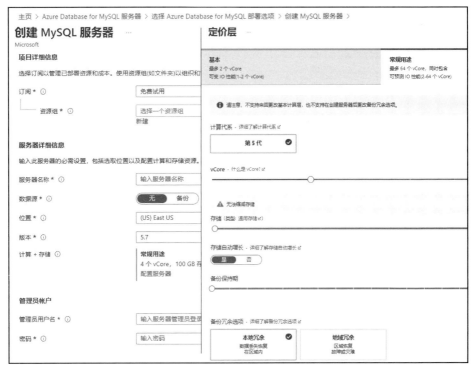

图 9.1　在 Azure 中创建 MySQL 服务器库

图 9.2　创建一个 Azure SQL 数据库

对于"想要使用 SQL 弹性池？"选项，如果选择"是"则数据库将添加到弹性池中。添加到同一弹性池中的数据库将共享它们的资源，因此数据库未使用的资源可以在其他数据库的 CPU 使用高峰期间使用。值得一提的是，只有托管在同一服务器实例上的数据库能够放入同一弹性池。弹性池是优化资源使用以降低成本的有效方法。

9.2.2　NoSQL 数据库

关系型数据库给软件架构师带来的一大挑战与如何处理数据库结构模式(Schema)的更改有关。20 世纪以来，需求的灵活变化使人们开始关注新的数据库样式，即 NoSQL 数据库。NoSQL 数据库有以下几种类型。

● 面向文档的数据库：这是最常见的一种数据库，存放键和称为文档的复杂数据。

● 图数据库：社交媒体倾向于使用这种数据库，因为数据用图结构进行存储。

● 键值数据库：这是一个用于实现缓存的数据库，可以在其中存储键-值对。

● 宽列存储数据库：这种数据库中每行的同一列可以存储不同的数据。

在 NoSQL 数据库中，关系表被包含异构 JSON 对象的更通用的集合所取代。也就是说，集合没有预定义的结构和具有长度约束的预定义字段(例如对于字符串而言)，而是可以包含任何类型的对象。与每个集合关联的唯一结构约束是充当主键的属性的名称。

更具体而言，每条集合记录可以包含嵌套对象和嵌套在对象属性中的对象集合，即关系型数据库中包含不同表中并通过外部键连接的相关实体。在 NoSQL 中，数据库可以嵌套在其父实体中。由于集合记录包含复杂的嵌套对象，而不是简单的属性-值对(关系型数据库就是这样)，因此这些记录不是用元组或行的形式表示，而是一个个的文档。

属于同一集合或不同集合的文档之间不能定义任何关系或外键约束。如果一个文档的某个属性中包含另一个文档的主键，则此操作将自行承担风险。开发者有责任维护和保存这些相干引用。

最后，因为 NoSQL 存储非常便宜，所以整个二进制文件可以存储为 Base64 字符串形式的文档属性值。开发者可以定义规则来决定在集合中索引哪些属性。由于文档是嵌套对象，因此属性通过树路径查找。通常，默认情况下，所有路径都被索引，但可以指定要索引的路径和子路径的集合。

NoSQL 数据库可以使用 SQL 子集查询，也可以使用基于 JSON 的语言查询，其中查询是 JSON 对象，其路径表示要查询的属性，其值表示已应用于其上的查询约束。

在一对多关系的帮助下，关系型数据库中存在模拟在文档中嵌套子对象的可能性。然而，对于关系型数据库，我们不得不重新定义所有相关表的确切结构，而 NoSQL 集合不会对它们包含的对象施加任何预定义的结构。唯一的限制是每个文档必须为主键属性提供唯一的值。因此，当对象的结构十分多变时，NoSQL 数据库是唯一的选择。

然而，选择它们通常是因为它们扩展读写操作的方式，更笼统地说，是因为它们在分布式环境中的性能优势。下一节将讨论它们的性能特性，并将其与关系型数据库进行比较。

图数据模型是完全非结构化文档的极端情况。整个数据库是一个图，查询可以在其中添加、更改和删除图文档。

在这种情况下，我们有两种文档：节点和关系。关系具有定义良好的结构(由关系连接的节点的主键加上关系的名称)，而节点根本没有结构，因为属性及其值会在节点更新操作期间一起添加。图数据模型是用来表示人及其操纵的对象(媒体、帖子等)的特征，以及它们在社交应用程序中的关系。Gremlin 语言是专门用来查询图数据模型的，本章不讨论这一点，但参考资料可在"扩展阅读"中找到。

本章的其他小节中会对 NoSQL 数据库进行详细分析，这些小节中专门描述了 Azure Cosmos DB，并将其与关系型数据库进行比较。

9.2.3　Redis

Redis 是一种基于键-值对的分布式并发内存存储，支持分布式队列。它可以用作永久内存存储和数据库数据的 Web 应用程序缓存。另外，它可以用于预渲染内容的缓存。

Redis 还可用于存储 Web 应用程序的用户会话(Session)数据。事实上，ASP.NET Core 支持会话数据，以克服 HTTP 协议是无状态。更具体而言，在更改的页面之间保存的用户数据在服务器端的存储(如 Redis)中进行维护，并通过存储在 Cookie 中的会话密钥进行索引。

在云上，与 Redis 服务器的交互通常基于提供易于使用界面的客户端实现。.NET 和.NET Core 的客户端可通过 StackExchange.Redis NuGet 程序包获得。StackExchange.Redis 客户端的基本操作可以在参考网站 9.2 中查看，而完整的文档可以在参考网站 9.3 中查看。

在 Azure 上定义 Redis 服务器的用户界面非常简单，如图 9.3 所示。

图 9.3　创建一个 Redis 缓存

有关如何在 StackExchange.Redis 的.NET Core 客户端上使用 Azure Redis 凭据和 URI 的快速入门指南，请访问参考网站 9.4。

9.2.4　Azure 存储账户

所有云都会提供可扩展的冗余通用磁盘内存，可以将其用作虚拟机中的虚拟磁盘或外部文件存储，如图 9.4 所示。Azure 存储账户磁盘空间也可以结构化为表或队列结构。如果需要低成本的 BLB 存储，请考虑使用此选项。但如前所述，还有更复杂的选择。Azure NoSQL 数据库比表结构更好，而 Azure Redis 比 Azure 存储队列更好，请基于使用场景合理选用。

在本章的其余小节中，将重点介绍 NoSQL 数据库以及它们与关系型数据库的区别。接下来将介绍如何在这两者中进行选择。

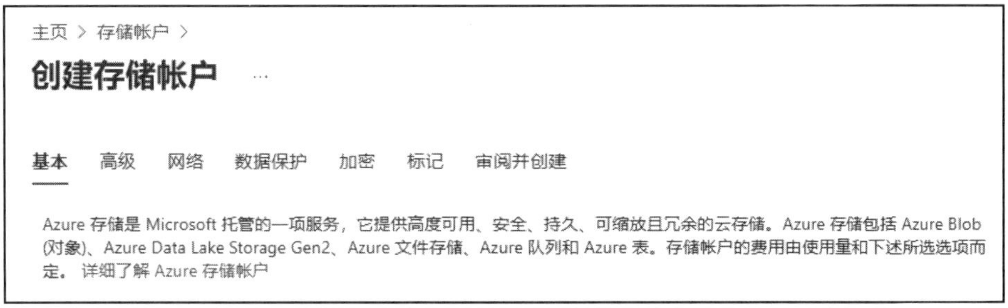

图 9.4　创建一个存储账户

9.3　在结构化存储和 NoSQL 存储之间进行选择

作为软件架构师，必须考虑结构化存储和 NoSQL 存储的各个方面，以确定最佳存储选项。在许多情况下，两者都是必要的。这里的关键点在于数据的组织方式以及数据库的规模。

在上一节中，我们指出，当数据几乎没有预定义的结构时，应首选 NoSQL 数据库。NoSQL 数据库不仅使变量属性靠近其所有者，而且还使一些相关对象靠近，因为它们允许相关对象嵌套在属性和集合中。

非结构化数据也可以在关系型数据库中表示，因为元组 t 的变量属性可以放在包含属性名称、属性值和 t 外键的连接表中。不过这种场景中要考虑的问题是性能。事实上，属于单个对象的属性值会分布在整个可用内存空间中。在一个小的数据库中，分布在整个可用内存空间中意味着有些远但仍处于同一个磁盘上；在更大的数据库中，这意味着距离很远且处于不同的磁盘单元中；在分布式云环境中，这意味着距离特别远，可能处于不同的服务器中，甚至可能处于跨区域分布的服务器中。

在 NoSQL 数据库设计中，我们总是试图将所有可能一起处理的相关对象放在一个记录中，将访问频率较低的相关对象放在不同的记录中。由于外键约束不会自动执行，且 NoSQL 事务非常灵活，因此开发者可以在性能和一致性之间选择最佳折中方案。

因此，我们可以得出结论，当经常会一起访问的表可以紧密地存储在一起时，关系型数据库表现良好。而 NoSQL 数据库会自动确保相关数据保持在一起，因为每条记录都将其相关的大部分数据作为嵌套对象保存其中。因此，当分布到不同的内存和跨区域分布的服务器时，NoSQL 数据库的性能会更好。

遗憾的是，扩展存储写入操作的唯一方法是，根据分片键的取值跨多个服务器拆分集合记录。例如，我们可以将所有包含以 A 开头的用户名的记录放在一台服务器上，将包含以 B 开头的用户名的记录放在另一台服务器上，以此类推。这样，具有不同起始字母的用户名的写入操作可以并行执行，从而确保写入吞吐量随服务器数量线性增加。

但是，如果分片集合与多个其他集合相关，则无法保证相关记录会被放置在同一服务器上。同样的，在不同的服务器上放置不同的集合而不使用集合分片，可以线性地增加写入吞吐量，直到达到每个服务器一个集合的限制，但这并不能解决在不同的服务器上强制执行多个操作以检索或更新经常一起处理的数据的问题。

如果对相关分布式对象的访问必须是事务性的，或者必须确保结构性约束(如外键约束)不被违反，那么这个问题对关系型数据库的性能将带来灾难性的影响。在这种情况下，必须在事务期间阻塞所有相关对象,以防止其他请求在耗时分布式操作的整个生命周期内访问它们。

NoSQL 数据库不存在这个问题,并且使用分片执行效果更好,可以因此带来写入扩展的结果。这是因为它们不会将相关数据分发到不同的存储单元,而是将它们存储为同一数据库记录的嵌套对象。另外,它们面临的问题不同,例如默认情况下不支持事务。

值得一提的是,在某些情况下,关系型数据库可以很好地执行分片。典型的实例是多租户应用程序。在多租户应用程序中,所有记录集合都可以划分为称为租户的非重叠集合。只有属于同一租户的记录才能相互引用,因此,如果所有集合都按照其对象租户以相同的方式进行分片,则所有相关记录最终都会在同一个分片中,即在同一台服务器中,并且可以有效地进行浏览。

多租户应用程序在云中并不少见,因为向多个不同用户提供相同服务的所有应用程序通常都实现为多租户应用程序,其中每个租户对应一个用户订阅。因此,关系型数据库可以在云中工作,例如 Azure SQL Server,并且通常为多租户应用程序提供分片选项。通常分片不是一种云服务,需要使用数据库引擎命令定义。在这里,我们不会描述如何使用 Azure SQL Server 定义分片,但"扩展阅读"中包含了指向相关 Microsoft 官方文档的链接。

总之,关系型数据库提供了一个纯逻辑的数据视图,它独立于数据的实际存储方式,并使用声明性语言来查询和更新数据。这简化了开发和系统维护,但在需要写入扩展的分布式环境中可能会导致性能问题。在 NoSQL 数据库中,必须手动处理有关存储数据的更多细节,以及更新和查询操作的一些过程细节,但它带来的是可以在需要读写扩展的分布式环境中优化性能。

下一节将介绍 Azure Cosmos DB,它是 Azure 的主要 NoSQL 产品。

9.4 Azure Cosmos DB—— 一种管理跨区域数据库的选择

Azure Cosmos DB 是 Azure 的主要 NoSQL 产品。Azure Cosmos DB 有自己作为 SQL 子集的接口,同时也可以使用 MongoDB 接口进行配置,还可以将其配置为可以使用 Gremlin 查询的图数据库模型。Cosmos DB 可以使用副本实现容错和读取扩展,且副本可以跨区域分布以优化通信性能。此外,还可以指定将每个副本放置在指定的数据中心。用户还可以选择启用所有副本的写入操作,以便在执行写入操作的区域内可以立即进行写入操作。写入操作的扩展是通过分片实现的,用户可以通过定义要用作分片键的属性来配置分片。

9.4.1 创建一个 Azure Cosmos DB 账户

在 Azure 门户搜索栏中输入 Cosmos DB,单击 Azure Cosmos DB 后,单击"创建"按钮并选择具体的 API 类型,可以定义一个 Cosmos DB 账户,如图 9.5 所示。

选择的账户名用于资源 URI 中:<账户名>.documents.azure.com.API。然后,可以决定主数据库将放置在哪个数据中心,以及是否要启用跨区域分布的副本。若启用跨区域分布副本,可以选择要使用的副本数量和放置位置。[1]

---

1 译著注:Azure 界面变化很快,如果届时读者找不到,也可以试试搜索"异地冗余""geographically distributed replication"这两个词。

图 9.5 创建一个 Azure Cosmos DB 账户

> 微软一直在改进各种 Azure 服务。在撰写本书时，容量模式和笔记本电脑的无服务器选项已进入预览阶段。了解各种 Azure 组件新功能的最佳做法是定期查看官方文档。

"多区域写入"选项允许在跨区域副本上启用写入。如果不这样做，所有写入操作都将路由到主数据中心。此外，还可以在创建过程中定义备份策略和加密。

9.4.2 创建 Azure Cosmos 集合

创建账户后，选择数据资源管理器，并在其中创建数据库和集合[1](Container)。集合是提供吞吐量和存储的可扩展性单位。

由于新建数据库只需要一个名称而不需要其他配置，因此可以直接单击 New Container(添加集合)，同时添加要放置集合的数据库，如图 9.6 所示。

在这里，可以决定用于分片的数据库和集合名称以及属性(分片键)。因为 NoSQL 记录是对象树的形式，所以需要通过路径来指定属性名。也可以添加那些取值必须唯一的属性。

不过，唯一性 ID 会在每个分片中进行检查，因此该选项仅在某些情况下有用，例如多租户应用程序(其中每个租户包含在单个分片中)。费用取决于所选集合的吞吐量。

在这里，需要根据需求确定各种资源参数的选择。吞吐量以每秒请求单位表示，其中每秒请求单位定义为每秒执行 1KB 读取时的吞吐量。如果选中 Share throughput across containers 选项，则所选吞吐量将在整个数据库中共享，而不是仅保留在单个集合中。

---

1 译者注：译者翻译本书时，Azure 中文版中把此处的 Container 称为集合，正如本书中的截图一样，还是一个中英文混杂的界面。

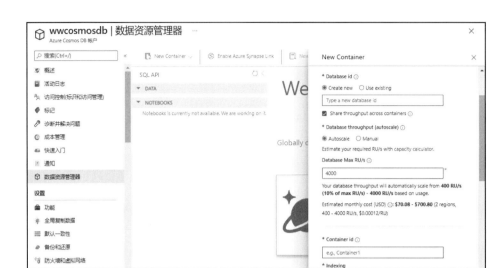

图 9.6　在 Azure Cosmos DB 中添加集合

9.4.3　访问 Azure Cosmos 数据

创建 Azure Cosmos 集合后，就能够访问数据了。要获取连接信息，可以选择"密钥"菜单，将看到连接 Cosmos DB 账户所需的所有信息。如图 9.7 所示，连接信息页面将提供账户 URI 和两个连接密钥，两者都可以用于连接账户。

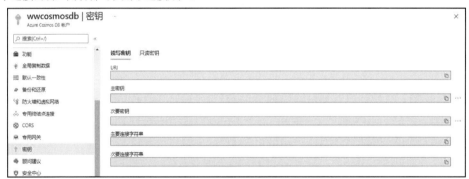

图 9.7　连接信息页面

还有具有只读权限的密钥。就像许多其他 Azure 组件一样，每个账户都有两个等价的密钥，且每个密钥都可以重新生成。这种方法能够有效地处理操作，即当一个密钥被更改时，另一个密钥能够保留。因此，现有应用程序可以在升级到新密钥之前继续使用其他密钥。

9.4.4　定义数据库一致性

考虑到处于分布式数据库的上下文中，Azure Cosmos DB 允许定义默认的读一致性级别。通过在 Cosmos DB 账户的主菜单中选择"默认一致性"，可以选择要应用于所有集合的默认副本一致性。

可以从数据资源管理器或以编码的方式为每个集合重写此默认值。读/写操作中的一致性问题是由使用数据副本带来的。更具体而言，如果在接收到不同部分更新的不同副本上执行读取操作，则各种读取操作的结果可能不一致。

以下是可用的一致性级别，按最弱到最强进行排列。

- 最终(Eventual)一致性：经过足够的时间后，如果没有执行进一步的写入操作，则所有读取都会收敛并应用所有写入操作。写入顺序也不能保证，因此在处理写入时，也可能最终读取到比之前读取过的版本更早的版本。

- 前缀(Consistency Prefix)一致性：在所有副本上以相同的顺序执行所有写入操作。因此，如果有 n 次写入操作，则每次读取都与应用前 m 次写入的结果一致，这里 m 小于或等于 n。

- 会话(Session)一致性：与前缀一致性相同，但同时保证每个写入程序在所有后续读取操作中看到自己写入的结果，并且每个读取器的后续读取都是一致的(无论是相同版本还是新版本的数据库数据)。

- 有限过期(Bounded Staleness)一致性：与延迟时间 Delta 或延迟操作数量 N 有关，每次读取都会看到在时间 Delta 之前(或最后 N 个操作之前)执行的所有写入操作的结果。也就是说，它的读操作收敛于所有写操作的结果，最大时间延迟为 Delta(或最大操作延迟为 N)。

- 强(Strong)一致性：这是结合了 Delta=0 的有限过期一致性。这里，每次读取都反映了以前所有写入操作的结果。

最强的一致性是可获得的，但它不利于性能。默认情况下，一致性设置为会话一致性，这是一致性和性能的良好折中。较低级别的一致性在应用程序中很难处理，且通常只有在会话为只读或只写时才可以接受。

如果在数据库集合的数据资源管理器菜单中选择"设置"选项，就可以配置要索引的路径，以及哪种类型的索引要应用于每个路径的每个数据类型。该配置由一个 JSON 对象组成。下面分析一下它的各种特性：

```json
{
    "indexingMode": "consistent",
    "automatic": true,
    ...
```

如果将 indexingMode 设置为 none 而不是 consistent，则不会生成索引，仅集合可以用作由集合主键索引的键值字典。在这个场景中，由于没有生成二级索引，因此无法有效地搜索主键。当 automatic 设置为 true 时，所有文档属性都将自动编制索引：

```json
{
    ...
    "includedPaths": [
        {
            "path": "/*",
            "indexes": [
                {
                    "kind": "Range",
                    "dataType": "Number",
                    "precision": -1
                },
                {
                    "kind": "Range",
                    "dataType": "String",
```

```
                "precision": -1
            },
            {
                "kind": "Spatial",
                "dataType": "Point"
            }
        ]
    }
]
},
...
```

IncludedPaths 中的每个记录都指定一个路径样式,例如/subpath1/subpath2/? (此设置仅适用于/subpath1/subpath2/<属性>, 即只有一层), 或者/subpath1/subpath2/*(此设置适用于以/subpath1/subpath2/开头的所有路径)。

当设置需要应用于集合属性中包含的子对象时,可以在路径样式中包含方括号[ ]符号,例如/subpath1/subpath2/[]/? 、/subpath1/subpath2/[]/childpath1/? 等。设置指定要应用于每个数据类型(dataType,如 String、Number、Point 等)的索引类型(kind)。比较操作需要采用范围(Range)索引,而如果需要相等比较,则哈希索引更有效。

还可以指定精度(precision),即在所有索引键中使用的最大字符个数或位数。﹣1 表示最大精度,建议始终使用它:

```
...
"excludedPaths": [
{
    "path": "/\"_etag\"/?"
}
]
```

包含在 excludedPaths 中的路径不会编制索引。索引设置还可以通过编码的方式指定。

有两种方式可以连接到 Cosmos DB:使用符合首选编程语言的官方客户端版本,或者使用 Cosmos DB 的 Entity Framework Core 提供程序。在后面的小节中,我们会介绍这两种方式,然后通过一个实际的例子来说明如何使用 Cosmos DB 的 Entity Framework Core 提供程序。

9.4.5 Cosmos DB 客户端

用于.NET 5 的 Cosmos DB 客户端可通过 Microsoft.Azure.Cosmos NuGet 程序包获得。它提供了对 Cosmos DB 功能的完整操作,而 Cosmos DB Entity Framework Core 提供程序更易于使用,但缺少部分 Cosmos DB 功能。按照以下步骤,可以通过.NET 5 的官方 Cosmos DB 客户端与 Cosmos DB 交互。

下面的代码示例显示了使用客户端组件创建数据库和集合的过程。各种操作都需要创建客户端(Client)对象。注意,当不再需要客户端时,应通过调用其 Dispose 方法(或通过在 using 语句中包含引用它的代码)来处理该客户端:

```
public static async Task CreateCosmosDB()
{
    using var cosmosClient = new CosmosClient(endpoint, key);
    Database database = await
        cosmosClient.CreateDatabaseIfNotExistsAsync(databaseId);
```

```
ContainerProperties cp = new ContainerProperties(containerId,
    "/DestinationName");
Container container = await database.CreateContainerIfNotExistsAsync(cp);
await AddItemsToContainerAsync(container);
}
```

在集合创建过程中，可以传递 ContainerProperties 对象，可以从中指定一致性级别、索引属性的方式以及所有其他集合功能。

然后，必须定义与需要在集合中操作的 JSON 文档结构相对应的.NET 类。如果类属性名称与 JSON 名称不相等，还可以使用 JsonProperty 注解属性将它们映射为 JSON 名称：

```
public class Destination
{
    [JsonProperty(PropertyName = "id")]
    public string Id { get; set; }
    public string DestinationName { get; set; }
    public string Country { get; set; }
    public string Description { get; set; }
    public Package[] Packages { get; set; }
}
```

拥有所有必要的类之后，就可以使用这些客户端方法：ReadItemAsync、CreateItemAsync 和 DeleteItemAsync。还可以使用接受 SQL 命令的 QueryDefinition 对象来查询数据。可以在参考网站 9.5 中找到此程序库的完整介绍。

9.4.6　Cosmos DB 的 Entity Framework Core 提供程序

Entity Framework Core 的 Cosmos DB 提供程序包含在 Microsoft.EntityFrameworkCore.Cosmos NuGet 程序包中。将其添加到项目中后，就可以像第 8 章使用 SQL Server 提供程序时一样使用它，但也有一些不同之处。

- 因为 Cosmos DB 数据库没有要更新的结构，所以没有迁移。相反，它使用一个方法来确保创建数据库以及所有必要的集合：

```
context.Database.EnsureCreated();
```

- 默认情况下，DBContext 中的 DbSet<T>属性映射到唯一的集合，这是最低成本的选项。通过使用以下配置可以覆盖此默认值，它明确指定要将某些实体映射到具体的集合：

```
builder.Entity<MyEntity>()
    .ToContainer("collection-name");
```

- 实体类上唯一有用的注解是 Key 注解属性，当主键不命名为 Id 时，该注解属性是必需的。
- 主键必须是字符串，且不能自动递增，以避免分布式环境中的同步问题。通过生成 GUID 并将其转换为字符串，可以确保主键的唯一性。
- 定义实体之间的关系时，可以指定一个实体或实体集合由另一个实体拥有，在这种情况下，它会与父实体一起存储。

在下一节中，我们将介绍 Cosmos DB 的 Entity Framework Core 提供程序的用法。

9.5 用例——存储数据

既然已经学习了如何使用 NoSQL，则必须确定 NoSQL 数据库是否适合本书的用例——WWTravelClub 应用程序。需要存储以下数据系列。

- 有关可用目的地和旅行套餐的信息：由于目的地和旅行套餐不经常更改，因此此类数据的相关操作主要为读取。但是，必须能从世界各地尽可能快地访问它们，以确保用户在浏览可用选项时获得愉快的用户体验。因此，具有跨区域分布副本的分布式关系型数据库是一种可选项。但这也不一定是必选项，因为低成本的 NoSQL 数据库中，套餐可以存储在目的地对象中。

- 目的地的评价：在这种情况下，分布式写入操作具有不可忽略的影响。此外，由于评价通常不会更新，因此大多数写入操作都是增量(而不是更新)。增量操作能够从分片中受益匪浅，不会像更新操作那样导致一致性问题。因此，这类数据的最佳选择是 NoSQL 集合。

- 预订：在这种情况下，一致性错误是不可接受的，因为它们可能导致超售。读和写的影响都很大，需要可靠的事务和良好的一致性检查。幸运的是，数据可以组织在多租户数据库中，租户可以是目的地，因为属于不同目的地的预订信息是完全不相关的。因此，这里我们可以使用分片的 SQL Azure 数据库实例。

综上所述，第一类和第二类数据的最佳选项是 Cosmos DB，而第三类数据的最佳选项是 Azure SQL Server。实际应用时，可能需要对所有数据操作及其频率进行更详细的分析。在某些情况下，为各种可能的选项实现原型并在所选选项上使用典型工作负载执行性能测试是有必要的。

下面，我们会把在第 8 章提到的目的地/套餐数据层迁移到 Cosmos DB。

用 Cosmos DB 实现目的地/套餐数据库

下面继续介绍第 8 章构建的数据库示例，通过以下步骤将其转移到 Cosmos DB 中。

(1) 首先，需要复制整个 WWTravelClubDB 项目，并将 WWTravelClubDBCosmo 作为新的根文件夹。

(2) 打开项目并删除 migrations 文件夹，因为不再需要迁移。

(3) 需要用 Cosmos DB 提供程序替换 SQL Server Entity Framework 提供程序。要执行此操作，请选择"管理 NuGet 程序包"并卸载 Microsoft.EntityFrameworkCore.SqlServer NuGet 程序包，然后安装 Microsoft.EntityFrameworkCore.Cosmos NuGet 程序包。

(4) 对 Destination (目的地)实体和 Package (套餐)实体执行以下操作：

- 删除所有数据注解。

- 将[Key]注解属性添加到其 Id 属性中，因为这对于 Cosmos DB 提供程序是必需的。

- 将 Package、Destination 和 PackagesListDTO 类的 Id 属性的类型从 int 转换为 string，还需要将 Package 和 PackagesListDTO 类中的 DestinationId 外部引用也转换为 string。事实上，分布式数据库中主键的最佳选择是从 GUID 生成的字符串，因为当表数据分布在多个服务器中时，很难维护 id 计数器。

(5) 在 MainDBContext 文件中，需要指定与 Destination 相关的 Package 必须存储在 Destination 文档本身中。这可以通过用以下代码替换 OnModelCreatingmethod 方法中的 Destination-Package 关系配置来实现：

```
builder.Entity<Destination>()
    .OwnsMany(m =>m.Packages);
```

(6) 在此应该用 OwnsMany 来代替 HasMany。没有与 WithOne 等效的属性，因为一个实体必须只能有一个所有者，而这一事实从 MyDestination 属性中包含的指向父实体的类型中可以明显看出。Cosmos DB 还允许使用 HasMany，但在本例中，这两个实体不是嵌套在另一个实体中的。还有一种 OwnOne 配置方法，用于将单个实体嵌套到其他实体中。

(7) 实际上，OwnsMany 和 OwnsOne 都可用于关系型数据库。在这种情况下，HasMany 和 HasOne 之间的区别在于，子实体自动包含在所有返回其父实体的查询中，而不需要指定一个 Include 的 LINQ 子句。不过子实体仍然存储在单独的表中。

(8) 需要修改 LibraryDesignTimeDbContextFactory 以使用 Cosmos DB 连接数据，代码如下所示：

```
using Microsoft.EntityFrameworkCore;
using Microsoft.EntityFrameworkCore.Design;

namespace WWTravelClubDB
{
  public class LibraryDesignTimeDbContextFactory
    : IDesignTimeDbContextFactory<MainDBContext>
  {
    private const string endpoint = "<your account endpoint>";
    private const string key = "<your account key>";
    private const string databaseName = "packagesdb";
    public "MainDBContext CreateDbContext"(params string[] args)
    {
      var builder = new DbContextOptionsBuilder<MainDBContext>();
      builder.UseCosmos(endpoint, key, databaseName);
      return new MainDBContext(builder.Options);
    }
  }
}
```

(9) 在测试控制台应用程序中，必须使用 GUID 显式地创建所有实体主键：

```
var context = new LibraryDesignTimeDbContextFactory()
    .CreateDbContext();
context.Database.EnsureCreated();
var firstDestination = new Destination
{
    Id = Guid.NewGuid().ToString(),
    Name = "Florence",
    Country = "Italy",
    Packages = new List<Package>()
    {
    new Package
    {
        Id=Guid.NewGuid().ToString(),
        Name = "Summer in Florence",
        StartValidityDate = new DateTime(2019, 6, 1),
        EndValidityDate = new DateTime(2019, 10, 1),
        DuratioInDays=7,
        Price=1000
```

```
    },
    new Package
    {
        Id=Guid.NewGuid().ToString(),
        Name = "Winter in Florence",
        StartValidityDate = new DateTime(2019, 12, 1),
        EndValidityDate = new DateTime(2020, 2, 1),
        DuratioInDays=7,
        Price=500
    }
    }
};
```

(10) 这里，因为只需要创建数据库，所以调用 context.Database.EnsureCreated()方法，而不是应用迁移。创建数据库和集合后，可以从 Azure 门户调整它们的设置。在 Cosmos DB Entity Framework Core 提供程序的未来版本中，有希望允许指定所有集合相关的选项。

(11) 需要修改代码末尾以 context.Packages.Where…开头的查询，因为查询不能以嵌套在其他文档中的实体(在本例中为 Package 实体)开始。因此,我们必须从 DBContext 中唯一的根 DbSet<T> 属性(即 Destinations)开始查询。通过 SelectMany 方法，可以从列出外部集合转变为列出所有内部集合，该方法执行所有嵌套 Package 集合的逻辑合并。但是，由于 CosmosDB SQL 不支持 SelectMany，需要使用 AsEnumerable()在客户端上强制模拟 SelectMany，如以下代码所示:

```
var list = context.Destinations
    .AsEnumerable() // move computation on the client side
    .SelectMany(m =>m.Packages)
    .Where(m => period >= m.StartValidityDate....)
    ...
```

(12) 查询的其余部分保持不变。如果现在运行该项目，将看到与 SQL Server 相同的输出(主键的值除外)。

(13) 执行程序后，转到 Cosmos DB 账户，可以看到图9.8 所示的内容。

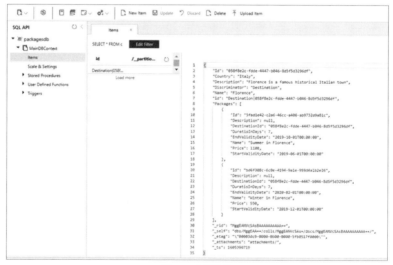

图9.8　执行结果

套餐已根据需要嵌套在其目的地中，Entity Framework Core 创建了一个与 DBContext 类同名的唯一集合。

如果想继续完成 Cosmos DB 开发，且不想花光所有的免费 Azure 门户信用，可以通过参考网站 9.6 安装 Cosmos DB 模拟器。

9.6　本章小结

在本章中，我们查看了 Azure 中可用的主要存储选项，并了解了何时使用它们，比较了关系型数据库和 NoSQL 数据库。关系型数据库提供了自动一致性检查和事务隔离，但 NoSQL 数据库更便宜，性能更好，特别是当分布式写入操作占平均工作负载的比例很大时。

然后，描述了 Azure 的主要 NoSQL 产品 Cosmos DB，并解释了如何配置它以及如何连接客户端。

最后，学习了如何使用 Entity Framework Core 与 Cosmos DB 交互，查看了一个基于 WWTravelClubDB 用例的实际示例，还学习了如何为应用程序中涉及的各种数据系列确定应该选用关系型数据库还是 NoSQL 数据库。通过这种方式，可以选择合适的数据存储方案，以确保在每个应用程序的数据一致性、速度和并行数据访问之间实现最佳折中结果。

在下一章中，将学习有关无服务器和 Azure 函数应用的相关内容。

9.7　练习题

1. Redis 是关系型数据库的有效替代品吗？
2. NoSQL 数据库是关系型数据库的有效替代品吗？
3. 在关系型数据库中，哪种操作扩展起来更为困难？
4. NoSQL 数据库的主要弱点是什么？它们的主要优势又是什么？
5. 你能列出所有 Cosmos DB 一致性级别吗？
6. 是否可以在 Cosmos DB 中使用自动递增整数主键？
7. 哪种 Entity Framework 配置方法用于将实体存储在其相关父文档中？
8. 是否可以使用 Cosmos DB 高效地搜索嵌套集合？

第10章

Azure 函数应用

如第 4 章所述，无服务器架构是提供灵活的软件解决方案的最新方式之一。为此，Microsoft Azure 提供了 Azure 函数应用[1]，这是一种事件驱动、无服务器和可扩展的技术，可以加速项目开发。

本章的主要目标是让用户熟悉 Azure 函数应用以及使用它的最佳实践。值得一提的是，使用 Azure 函数应用是一个很好的替代方案，可以实现无服务器，加速开发。使用它们，可以更快地部署 API，启用由计时器触发的服务，以及通过从存储接收事件来触发进程。

本章涵盖以下主题：

- Azure 函数应用程序。
- 使用 C#语言编写 Azure 函数应用。
- 维护 Azure 函数应用。
- 用例——通过 Azure 函数应用发送电子邮件。

在本章结束时，还将介绍如何在 C#中使用 Azure 函数应用缩短开发周期。

10.1 技术性要求

要完成本章学习，需要满足以下几点要求：

- 使用安装了 Azure 开发工具的 Visual Studio 2019 社区版(免费)或更高版本。
- 拥有一个 Azure 账户，如果没有，可以按照第 1 章的内容去创建一个免费的 Azure 账户。可以扫封底二维码获得本章示例代码。

10.2 Azure 函数应用程序

Azure 函数应用程序是一种 Azure PaaS 服务，可以在其中构建代码(函数)并将其连接到应用程序，然后使用触发器启动它们。这个概念非常简单——用自己喜欢的语言构建一个函数，然后决定启动它的触发器。可以在系统中编写任意数量的函数。在某些情况下，系统完全由函数编写。

创建必要环境的步骤与创建函数本身所需的步骤一样简单。图 10.1 显示了创建环境时必须确

1　译者注："Azure 函数应用" (Azure Functions)的翻译方法参考了 Azure 中文版。

定的参数。在 Azure 中选择创建资源，筛选函数应用程序，然后单击"创建"按钮，将显示图 10.1 所示的界面。

图 10.1　创建一个 Azure 函数应用

创建 Azure 函数应用的环境时，需要考虑几个关键点。运行的函数应用、编程语言选项和发布样式这几方面的可能性会不断增加。我们拥有的最重要的配置之一是托管计划(hosting plan)，这是程序所运行的地方。托管计划有 3 个选项：消耗(无服务器)计划、函数高级计划和应用服务计划。现在我们来谈谈这些托管计划。

10.2.1　消耗计划

如果选择消耗计划，则函数应用仅在执行时消耗资源。这就意味着只有在函数应用运行时才会收取费用。可扩展性和内存资源将由 Azure 自动管理。这就是我们所说的无服务器架构。

在这个计划中编写函数应用时，需要注意超时问题。默认情况下，函数应用将在 5 分钟后超时。可以使用 host.json 文件中的 functionTimeout 参数更改超时值。最大值为 10 分钟。

当选择消耗计划时，收费方式将取决于执行内容、执行时间和内存使用情况。有关这方面的更多信息可以登录参考网站 10.1 查看。

注意，如果环境中没有应用服务程序，并且函数应用的运行周期较短时，这是一个很好的选择。但如果需要持续的运行，可能需要考虑选择应用服务计划。

10.2.2　函数高级计划

函数应用将用于做什么，特别是如果需要它们连续地或几乎连续地运行，或者如果一些函数执行时间超过 10 分钟时，或许可以考虑选择函数高级计划。此外，可能需要将函数应用连接到一个 VNET/VPN 环境，在这种情况下，只能选择在此计划中运行。

函数高级计划可以比消耗计划提供更多的 CPU 或内存选项。函数高级计划提供了单核、双核和四核的实例选项。

值得一提的是，虽然函数应用的运行时间不受限制，但如果决定使用 HTTP 触发器函数应用，则 230 秒是响应请求所允许的最大时间。之所以有这个限制，与 Azure 的负载均衡器有关。在这种情况下，可能必须重新设计解决方案，以遵守 Microsoft 设置的最佳实践(请参阅参考网站 10.2)。

10.2.3　应用服务计划

想要创建 Azure 函数应用程序时，应用程序服务计划是可以选择的选项之一。以下是(由 Microsoft 建议的)应该使用应用程序服务计划而不是消耗计划来维护函数应用的原因：

- 可以使用未充分利用的现有应用程序服务实例。
- 想在自定义镜像上运行函数应用程序。

在应用服务计划场景中，functionTimeout 值根据 Azure 函数应用运行时版本的不同而变化。不过，该值至少为 30 分钟。可以在参考网站 10.3 中找到每种托管计划的超时时间的表格对比。

10.3　使用 C#运行 Azure 函数应用

在本节中，你将学习如何创建 Azure 函数应用。值得一提的是，有几种方法可以使用 C#创建它们，其中之一是在 Azure 门户中创建函数并开发它们。要做到这一点，假设已经创建了一个与图 10.1 中有类似配置的 Azure 函数应用程序。

选择所有资源，并导航到函数应用菜单，将能够向该环境添加新的函数，如图 10.2 所示。

图 10.2　添加函数

在这里，需要决定要用于启动执行的触发器(Trigger)的类型。最常用的是 HTTP Trigger 和 Timer Trigger。前一种触发器创建一个 HTTP API 用于触发函数，后一种触发器通过所设置的定时器来触发函数。

确定要使用的触发器类型后，需要为函数命名。根据选定的触发器类型，需要设置一些参数。例如，HTTP Trigger 要求设置授权级别。有 3 个选项可用，即 Function、Anonymous 和 Admin，如图 10.3 所示。

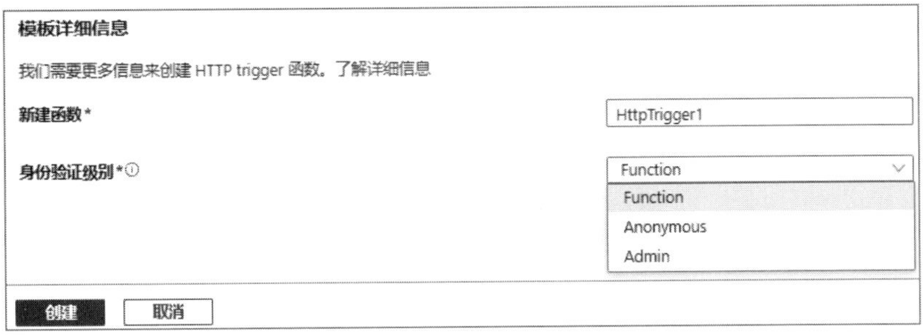

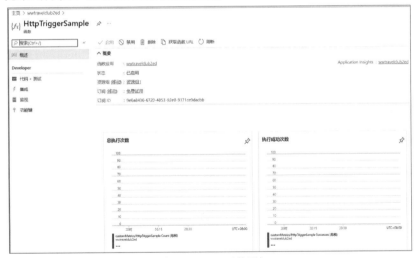

图 10.3　配置一个 HTTP 函数

值得一提的是，本书并未涵盖构建函数应用时的所有可用选项。作为软件架构师，应该了解 Azure 在函数应用方面为无服务器架构提供了良好的服务，这些服务在多种情况下都能发挥作用。我们在第 4 章对此进行了详细的讨论。

创建的结果如图 10.4 所示，能够很方便地测试和编写基础函数。注意，Azure 提供了一个编辑器，允许运行代码、检查日志和测试创建的函数。

图 10.4　HTTP 函数环境

不过，如果想创建更复杂的函数，可能需要一个更复杂的环境，以便能够更有效地编码和调试它们。这就是 Visual Studio 中的 Azure 函数应用程序可以发挥作用的地方。此外，使用 Visual Studio 来进行函数应用的开发，使你能够在函数应用上引入源代码版本管理和 CI/CD。

在 Visual Studio 中，可以通过创建新项目来创建一个专用于 Azure Functions(函数)应用程序的项目，如图 10.5 所示。

图 10.5　在 Visual Studio 2019 中创建 Azure 函数应用程序

提交项目后，Visual Studio 将询问所使用的触发器类型以及将在其上运行函数的 Azure 版本，如图 10.6 所示。

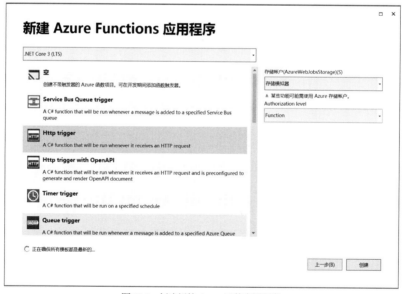

图 10.6　创建新的 Azure 函数应用程序

值得一提的是，Azure 函数支持不同的平台和编程语言。撰写本书时，Azure 函数有 3 个运行时版本，C#可以在所有这些版本中运行。第一个版本与.NET Framework 4.7 兼容；在第二个版本中，可以创建在.NET Core 2.2 上运行的函数；在第三个版本中，能够运行.NET Core 3.1

和.NET 5[1]。

作为软件架构师，必须牢记代码的可重用性。在这种情况下，应该注意确定在哪个版本的 Azure Functions 项目中构建函数。这里建议始终在运行时获得通用版本后立即使用它的最新版本。

默认情况下，生成的代码类似于在 Azure 门户中创建 Azure 函数应用时生成的代码：

```
using System;
using Microsoft.Azure.WebJobs;
using Microsoft.Extensions.Logging;

namespace FunctionAppSample
{
    public static class FunctionTrigger
    {
        [FunctionName("FunctionTrigger")]
        public static void Run([TimerTrigger("0 */5 * * * *")]
           TimerInfo myTimer, ILogger log)
        {
            log.LogInformation($"C# Timer trigger function " +
                $"executed at: {DateTime.Now}");
        }
    }
}
```

发布方法遵循的步骤与我们在第 1 章描述的 Web 应用程序发布过程相同。另外，这里建议始终使用 CI/CD 管道，我们将会在第 20 章描述这方面的内容。

罗列 Azure 函数应用模板

Azure 门户中有多个模板可用于创建 Azure 函数应用，可以从中选择的模板会不断更新，以下仅是其中的一部分。

- Blob Trigger：希望文件上传到 blob 存储器后立即处理该文件的某些内容。这是 Azure 函数的一个很好的用例。
- Cosmos DB Trigger：希望通过一种处理方法同步到达 Cosmos DB 数据库的数据。在第 9 章对 Cosmos DB 进行了详细讨论。
- Event Grid Trigger：这是管理 Azure 事件的好方法。函数可以通过事件来触发，以便它们管理每个事件。
- Event Hub Trigger：使用这个触发器，可以构建与任何向 Azure 事件中心发送数据的系统相链接的函数。
- HTTP Trigger：此触发器对于构建无服务器 API 和 Web 应用程序事件非常有用。
- IoT Hub Trigger：当应用程序通过 IoT(物联网)中心连接到设备时，可以在其中某个设备接收到新事件时使用此触发器。
- Queue Trigger：可以使用函数作为服务解决方案来管理消息队列的处理。

---

1 译者注：译者翻译本书时，Azure 函数已经分化为 4 个运行时版本，即第三个版本中.NET Core 3 和.NET 5 已经分离出两个版本了。

- Service Bus Queue Trigger：这是另一种消息服务，可以作为函数的触发器。Azure 服务总线将在第 11 章详细介绍。
- Timer Trigger：它最常与函数一起使用，可以在其中配置定时触发器，以持续处理系统中的数据。

10.4 维护 Azure 函数应用

创建并编译了函数之后，还需要监控和维护它。为此，可以使用各种工具，所有这些工具都可以在 Azure 门户中找到。这些工具将帮助你解决问题，因为可以使用它们收集大量信息。

监控函数应用的第一种选项是使用 Azure 门户中 Azure 函数应用界面内的"监视"菜单，可以检查所有函数的执行情况，包括成功结果和失败结果，如图 10.7 所示。

图 10.7　监控函数应用

大约需要 5 分钟才能获得一些结果。表格中的日期用 UTC 时间来显示。

单击图 10.7 所示界面中的"在 Application Insights 中运行查询"，可以跳转到图 10.8 所示界面。此时几乎有无限选项，可以使用这些选项分析函数数据。Application Insights 是目前可用的最佳应用程序性能管理系统(APM)之一，如图 10.8 所示。

除了查询界面，还可以使用 Azure 门户中的 Insights 界面检查函数应用的各种性能问题，以及分析和筛选解决方案接收到的所有请求，并检查它们的性能和依赖。还可以实现在某个终节点发生异常时发出警报，如图 10.9 所示。

图 10.8　使用 Application Insights 进行监控

作为一名软件架构师，可以将这个工具作为一个很好的日常助手。值得一提的是，Application Insights 可用于其他多种 Azure 服务，如 Web 应用程序和虚拟机。这意味着可以监控系统的运行状况，并使用 Azure 提供的出色功能对系统进行维护，如图 10.9 所示。

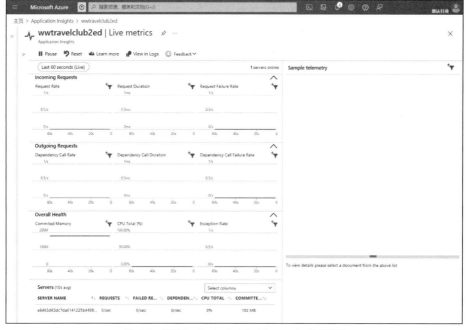

图 10.9　使用 Application Insights Live metrics 进行监控

10.5　用例——通过 Azure 函数应用发送电子邮件

本节准备使用前面提及的 Azure 组件的某些子集。WWTravelClub 的用例将在全球范围内实现通过 Azure 函数应用发送电子邮件，并且该服务可能需要不同的架构设计，以应对我们在第 1 章描述的各种性能关键点。

如果回看第 1 章描述的用户故事，会发现许多需求都与通信相关。因此，解决方案中通常会通过电子邮件发出一些警报。本章的用例将重点介绍如何发送电子邮件。该架构将是完全无服务器的。

图 10.10 显示了发送电子邮件的架构设计。为了给用户一个良好的体验，应用程序发送的所有电子邮件都将异步排队，从而防止系统响应出现重大延迟。

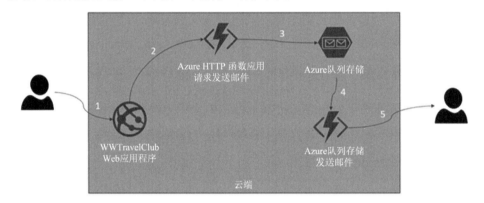

图 10.10　发送电子邮件的架构设计

注意，这里没有服务器管理 Azure 函数应用，从而向 Azure 队列中存储入队或出队消息。这就是我们所说的无服务器。值得一提的是，这个架构不仅限于发送电子邮件，还可用于处理各种 HTTP POST 请求。

下面学习如何在 API 中设置安全性，以实现只有经过授权的应用程序才能使用给定的解决方案。

10.5.1　第一步: 创建 Azure 队列存储

在 Azure 门户中创建存储非常简单。首先，单击 Azure 门户主页中的"创建资源"按钮并搜索存储账户来创建存储账户。然后，设置其基本信息，例如存储账户的名称和区域。有关网络和数据保护的信息也可以在此向导中查看，如图 10.11 所示。这里的设置取值将覆盖默认值，以用于演示。

有了存储账户之后，就可以设置队列了。单击存储账户菜单中的"概述"并在其中找到"队列服务"，或者直接在存储账户菜单中单击"队列"，可以进入队列界面。然后，会出现一个"添加队列"的选项，只需要输入其名称，如图 10.12 所示。

图 10.11　创建一个 Azure 存储账户

图 10.12　定义队列以监控电子邮件

创建的队列会展示在 Azure 门户上，可以从中找到队列的 URL，也可以使用存储资源管理器，如图 10.13 所示。

图 10.13　创建的队列

注意，还可以使用 Microsoft Azure Storage Explorer 桌面应用连接到此存储(可从参考网站 10.4 中获得)，如图 10.14 所示。

图 10.14　使用 Microsoft Azure Storage Explore 监视队列

没有连接到 Azure 门户时，此工具尤其有用。

10.5.2　第二步: 创建发送电子邮件的函数

现在可以开始编程了，通知队列电子邮件正在等待发送。这里，需要使用 HTTP Trigger。注意，该函数是一个异步运行的静态类。以下代码正在收集来自 HTTP 触发器的请求数据，并将数据插入稍后将处理的队列中:

```
public static class SendEmail
{
  [FunctionName(nameof(SendEmail))]
  public static async Task<HttpResponseMessage>RunAsync(
[HttpTrigger(AuthorizationLevel.Function, "post")] HttpRequestMessage req,
ILogger log)
  {
      var requestData = await req.Content.ReadAsStringAsync();
      var connectionString = Environment.GetEnvironmentVariable(
"AzureQueueStorage");
      var storageAccount = CloudStorageAccount.Parse(connectionString);
      var queueClient = storageAccount.CreateCloudQueueClient();
```

```
        var messageQueue = queueClient.GetQueueReference("email");
        var message = new CloudQueueMessage(requestData);
        await messageQueue.AddMessageAsync(message);
        log.LogInformation("HTTP trigger from SendEmail function processed a
request.");
        var responseObj = new { success = true };
        return new HttpResponseMessage(HttpStatusCode.OK)
        {
            Content = new StringContent(JsonConvert.SerializeObject(responseObj),
Encoding.UTF8, "application/json"),
        };
    }
}
```

 在某些情况下，可以尝试使用队列输出绑定来避免前面代码中指示的队列设置。可
登录参考网站 10.5 查看详情。

通过运行 Azure Functions 模拟器，可以使用诸如 Postman 之类的工具来测试函数应用，
如图 10.15 所示。

图 10.15 Postman 功能测试

结果将显示在 Microsoft Azure 存储资源管理器和 Azure 门户中。在 Azure 门户中，可以管理
每封邮件并将其出队，甚至可以清空队列存储，如图 10.16 所示。

图 10.16 HTTP Trigger 和队列存储测试

10.5.3 第三步：创建 Queue Trigger 函数

可以创建第二个函数，以期望此函数在数据进入队列时被触发，如图 10.17 所示。值得一提的是，对于 Azure 函数应用的 v3 版本，将自动添加对 Microsoft.Azure.WebJobs.Extensions.Storage NuGet 程序包的引用。

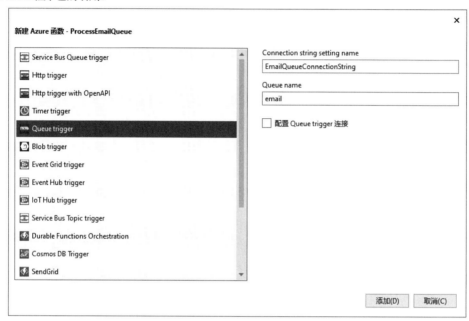

图 10.17　创建队列触发器

在 local.settings.json 文件中设置好连接字符串后，可以运行这两个函数并使用 Postman 测试它们。不同之处在于，第二个函数运行时，如果在其开头设置断点，就可以检查消息是否已发送，如图 10.18 所示。

图 10.18　Visual Studio 2019 中触发的队列

这里发送电子邮件的方式将取决于拥有的邮件选项。可以决定是使用代理还是直接连接到电子邮件服务器。

以这种方式创建电子邮件服务有以下优点。

- 一旦服务经过编码和测试，就可以使用它从任何应用程序发送电子邮件。这意味着代码始终可以重用。
- 由于在 HTTP 服务中发布的异步优势，使用此服务的应用程序不会因为发送电子邮件而中断。
- 不需要汇集队列中的数据并检查数据是否已准备好进行处理。

队列进程是并行运行的，这在大多数情况下提供了更好的体验。可以通过在 host.json 文件中设置一些属性来关闭它。"扩展阅读"中提供了相关内容的链接。

10.6　本章小结

本章介绍了使用无服务器 Azure 函数应用来开发函数的一些优势，可以将其用作指南，以检查 Azure 函数应用中可用的各种不同类型的触发器，以及计划如何监视它们。本章还介绍了如何编写和维护 Azure 函数应用，最后通过一个架构示例讲解如何连接多个函数以避免数据汇集，以及启用并发处理。

在下一章中，我们将分析设计模式的概念，了解它们为何如此有用，并介绍一些常见的模式。

10.7　练习题

1. Azure 函数应用是什么？
2. Azure 函数应用的编写有几种选项？
3. 哪种计划可以与 Azure 函数应用一起使用？
4. 如何使用 Visual Studio 部署 Azure 函数应用？
5. 可以使用哪些触发器来开发 Azure 函数应用？
6. Azure 函数应用的v1、v2 和 v3 运行时版本之间有什么区别？
7. Application Insights 如何帮助我们维护和监控 Azure 函数应用？

第**11**章

设计模式与.NET 5 实现

设计模式可以定义为用于解决在软件开发过程中遇到的常见问题的现成架构方案。学习设计模式，对于理解.NET Core 架构来说十分重要。同时，对于解决设计软件时遇到的普通问题，它们也十分有用。在本章中，我们会介绍一些设计模式的实现。值得一提的是，本书并没有对目前可用的所有已知设计模式逐一进行介绍，主要侧重于解释学习和应用它们的重要性。

本章涵盖以下主题：
- 设计模式及其目的。
- .NET 5 中可用的设计模式。

本章末尾会介绍 WWTravelClub 中的一些用例，这些用例是使用设计模式来实现的。

11.1 技术性要求

为完成本章的学习，需要使用安装了所有数据库工具的 Visual Studio 2019 社区版(免费)或更高版本。同时，还需要拥有一个 Azure 账户，如果没有，可以按照第 1 章的内容去创建一个免费的 Azure 账户。可以扫封底二维码获得本章示例代码。

11.2 设计模式及其目的

决定一个系统的设计是具有挑战性的，与此任务相关的责任十分重大。作为软件架构师，应当始终牢记，要交付一个良好的解决方案，使系统保有良好的可重用性、良好的性能和良好的可维护性等特性十分重要。这正好是设计模式可以帮助和加速设计过程的地方。

正如我们之前提到的，设计模式是针对解决常见的软件架构问题而讨论过和定义过的解决方案。这种方法在《设计模式——可重用面向对象软件的元素》一书出版之后变得越来越受欢迎。在该书中，GoF(四人组)将这些模式分为三种类型：创建型、结构型和行为型。

Bob 大叔向开发者社区介绍了 SOLID 原则，使我们可以有效地组织每个系统的功能和数据结构。SOLID 原则指出了软件组件应该如何设计和连接。值得一提的是，与 GoF 提出的设计模式相比，SOLID 原则没有提供具体的代码样例，而是提供了设计解决方案时需要遵循的基本原则，从而保持软件结构的强大和可靠。

- 单一职责原则：一个模块或函数应该只为一个单一目的负责。

- 开放封闭原则：软件构件应该对扩展开放，而对修改封闭。
- 里氏替换原则：当一个由超类型定义的组件被替换为一个其子类型定义的组件对象时，程序的行为需要保持不变。
- 接口隔离原则：构建具体对象时，创建巨大的接口会导致出现依赖关系，这对系统架构是有害的。
- 依赖倒置原则：最灵活的系统是那些对象依赖只涉及抽象的系统。

随着技术和软件问题的变化，更多的模式被构思出来。云计算的发展带来了一大堆这样的问题，所有的云设计模式可以登录参考网站 11.1 查看。新模式出现的原因与开发新解决方案时所面临的挑战有关。如今，我们在交付云解决方案时必须考虑可用性、数据管理、消息传递、监控、性能、可缩放性、弹性和安全性等各个方面。

应该总是考虑使用设计模式进行开发的原因很简单——作为软件架构师，不能每天花时间在重新"造轮子"上。另一个使用和理解它们的重要原因：其中许多模式已经在.NET 5 中实现了。

在接下来的几小节中，我们将介绍一些最常用的模式。本章主要帮助你了解它们的存在并且知道它们是需要学习的，以便加速和简化项目。此外，我们针对每个模式会通过一段 C#代码片段来展示和说明，以便你可以轻松地在项目中实现它们。

11.2.1　建造者模式

在某些情况下，所拥有的复杂对象会根据其配置而具有不同的行为。相比于在使用一个对象时才配置它，也许更希望能够使用已经构建的自定义配置将对象的配置与其使用解耦。通过这种方式，对于正在构建的实例，可以使其具有不同的表示。这种情况下，应该使用建造者(Builder)模式。

图 11.1 所示类图展示了将建造者模式用于实现本书案例的一个场景。这种设计选择背后的想法是简化 WWTravelClub 中对房间(Room)的描述方式。

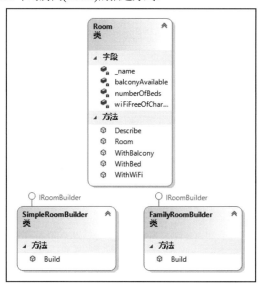

图 11.1　建造者模式

如下方代码所示，它没有在主程序中设置房间实例的具体配置，只需要使用建造者模式的 Build()方法来构建对象。这个例子模拟了在 WWTravelClub 中构建不同风格的房间(单人房和家庭房)的过程。

```csharp
using DesignPatternsSample.BuilderSample;
using System;

namespace DesignPatternsSample
{
    class Program
    {
        static void Main()
        {
            #region Builder Sample
            Console.WriteLine("Builder Sample");
            var simpleRoom = new SimpleRoomBuilder().Build();
            simpleRoom.Describe();

            var familyRoom = new FamilyRoomBuilder().Build();
            familyRoom.Describe();
            #endregion
            Console.ReadKey();
        }
    }
}
```

运行结果非常简单，如图 11.2 所示，但足以说明为什么需要实现这一模式。

图 11.2 建造者模式示例结果

一旦有了这种实现，代码的演进就变得更加简单了。例如，如果需要构建不同风格的房间，应当为该类型的房间创建一个新的建造者，之后便可以使用它。

让这种实现变得简单、好用的原因在于使用了链式的方法，可以在 Room 这个类中看到：

```csharp
public class Room
{
    private readonly string _name;
    private bool wiFiFreeOfCharge;

    private int numberOfBeds;
    private bool balconyAvailable;

    public Room(string name)
    {
        _name = name;
    }
    public Room WithBalcony()
```

```
    {
        balconyAvailable = true;
        return this;
    }

    public Room WithBed(int numberOfBeds)
    {
        this.numberOfBeds = numberOfBeds;
        return this;
    }

    public Room WithWiFi()
    {
        wiFiFreeOfCharge = true;
        return this;
    }
    ...
    }
```

若是需要修改产品配置的设置，则幸运的是，之前使用的所有具体类都将通过 Builder 接口更新定义，由此可以轻松地更新它们。

在 11.3 节中，还将介绍.NET 5 中对建造者模式的绝佳运用，以及通用宿主是如何通过 HostBuilder 来实现的。

11.2.2 工厂模式

在以下情况下，工厂(Factory)模式非常有用：有来自同一抽象的多个对象，并且在开始编码时不知道哪些对象需要创建。这意味着必须根据特定配置或根据软件现在所在的位置来创建实例。

下面介绍 WWTravelClub 示例。应用程序需要让来自世界各地的客户为他们的旅行付费，但是，在现实世界中，每个国家/地区有各自不同的支付服务。每个国家/地区的主要支付流程是相似的，但该系统需要提供不止一种支付服务。为了简化这种支付流程，一种好的方法是使用工厂模式。图 11.3 所示类图展示了工厂模式架构实现的基本思想。

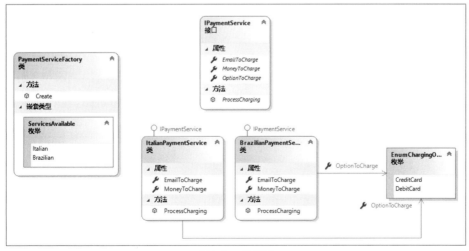

图11.3 工厂模式

注意，由于拥有一个描述应用程序支付服务的接口，因此可以使用工厂模式来根据可用的服务更改具体的实现类。

```
static void Main()
{
    #region Factory Sample
    ProcessCharging(PaymentServiceFactory.ServicesAvailable.Brazilian,
        "gabriel@sample.com", 178.90f, EnumChargingOptions.CreditCard);

    ProcessCharging(PaymentServiceFactory.ServicesAvailable.Italian,
        "francesco@sample.com", 188.70f, EnumChargingOptions.DebitCard);
    #endregion
    Console.ReadKey();
}
private static void ProcessCharging
    (PaymentServiceFactory.ServicesAvailable serviceToCharge,
    string emailToCharge, float moneyToCharge,
    EnumChargingOptions optionToCharge)
{
    PaymentServiceFactory factory = new PaymentServiceFactory();
    var service = factory.Create(serviceToCharge);
    service.EmailToCharge = emailToCharge;
    service.MoneyToCharge = moneyToCharge;
    service.OptionToCharge = optionToCharge;
    service.ProcessCharging();
}
```

再次说明，由于工厂模式的实现，支付服务的使用得到了简化。如果要在实际应用程序中使用此代码，则需要通过在工厂模式中定义所需的服务来更改实例的行为。

11.2.3 单例模式

当在应用程序中实现单例(Singleton)模式时，可以在整个解决方案中获得对象的单一实例。单例模式可以说是每个应用程序最常用的模式之一，原因是在许多用例中，需要让某些类只拥有一个实例。为解决这个问题，比起使用全局变量，使用单例往往是更好的解决方案。

在单例模式中，类负责创建和传递应用程序需要使用的单一对象，如图 11.4 所示。换句话说，单例类创建单一实例。

图 11.4 单例模式

因此，创建的对象是静态的，并通过静态属性或方法来传递。下方的代码实现了单例模式，它包含一个 Message 属性和一个 Print()方法：

```
public sealed class SingletonDemo
{
    #region This is the Singleton definition
    private static SingletonDemo _instance;
    public static SingletonDemo Current => _instance ??= new
        SingletonDemo();
    #endregion
    public string Message { get; set; }
    public void Print()
    {
        Console.WriteLine(Message);
    }
}
```

用法非常简单，只需要在每次需要使用单例对象时调用其静态属性：

```
SingletonDemo.Current.Message = "This text will be printed by " +
  "the singleton.";
SingletonDemo.Current.Print();
```

可以使用这种模式的其中一种情况是：应用程序配置的传递，需要从解决方案中的任何位置轻松访问它。例如，假设有一些配置参数存储在一个表中，应用程序需要在多个决策点查询这些参数。可以创建一个单例类来使用，而不用直接查询配置表，如图 11.5 所示。

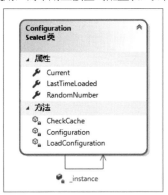

图 11.5　单例模式的使用

此外，或许还需要在此单例中实现缓存，以提高系统的性能，这样便能够决定系统是否在每次需要时检查数据库中的每个配置，或者是否使用缓存。图 11.6 展示了缓存的实现，可以看到，每 5 秒钟会加载一次配置，示例中读取的参数只是一个随机数。

这种实现方式对于应用程序的性能而言非常有利。此外，在代码中的多个位置使用参数会更加简单，因为不必在代码中到处创建配置的实例。

值得一提的是，由于.NET 5 中的依赖注入实现，单例模式的使用变得不那么普遍了，因为可以设置依赖注入来处理单例对象。我们会在本章后面的小节中介绍.NET 5 中的依赖注入。

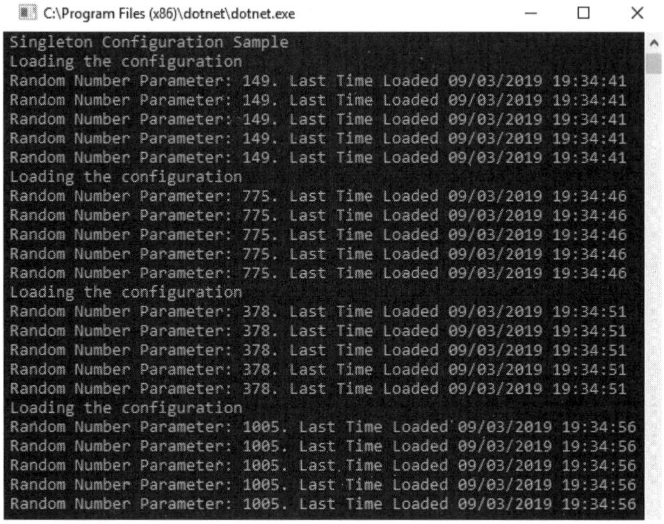

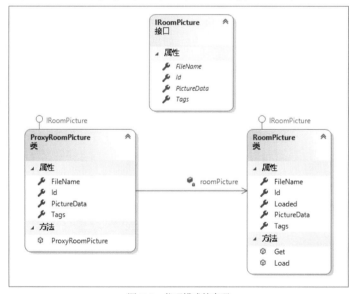

图 11.6　单例模式中的缓存实现

11.2.4　代理模式

当需要提供一个对象来控制对另一个对象的访问时，可以使用代理(Proxy)模式。这样做的考虑因素之一是被控制的对象的创建成本。例如，如果被控制的对象需要太长时间才能创建，或者需要占用太多内存，则可以使用代理来保证仅在需要时才创建对象的主体部分。

图 11.7 所示类图展示了用代理模式实现仅在请求时加载房间的图片。

图 11.7　代理模式的实现

客户端将请求创建代理。这里，代理只会从真实对象中收集基本信息(Id、FileName 和 Tags)，而不会查询 PictureData。当请求 PictureData 时，代理才去加载它：

```
static void Main()
{
    Console.WriteLine("Proxy Sample");
    ExecuteProxySample(new ProxyRoomPicture());
}
private static void ExecuteProxySample(IRoomPicture roomPicture)
{
    Console.WriteLine($"Picture Id: {roomPicture.Id}");
    Console.WriteLine($"Picture FileName: {roomPicture.FileName}");
    Console.WriteLine($"Tags: {string.Join(";", roomPicture.Tags)}");
    Console.WriteLine($"1st call: Picture Data");
    Console.WriteLine($"Image: {roomPicture.PictureData}");
    Console.WriteLine($"2nd call: Picture Data");
    Console.WriteLine($"Image: {roomPicture.PictureData}");
}
```

如果再次请求 PictureData，由于图像数据已经到位，代理能够保证图像不会重复加载。图 11.8 显示了上述代码的运行结果。

图11.8　代理模式的运行结果

这种技术可以称作延迟加载，它也是一种众所周知的模式。实际上，代理模式是实现延迟加载的一种方式。实现延迟加载的另一种方法是使用 Lazy 类型。例如，在第 8 章所提到的，可以在 EF Core 中使用代理打开延迟加载。可以登录参考网站 11.2 查看到更多相关信息。

11.2.5　命令模式

在很多情况下，需要执行一些会影响对象行为的命令。命令(Command)模式可以通过将这类请求封装在一个对象中来解决这个问题。该模式还描述了如何实现对请求的撤销(Undo)和重做(Redo)。

例如，让我们想象一下，在 WWTravelClub 网站上，用户可能想对套餐进行评价，选择对本次体验是不满意、满意或者特别满意。

图 11.9 所示类图是使用命令模式实现这种评级系统的一个示例。

注意这个模式的工作方式——如果需要一个新的命令，例如讨厌(Hate)，并不需要改变使用该命令的代码和类。添加撤销方法与添加重做方法的方式是类似的。

ASP.NET Core MVC 中也使用命令模式来实现其 IActionResult 层次结构，提及这点或许有帮助。此外，第 12 章描述的业务操作也使用这个模式来执行业务规则。

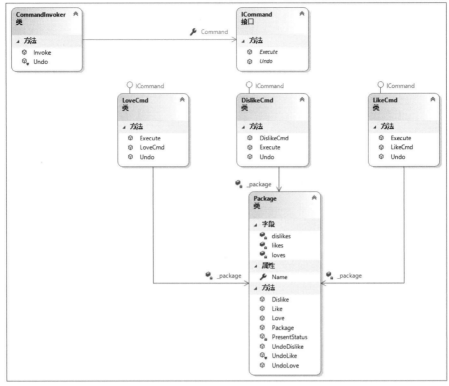

图 11.9　命令模式

11.2.6　发布者–订阅者模式

从一个对象向一组其他对象提供信息在各种应用程序中都很常见。当对象(发布者)发送包含信息的消息，而大量组件(订阅者)将接收这个消息时，发布者-订阅者(Publisher/Subscriber)模式几乎是必需的。

这里的概念非常容易理解，如图 11.10 所示。

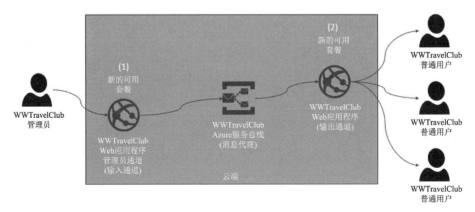

图 11.10　发布者-订阅者模式示例

当有数量不定的不同订阅者时，需要将广播信息的组件与接收信息的组件解耦。发布者-订阅者模式做到了这一点。

实现这种模式很复杂，因为这在分布式的环境中不是一项简单的任务。因此，建议考虑使用现有的消息代理技术来实现将输入通道连接到输出通道，而不是从头开始构建它。Azure 服务总线(Service Bus)是这种模式的一种可靠实现，只需要连接到它即可。

第 5 章提到过的 RabbitMQ 是另一种可用于实现消息代理的服务，但它是该模式的一种低级别实现，需要关联多种其他相关任务，例如出现错误时的重试机制必须手动编码。

11.2.7　依赖注入模式

依赖注入(Dependency Injection)模式被认为是一种很好地实现依赖倒置原则的方法。它带来的一个有用的影响是强制所有实现遵循全部 SOLID 原则。

依赖注入模式的概念十分简单，不需要创建组件所依赖对象的实例，只需要定义它们的依赖关系，声明它们的接口，并通过注入来接收对象。

依赖注入的三种方式：

- 使用类的构造函数来接收对象。
- 标记某些类属性来接收对象。
- 使用注入所有必要组件的方法定义接口。

图 11.11 所示类图展示了依赖注入模式的实现。

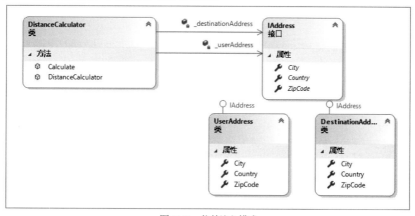

图 11.11　依赖注入模式

此外，依赖注入可以与控制反转(Inversion of Control，IoC)容器一起使用。这类容器可以在需要时自动注入依赖项。市面上存在很多种 IoC 容器框架，但使用.NET Core 并不需要使用第三方软件，因为它在 Microsoft.Extensions.DependencyInjection 名称空间下有一组程序库可以用于解决这个问题。

该 IoC 容器负责创建和销毁所请求的对象，其依赖注入的实现基于构造函数类型。注入组件的生命周期可以有以下三种选项。

- 临时(Transient)：每次请求对象时都会创建对象。
- 作用域(Scoped)：为应用程序中定义的每个作用域创建对象。在 Web 应用程序中，作用域与 Web 请求是一致的。

- 单例(Singleton)：每个对象都具有相同的应用程序生命周期，因此会重用单个对象来满足给定类型的所有请求。如果对象包含状态，则不应使用这种选项，除非它是线程安全的。

如何选取这些选项取决于所开发项目的业务规则，这也是如何注册应用程序的服务的问题。需要谨慎选择正确的方法，因为应用程序的行为将根据所注入的对象类型而改变。

11.3 .NET 5 中可用的设计模式

正如我们在前几节中可以看到的，C#允许实现任何模式。.NET 5 在其 SDK 中提供了许多遵循我们讨论过的各种模式的实现，例如 EF Core 中的代理延迟加载。另一个设计模式的绝佳应用例子是从.NET Core 2.1 开始的.NET 通用宿主(Generic Host)。

第 15 章将详细介绍在.NET 5 的 Web 应用程序中可用的托管主机。这个 Web 主机很有用，因为应用程序的启动和生命周期管理是围绕它来设置的。.NET 通用宿主的设计思路是让不需要HTTP 实现的应用程序也能应用这种模式。有了这个通用宿主，任何.NET Core 程序都可以有一个启动类，可以在其中配置依赖注入引擎。这对于创建多服务应用程序很有用。

可以登录参考网站 11.3 找到有关.NET 通用宿主的更多信息，其中包含 Microsoft 当前推荐的一些示例代码。GitHub 存储库中提供的代码则更为简单，它侧重于创建一个可以运行日志监控服务的控制台应用程序。对于将由应用程序提供的服务，以及管理日志记录的方式，都由建造者来配置，这种构建控制台应用程序并运行它的方式非常棒。

相关的示例代码如下：

```
public static void Main()
{

    var host = new HostBuilder()
        .ConfigureServices((hostContext, services) =>

        {
            services.AddHostedService<HostedService>();
            services.AddHostedService<MonitoringService>();
        })

        .ConfigureLogging((hostContext, configLogging) =>

        {
            configLogging.AddConsole();
        })
        .Build();
    host.Run();

    Console.WriteLine("Host has terminated. Press any key to finish the App.");

    Console.ReadKey();

}
```

通过前面的代码，我们了解了.NET Core 如何使用设计模式。.NET 通用宿主使用建造者模式设置将作为服务注入的类。此外，建造者模式还可以配置一些其他功能，例如显示、存储日志的方式。此配置允许服务将 ILogger 对象注入任何实例中。

11.4　本章小结

在本章中，我们了解了为什么设计模式有助于提高所构建系统的可维护性和可重用性，还研究了一些典型的用例和代码片段，可以在项目中使用它们。最后介绍了.NET 通用宿主，这是.NET 使用设计模式来实现代码可重用性和实施最佳实践的一个非常好的例子。

所有这些内容都将在构建新软件甚至维护现有软件时为你提供帮助，因为设计模式是针对软件开发中一些实际问题的已知解决方案。

在下一章中，将介绍领域驱动设计的方法，以及如何使用 SOLID 设计原则，帮助映射不同的领域到软件解决方案中。

11.5　练习题

1. 什么是设计模式？
2. 设计模式和设计原则有什么区别？
3. 什么情况下实现建造者模式比较合适？
4. 什么情况下实现工厂模式比较合适？
5. 什么情况下实现单例模式比较合适？
6. 什么情况下实现代理模式比较合适？
7. 什么情况下实现命令模式比较合适？
8. 什么情况下实现发布者-订阅者模式比较合适？
9. 什么情况下实现依赖注入模式比较合适？

第**12**章
不同领域的软件解决方案

本章专门介绍一种称为领域驱动设计(domain-driven design，DDD)的现代软件开发技术，该技术由 Eric Evans 首次提出。虽然 DDD 已经存在超过 15 年，但它在最近几年取得了巨大的成功，因为它能够应对两个重要问题。

第一个问题是对复杂系统进行建模。没有一个专家对软件的完整领域都有深入的了解，相反，这些知识分散在多个人的脑海里。正如我们将看到的，DDD 通过将整个 CI/CD 周期分成独立的部分，分配给不同的团队来解决这个问题。这样，每个团队都可以通过仅与该领域的专家互动来专注于特定的知识领域。

DDD 能够应对的第二个问题是有多个开发团队的大型项目。一个项目被分成几个团队的原因有很多，最常见的原因是团队的规模以及所有成员拥有不同的技能或分布在不同的地点。事实上，经验证明，超过 6～8 人的团队效率不高，而且很明显，拥有的技能不同和分布的地点不同会阻碍紧密互动的发生。团队拆分可以防止所有参与项目的人员发生紧密的互动。

进一步的，上述两个问题的重要性在过去几年中有所提高。软件系统总是在每个组织内部占用大量空间，并且它们变得越来越复杂和地理分散化。同时，对频繁更新的需求也增加了，这是为了使这些复杂的软件系统可以适应快速变化的市场的需求。

这些问题引发了更复杂的 CI/CD 循环的概念和复杂分布式架构的采用，它们可以利用可靠性、高吞吐量、快速更新，以及逐步发展遗留子系统的能力，即第 5 章分析过的微服务和基于容器的架构。

在这种情况下，实现复杂的软件系统时，需要更多的人来开发和维护相关的快速 CI/CD 周期是很常见的，进而产生了对处理高复杂度的领域和多个松耦合开发团队合作的技术的需求。

在本章中，我们将分析与 DDD 相关的基本原理、优势和常见模式，以及如何在解决方案中使用它们。

本章涵盖以下主题：
- 什么是软件领域。
- 领域驱动设计。
- 使用 SOLID 原则映射领域。
- 用例——WWTravelClub 的领域。

让我们开始吧。

12.1　技术性要求

学习本章内容需要安装所有数据库工具的 Visual Studio 2019 免费社区版或更高版本。

本章中的所有代码片段都可以在与本书相关的 GitHub 存储库中找到，也可以扫描封底二维码获得。

12.2　什么是软件领域

正如我们在第 2 章和第 3 章所讨论的，从领域专家到开发团队的知识转移在软件设计中发挥着重要作用。开发者尝试与专家交流并以领域专家和利益相关者可以理解的语言描述他们的解决方案。然而，通常，同一个词在组织的不同部分具有不同的含义，并且看似相同的概念实体在不同的上下文中完全不同。

例如，在 WWTravelClub 用例中，订单支付和套餐处理子系统为客户使用完全不同的模型。订单支付通过支付方式和货币、银行账户和信用卡来表征客户，而套餐处理更关注过去访问和购买的地点与套餐、用户的偏好，以及他们所处的地理位置。此外，虽然订单支付是涉及多种概念的语言，我们粗略地定义这门语言为银行语言，但套餐处理使用的是典型的旅行社/运营商语言。

处理这些差异的经典方法是使用一个称为客户的独特抽象实体，它投射到两个不同的视图：订单支付视图和套餐处理视图。每个投影操作从客户抽象实体中获取一些操作和一些属性并更改它们的名称。由于领域专家只提供投影视图，作为系统设计师，主要任务是创建一个可以解释所有视图的概念模型。图 12.1 显示了如何创建一个独特的模型。

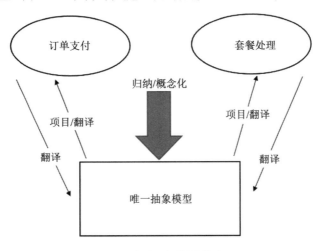

图 12.1　创建一个独特的模型

这种传统方法的主要优点是我们对领域的数据具有唯一且连贯的表示。如果这个概念模型构建成功，所有的操作都会有一个正式的定义和目的，并且整体抽象将是整个组织工作方式的合理化，可能突出和纠正错误，并简化一些程序。

这种方法的缺点是什么?

当软件只会用于整个组织的一小部分时,或者当软件自动化了足够小比例的数据流时,在小型的组织中快速地采用一个新的单一数据模型造成的影响是可接受的。然而,当软件成为一个复杂的地理分布式组织的支柱部分时,急剧的变化就会变得不可接受和不可行。结构复杂的公司需要从旧组织逐步过渡到新组织。进一步说,只有当旧数据模型可以与新数据模型共存,且允许组织的各组成部分以自己的速度变化(即组织的每个组成部分都可以独立于其他组成部分发展)时,逐步的过渡才是可能的。

此外,随着软件系统复杂性的增加,还会出现其他几个问题,如下。

- 连贯性问题:获得单一连贯的数据视图变得更加困难,因为当我们将这些任务分解为更小的、松耦合的任务时,我们无法保持复杂性。
- 更新困难:随着复杂性的增加,需要频繁进行系统更改,但是更新和维护一个单一的全局模型是相当困难的。此外,由系统的小部分更改引入的漏洞(bug)/错误(error)可能会通过唯一一共享模型传播到整个组织。
- 团队组织问题:系统建模必须在几个团队之间进行拆分,只能将松耦合的任务分配给不同的团队。如果两个任务是强耦合的,则需要将它们交给同一团队。
- 并行性问题:迁移到基于微服务的架构的需要使得单一数据库的瓶颈更加难以接受。
- 语言问题:随着系统的发展,需要与更多的领域专家交流,每个人都说不同的语言,并且每个人都对该数据模型有不同的看法。因此,需要将独特的模型的属性和操作转换为多种语言或从多种语言转换过来,以便能够与领域专家进行沟通。

随着系统的发展,处理具有成百上千个字段的记录变得更加低效。这种低效率源于数据库引擎无法有效地处理具有多个字段的大记录(内存碎片、相关索引过多的问题等)。但是,最主要的低效率环节发生在对象关系映射 (ORM) 和业务层中,它们被迫在更新操作中处理这些大记录。事实上,查询操作通常只需要从存储引擎中检索到几个字段,而更新和业务处理则涉及整个实体。

随着数据存储子系统中流量的增长,需要在所有数据操作中实现读取和更新/写入的并行性。正如我们在第 9 章所讨论的,虽然通过数据复制很容易实现读取并行性,但写入并行性需要分片,并且很难对唯一的单体且紧密连接的数据模型进行分片。

这些问题需要用成为整个组织支柱的更复杂的软件系统来描述,这也是 DDD 在过去几年取得成功的原因。DDD 的基本原理将在下一节详细讨论。

12.3 理解领域驱动设计

DDD 在于构建一个将所有视图保持为各自模型的独特领域模型。因此,整个应用程序领域被分成更小的领域,每个领域都有一个单独的模型。这些单独的领域称为有界上下文(Bounded Context)。每个领域都使用专家所说的语言来描述,并用于命名所有领域内的概念和操作。因此,每个领域都定义了专家和开发团队都使用的通用语言,称为通用语言(Ubiquitous Language)。不再需要翻译,如果开发团队使用接口作为其代码的基础,领域专家就能够理解和验证它们,因为所有操作和属性都以专家使用的相同语言表达。

在这里,我们摆脱了烦琐的单一抽象模型,但现在有几个分离的模型需要以某种方式关联起来。DDD 提议让有有界上下文处理所有这些分离的模型,如下。

- 每当语言术语的含义发生变化时，都需要添加有界上下文边界。例如，在 WWTravelClub 用例中，订单支付(order-payment)和套餐处理(packages-handling)属于不同的有界上下文，因为它们赋予客户一词不同的含义。
- 需要明确表示有界上下文之间的关系。不同的开发团队可能在不同的有界上下文上工作，但每个团队都必须清楚地了解它正在处理的有界上下文与所有其他模型之间的关系。出于这个原因，这种关系在与每个团队共享的唯一文档中表示。
- 需要通过持续集成使所有有界上下文保持一致。我们可以组织会议并构建简化的系统原型，以验证所有有界上下文是否一致地演变，即所有有界上下文都可以集成到我们想要的应用程序行为中。

图 12.2 反映了我们在上一节中讨论的 WWTravelClub 用例如何随着 DDD 的采用而变化。

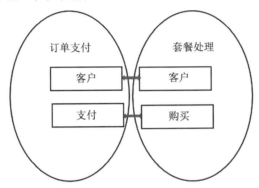

图 12.2　DDD 有界上下文之间的关系

两个有界上下文的客户实体之间互相关联，而套餐处理有界上下文的购买实体与订单支付有界上下文中的支付相关联。识别在各种有界上下文中相互映射的实体是正式定义表示上下文之间所有可能通信的接口的第一步。

例如，由图 12.2 可知，支付是在购买之后完成的，因此可以推断订单支付有界上下文必须具有为特定客户创建支付的操作。在此领域中，如果新客户尚不存在，则会创建新客户。购买后立即触发支付创建操作。由于购买商品后会触发更多操作，因此可以使用第 11 章介绍的发布者-订阅者模式来实现与购买事件相关的所有通信。这些在 DDD 中称为领域事件(Domain Event)。使用事件来实现有界上下文之间的通信非常普遍，因为它有助于保持有界上下文的松耦合。

当在有界上下文的接口中定义的事件或操作的实例跨越上下文边界后，它会立即翻译成接收端有界上下文的通用语言。重要的是，此翻译过程发生在输入数据开始与其他领域实体交互之前，以避免其他领域的通用语言被额外的上下文术语腐蚀。

每个有界上下文实现必须包含一个数据模型层，它完全采用该有界上下文的通用语言(类和接口名称，以及属性和方法名称)来表达，没有来自其他有界上下文的通用语言的腐蚀，也没有来自编程技术方面的术语的腐蚀。这对于确保与领域专家的良好沟通是必要的，以及对于确保将领域规则正确转换为代码以便领域专家可以轻松验证它们也是必要的。

当通信语言与目标通用语言严重不匹配时，将在接收有界上下文边界添加一个防腐化层。这个防腐化层的唯一目的是执行语言翻译。

包含所有有界上下文的表示，以及有界上下文的相互关系和接口定义的文档称为上下文映射

(Context Mapping)。上下文之间的关系包含组织约束，这些约束指定了在不同的有界上下文工作的团队之间所需的合作类型。这种关系不会限制有界上下文接口，但会影响它们在软件 CI/CD 周期中可能演变的方式，代表了团队合作的模式。最常见的模式如下。

- 合作伙伴：这是 Eric Evans 建议的原始模式。这个模式基于两个团队在交付方面相互依赖。换句话说，在软件 CI/CD 周期，两个团队将共同决定或更改(如果需要的话)有界上下文的相互通信规范。

- 客户/供应商开发团队：在这种情况下，一个团队充当客户，另一个团队充当供应商。两个团队都定义了有界上下文的客户端接口和一些自动化验收测试来验证它。之后，供应商可以独立工作。当客户的有界上下文是调用由其他有界上下文公开的接口方法的唯一活动部分时，此模式有效。这对于订单支付和套餐处理上下文之间的交互是足够的，其中订单支付充当供应商，因为它的功能从属于套餐处理的需求。当此模式可用时，它将两个有界上下文完全解耦。

- 跟随者：这类似于客户/供应商，但在这种情况下，客户方接受由供应商方强加的接口，没有谈判阶段。这种模式与其他模式相比没有任何优势，但有时我们被迫进入模式所描述的情况，因为供应商的有界上下文是在无法配置或无法做太多修改的预先存在的产品中实现的，或者因为它是我们不想修改的遗留子系统。

值得指出的是，有界上下文中的分离只有在最终的有界上下文松耦合时才有效；否则，通过将整个系统分解为子部分而获得的复杂性减少将被协调和通信过程的复杂性增加所淹没。

但是，如果有界上下文是用语言标准来定义的，即每当通用语言发生变化时就会添加有界上下文边界，则它实际上应该这样做。事实上，不同的语言可能是由于组织子部分之间松散交互而产生的，因为越来越多的子部分内部紧密交互而与其他子部分松散交互，而越来越多的子部分终止于定义和使用自己的内部语言，这种语言与其他子部分用的语言不同。

此外，所有人类组织都可以通过演变成松耦合的子部分来成长，原因与复杂的软件系统可以作为松耦合子模块的协作来实现的原因相同：这是人类能够实现的应对复杂性的唯一方法。由此，我们可以得出结论，复杂的组织/人工系统总是可以分解为松耦合的子部分。我们只需要了解怎样做到这点。

除了到目前为止我们提到的基本原则，DDD 还提供了一些基本原语以及一些实现模式来描述每个有界上下文。有界上下文原语是 DDD 的一个组成部分，而这些实现模式是可以在实现 DDD 中使用的启发式方法，因此选择采用 DDD 后，它们在有界上下文中的使用并不是强制性的。

在下一节中，我们将描述原语和模式。

12.4 实体和值对象

DDD 实体表示具有明确定义的标识的领域对象，以及在它们上定义的所有操作。它们与其他更经典方法的实体并没有太大区别。此外，DDD 实体是存储层设计的起点。

主要的区别在于，DDD 强调其面向对象的性质，而其他方法主要将它们用作记录，其属性可以在没有太多约束的情况下写入/更新。另外，DDD 对它们强加了强大的 SOLID 原则，以确保只有某些信息被封装在它们内部，并且只有某些信息可以从它们外部访问，规定允许对它们进行哪些操作，设置哪些业务级验证标准适用于它们。

换句话说，DDD 实体比基于记录的方法中的实体更加丰富。在其他方法中，操纵实体的操作被定义在实体外部的业务类或领域操作的类中。而在 DDD 中，这些操作作为实体类的方法移到实体定义中。这样做的原因是它们提供了更好的模块化并将相关的软件块保存在同一个地方，以便可以轻松地维护和测试它们。

出于同样的原因，业务验证规则被移到 DDD 实体的内部。DDD 实体验证规则是业务级规则，因此不得与数据库完整性规则或用户输入验证规则混淆。它们通过对被表示的对象必须遵守的约束进行编码，促成了实体表示领域对象的方式。在.NET (Core) 中，可以使用以下技术之一来进行业务验证：

- 在所有修改实体的类方法中调用验证方法。
- 将验证方法与所有属性的 setter 方法挂钩。
- 使用自定义验证属性修饰类或其属性，然后在每次修改实体时调用 System.ComponentModel.DataAnnotations.Validator 类的 TryValidateObject 静态方法。

验证错误一旦检测到，则必须以某种方式处理它。也就是说，必须中止当前操作，并且必须将错误报告给适当的错误处理程序。处理验证错误的最简单方法是抛出异常。这样，这两个目的都很容易实现，我们可以选择在哪里拦截和处理它们。遗憾的是，正如我们在第 2 章所讨论的那样，异常意味着很大的性能损失，因此，通常会考虑不同的选项。在正常的控制流中处理验证错误会破坏模块化，因为处理错误所需的代码会遍布导致错误的方法调用栈，并且在整个代码中会有永无止境的条件判断。因此，需要更复杂的选项。

异常的一个很好的替代方法是将错误通知给依赖注入引擎中定义的错误处理程序。作为作用域，在处理每个请求时返回相同的服务实例，以便控制整个调用堆栈执行的处理程序可以在控制流返回它时检查可能的错误并适当地处理它们。遗憾的是，这种复杂的技术不能立即中止操作的执行或将其返回给控制处理程序。这就是为什么在这种情况下建议使用异常，尽管它们存在性能问题。

 业务层的验证不必与输入验证混淆，这将在后续出现的第 15 章进行更多的讨论，因为这两种不同类型的验证既存在差异又互补。这里，业务层验证规则解码了领域规则，而输入验证将强制每次单独输入(字符串的长度，正确的 E-mail 格式和 URL 格式等)的格式内容以确保提供必要的输入内容，强制执行选择的人-机互动的约束，并且提供迅捷的反馈用以驱动用户和系统的交互。

由于 DDD 实体必须具有明确定义的标识，因此它们必须具有充当主键的属性。覆盖所有 DDD 实体的 Object.Equals()方法是很常见的，这样当两个对象具有相同的主键时，它们就被认为是相等的。这很容易通过让所有实体继承自抽象实体类来实现，代码如下：

```
public abstract class Entity<K>: IEntity<K>
    where K: IEquatable<K>
{

    public virtual K Id { get; protected set; }
    public bool IsTransient()
    {
        return Object.Equals(Id, default(K));
    }
    public override bool Equals(object obj)
```

```
    {
        return obj is Entity<K> entity &&
          Equals(entity);
    }
    public bool Equals(IEntity<K> other)
    {
        if (other == null ||
            other.IsTransient() || this.IsTransient())
            return false;

        return Object.Equals(Id, other.Id);
    }
    int? _requestedHashCode;
    public override int GetHashCode()
    {
        if (!IsTransient())
        {
            if (!_requestedHashCode.HasValue)
                _requestedHashCode = HashCode.Combine(Id);
            return _requestedHashCode.Value;
        }
        else
            return base.GetHashCode();
    }
    public static bool operator ==(Entity<K> left, Entity<K> right)
    {
        if (Object.Equals(left, null))
            return (Object.Equals(right, null));
        else
            return left.Equals(right);
    }
    public static bool operator !=(Entity<K> left, Entity<K> right)
    {
        return !(left == right);
    }
}
```

值得指出的是，在实体类中重新定义了 Object.Equals()方法后，还可以重写==和!=运算符。

每当实体最近被创建并且尚未记录在永久存储中时，IsTransient()方法都会返回 true，因此它的主键仍然是未定义的。

在.NET 中，这是一种很好的实践，无论什么时候重写一个类的 Object.Equals()方法，同时重写其 Object.GetHashCode()方法，所以类实体可以有效存储在类似于字典和 Sets 类型的数据结构中。这就是为什么实体类需要重写它。

这里还值得实现一个定义 Entity<K>的所有属性/方法的 IEntity<K>接口。当需要将数据类隐藏在接口后面时，这个接口很有用。

另外，值对象表示不能用数字或字符串编码的复杂类型。因此，它们没有身份，也没有主键。它们没有定义任何操作并且是不可变的，也就是说，一旦它们被创建，它们的所有字段都只可读取而不能修改。出于这个原因，它们通常使用属性 setter 带有 protected/private 关键字的类进行编码。当两个值对象的所有独立属性都相等时，它们被认为是相等的(某些属性不是独立的，因为它们只是显示由其他属性以不同方式编码的数据，就像 DateTime 的刻度及其日期和时间字段的表示)。

值类型可以简单地使用 C# 9 的记录(record)类型来实现，因为所有记录类型都会自动重写 Equals()方法，以便它执行逐个属性的比较。此外，记录类型的行为类似于结构(structs)，因为每次分配时都会创建一个新实例。不过，记录类型也是不可变的。也就是说，一旦初始化，改变它们的值的唯一方法就是创建一个新实例。修改记录的示例如下：

```
var modifiedAddress = myAddress with {Street = "new street"}
```

定义记录的示例如下：

```
public record Address
{
  public string Country {get; init;}
  public string Town {get; init;}
  public string Street {get; init;}
}
```

init 关键字可使记录类型的属性不可变，因为这意味着属性只能被初始化。

典型的值对象包括以数字和货币符号表示的成本，以经度和纬度表示的位置、地址和联系信息。当存储引擎的接口是 Entity Framework 时，我们在第 8 章和第 9 章分析过，值对象通过 OwnsMany 和 OwnsOne 关系与使用它们的实体相连接。事实上，这种关系也接受没有定义主键的类。

当存储引擎是 NoSQL 数据库时，值对象存储在使用它们的实体的记录中。另外，在关系数据库中，它们可以使用分离的表来实现，其主键由 Entity Framework 自动处理并且对开发者隐藏(没有属性被声明为主键)，或者在这种情况下在 OwnsOne 中，它们被展平并添加到与使用它们的实体关联的表中。

12.5　使用 SOLID 原则映射领域

本节将描述 DDD 中常用的一些模式，其中一些可以在所有项目中采用，而另一些只能用于某些有界上下文。总体思路是业务层分为两层：应用层和领域层。

这里，领域层是基于通用语言的数据层的抽象。它是定义 DDD 实体和值对象，以及检索和保存它们的操作抽象的地方。这些操作是在底层数据层(在我们的例子中是 Entity Framework)中实现的接口中定义的。

相反，应用层定义了使用领域层接口的操作，以获取 DDD 实体和值对象，并操纵它们以实现应用程序业务逻辑。

通常只使用在数据层中实现的接口来实现领域层。因此，数据层必须有对领域层的引用，因为它必须实现其接口，而应用层是每个领域层接口通过应用层依赖注入引擎的记录与其实现连接的地方。更具体而言，应用程序引用的只是数据层对象的接口实现，而接口的实现仅仅在依赖注入引擎被引用。

每个应用层操作都需要依赖引擎提供它需要的接口，使用它们来获取 DDD 实体和值对象，操作它们，并可能通过相同的接口保存它们。图 12.3 显示了本节讨论的层之间的关系。

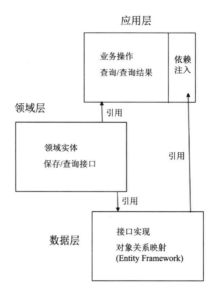

图12.3　层之间的关系

因此，领域层包含领域对象的表示、领域对象上使用的方法、验证约束，以及领域对象与各种实体的关系。为了增加模块化和解耦，实体之间的通信通常使用事件来编码，即使用发布者-订阅者模式。这意味着实体更新可以触发与业务操作挂钩的事件，这些事件会作用于其他实体。

这种分层架构允许在不影响领域层的情况下更改整个数据层，这仅取决于领域规范和语言，而不取决于处理数据的技术细节。

应用层包含所有可能的操作的定义可能会影响应用程序所需的多个实体和所有查询的定义。业务操作和查询都使用领域层中定义的接口与数据层进行交互。

然而，当业务操作使用这些接口操作和交换实体时，查询会发送查询规范并接收通用数据传输对象(Data Transfer Object，DTO)。实际上，查询的目的只是向用户展示数据，而不是对数据采取操作。因此，查询操作不需要具有所有方法、属性和验证规则的整个实体，而只需要属性元组。

业务操作由其他层(通常是表示层)调用或由通信操作调用。业务操作也可能与某些实体被其他操作修改时触发的事件挂钩。

综上所述，应用层对领域层定义的接口进行操作，而不是直接与它们的数据层实现进行交互，这意味着应用层与数据层是解耦的。更具体而言，数据层对象仅在依赖注入引擎定义中提及。所有其他应用层组件都引用了在领域层中定义的接口，然后依赖注入引擎注入适当的实现。

应用层通过以下一种或多种模式与其他应用程序组件进行通信。

- 在通信终节点上公开业务操作和查询，例如 HTTP Web API(请参阅第 14 章)。在这种情况下，表示层可以连接到该终节点或其他终节点，这些终节点依次从该终节点和其他终节点中获取信息。从多个终节点收集信息并在唯一终节点中公开它们的应用程序组件称为网关(gateway)。它们可以是定制的或通用的，例如 Ocelot。

- 被直接实现表示层的应用程序(如 ASP.NET Core MVC Web 应用程序)作为程序库引用。
- 不会通过终节点公开所有信息，而是将其处理/创建的一些数据传递给其他应用程序组件，而这些应用程序组件又会公开终节点。这种通信通常使用发布者-订阅者模式来实现，以增加模块化。

学习这些模式之前，需要了解聚合的概念。

12.6　聚合

到目前为止，我们已经讨论了实体作为由基于 DDD 的业务层处理的单元。但是，可以操纵多个实体并将其制成单个实体，这方面的一个例子是采购订单及其所有项目。事实上，独立于它所属的订单处理单个订单项目是没有意义的。发生这种情况是因为订单项目实际上是订单的子部分，而不是独立实体。

没有任何一个交易可以只影响单个订单项而不影响该项所属的总订单。想象同一家公司的两个不同的人试图增加水泥的总量，但一个人增加了类型 1 水泥的数量(第 1 项)，而另一个人增加了类型 2 水泥的数量(第 2 项)。如果每个项目都作为一个独立的实体进行处理，那么两个数量都会增加，这可能会导致采购订单不一致，因为水泥的总量会增加两倍。

另外，如果两个人在每笔交易中都加载并保存了整个订单及其所有订单项，则两者中的一个将覆盖另一个人的更改，因此谁最终做出更改则将设置他们的订单总量。在 Web 应用程序中，不可能在用户查看和修改采购订单的整个过程中都锁定它，因此使用了乐观并发策略。如果数据层基于 Entity Framework Core，可以使用 EF 并发检查属性。如果用[ConcurrencyCheck]注解属性来修饰一个属性，当 EF 保存更改时，只要用[ConcurrencyCheck]修饰的属性在数据库中的值与读取实体时检索到的值不同，事务就会中止，一个并发异常就会生成。

例如，在每个采购订单添加一个修饰了[ConcurrencyCheck]的版本号，并执行以下操作就足够了：

(1) 不开启任何交易读取订单，并更新。

(2) 在保存更新的采购订单之前，增加计数器。

(3) 当保存所有更改时，如果其他人在保存更改之前增加了此计数器，则会生成并发异常并中止操作。

(4) 从步骤(1)开始重复，直到没有出现并发异常。

也可以使用自动生成的时间戳代替计数器。然而，正如我们将很快看到的，需要计数器来实现命令查询职责分离 (CQRS) 模式。

采购订单及其所有子部分(其订单项)称为聚合(aggregate)，而订单实体称为聚合根。因为聚合是由子部分关系连接的实体的层次结构，所以它总是有根。

由于每个聚合代表一个单一的复杂实体，因此对它的所有操作都必须通过唯一的接口公开。因此，聚合根通常代表整个聚合，所有对聚合的操作都定义为根实体的方法。

使用聚合模式时，业务层和数据层之间传递的信息单元称为聚合、查询和查询结果。因此，聚合取代了单个实体。

我们来看看第 8 章和第 9 章中所看到的 WWTravelClub 地点和套餐实体。套餐是其相关地点的唯一聚合根的一部分吗？不！事实上，地点很少更新，对套餐所做的更改不会影响其他地点或与同一地点关联的其他套餐。

12.7　存储库和工作单元模式

存储库(repository)模式是一种以实体为中心的领域层接口定义方法：每个聚合都有自己的存储库接口，该接口定义了如何检索和保存它，并定义了涉及聚合中实体的所有查询。每个存储库接口的数据层实现称为存储库。

使用存储库模式，每个操作都有一个易于查找的位置，必须在该位置进行定义：操作所在的聚合接口，或者在查询的情况下，包含查询根实体的聚合。

通常，跨越多个聚合并因此使用多个不同存储库接口的应用层操作必须在唯一的事务中执行。工作单元(Unit of Work)模式是一种解决方案，它保持领域层与底层数据层的独立性。它指出每个存储库接口还必须包含对表示当前事务身份的工作单元接口的引用。这意味着具有相同工作单元引用的多个存储库属于同一事务。

存储库和工作单元模式都可以通过定义一些接口来实现：

```
public interface IUnitOfWork
{
    Task<bool> SaveEntitiesAsync();
    Task StartAsync();
    Task CommitAsync();
    Task RollbackAsync();
}

public interface IRepository<T>: IRepository
{
    IUnitOfWork UnitOfWork { get; }
}
```

所有存储库接口都继承自 IRepository<T>并将 T 绑定到与其关联的聚合根，而工作单元则只需要实现 IUnitOfWork 接口。使用 Entity Framework 时，IUnitOfWork 通常是用 DBContext 实现的，也就是说 SaveEntitiesAsync()可以执行其他操作，然后调用 DBContext 的 SaveChangeAsync()方法，这样就可以在单个事务中保存所有未决的更改。如果需要从存储引擎检索某些数据时启动的更广泛的事务，则必须由应用程序层处理程序启动和提交/中止它，该处理程序在 IUnitOfWork 的 StartAsync、CommitAsync 和 RollbackAsync 等方法的帮助下处理整个操作。IRepository<T>继承自一个空的 IRepository 接口以帮助自动发现存储库。与本书相关的 GitHub 存储库包含一个 RepositoryExtensions 类，其 IServiceCollection 扩展方法 AddAllRepositories()会自动发现程序集中包含的所有存储库实现，并将它们添加到依赖注入引擎中。

基于存储库和工作单元模式的应用层/领域层/数据层架构图，如图 12.4 所示。

避免直接引用存储库实现的主要优点是，如果模拟这些接口，则可以轻松测试各种模块。领域层中提到的领域事件是实现 12.3 节中提到的不同有界上下文之间的通信。

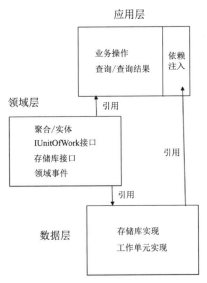

图 12.4　层的职责及其相互引用

12.8　DDD 实体和 Entity Framework Core

DDD 要求实体的定义方式与第 8 章定义实体的方式不同。实际上，Entity Framework 实体是几乎没有方法的 public 属性的类记录列表，而 DDD 实体应该具有编码领域逻辑的方法、更复杂的验证逻辑和只读属性。虽然可以在不破坏 Entity Framework 操作的情况下添加进一步的验证逻辑和方法，但添加不能映射到数据库属性的只读属性可能会产生必须充分处理的问题。防止属性映射到数据库非常简单，需要做的就是用[NotMapped]注解属性修饰它们。

只读属性的问题稍微复杂一些，可以通过三种基本方式解决。

- 将 EF 实体映射到不同的类。将 DDD 实体定义为不同的类，并在实体返回/传递到存储库方法时将数据复制给它们或从它们复制数据。这是最简单的解决方案，但它需要编写一些代码，以便可以在两种格式之间转换实体。DDD 实体在领域层中定义，而 EF 实体继续在数据层中定义。这是更简洁的解决方案，但它会在代码编写和维护方面产生不小的开销。当存在具有多种复杂方法的复杂聚合时，建议使用它。

- 将表字段映射到私有属性。让 Entity Framework Core 将字段映射到私有类字段，以便可以决定如何通过编写自定义 getter 和 setter 将它们公开给属性。为这些私有字段提供_<属性名>名称或_<驼峰式属性名>名称就足够了，Entity Framework 将使用它们而不是它们的关联属性。在这种情况下，领域层中定义的 DDD 实体也用作数据层实体。这种方法的主要缺点是不能使用数据注解来配置每个属性，因为 DDD 实体不能依赖底层数据层的实现方式。因此，我们必须在 DbContext.OnModelCreating()方法中配置所有数据库映射。这是更简单的解决方案，但它生成的代码不可读且难以维护，因此不建议采用它。

- 将 DDD 定义为接口。将每个 Entity Framework 类及其所有 public 属性隐藏在一个接口后面，在需要时，该接口仅公开属性 getter。接口在领域层中定义，而实体继续在数据层中定义。在这种情况下，存储库必须公开一个返回接口实现的 Create 方法；否则，更高的层将无法创建可添加到存储引擎的新实例，因为无法使用 new 来创建接口。当有多个简单实体时，这是我更喜欢的解决方案。

例如，假设想为第 8 章定义的 Destination 类定义一个名为 IDestination 的 DDD 接口，并假设想公开 Id，Name 和 Country 属性为只读，因为目的地(Destination)一旦创建将无法再修改。在这里，让 Destination 实现 Idestination，并在 Idestination 中将 Id、Name 和 Country 定义为只读就足够了：

```
public interface IDestination
{
    int Id { get; }
    string Name { get; }
    string Country { get; }
    string Description { get; set; }
    ...
}
```

现在我们已经讨论了 DDD 的基本模式以及如何使 Entity Framework 适应 DDD 的需求，下面讨论更高级的 DDD 模式。

12.9   命令查询职责分离模式

在命令查询职责分离 (Command Query Responsibility Segregation，CQRS) 模式的一般形式中，使用不同的结构来存储和查询数据。这里，存储和更新数据的要求与查询的要求不同。在 DDD 的情况下，存储单元是聚合，因此添加、删除和更新涉及聚合，而查询通常或多或少涉及一些复杂属性转换，这些属性是从多个聚合中获取的。

而且，通常情况下，我们不会对查询结果进行业务操作，只是使用它们来计算其他数据(平均值、总和等)。虽然更新需要具有完全面向对象语义的实体(方法、验证规则，封装的信息等)，但是查询结果只需要一组属性-值对，因此只有 public 属性而没有方法的数据传输对象(DTO)可以很好地工作。

在 CQRS 模式的一般形式中，该模式可以描述如图 12.5 所示。

这种模式带来的是，查询结果的提取不需要通过实体和聚合的构造，但查询中显示的字段需要从存储引擎中提取并投影到临时 DTO 中。如果查询是使用 LINQ 实现的，需要使用 Select 子句将必要的属性投影到 DTO 中：

```
ctx.MyTable.Where(...)....Select(new MyDto{...}).ToList();
```

然而，在更复杂的情况下，CQRS 可能需要以强化的形式实现。也就是说，我们可以使用不同的有界上下文来存储预处理的查询结果。当查询涉及存储在由不同分布式微服务处理的不同有界上下文中的数据时，这种方法很常见。

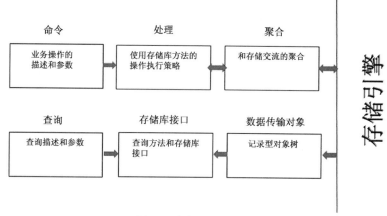

图 12.5　命令和查询处理

事实上，还有一种选择是聚合器微服务，它查询所有必要的微服务以组合每个查询结果。但是，递归调用其他微服务来构建答案可能会导致不可接受的响应时间。此外，排除一些预处理可确保更好地使用可用资源。该模式实现过程如下。

(1) 查询处理委托给专门的微服务。

(2) 每个查询处理微服务为它必须处理的每个查询使用一个数据库表。在那里，它存储要由查询返回的所有字段。这意味着查询不是在每次请求时计算的，而是预先计算并存储在特定的数据库表中。显然，带有子集合的查询需要额外的表，每个子集合一个。

(3) 处理更新的所有微服务将所有更改转发给对其关注的查询处理微服务。更改记录是版本化的，因此接收更改的查询处理微服务可以以正确的顺序将它们应用到它们的查询处理表中。事实上，由于通信是异步的，可以提高性能，因此不能确保按照发送的顺序接收更改。

(4) 每个查询处理微服务收到的更改在等待应用更改时被缓存。每当更改的版本号紧跟上次应用的更改时，它就会应用于正确的查询处理表。

使用这种更强大的 CQRS 模式能将通常的本地数据库事务转换为复杂、耗时的分布式事务，因为单个查询预处理器微服务中的故障会使整个事务无效。

正如第 5 章所解释的那样，由于性能原因，实现分布式事务通常是不可接受的，有时根本不支持这样做，因此常见的解决方案是放弃全局强一致性的数据库的想法，而接受每次更新后整体数据库保持最终一致性。暂时性故障可以通过第 5 章讲解过的重试策略来解决，而永久性故障则通过对已提交的本地事务执行纠正操作来处理，而不是假装实现一个全局的分布式事务。

正如第 5 章所讨论的，微服务之间的通信通常使用发布者-订阅者模式来实现，以提高微服务间的分离。

此时，你可能会提出以下问题："既然有了所有预处理的查询结果,为什么还要保留原始数据？我们永远不会用它来回答查询！"

这个问题的答案如下：

● 它们是我们可能需要从失败中恢复过来的事实来源。

● 当添加新查询时，需要它们来计算新的预处理结果。

- 需要它们处理新的更新。事实上，处理更新通常需要从数据库中检索一些数据，可能会显示给用户，然后进行修改。例如，要修改现有采购订单中的项目，需要整个订单，以便可以将其显示给用户并计算更改，并转发给其他微服务。而且，每当修改或添加数据到存储引擎时，必须验证整个数据库的一致性(唯一键约束、外键约束等)。

在下一节中，我们将描述一种通用模式，该模式用于处理跨越多个聚合和多个有界上下文的操作。

12.10 命令处理程序和领域事件

通常，为了保持聚合间的分离，与其他聚合或其他有界上下文的交互是通过事件完成的。一个好的做法是在每个聚合处理期间创建所有事件时存储它们，而不是立即执行它们，以防止事件的执行干扰正在进行的聚合处理。这一点可以简单地通过将以下代码添加到 12.4 节定义的抽象实体类中来实现，如下所示:

```
public List<IEventNotification> DomainEvents { get; private set; }
public void AddDomainEvent(IEventNotification evt)
{
    DomainEvents ??= new List<IEventNotification>();
    DomainEvents.Add(evt);
}
public void RemoveDomainEvent(IEventNotification evt)
{
    DomainEvents?.Remove(evt);
}
```

在这里，IEventNotification 是一个空接口，用于将类标记为事件。

事件处理通常在更改存储到存储引擎之前立即执行。因此，一个好的执行事件处理的时机是紧接在命令处理程序调用每个 IUnitOfWork 实现 SaveEntitiesAsync()方法之前(请参阅 12.7 节)。同样，如果事件处理程序可以创建其他事件，则必须在处理完所有聚合后处理它们。

对事件 T 的订阅，可以提供 IEventHandler<T>接口的实现:

```
public interface IEventHandler<T>: IEventHandler
    where T: IEventNotification
{

    Task HandleAsync(T ev);
}
```

类似地，业务操作可以用命令对象来描述，该对象包含操作的所有输入数据，而实现实际操作的代码可以通过实现一个 ICommandHandler<T>接口来提供:

```
public interface ICommandHandler<T>: ICommandHandler
    where T: ICommand
{
    Task HandleAsync(T command);
}
```

在这里，ICommand 是一个空接口，用于将类标记为命令。ICommandHandler<T>和 IEventHandler<T>是我们在第 11 章所描述的命令模式的示例。

每个 ICommandHandler<T>都可以在依赖注入引擎中注册,以便需要执行命令 T 的类可以在它们的构造函数中使用 ICommandHandler<T>。这样,我们从命令的执行方式中解耦了命令 (command 类)的抽象定义。

相同的结构不能应用于事件、T 及其 IEventHandler<T>,因为当触发事件时,需要检索 IEventHandler<T>的多个实例,而不仅仅是一个。之所以需要这样做,是因为每个事件可能有多个订阅。不过,几行代码就可以轻松解决这个难题。首先,需要定义一个类来承载给定事件类型的所有处理程序:

```
public class EventTrigger<T>
    where T: IEventNotification
  {
    private IEnumerable<IEventHandler<T>> handlers;
    public EventTrigger(IEnumerable<IEventHandler<T>> handlers)
    {
        this.handlers = handlers;
    }
    public async Task Trigger(T ev)
    {
        foreach (var handler in handlers)
            await handler.HandleAsync(ev);
    }
  }
```

这个想法是,每个需要触发事件 T 的类都需要 EventTrigger<T>,然后将要触发的事件传递给其 Trigger 方法,该方法反过来调用所有处理程序。

最后,需要在依赖注入引擎中注册 EventTrigger<T>。一个好的办法是定义依赖注入扩展以供我们调用声明每个事件,如下所示:

```
service.AddEventHandler<MyEventType, MyHandlerType>()
```

此 AddEventHandler 扩展必须自动为 EventTrigger<T>生成依赖注入定义,并且必须处理使用 AddEventHandler 为每种类型 T 声明的所有处理程序。

下方的扩展类为我们执行此操作:

```
public static class EventDIExtensions
{
    public static IServiceCollection AddEventHandler<T, H>
        (this IServiceCollection services)
        where T : IEventNotification
        where H: class, IEventHandler<T>
    {
        services.AddScoped<H>();
        services.TryAddScoped(typeof(EventTrigger<>));
        return services;
    }
    ...
    ...
}
```

传递给 AddEventHandler 的 H 类型被记录在依赖注入引擎中,第一次调用 AddEventHandler 时,EventTrigger<T>也被添加到依赖注入引擎中。然后,当依赖注入引擎需要 EventTrigger<T>

实例时，将所有 IEventHandler<T> 类型添加到依赖注入引擎被创建、收集并传递给 EventTrigger(IEnumerable<IEventHandler<T>handlers) 构造函数。当程序启动时，所有 ICommandHandler<T>和 IEventHandler<T>实现都可以通过反射检索并自动注册。为了帮助自动发现，它们继承自 ICommandHandler 和 IEventHandler，它们都是空接口。本书的 GitHub 存储库中提供的 EventDIExtensions 类包含用于命令处理程序和事件处理程序的自动发现与注册。GitHub 存储库还包含一个 IEventMediator 接口及其 EventMediator 实现，其 TriggerEvents(IEnumerable< IEventNotification> events)方法检索与它从依赖注入引擎的参数中接收到的事件相关联的所有处理程序，并执行它们。它能够将 IEventMediator 注入一个类中，以便触发事件。EventDIExtensions 还包含一个扩展方法，该方法发现所有实现空 IQuery 接口的查询并将它们添加到依赖注入引擎。

MediatR NuGet 程序包提供了更复杂的实现。下一节致力于 CQRS 模式的极致实现。

12.11 事件溯源

事件溯源是更强大的 CQRS 模式的极致实现。当原始有界上下文数据库根本不用于检索信息而仅用作事实来源，即从故障中恢复和软件维护时，它非常有用。在这种情况下，我们不更新数据，而是简单地添加描述所执行操作的事件：已删除记录 ID 15，已更改 ID 21 中的名字为 John，等等。这些事件会立即发送到所有相关的有界上下文，并且在失败或添加新查询的情况下，我们所要做的就是重新处理其中的一些。如果事件是幂等的，即如果多次处理同一个事件具有处理一次的相同效果，则事件再处理不会导致问题。

正如第 5 章所讨论的，幂等性是通过事件进行通信的微服务的标准要求。

到目前为止，我们所描述的所有技术都只要进行微小的修改便可以在任何类型的项目中使用，而事件溯源则需要在被采用之前进行深入的分析，因为在某些情况下，它导致的问题比它能解决的问题要大得多。要了解它在被滥用时可能导致的问题，假设我们将其应用于在获得批准之前已由多个用户修改和验证的采购订单。由于在更新/验证采购订单之前需要对其进行检索，因此采购订单的有界上下文不能仅用作事实来源，不应对其应用事件溯源。如果不是这种情况，则我们可以对其应用事件溯源，在这种情况下，我们的代码将被迫在每次订单更新时从记录的事件中重建整个订单。

它的一个使用示例是我们在第 5 章末尾描述的收入记录系统。单笔收入通过事件溯源记录下来，然后发送到第 5 章所描述的微服务中，而后者又使用它们来预处理未来的查询，即计算每日收入。

在下一节中，将学习如何应用 DDD 来定义本书 WWTravelClub 用例的有界上下文。在第 15 章可以找到有关如何实现使用本书中描述的大多数模式和代码的有界上下文的完整示例。

12.12 用例——WWTravelClub 的领域

根据 1.6 节中列出的需求，以及第 9 章中的分析，我们可以知道 WWTravelClub 系统由以下几部分组成。

- 有关可用目的地和套餐的信息。我们在第 9 章实现了该子系统数据层的第一个原型。
- 预订/采购订单子系统。

- 与专家/评审子系统的沟通。
- 支付子系统。12.3 节的开头简要分析了该子系统的特点及其与预订采购子系统的关系。
- 用户账户子系统。
- 统计报告子系统。

上述子系统是否代表不同的有界上下文？可以将某些子系统拆分为不同的有界上下文吗？这些问题的答案由每个子系统中使用的语言给出。

- 子系统 1 使用的语言是旅行社的语言。没有客户的概念，只有地点、套餐和它们的功能。
- 子系统 2 使用的语言对所有服务采购都是通用的，例如可用资源、预订和采购订单。这是一个单独的有界上下文。
- 子系统 3 使用的语言与子系统 1 使用的语言有很多共同之处。但是，也有一些典型的社交媒体概念，如评分、聊天、帖子分享、媒体分享等。该子系统可以分为两部分：具有新的有界上下文的社交媒体子系统和作为子系统 1 的有界上下文的一部分的信息子系统。
- 子系统 4 使用银行语言，正如 12.3 节所指出的那样。该系统与预订采购子系统通信并执行购买所需的任务。根据观察可以看出它是一个不同的有界上下文，并且与采购/预订系统具有客户/供应商关系。
- 子系统 5 绝对是一个(几乎在所有 Web 应用程序中的)独立有界上下文。它与所有具有用户概念或客户概念的有界上下文都有关系，因为概念的用户账户总是映射到这些概念。但是怎么做？很简单——假设当前登录的用户是社交媒体有界上下文的社交媒体用户、预订/采购有界上下文的客户、支付有界上下文的付款人。
- 子系统 6 是一个仅供查询的子系统，使用分析和统计语言，与其他子系统中使用的语言有很大不同。但是，它与几乎所有有界上下文都有联系，因为它从有界上下文那里获取所有输入。前面的约束迫使我们采用强化形式的 CQRS，从而将其视为仅查询分离的有界上下文。我们在第 5 章通过使用符合 CQRS 强化形式的微服务实现了其中的一部分。

总之，列出的每个子系统都定义了不同的有界上下文，但与专家/评论子系统的部分通信必须包含在有关可用目的地和套餐有界上下文的信息中。

随着分析的继续和原型的实现，一些有界上下文可能会分裂，而其他一些有界上下文可能会被添加，但是立即开始对系统进行建模并立即开始使用我们所拥有的部分信息分析有界上下文之间的关系是至关重要的。这将推动进一步的调查，并将帮助我们定义所需的通信协议和通用语言，以便我们可以与领域专家进行交互。

WWTravelClub 领域映射的第一个基本草图如图 12.6 所示。

为简单起见，我们省略了统计报告有界上下文。在这里，我们假设用户账户和社交有界上下文和与其通信的所有其他有界上下文具有跟随关系，因为它们是使用现有软件实现的，因此所有其他组件都必须适应它们。

正如我们之前提到的，订单和支付之间的关系是客户与供应商的关系，因为支付提供用于执行订单任务的服务。所有其他关系都归类为合作伙伴。

大多数有界上下文具有的各种客户/用户概念由用户账户授权令牌协调，该令牌间接负责在所有有界上下文之间映射这些概念。

套餐/地点子系统不仅传达执行预订/采购所需的套餐信息，还负责通知待处理的采购订单可能的价格变化。最后，我们可以看到社交互动是从现有评论或地点开始的，从而创建与套餐/地点有界上下文的通信。

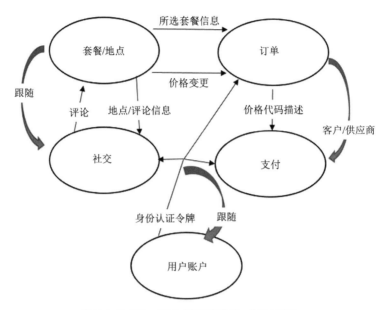

图 12.6　WWTravelClub 领域映射的第一个基本草图

12.13　本章小结

在本章中，我们分析了采用 DDD 的主要原因，它为什么能够满足市场需求，以及如何满足市场需求；描述了如何识别领域，以及如何使用领域映射来协调在同一应用程序的不同领域上工作的团队；还分析了 DDD 用实体、值对象和聚合表示数据的方式，提供建议和代码片段，以便在实践中实现它们。

我们还介绍了一些与 DDD 一起使用的典型模式，即存储库和工作单元模式、领域事件模式、CQRS 和事件溯源，学习了如何在实践中实施它们，还展示了如何通过解耦处理实现领域事件和命令模式，以便将代码片段添加到实际项目中。

最后，在实践中使用 DDD 的原则来定义领域并为本书的 WWTravelClub 用例创建领域映射的第一个草图。

下一章将介绍如何在项目中最大限度地重用代码。

12.14　练习题

1. 能够为发现领域边界提供主要提示的是什么？
2. 用于协调独立有界上下文开发的主要工具是什么？
3. 构成聚合的每个条目是否都使用自己的方法与系统的其余部分进行通信？
4. 为什么只有一个聚合根？
5. 多少个存储库可以管理一个聚合？
6. 存储库如何与应用层交互？

7. 为什么需要工作单元模式？

8. 使用 CQRS 模式的一般形式的原因是什么？使用其极致形式的原因是什么？

9. 允许将命令/领域事件与其处理程序耦合的主要工具是什么？

10. 事件溯源真的可以用来实现任何有界上下文吗？

第13章
在 C# 9 中实现代码复用

代码复用是软件架构中最重要的主题之一。本章旨在讨论实现代码复用的方法，并帮助你了解.NET 5 在代码复用方面的发展，以及如何解决可复用程序库的管理和维护问题。

本章涵盖以下主题：
- 代码复用的原则。
- 使用.NET 5 与.NET Standard 的优势。
- 使用.NET Standard 创建可复用程序库。

尽管代码复用是一种优秀的实践，但作为一名软件架构师，必须知道它何时对于正在处理的场景是重要的。许多优秀的软件架构师都知道，对于一次性使用的或者是理解不够透彻的内容，试图使代码可复用可能会导致过度设计。

13.1 技术性要求

为完成本章内容，需要使用安装了所有数据库工具的 Visual Studio 2019 社区版(免费)或更高版本。可以扫本书封底二维码获得本章的示例代码。

13.2 代码复用的原则

我们始终可以使用一个理由来说明代码复用的合理性：如果一个方案在其他场景中已经运行良好，那么就不应该花费宝贵的时间来重新设计方案。这就是工程领域的大多数项目开发都基于可复用原则的原因。

你能想象使用相同的接口组件可以制作多少应用程序吗？代码复用的基本原理是相同的，即规划一个好的解决方案，使其部分内容可以在之后复用。

在软件工程中，代码复用能够给软件项目带来许多优势，例如：
- 考虑到复用的代码段已经在另一个应用程序中测试过，我们对软件会更有信心。
- 可以让软件架构师和高级团队专注解决此类问题，更好地发挥他们的作用。
- 获得为项目引入一种已经被市场接受的模式的可能性。
- 由于使用已经实现了的组件，开发速度得以提高。
- 维护更加容易。

以上几点说明，应尽量在有可能的情况下进行代码复用。作为一名软件架构师，有责任确保上述优势得到利用，更重要的是，要激励团队在正在创建的软件中实现代码复用。

13.2.1　什么不是代码复用

代码复用并不意味着将代码从一个类复制并粘贴到另一个类，即使此代码已经被验证可以正常运行，这也不表示正在正确使用可复用性原则。我们可以想象一个场景，即在本书的用例中即将出现的 WWTravelClub 的评价场景。

在这个项目场景中，你可能想要评价不同类型的主题，例如套餐(Package)、目的地专家(DestinationExpert)、城市(City)、评语(Comments)等。无论选择哪个主题，获得评价平均值的过程都是相同的。由此你可能会想到通过每次复制和粘贴评价的代码来实现复用。这样做的结果(或许相对不那么好)如图 13.1 所示。

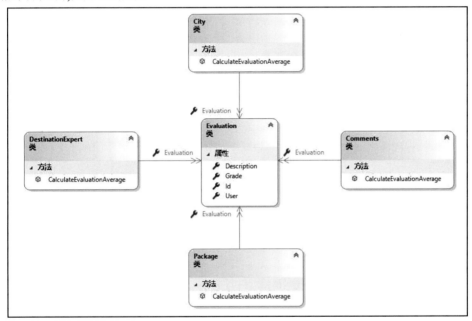

图 13.1　糟糕的实现——这里没有代码复用

在图 13.1 中，计算评价平均值的过程是分散的，也就是说相同的代码会在不同的类中重复。这会带来很多麻烦，尤其是当相同的方法还要在其他应用程序中使用时。例如，如果计算平均值的规则更新了，或者如果在计算公式中发现了一个错误，则不得不在每一处实例代码中都去修复它。如果没有在所有地方都更新它，最终的实现可能会存在不一致的情况。

13.2.2　什么是代码复用

针对上一节提到的问题，解决方案非常简单：分析代码并从中挑选出适合与应用程序解耦的部分。

决定是否应该解耦它们的最主要因素是，在多大程度上确认这些代码需要在应用程序的其他部分复用，甚至在另一个应用程序中复用。示例如图 13.2 所示。

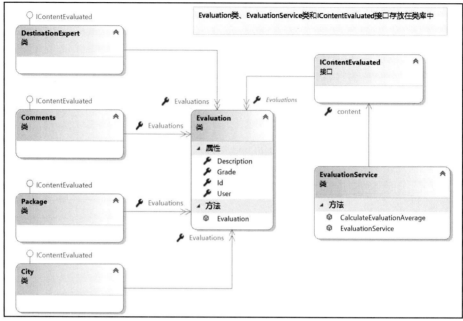

图 13.2 专注于代码复用的一种实现

将代码集中化将使软件架构师担负不同于之前的责任。必须记住，这部分代码中的错误或不兼容性可能会损坏应用程序的许多部分，或者损坏其他的应用程序。另外，一旦成功测试和运行过这段代码，就可以比较放心地传播给他人使用。此外，如果平均值的计算规则需要变更，则必须在单个类中更改代码。

值得一提的是，需要使用相同代码的地方越多，代码复用的平均开发成本就越低。这里提到了成本的问题，一般来说，强调可复用性的软件在开始时成本会更高。

13.3　开发生命周期中的可复用性

如果能理解可复用性能够带来另一种层次的代码实现，就应该持续考虑如何在开发生命周期中运用这种技术。

事实上，创建和维护一个组件库并不容易，这是由于软件架构师将要承担较大的责任以及缺乏好的工具来支持对现有组件的搜索。

另外，每次启动新的开发工作时，可以考虑在软件开发过程中实施一些事情，例如：

- 使用已经在用户程序库中实现的组件，选择它们中一些在软件需求规格说明书中所需的功能。
- 识别软件需求规格说明书中可以设计为程序库组件的候选功能。
- 修改需求规格说明书，考虑使用可复用组件来开发这些功能。
- 设计可复用组件，确保它们具有可在许多项目中使用的合适接口。
- 构建项目架构，其中用到了可复用组件新创建的程序库版本。
- 文档化组件的程序库版本，以便每个开发者和团队都知道它。

这个"使用-识别-修改-设计-构建"的过程是一种技巧,每次需要复用软件时可以考虑实施它。确定了需要为程序库编写哪些组件之后,需要决定具体用什么技术来提供这些组件。

在软件开发的发展过程中,有很多方法可以做到这一点,我们已经在第 5 章对其中一些方法进行了讨论。

13.4　使用.NET 5 或.NET Standard 进行代码复用

自第一个版本问世以来,.NET 有很多的演变。这种演变不仅涉及命令数量和性能问题,还与所运行的平台有关。正如我们在第 1 章所讨论的,可以在数以亿计的设备上运行 C# .NET,即使它们运行在 Linux、Android、macOS 或 iOS 上。为了实现这一点,.NET Standard 随着.NET Core 1.0 一起发布了。后来到了.NET Standard 2.0 时,它变得尤为重要,当时的.NET Framework 4.6、.NET Core 和 Xamarin 都与它兼容。

关键的一点是,.NET Standard 不仅仅是一种 Visual Studio 项目,它遵循了一个适用于所有.NET 实现的正式规范,包含了从.NET Framework 到 Unity 的所有内容,如表 13.1 所示。

表 13.1　适用规范

.NET Standard	1.0	1.1	1.2	1.3	1.4	1.5	1.6	2.0	2.1
.NET Core 和.NET 5	1.0	1.0	1.0	1.0	1.0	1.0	1.0	2.0	3.0
.NET Framework	4.5	4.5	4.5.1	4.6	4.6.1	4.6.1	4.6.1	4.6.1	N/A

 可以登录参考网站 13.1 查看完整的.NET Standard 概述。

表 13.1 表明,如果构建一个与该标准兼容的程序库,将能够在任何平台中复用它。试想一下,要是在所有项目中都这样做,那么整个开发过程会变得多快。

显然,部分组件尚未包含在.NET Standard 之中,但要知道.NET Standard 的演变是持续的。值得一提的是,Microsoft 官方文档指出,版本越高,可用的 API 就越多。

Microsoft 为所有平台提供单一框架的初心为我们带来了.NET 5。Microsoft 表示,从现在开始,.NET 5.0 或更高版本将无处不在。作为软件架构师,你可能会想到的下一个问题是:未来.NET Standard 将会发生什么变化? Immo Landwerth 在一篇博客上很好地解释了这个问题的答案(参见参考网站 13.2)。基本的答案是:.NET 5.0(和未来版本)需要被视为共享代码继续发展的基础。

创建.NET Standard 程序库

创建与 .NET Standard 兼容的程序库(类库)非常简单。首先,创建库时需要选择图 13.3 所示项目。

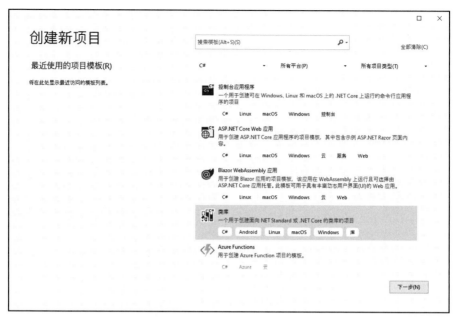

图 13.3　创建.NET Standard 程序库

完成这一部分操作之后，你会注意到通用程序库与自己创建的其他程序库之间的唯一区别是项目文件中定义的目标框架(TargetFramework)：

```
<Project Sdk="Microsoft.NET.Sdk">
<PropertyGroup>
<TargetFramework>netstandard2.0</TargetFramework>
</PropertyGroup>
</Project>
```

项目加载完成后，可以开始编写打算复用的类。使用这种方法构建可复用类的优势在于，能够在本书提及的各种类型的项目中复用此处编写的代码。另外，你可能会发现某些.NET Framework 中可用的 API 在此类项目中不存在。

13.5　在 C#中处理代码复用

C#处理代码复用的方法有很多，上一节所讲的构建通用程序库就是其中一种方法。最重要的一点是，该语言是面向对象的。另外，值得一提的是，泛型为 C#语言带来了便利。本节将讨论面向对象分析和泛型。

13.5.1　面向对象分析

面向对象的分析方法使我们能够从继承的便利性到多态的可变性，以不同的方式复用代码。由于完全采用面向对象编程，因此能够实现抽象和封装。

图 13.4 显示了如何使用面向对象的方法使代码复用变得更容易。可以看到，考虑到用户可以是系统的普通用户或优质用户，有多种方法可以计算评价的等级。

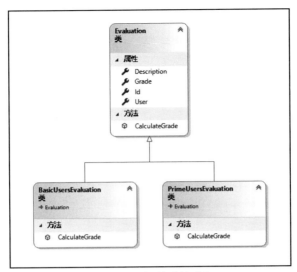

图 13.4　面向对象分析示例

在本设计中，代码复用有两方面需要分析。一是由于使用了继承，则不需要在每个子类中重复声明属性。

二是由于多态性，可以为同一个方法实现不同的行为：

```csharp
public class PrimeUsersEvaluation : Evaluation
{
    /// <summary>
    /// The business rule implemented here indicates that grades that
    /// came from prime users have 20% of increase
    /// </summary>
    /// <returns>the final grade from a prime user</returns>
    public override double CalculateGrade()
    {
        return Grade * 1.2;
    }
}
```

在上面的代码中，可以看到多态原理的运用，其中优质用户的评价等级结果会增加20%。现在，可以简单地调用继承自同一个类的不同对象。由于 content 集合实现了相同的接口 IContentEvaluated，因此它内部也有普通用户和优质用户：

```csharp
public class EvaluationService
{
    public IContentEvaluated content { get; set; }
    /// <summary>
    /// No matter the Evaluation, the calculation will always get
    /// values from the method CalculateGrade
    /// </summary>
    /// <returns>The average of the grade from Evaluations</returns>
    public double CalculateEvaluationAverage()
    {
        return content.Evaluations
            .Select(x => x.CalculateGrade())
```

```
              .Average();
    }
}
```

可以认为，使用 C#时采用面向对象的分析几乎是强制性的。然而，更具体的用法需要学习和实践。作为软件架构师，应该始终激励团队学习面向对象的分析。团队拥有的抽象能力越强，代码复用就越容易。

13.5.2　泛型

泛型是在 C# 2.0 版本中引入的，它被视为一种增加代码复用的方法，还可以最大限度地提高类型的安全性和性能。

泛型的基本原则是可以在接口、类、方法、属性、事件甚至委托中定义占位符，之后使用上述实体时，该占位符会被替换为具体的类型。使用此功能带来的好处令人难以置信。

以下代码对上一节中介绍的 EvaluationService 做了一些修改。这里的想法是实现服务的泛化，让我们可以在评价目标创建时才定义它。

通过泛型可以使用相同的代码来运行该类型的不同版本：

```
public class EvaluationService<T> where T: IContentEvaluated
```

这种声明的方式表明，任何实现 IContentEvaluated 接口的类都可以用于该服务。另外，该服务会负责创建评价的内容。

以下代码实现了在构建服务时才创建其中的评价内容。代码引用了 System.Reflection 和类中定义的泛型：

```
public EvaluationService()
{
    var name = GetTypeOfEvaluation();
    content = (T)Assembly.GetExecutingAssembly().CreateInstance(name);
}
```

值得一提的是，要使这段代码可以工作，所有的类需要处于同一个程序集中。此外，在使用泛型时，反射不是强制性的。通过服务实例的创建方式，我们可以看到整段代码改动之后的效果：

```
var service = new EvaluationService<CityEvaluation>();
```

好消息是，现在拥有了一个泛型服务，该服务将使用需要的内容评估自动实例化列表对象。值得一提的是，很显然，泛型需要花更多时间在第一个项目的构建上，但设计完成后，将拥有良好、快速且易于维护的代码。这就是我们所说的代码复用！

13.6　如果代码不可复用怎么办

事实上，任何代码都可以复用，关键在于打算复用的代码是否编写得很好并且遵循良好的复用模式。一些不应将代码视为可用于复用的情况如下。

- 代码之前没有测试过：在复用代码之前，测试是保证代码正常工作的好方法。
- 存在重复代码：如果有重复的代码，则需要找到每处用到它的地方，这样才能保证只有一个版本的代码被复用。

- 代码太复杂，难以理解：在许多地方复用的代码需要简单地编写以便于理解。
- 代码具有紧密的耦合：这是在构建单独的类库时关于组合与继承的讨论。通常，与可继承的基类相比，只实现接口的类更容易复用。

在上述任何一种情况下，考虑重构策略都是一个很好的方法。重构代码时，是在尊重代码所需处理的输入和输出数据的前提下，以更好的方式编写代码。这样，在需要变更时就可以使用更全面、成本更低的代码。Martin Fowler 指出了应该考虑重构的一些原因。

- 它改进了软件设计：团队越专业，软件设计就越好。一个较好的软件设计不仅可以提供更快的编码速度，而且可以让我们在更短的时间内处理更多任务。
- 它使软件更易于理解：优秀的软件能够让团队中的每个开发者都能理解，无论是初级开发者还是高级开发者。
- 它可以帮助我们找到错误：在重构时，会发现有些业务规则可能没有编写好程序，因此能够发现错误。
- 它使编程速度更快：重构的结果是能够在这之后加快代码的开发。

为保证重构获得良好的结果，并最大限度地减少过程中的错误，整个重构过程依赖于我们将要遵循的一些操作步骤。

- 用测试来保证过程的正确：进行一系列测试能帮助你消除对必须清理代码的恐惧。
- 消除重复代码：重构是消除重复代码的好机会。
- 最小化复杂度：考虑到重构的目标是使代码更易于理解，遵循第 17 章提到的最佳编程实践能够很好地降低代码的复杂性。
- 清理设计：重构也是重新组织程序库设计的好时机。不要忘记更新它们。这可能是一种消除错误和解决安全问题的好办法。

作为软件架构师，你将会从团队那里收到很多重构的需求。这样做的动机应该会持续存在。但你必须提醒你的团队，不按照前面的步骤进行重构可能是有风险的。因此你的责任是以一种既能快速编程又没有副作用的方式实现重构，从而实现真正的商业价值。

13.7　如何推广可复用的程序库

试想一下，在你已经付出了所有必要的努力而拥有了不错的程序库，且已经在许多项目中复用之后，你会遇到另一个问题：如何让其他程序员知道你准备好的可复用程序库？

有一些简单的方法可以帮助你文档化程序库。正如我们在讨论开发生命周期时提到的，文档化是帮助开发者注意到他们所拥有的程序库的一个好方法。下面介绍两种可以记录可复用代码的示例。

13.7.1　使用 DocFX 文档化.NET 程序库

DocFX 是使用程序库代码中的注释来进行文档化的一个很好的替代方案。只需要简单地添加 docfx.console NuGet 程序包，如图 13.5 所示，就可以使用该工具创建一个任务。构建完程序库之后，这个任务将会运行。

图 13.5　docfx.console NuGet 程序包

此编译的输出结果是一个时尚的静态网站,其中包含了由你的代码自动生成的文档,如图 13.6 所示。

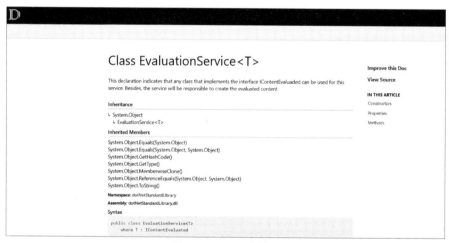

图 13.6　DocFX 运行结果

这个网站非常有用,因为可以将文档分发给开发团队成员,以便他们搜索所拥有的程序库。可以登录参考网站 13.3 查看一些自定义输出并且找到关于这个工具的更多信息。

13.7.2　使用 Swagger 文档化 Web API

毫无疑问,Web API 是促进代码复用且使其变得方便的技术之一。出于这个原因,做好文档化工作并且遵循具体的标准,是一种很好的做法,且能够说明你的做法是与这种技术的现时做法相符合的。为了做到这一点,我们有 Swagger,它遵循 OpenAPI 规范。

OpenAPI 规范被认为是描述现代 API 的标准。在 ASP.NET Core Web API 中使用最广泛的文档化工具之一是 Swashbuckle.AspNetCore。

Swashbuckle.AspNetCore 程序库带来的一个好处是,可以为 Web API 设置 Swagger UI 查看界面,这是一种很好的用图形用户界面分发 API 的方式。

我们将在下一章学习如何在 ASP.NET Core Web API 中使用这个程序库,在此之前,重要的是要理解这些文档不仅能够帮助你的团队，而且对于任何可能使用你所开发的 API 的开发者而言都有帮助。

13.8　用例——复用代码以快速交付优质、安全的软件

可以看看下面这个 WWTravelClub 内容评价解决方案的最终设计。这个方案里包含了对本章中提到的许多主题的运用。首先，所有代码都放在一个.NET Standard 类库中，这意味着可以将这部分代码添加到不同类型的解决方案中，如.NET Core Web 应用程序或适用于 Android 和 iOS 平台的 Xamarin 应用程序，如图 13.7 所示。

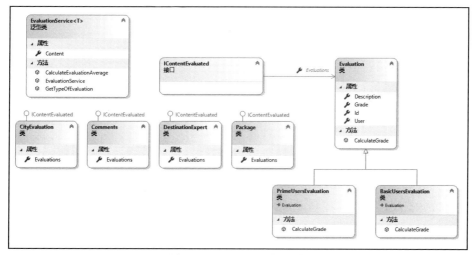

图 13.7　WWTravelClub 复用方案

这种设计基于面向对象的原则，使用了继承，使你不需要多次编写可在多个类中使用的属性和方法；还使用了多态，使你可以在不更改方法名称的情况下更改代码的行为。

最后，这个设计通过引入泛型来抽象内容的概念，可以使得对相似类型的操作变得方便，例如我们在 WWTravelClub 中将有关套餐、目的地专家、城市和评语等作为评价对象的内容。

对于鼓励代码复用的团队与不鼓励代码复用的团队，两者的最大区别在于向最终用户交付优质、安全软件的速度。当然，代码复用的开头阶段并不轻松，但请放心，在使用它一段时间后，你会得到很好的结果。

13.9　本章小结

本章旨在帮助你理解代码复用的好处，还帮助你了解哪些代码没有被正确地复用。本章还介绍了复用和重构代码的方法。

介绍一项技术时，如果不介绍具体的实施流程可能无法帮助你真正地掌握它，因此本章还提出了一个有助于实现代码复用的流程。这个流程涉及使用你的程序库中已经完成的组件，识别软件需求规格说明书中可以设计为程序库组件的候选功能，基于这些功能修改需求规格说明书，设

计可复用组件，使用新组件的程序版本构建项目架构。

最后，本章介绍了利用.NET Standard 程序库在不同 C#平台上复用代码的方法，也表明了.NET 5 及其新版本将用于在不同平台中复用代码。这一章还强调了在复用代码时使用面向对象程序设计的原则，并将泛型作为一种复杂的实现来简化对具有相同特征的对象的处理。在下一章中，将介绍如何使用.NET Core 来实现面向服务的架构。

值得一提的是，面向服务的架构被认为是在复杂环境中实现代码复用的一种方法。

13.10 练习题

1. 复制、粘贴代码是否可以被视为代码复用？这种方式对程序运行有什么影响？
2. 如何在不复制、粘贴代码的情况下实现代码复用？
3. 实现代码复用的流程是什么？
4. .NET Standard 和.NET Core 有什么区别？
5. 创建.NET Standard 程序库有哪些优势？
6. 面向对象的分析对于代码复用有什么帮助？
7. 泛型对于代码复用有什么帮助？
8. .NET Standard 会被.NET 5 取代吗？
9. 与重构相关的挑战是什么？

第14章

使用.NET Core 实现
面向服务的架构

面向服务的架构(SOA)是一种模块化架构，其系统组件之间的交互通过通信来实现。SOA 允许来自不同组织的应用程序自动地交流数据和事务，并允许组织在互联网上提供服务。

此外，如第 5 章所述，基于通信的交互解决了二进制兼容性和版本不匹配的问题，这些问题在由共享相同地址空间的模块组成的复杂系统中难以避免。此外，使用 SOA，不需要在使用同一组件的各种系统/子系统中部署该组件的不同副本——每个组件只需要部署在一个地方。它可以是单个服务器，或者是位于单个数据中心的群集，又或者是地理分布式的群集。这样，组件的每次版本更新只需要部署一次，服务器/群集根据逻辑自动创建所需的副本，从而简化了整个持续集成/持续交付(CI/CD)的周期。

如果新的版本依旧符合向客户端声明的通信接口，则不会出现不兼容的情况。而相对的，动态链接库和程序包在维护相同的接口时可能会出现不兼容，因为动态链接库或程序包可能与客户端所使用的程序库模块在依赖项方面出现版本不匹配的问题。

第 5 章针对需要协作的服务讨论了如何组织它们的群集和网络。在本章中，我们主要关注每个服务提供的通信接口。

本章涵盖以下主题：
- SOA 方法的原则。
- SOAP 和 REST 的 Web 服务。
- 如何在.NET 5 中处理 SOA。
- 用例——公开 WWTravelClub 的旅行方案

在本章，你还将了解如何通过 ASP.NET Core 服务来公开 WWTravelClub 用例中的数据。

14.1 技术性要求

为完成本章内容，需要使用安装了所有数据库工具的 Visual Studio 2019 社区版(免费)或更高版本。

本章中的所有概念会通过基于本书 WWTravelClub 用例的一些实际例子来阐述。可以扫本书封底二维码获得本章的示例代码。

14.2 SOA 方法的原则

与面向对象架构中的类一样，服务也属于对接口的实现，而接口则来自系统的功能规范。因此，设计服务的第一步是定义其抽象接口。在此阶段，可以将所有服务操作定义为用自己喜欢的编程语言(C#、Java、C++、JavaScript 等)类型进行操作的接口方法，并决定哪些操作使用同步通信来实现，而哪些操作使用异步通信来实现。

在此初始阶段定义的接口更多只是一种有用的设计工具，不一定会在实际的服务实现中使用。确定了实现服务所采用的架构之后，通常会重新定义这些接口，以使其匹配所选架构的特性。

值得指出的是，SOA 报文在语义上应保持与方法调用/应答相同。也就是说，对报文的应答不能依赖之前收到的任何报文。不同报文间应相互独立，而服务在处理一条报文时不应记住任何先前收到的报文。这就是我们所说的无状态的设计。

例如，如果报文的目的是创建一个新的数据库条目，则其语义不得因其他报文的上下文而改变，并且创建数据库条目的方式必须取决于当前报文的内容，而不是之前收到的其他报文。因此，客户端无法创建会话，也无法登录服务执行某些操作再退出。在每条报文中都必须重复发送身份验证的令牌。

这种约束是为了实现模块化、可测试性和可维护性。而基于会话的服务因为将交互都隐藏到会话数据中了，是很难测试和修改的。

确定好服务需要实现的接口之后，需要决定采用哪种具体的通信栈和 SOA 架构来实现它。通信栈应从官方标准或者事实上的标准中选取，以保证服务的互操作性。互操作性是 SOA 中规定的主要约束：服务必须提供通信接口，该通信接口不依赖所使用的具体通信库、实现语言或部署平台。

确定具体的通信栈和 SOA 架构之后，需要根据架构的特性调整之前的接口(更多详细信息请参阅 14.4 节)。然后，还需要将这些接口翻译成所选用的通信语言。也就是说，需要将编程语言的数据类型映射到所选通信语言中可用的类型。

数据的实际转换通常由开发环境使用的 SOA 程序库自动执行，但也可能需要进行一些配置。不过无论如何，都应该了解编程语言类型在每次通信之前是如何转换的。例如，某些数字类型可能会转换为精度较低或值范围不同的类型。

当微服务由于需要与相同群集内的其他微服务通信而不能被群集之外访问时，互操作约束就能以一种较轻量的形式解释。在这种情况下，就意味着通信栈可能是平台特定的，以便提高性能，但它也必须是标准的，以避免随着应用程序的发展与可能添加到群集中的其他微服务的兼容性问题。

我们前面谈到的是通信栈，而不是通信协议，这是因为 SOA 通信标准通常只定义报文内容的格式，而嵌入报文的具体协议则有不同的可能性。例如，SOAP 协议只是为各种报文定义了一种基于 XML 的格式，但是 SOAP 报文可以通过各种协议来传递。通常，SOAP 最常用的协议是 HTTP 协议，但是也可以直接通过 TCP/IP 协议发送 SOAP 报文，以获得更好的性能。

通信栈的选择取决于以下几个因素。

- 兼容性限制：如果服务需要在互联网上供面向商业用户公共使用，则应该遵循最常见的选择，也就是使用 HTTP 上的 SOAP 服务，或者基于 JSON 的 REST 服务。如果你的客户不是商业用户，而是物联网(IoT)用户，那么最常见的选择就不一样了。而且，在物联网不同应用领域使用的协议可能是不同的。例如，船舶使用 Signal K 进行状态数据的交流[1]。

- 开发/部署平台：并非所有开发框架和所有部署平台上都可以使用所有通信栈。不过，幸运的是，所有主流开发/部署平台上都可以使用公共业务服务中用到的最常见的通信栈，如 SOAP 和基于 JSON 的 REST 通信。

- 性能：如果系统没有公开到外部，而是公开到微服务群集的私有部分，则对性能的考虑有更高的优先级。在这种情况下，我们在本章后续内容中将讨论的 gRPC 是不错的选择。

- 团队中工具和知识的可用性：在选择合适的通信栈时，了解团队中有哪些可用的工具是非常重要的。不过，这种约束的优先级总是低于兼容性约束。可以设想一下，一个容易为团队所实现但几乎没有人能够使用的系统是没有意义的。

- 灵活性与可用特性的对比：一些通信解决方案虽然不那么完整，但提供了更高程度的灵活性。相应地，另一些解决方案虽然更加完整，但灵活性程度较低。在过去的几年中，对灵活性的需求使人们开始由基于 SOAP 的服务转向更灵活的 REST 服务。在本节的其余部分中描述 SOAP 和 REST 服务时，我们会更详细地讨论这一点。

- 服务描述：当服务需要在互联网上公开时，客户端应用程序需要获得公开的服务规范描述，基于此设计它们的通信客户端。一些通信栈包括描述服务规范的语言和约定。以这种方式公开的正式服务规范，可以很方便地进行处理，以便自动创建通信客户端。SOAP 更进一步，通过一个基于 XML 的公共目录实现服务发现，这个公共目录中包含每个 Web 服务可以执行的任务的信息。

确定要使用的通信栈后，需要使用合适的开发工具，以符合所选通信栈的方式实现服务。有时，开发工具可以帮助我们自动确保服务的通信栈遵从性，但在有的情况下，实现这一点可能需要一些开发工作。例如，在.NET 中，如果使用 WCF，开发工具将自动确保 SOAP 服务的遵从性，而 REST 服务的遵从性则由开发者负责。SOA 解决方案需要包含的一些基本功能如下。

- 身份验证：允许客户端进行身份验证以访问服务操作。

- 鉴权：处理用户的权限。

- 安全：保持通信安全的方式，即如何防止未经授权的系统读取或修改通信内容。通常，加密算法可以防止未经授权的修改和读取，而电子签名算法只能防止修改。

- 异常：将异常返回客户端。

- 报文可靠性：确保在基础设施出现可能的故障时，报文依旧能可靠地到达目的地。

以下这些功能在一些情况下是值得拥有的，但并不总是必要的。

- 分布式事务：处理分布式事务的能力，从而在分布式事务失败或中止时撤销你所做的所有更改。

- 支持发布者-订阅者模式：是否以及如何支持事件和通知。

- 寻址：是否以及如何支持对其他服务及方法的引用。

- 路由：报文是否以及如何通过服务网络进行路由。

下面将描述 SOAP 和 REST 服务，因为它们是在群集/服务器之外公开业务服务的事实上的标准。出于性能方面的考虑，微服务使用的其他协议，在第 5～7 章进行了讨论。对于群集间通信，使用的是高级报文队列协议(AMQP)，相关链接可以在"扩展阅读"的内容中找到。

---

1 译者注：Signal K 数据模型或模式定义了海洋相关信息的通用模型，并指定为 JSON 模式。

14.3 SOAP Web 服务

简易对象访问协议(SOAP)支持单向报文以及应答-响应报文，其通信过程既可以是同步的，也可以是异步的。若底层协议是同步的(如 HTTP)，发送方会收到确认报文，表明报文已收到(但不一定已处理)。而当使用异步通信时，发送方则需要监听传入的通信报文。通常，异步通信使用我们在第 11 章所提到的发布者-订阅者模式来实现。

SOAP 报文采用一个称为信封(Envelope)的 XML 文档来表示，我们称这个文档为信封。每个信封包含正文(Body)、故障(Fault)、标头(Header)等元素。正文元素是存放报文实际内容的地方。故障元素中包含错误信息，因此它是通信间的异常交换方式。最后，标头元素包含一些辅助信息，用以丰富协议，但不包含域数据。例如，对于已签名的报文，标头可能包含身份验证令牌和签名信息。

用于发送 XML 信封的底层协议通常是 HTTP 协议。不过 SOAP 规范支持各种协议，因此可以直接使用 TCP/IP 或 SMTP 来发送它。事实上，使用 HTTP 作为底层协议是最为普遍的选择。因此，如果没有充分的理由选择其他协议，则应该使用 HTTP，以最大限度地提高服务的互操作性。

SOAP 规范约定了报文交换的基础内容,而其他辅助功能在称为 WS-*的各个独立规范文档中提及，这些辅助功能可以通过在 SOAP 标头中添加额外信息来处理。WS-*规范主要处理我们之前列出的关于 SOA 的所有基本功能，以及一些值得拥有的额外功能。例如，WS-Security 负责安全性，包括身份验证、鉴权和加密/签名；WS-Eventing 和 WS-Notification 是实现发布者-订阅者模式的两种替代方式；WS-ReliableMessaging 关注在可能出现故障的情况下可靠地传递报文；WS-Transaction 关注分布式事务。

这里没有详尽列出所有 WS-*规范,上面这些只是 WS-*规范之中相对关键且广泛受支持的功能。事实上，在各种编程语言环境(如 Java 和.NET)的具体实现中，会提供较为关键的 WS-*服务，但没有一个实现支持所有的 WS-*规范。

SOAP 协议中涉及的所有 XML 文档及部件都通过 XSD 文档来正式定义,XSD 文档是一种用于描述 XML 文档结构的特殊 XML 文档。同样地，如果要将自定义数据结构(面向对象语言中的类和接口)作为 SOAP 信封的一部分，则必须将它们转换为 XSD。

每个 XSD 规范都有一个名称空间与之关联，名称空间用于标识规范及其物理位置。名称空间和物理位置都使用 URI 来表示。如果 Web 服务仅允许从局域网内访问，则位置 URI 不需要对外公开。

对于一个服务，其整体的定义来自一个 XSD 规范文档，其中可能包含对其他名称空间(即其他 XSD 文档)的引用。简单地说，SOAP 通信的所有报文都必须在 XSD 规范中定义。然后，如果服务端和客户端引用了相同的 XSD 规范，它们就可以进行通信。这也意味着，例如，每次向报文添加另一个字段时，都需要创建一个新的 XSD 规范。接着，需要为所有引用旧报文定义的 XSD 文件创建新版本的 XSD 文件，将其引用更新为新报文定义。这些修改又进一步导致引用它们的其他 XSD 文件也需要创建新版本，以此类推。因此，为保持向前兼容行为(客户端可以简单地忽略新添加的字段)的一个简单的修改可能会导致指数级的连锁版本更改。

在过去的几年里，由于 SOAP 处理修改方面存在的困难，以及处理各种 WS-*规范和性能问题的相关配置的复杂性，使得人们逐渐转向更为简单的 REST 服务，我们将在下一节中描述。这种转变开始于一些从 JavaScript 代码调用的服务，这是因为在 Web 浏览器中难以实现能够高效运行的完整 SOAP 客户端。此外，对于在浏览器中运行的客户端上较为典型的简单需求来说，复杂的 SOAP 机制可能会导致开发时间的浪费。

出于这个原因，针对非 JavaScript 客户端的服务也开始大规模转向 REST 服务。目前人们会首选 REST 服务，而 SOAP 则用于与遗留系统兼容，或是在需要 REST 服务不支持的功能时使用。一些应用领域依旧青睐 SOAP 系统，例如典型的支付/银行系统，因为这些系统需要 SOAP 的 WS-Transaction 规范所提供的事务支持。这一点在 REST 服务中找不到相应的替代品。

14.4　REST Web 服务

REST 服务最初是为了避免在简单情况下使用 SOAP 的复杂机制(例如从网页的 JavaScript 代码调用服务)而设计的。渐渐地，它们成为复杂系统的首选方案。REST 服务使用 HTTP 并以 JSON 的格式交换数据，有时也用 XML 格式但不那么普遍。简单地说，它们用 HTTP 正文替换 SOAP 正文，用 HTTP 标头替换 SOAP 标头，用 HTTP 响应状态码替换故障元素并提供有关已执行操作的更多辅助信息。

REST 服务成功的主要原因是 HTTP 已经原生具备了大部分 SOAP 所需要的特性，这意味着我们不需要在 HTTP 之上再构建 SOAP 层。而且，HTTP 机制整体上比 SOAP 更简单些：编程更为简单，配置更为简单，并且更易于高效实现。

此外，REST 服务对客户端的约束会更少。因为 JSON 是 JavaScript 的子集，所以服务端和客户端之间的类型兼容性符合 JavaScript 的类型兼容性模型，这更为灵活。另外，当使用 XML 代替 JSON 时，它保持同样的 JavaScript 类型兼容性规则，不需要指定 XML 名称空间。

使用 JSON 和 XML 时，如果服务端在响应报文中添加了更多字段，同时不改变与以前的客户端兼容的所有其他字段的语义，那么以前的客户端可以简单地忽略新字段。因此，只有当一些破坏性更改发生，导致服务端的实际不兼容行为时，对 REST 服务定义所做的更改才需要传播到以前的客户端。

另外，更改还很可能是自限性的，不会导致指数级的连锁更改，因为类型兼容性不再依赖存放在唯一共享位置的具体类型定义，只需要满足类型是兼容的即可。

14.4.1　服务类型兼容性规则

让我们通过一个示例来说明 REST 服务的类型兼容性规则。假设有几个服务使用一个包含 Name、Surname 和 Address 等字符串字段的 Person 对象，此对象由 S1 服务来提供：

```
{
    Name: string,
    Surname: string,
    Address: string
}
```

如果服务端和客户端分别引用上述定义的不同副本，也可以确保类型兼容性。客户端还可以使用具有较少字段的定义，因为它可以简单地忽略所有其他字段：

```
{
    Name: string,
```

```
    Surname: string,
}
```

 你只能在"自己的"代码中使用具有较少字段的定义。尝试在没有预期字段的情况下将信息发送回服务端可能会导致问题。

现在,假设我们有一个 S2 服务,它从 S1 获取 Person 对象并将其添加到它返回的某些方法的响应之中。假设处理 Person 对象的 S1 服务将 Address 字符串替换为复杂对象:

```
{
    Name: string,
    Surname: string,
    Address:
        {
            Country: string,
            Town: string,
            Location: string
        }
}
```

在这种破坏性更改发生后,S2 服务将不得不调整其调用 S1 服务的通信客户端,以适应新的格式。然后,它可以将新的 Person 格式转换为旧格式,再将 Person 对象放入其响应中。这样,S2 服务就免于将 S1 服务中的破坏性更改再次传播。

一般来说,使用基于对象形状(嵌套属性树)的类型兼容性,相比于引用相同格式的类型定义的兼容性来说,可以增加灵活性和可修改性。为了获得这种灵活性的增加,我们付出的代价是无法通过比较服务端和客户端接口的正式定义来自动计算类型兼容性。事实上,在没有统一规范的情况下,每次发布新版本的服务时,开发者都必须验证客户端和服务端共有的所有字段的语义与之前的版本是否一致。

REST 服务背后的基本思想是放弃严格的检查和复杂的协议,以获得更大的灵活性和简洁性,而 SOAP 则恰恰相反。

14.4.2 REST 与原生 HTTP 功能

REST 服务的宣言声明:REST 使用原生 HTTP 功能来实现服务所需的所有功能。例如,身份验证将直接使用 HTTP 的 Authorization 字段来完成,加密将使用 HTTPS 来实现,异常将使用 HTTP 错误状态码来处理,路由和可靠报文传递将依靠 HTTP 协议所依赖的机制来控制。而服务寻址则是通过使用 URL 来指向服务、服务的方法,以及其他资源来实现的。

由于 HTTP 是一种同步协议,因此没有对异步通信的原生支持。HTTP 也没有对发布者-订阅者模式的原生支持,但是两个服务之间可以通过互相向对方公开一个服务终节点来实现发布者-订阅者模式。具体来说,第一个服务公开一个订阅服务终节点,而第二个服务公开一个服务终节点用于接收通知,这些通知使用订阅期间交换的公共密钥来鉴权。这种模式十分常见。例如,GitHub 允许我们用 REST 服务订阅存储库事件。

在实现分布式事务方面,REST 服务无法提供简便的做法,这也是支付/银行系统依旧青睐 SOAP 的原因。幸运的是,大多数应用领域不需要在分布式事务中确保强一致性。对它们来说,较轻的一致性形式(例如最终一致性)已经足够了,并且出于对性能的考虑,这会成为首选。关于各种类型的一致性的讨论，请参阅第 9 章的内容。

REST 的宣言不仅规定了如何使用 HTTP 中已有的预定义解决方案，还规定了类 Web 语义的使用方式。具体来说，必须将所有服务操作视为对由 URL 标识的资源的 CRUD[1]操作(同一资源可能由多个 URL 标识)。实际上，REST 是 Representational State Transfer(表述性状态转移)的首字母缩写，意思是每个 URL 都是某种对象的表示。每种服务请求都需要采用相应的 HTTP 请求动词，具体如下。

- GET(读操作)：通过读取操作返回 URL 表示的资源。因此，GET 操作像是在模拟指针解引用操作。如果操作成功，则返回 200(OK)状态码。
- POST(创建操作)：将请求正文中包含的 JSON/XML 对象作为新资源添加到请求 URL 所表示的操作对象中。如果即时性地成功创建了新资源，则返回 201(已创建)状态码和取决于操作定义的响应对象，以及可以从何处检索新创建资源的指示。响应对象应包含能够标识所创建资源的具体 URL。如果创建动作推迟到以后，则返回 202(已接受)状态码。
- PUT(编辑操作)：使用请求正文中包含的 JSON/XML 对象替换请求 URL 所指向的对象。如果操作成功，则返回 200(OK)状态码。此操作是幂等的，这意味着重复两次相同的请求会导致相同的修改。
- PATCH：请求正文的 JSON/XML 对象中包含有关如何修改对象的说明，对请求 URL 所指向的对象应用这一修改。此操作不是幂等的，例如修改有可能是对数字类型字段做增量运算。如果操作成功，则返回 200(OK)状态码。
- DELETE：将请求 URL 所指向的资源删除。如果操作成功，则返回 200(OK)状态码。

如果资源已从请求 URL 移到另一个 URL，则返回重定向状态码：

- 301(永久移动)，以及附上可以找到资源的新 URL。
- 307(临时移动)，以及附上可以找到资源的新 URL。

如果操作失败了，则返回取决于失败类型的状态码，部分故障代码如下。

- 400(错误请求)：发送到服务器的请求格式不正确。
- 404(未找到)：当请求 URL 不指向任何已知对象时。
- 405(不允许的方法)：当 URL 引用的资源不支持请求所用的请求动词时。
- 401(未经授权)：该操作需要身份验证，但客户端未提供任何有效的授权标头。
- 403(禁止)：客户端已正确验证，但无权执行操作。

这里没有详尽列出所有状态码列表，读者可自行在网上搜索。

必须指出，POST、PUT、PATCH、DELETE 操作可能会且通常会对其他资源产生副作用。若非如此，那些需要同时作用于多个资源的操作就无法编写了。

换言之，HTTP 请求动词必须符合对请求 URL 所指向的资源执行的操作类型，但该操作也可能会影响其他资源。同样的操作可以通过对原操作涉及的其他资源之一执行另外的 HTTP 请求动词来实现。开发者有责任决定在服务接口中执行何种等效操作方式来实现它。

由于 HTTP 请求动词的这种副作用，REST 服务可以将所有这些操作编码为对由 URL 表示的资源的 CRUD 操作。

通常，将现有服务迁移到 REST 服务需要我们在请求 URL 和请求正文之间拆分各种输入。具体来说，我们提取了输入字段，其中明确定义了一个涉及方法执行的对象和使用该输入创建一

1　译者注：CRUD 是进行计算处理时的增加(Create)、检索(Retrieve)、更新(Update)和删除(Delete)几个操作的首字母简写。

个明确标识对象的 URL。然后，我们逐一根据对每个涉及对象执行的操作来决定使用哪个 HTTP 请求动词。最后，我们将输入的其余部分放在请求正文中。

如果我们的服务是用专注于业务领域对象的面向对象架构(如 DDD，详见第 12 章)来设计的，则服务方法到 REST 的转换应该是非常直接的，因为服务应该已经围绕领域资源进行组织。否则，迁移到 REST 可能需要重新定义一些服务接口。

采用完整的 REST 语义具有以下优势：可以通过预先存在的操作定义进行(或不进行)小的修改来扩展服务。实际上，扩展应当主要表现为某些对象的附加属性，还有具备相关操作的附加资源 URL。因此，之前已有的客户端可以简单地忽略它们。

14.4.3　REST 语言中的方法示例

现在，让我们通过一个银行内部转账的简单示例来了解如何用 REST 语言表达方法。银行账户可以用 URL 表示，如下所示：

```
https://mybank.com/bankaccounts/{bank account number}
```

转账可以表示为一个 PATCH 请求，其正文包含一个对象，该对象具有金额、转账时间、描述和收款账户的属性。

该操作会修改 URL 中提到的账户(即付款账户)，但也会产生修改收款账户的副作用。如果付款账户没有足够的钱，则会返回 403(禁止访问)状态码以及包含所有错误详细信息(错误描述、可用资金等)的对象。

不过，由于所有银行操作都记录在账户对账单中，因此，向与银行账户关联的账户操作集合中创建添加新的转账操作对象是一种更好的表示转账的方式。在这种情况下，URL 可能表示为如下形式：

```
https://mybank.com/bankaccounts/{bank account number}/transactions
```

此处的 HTTP 请求动词是 POST，因为我们正在创建一个新对象。正文部分的内容不变。如果资金不足，则返回 422 状态码。

上述对转账的两种不同表示会在数据库中引起相同的更改。而且，在从这两种不同的 URL 和可能不同的请求正文中提取输入后，后续处理是相同的。在这两种情况下，我们都获得相同的输入并执行相同的处理，只是两个请求看起来不一样而已。

但是，对虚拟的账户操作集合的引入，给我们带来了更多特定于操作集合的方法用以扩展服务。值得指出的是，操作集合不需要与数据库表或任何物理对象相关联。它存在于 URL 的世界中，并为我们对转账的建模提供了便利。

随着对 REST 服务的使用越来越多，就像为 SOAP 开发的描述规范一样，对不同的 REST 服务接口进行描述也变得很有必要，这个标准叫作 OpenAPI 标准。我们将在下一小节中讨论这个问题。

14.4.4　OpenAPI 标准

OpenAPI 是一种用于描述 REST API 的标准，目前它的最新版本是第 3 版。整个服务由一个 JSON 终节点(即使用 JSON 对象描述服务的服务终节点)来描述。此 JSON 对象有一个通用节段，适用于整个服务并包含服务的通用特性，例如其版本和描述，以及共享定义。

每个服务终节点都有一个特定的节段来描述该服务终节点的 URL 或 URL 格式(如果 URL 中包含一些输入),还有该服务终节点的输入参数、所有可能的输出类型、状态码及授权协议。每个特定于服务终节点的节段都可以引用通用节段中包含的定义。

OpenAPI 语法的描述超出了本书的范围,在"扩展阅读"中会提供参考链接。各种开发框架可以通过处理 REST API 代码自动生成 OpenAPI 文档,开发者只需要提供进一步的信息,因此你和你的团队不需要太深入地了解 OpenAPI 语法。我们将在本章介绍的 Swashbuckle. AspNetCore NuGet 程序包就是其中一个例子。

14.5 节中解释了如何在 ASP.NET Core REST API 项目中自动生成 OpenAPI 文档,而在本章的用例中,也提供了使用它的实际例子。

接下来是本节的最后一部分,我们将讨论如何处理 REST 服务中的身份验证和鉴权。

14.4.5　REST 服务的身份验证和鉴权

由于 REST 服务是无会话的,因此当需要身份验证时,客户端必须在每个请求中发送一个身份验证令牌。该令牌的存放位置取决于所使用的身份验证协议的类型,通常放在 HTTP 的 Authorization 标头中。最简单的身份验证方法通过显式传输共享密钥来实现。可以通过下方代码来实现:

```
Authorization: Api-Key <string known by both server and client>
```

这个共享密钥称为 API 密钥。在撰写本书时,还没有关于如何发送它的标准,因此 API 密钥也可以放在其他标头中发送,如以下代码所示:

```
X-API-Key: <string known by both server and client>
```

值得一提的是,基于 API 密钥的身份验证需要使用 HTTPS,以防共享密钥被盗。API 密钥使用起来非常简单,但它们不传达有关用户鉴权的相关信息。因此,在客户端允许的操作非常标准且没有复杂的鉴权模式时可以采用它。另外,API 密钥在请求中进行交换时,很容易在服务器端或客户端受到攻击。有一种常见模式可以减少这种攻击:创建一个"服务账户"用户,并仅将其权限赋予需要的用户,之后在那些用户与 API 交互时使用来自该特定账户的 API 密钥。

一种更安全的技术是使用长期有效的共享凭据用于用户登录,成功登录后返回一个短期令牌,在所有后续请求中将该令牌用作共享密钥。当短期密钥即将到期时,可以通过调用更新服务终节点来更新它。

登录逻辑与基于短寿命令牌的鉴权逻辑是完全解耦的。登录通常基于登录服务终节点,该服务终节点接收长寿命凭据并返回短寿命令牌。登录凭据可以是常见的在登录界面输入用户名、密码,也可以是其他类型的授权口令。通过登录服务终节点,可以将登录凭据转换为短寿命令牌。登录也可以使用基于 X.509 证书的各种身份验证协议来实现。

最普遍的短寿命令牌类型是所谓的鉴权令牌(bearer token)。每个鉴权令牌都包含有关其持续时间的信息,以及可用于鉴权的一系列声明,统称声明正文(claim)。鉴权令牌通过登录操作或更新操作的返回值获得。其特点是不依赖于接收它们的客户端或任何其他具体客户端。

无论客户端是如何获得鉴权令牌的,该客户端都需要被授予其声明正文所表明的所有权利。将鉴权令牌转移给另一个客户端,就足以将该鉴权令牌的声明正文所表明的所有权利赋予该客户端,因为基于鉴权令牌的鉴权不需要身份证明。

因此，一旦客户端获得了鉴权令牌，它可以通过将其鉴权令牌转移给第三方的方式，将一些操作委托给第三方。通常，当必须使用鉴权令牌进行委托时，在登录阶段，客户端会指定要包含的声明，以限制哪些操作可以由令牌来授权。

与 API 密钥身份验证相比，基于鉴权令牌的身份验证需要遵守一定的标准，必须使用下方的 Authorization 标头：

```
Authorization: Bearer <bearer token string>
```

鉴权令牌可以通过多种方式实现。REST 服务通常使用的是由一个 JSON 对象的 Base64URL 编码串成的 JWT 令牌。具体来说，创建一个 JWT，会先从 JSON 标头和 JSON payload 开始。JSON 标头指定令牌的种类及其签名方式，而 payload 由一个 JSON 对象组成，该对象包含了可以表示"属性-值"对的所有声明。以下是一个示例标头：

```
{
  "alg": "RS256",
  "typ": "JWT"
}
```

以下是一个 payload 的示例：

```
{
  "iss": "wwtravelclub.com"
  "sub": "example",
  "aud": ["S1", "S2"],
  "roles": [
    "ADMIN",
    "USER"
  ],
  "exp": 1512975450,
  "iat": 1512968250230
}
```

接着，标头和 payload 通过 Base64URL 进行编码，再做相应的字符串连接如下：

```
<header BASE64 string>.<payload base64 string>
```

然后，使用标头中指定的算法(在我们的示例中是 RSA + SHA256)对前面的字符串进行签名，再将原始字符串与签名字符串连接如下：

```
<header BASE64 string>.<payload base64 string>.<signature string>
```

以上代码就是最终的鉴权令牌字符串。例子中的 RSA 也可以使用对称签名算法来代替，但在这种情况下，JWT 的签发者和所有使用它来鉴权的服务都必须持有共享密钥；而使用 RSA 进行签名，则 JWT 签发者的私钥不需要与任何人共享，因为服务调用方只需要使用签发者的公钥就可以验证签名。

有些 payload 属性是标准定义的，示例如下：

- iss: issuer，即 JWT 的签发者。
- aud: audience，即 JWT 的接收方，也就是可以使用令牌来鉴权的服务或操作的一个列表。如果一个服务在这个列表中没有看到它的标识符，那么它应该拒绝这个令牌。
- sub: subject，用于标识 JWT 所面向的主体(即用户)。

- iat、exp 和 nbf，分别是 JWT 的签发时间、过期时间及生效时间(如果有设置)。这几个时间都使用从世界标准时间(UTC)的 1970 年 1 月 1 日午夜开始算起的秒数来表示，并且认为每一天都恰好有 86 400 秒。

对于其他声明，如果我们用唯一的 URI 表示，则它们可以被定义为公有声明；否则，就认为这些声明对签发者和签发者已知的服务而言是私有的。

14.5　如何在.NET 5 中处理 SOA

目前 WCF 技术尚未移植到.NET 5 中，并且 Microsoft 没有计划完整地移植它。相反，Microsoft 目前投资的是 gRPC，这是 Google 的一项开源技术。此外，通过 ASP.NET Core，.NET 5 对 REST 服务有着不错的支持。

决定在.NET 5 中放弃 WCF 的主要原因如下。

- 正如我们前面提到的，在大多数应用领域中，SOAP 技术已经被 REST 技术所取代。
- WCF 技术与 Windows 紧密相关，因此在.NET 5 中从头开始重新实现 WCF 的所有功能将会花费很高的成本。由于对完整的.NET 体系(包括.NET Framework)的支持仍会持续，故需要用到 WCF 的用户仍然有相应选择。
- 作为一般策略，关于.NET 5，Microsoft 会更愿意投资那些可与其他竞争对手共享的开源技术。这就是为什么 Microsoft 没有投资 WCF，而是从.NET Core 3.0 开始提供 gRPC 的实现。

对于我们前面提到的各种技术，接下来的各小节将介绍在 Visual Studio 中对它们提供的支持。

14.5.1　对 SOAP 客户端的支持

在 WCF 中，服务的规范是通过.NET 接口定义的，且实际的服务代码在实现这些接口的类中提供。服务终节点、底层协议(HTTP 和 TCP/IP)及任何其他功能都在配置文件中定义。进一步地，这些配置文件可以使用简便的配置工具来编辑。因此，开发者负责的事情是提供能代表服务行为的标准.NET 类，再声明式地配置好所有服务功能。这样，服务配置与实际的服务行为完全解耦了。每个服务都可以重新配置，以便适应不同的环境，而不需要修改其代码。

虽然.NET 5 不支持 SOAP 技术，但它支持 SOAP 客户端。在 Visual Studio 中为现有 SOAP 服务创建 SOAP 服务代理非常容易，具体可以参阅第 11 章中关于什么是代理及代理模式的讨论。

对于服务而言，代理是一个实现服务接口的类。服务在调用代理的方法时，通过调用远程服务的相似方法来执行它们的工作。

要创建一个服务代理，可以在解决方案资源管理器中右击项目中的依赖项，然后选择添加连接的服务(Add connected service)。然后，在出现的表单中选择 Microsoft WCF 服务引用提供程序 (Microsoft WCF Service Reference Provider)。在打开的向导里，可以指定被代理服务的 URL(其中包含 WSDL 服务描述)以及代理类的名称空间等。向导结束时，Visual Studio 会自动添加所有必要的 NuGet 程序包，并通过项目脚手架自动创建代理类。这样，我们就可以创建该类的实例并调用其方法，以便与远程 SOAP 服务进行交互。

另外，一些第三方工具(如 NuGet 程序包)可以为 SOAP 服务提供有限的支持，但目前它们并不是很有用，因为这种有限的支持并不包括 REST 服务中没有的那些功能。

14.5.2 对 gRPC 的支持

Visual Studio 2019 支持 gRPC 项目模板，该模板会同时构建 gRPC 服务端和 gRPC 客户端。gRPC 实现了一种远程过程调用的模式，同时提供同步和异步调用，可以减少客户端和服务端之间的通信流量。

 尽管在撰写本书时，gRPC 还不能用于 IIS 和 Azure 应用服务(Azure App Service)，但已经有一些与 gRPC 相关的支持，其中一个是 gRPC-Web(参见参考网站 14.1)。

它的配置方式与第 6 章提到的 WCF 和.NET remoting 相类似，即服务通过接口来定义，具体代码在实现这些接口的类中提供，而客户端通过实现相同服务接口的代理来与这些服务交互。

gRPC 是微服务群集内部通信的一个不错的选择，尤其是在群集不完全基于 Service Fabric 技术且不支持.NET remoting 的情况下。由于各种主要编程语言和开发框架都有其对应的 gRPC 程序库，因此它可以在基于 Kubernetes 的群集中使用。此外，在托管了用其他框架实现的 Docker 镜像的 Service Fabric 群集中，也可以使用 gRPC。

比起 REST 服务协议，gRPC 更为高效，它更紧凑地表示数据，且更易于使用，这是因为所有与协议有关的事情都交由开发框架去处理。但是，在撰写本书时，它的所有功能都尚未有完善的标准可供依赖，因此它不能用于公开的服务终节点，而只能用于群集内部通信。出于这个原因，我们不对 gRPC 继续展开描述，本章的"扩展阅读"中提供了关于 gRPC 及其.NET Core 实现的参考链接。

gRPC 用起来非常简单，因为 Visual Studio 的 gRPC 项目模板通过项目脚手架把一切都搭建好了，gRPC 服务端和客户端已经能够正常工作，开发者只需要定义具体应用程序所需的 C#服务接口和一个实现类。

 可以登录参考网站 14.2 查看有关此实现的详细信息。

接下来，本节的剩余内容将着重介绍.NET Core 对 REST 服务的服务端和客户端的支持。

14.5.3 ASP.NET Core 简介

ASP.NET Core 应用程序是一种基于宿主(Host，即第 5 章提到的宿主概念)的.NET Core 应用程序。每个 ASP.NET 应用程序都通过一个 program.cs 文件来创建、构建和运行一个宿主，如下方代码所示：

```
public class Program
{
    public static void Main(string[] args)
    {
        CreateHostBuilder(args).Build().Run();
    }

    public static IHostBuilder CreateHostBuilder(string[] args) =>
        Host
            .CreateDefaultBuilder(args)
```

```
        .ConfigureWebHostDefaults(webBuilder =>
        {
            webBuilder.UseStartup<Startup>();
        });
    }
```

CreateDefaultBuilder 建立一个标准宿主，而 ConfigureWebHostDefaults 对其进行配置，使其可以处理 HTTP 管道(pipeline)。具体来说，它将 IWebHostEnvironment 接口的 ContentRootPath 属性设置为当前目录。

然后，它从 appsettings.json 和 appsettings.[EnvironmentName].json 中加载配置信息。加载完 JSON 对象属性中包含的配置信息后，可以通过 ASP.NET Core 的选项框架将其映射为具体.NET 对象的属性。具体来说，appsettings.json 和 appsettings.[EnvironmentName].json 会合并，其中具体环境的信息会覆盖相应的 appsettings.json 中的设置。

EnvironmentName 会从环境变量 ASPNETCORE_ENVIRONMENT 中读取。进一步地，当应用程序在 Visual Studio 中通过 Solution Explorer(解决方案资源管理器)运行时，环境变量可以在 Properties\launchSettings.json 文件中定义。在此文件中，我们可以定义多个环境，然后通过 Visual Studio 的运行按钮(默认是 IIS Express)旁边的下拉菜单进行选择。默认情况下，在 IIS Express 环境设置里将 ASPNETCORE_ENVIRONMENT 设置为 Development。下面是一个典型的 launchSettings.json 文件：

```
{
  "iisSettings": {
    "windowsAuthentication": false,
    "anonymousAuthentication": true,
    "iisExpress": {
      "applicationUrl": "http://localhost:2575",
      "sslPort": 44393
    }
  },
  "profiles": {
    "IIS Express": {
      "commandName": "IISExpress",
      "launchBrowser": true,
      "environmentVariables": {
        "ASPNETCORE_ENVIRONMENT": "Development"
      }
    },
    ...
    ...
    }
  }
}
```

发布应用程序时，可以等 Visual Studio 创建完发布 XML 文件(扩展名为 pubxml)后，将 ASPNETCORE_ENVIRONMENT 的值添加到其中，添加的内容为<EnvironmentName>Staging</EnvironmentName>。该值也可以在 ASP.NET Core 项目的 Visual Studio 项目文件(扩展名为 csproj)中指定，如下所示：

```
<PropertyGroup>
<EnvironmentName>Staging</EnvironmentName>
</PropertyGroup>
```

接着，应用程序为宿主配置日志记录，以便可以将日志写入控制台并调试输出。还可以通过进一步的配置来更改这些设置。然后，建立一个 Web 服务器并将其连接到 ASP.NET Core 管道。

当应用程序在 Linux 中运行时，ASP.NET Core 管道会连接到.NET Core Kestrel Web 服务器。由于 Kestrel 是非常小型的 Web 服务器，因此需要用更完备的 Web 服务器(例如 Apache 或 NGINX)来反向代理向 Kestrel 发出的请求，这些服务器具备 Kestrel 所没有的功能。当应用程序在 Windows 中运行时，ConfigureWebHostDefaults 在默认情况下会将 ASP.NET Core 管道直接连接到互联网信息服务(Internet Information Services，IIS)。不过，也可以在 Windows 中使用 Kestrel。可以通过更改 Visual Studio 项目文件的 AspNetCoreHostingModel 设置，将 IIS 请求反向代理到 Kestrel，如下所示：

```
<PropertyGroup>
   ...
<AspNetCoreHostingModel>OutOfProcess</AspNetCoreHostingModel>
</PropertyGroup>
```

UseStartup()方法允许从项目的 Startup.cs 类的方法中获取宿主的服务和 ASP.NET Core 管道的定义。具体来说，服务是在其 ConfigureServices(IServiceCollection services)方法中定义的，而 ASP.NET Core 管道是在 Configure()方法中定义的。下面是一个采用标准配置的项目脚手架搭建的 REST API 项目的示例代码：

```
public void Configure(IApplicationBuilder app,
   IWebHostEnvironment env)
{
   if (env.IsDevelopment())
   {
      app.UseDeveloperExceptionPage();
   }
   app.UseHsts();
   app.UseHttpsRedirection();
   app.UseRouting();
   app.UseAuthorization();
   app.UseEndpoints(endpoints =>
   {
      endpoints.MapControllers();
   });
}
```

管道中的每个中间件都由一个 app.Use<something>方法定义，该方法通常能够接收一些参数。每个中间件都会处理请求，然后将修改后的请求转发到管道中的下一个中间件，或者返回 HTTP 响应。当 HTTP 响应返回时，则会以相反的顺序被前面的所有中间件处理。

模块会按照 app.Use<something> 方法调用中定义的顺序插入管道中。如果此时 ASPNETCORE_ENVIRONMENT 的值是 Development，则上述代码会添加一个错误页面；否则，会直接进入下一个模块 UseHsts()，它负责与客户端约定安全协议。最后，UseEndpoints()模块会添加 MVC 控制器，它可以创建实际的 HTTP 响应。第 15 章将对 ASP.NET Core 管道进行完整的介绍。

在下一小节中，我们会说明如何使用 MVC 框架实现 REST 服务。

14.5.4 使用 ASP.NET Core 实现 REST 服务

如今，我们可以确保 MVC 框架和 Web API 的使用是统一的。在 MVC 框架中，HTTP 请求由称为控制器的类来处理，每个请求都映射为对控制器公共方法的调用。选择哪一个控制器及其哪个操作方法取决于请求路径的具体情况，对于 REST API，通常通过与控制器类及其方法关联的注解属性所提供的路由规则来定义。

处理 HTTP 请求的控制器方法称为操作方法。选好控制器及其操作方法后，MVC 框架会创建一个控制器实例来为请求提供服务，再通过依赖注入的方式，用在 Startup.cs 类的 ConfigureServices()方法中定义的类型解析控制器构造函数的参数。

 第 5 章介绍了如何将依赖注入与.NET Core 宿主一起使用。另外，第 11 章对依赖注入进行了总体介绍。

下面是定义一个典型的 REST API 控制器及其操作方法的示例代码：

```
[Route("api/[controller]")]
  [ApiController]
  public class ValuesController : ControllerBase
  {
    // GET api/values/5
    [HttpGet("{id}")]
    public ActionResult<string> Get(int id)
    {
      ...
```

[ApiController]注解属性声明了控制器是一个 REST API 控制器。[Route("api/[controller]")]声明了控制器必须用以 api/< controller name >开头的请求路径来选择它。这里的 controller name(控制器名称)指的是将控制器的类名拿掉 Controller 后缀之后的剩余部分。因此，在这个示例中，控制器的请求路径为 api/values。

[HttpGet("{id}")]声明了该操作方法必须在 api/values/<id>的请求路径上用 GET 请求来调用，其中 id 是一个数字，它必须作为输入参数传递给操作方法。可以通过 Get(int id)来实现这点。每个 HTTP 请求动词都有一个对应的 Http 注解属性，例如 HttpPost 和 HttpPatch。

我们还可能同时定义另一个操作方法，如下方代码所示：

```
[HttpGet]
public ... Get()
```

该操作方法在 api/values 这个请求路径(即控制器名称后没有 id)上用 GET 请求来调用。

不同的操作方法可以同名，但每个请求路径必须是唯一的，否则就会抛出异常。换句话说，路由规则和 Http 注解属性必须明确出每个请求路径应当选择哪个控制器及其哪个操作方法的定义。

默认情况下，传递给 API 控制器的操作方法的输入参数会按照以下规则来获得。

- 正如前面示例代码中的 [HttpGet("{id}")]注解属性，如果路由规则将参数声明为简单类型(整型、浮点型和 DateTime 等)，则会尝试从请求路径中获取对应的简单类型(整型、浮点型和 DateTime 等)值作为输入参数。如果在路由规则中找不到它们，MVC 框架则会查找具有相同名称的查询字符串参数。因此，假如我们将示例中的[HttpGet("{id}")]替换为[HttpGet]，那么 MVC 框架将查找类似于 api/values?id=<整数>的内容。

- 对于复杂类型，输入参数由格式化程序从请求正文中提取。正确的格式化程序是根据请求的 Content-Type 标头的值来选择的。如果请求未指定 Content-Type 标头，则选用 JSON 格式化程序。JSON 格式化程序尝试将请求正文解析为 JSON 对象，然后尝试将此 JSON 对象转换为.NET Core 复杂类型的实例。如果 JSON 的解析过程或者后续的转换过程失败了，则会抛出异常。ASP.NET Core 在默认情况下仅支持用 JSON 格式化程序解析输入参数，但也可以添加一个 XML 格式化程序，这样当 Content-Type 标头指定了 XML 时就可以使用该格式化程序。只需要添加 Microsoft.AspNetCore.Mvc.Formatters.Xml NuGet 程序包，并在 Startup.cs 文件的 ConfigureServices()方法中将 services.AddControllers()替换为 services.AddControllers().AddXmlSerializerFormatters()就可以了。

可以为参数添加适当的注解属性，以此来自定义要传递给操作方法的输入参数的来源，如下方代码所示：

```
...MyActionMethod(....[FromHeader] string myHeader....)
// x is taken from a request header named myHeader

...MyActionMethod(....[FromServices] MyType x....)
// x is filled with on instance of MyType through dependency injec
```

操作方法的返回类型必须是 IActionResult 接口或者实现该接口的类，而 IActionResult 接口只声明了下面这个方法：

```
Task ExecuteResultAsync(ActionContext context);
```

MVC 框架会在适当的时候调用此方法来创建实际的响应及其响应标头。ActionContext 对象作为传递给上述方法的输入参数，包含了 HTTP 请求的全部上下文。其中包括一个装有关于原先 HTTP 请求中所有必要信息(标头、正文和 cookie)的请求对象，以及一个收集构建着的 HTTP 响应中所有内容的响应对象。

我们不必手动创建 IActionResult 的实现类，因为 ControllerBase 类中已经包含创建 IActionResult 实现的一些方法，用于生成必要的 HTTP 响应。部分方法如下。

- OK: 它将返回 200 状态码和结果对象(可选的)。可以用 return OK()或者 return OK(myResult) 的形式来返回。
- BadRequest：它将返回 400 状态码和响应对象(可选的)。
- Created(string uri, object o)：它将返回 201 状态码、结果对象及已创建资源的 URI。
- Accepted：它将返回 202 状态码、结果对象(可选的)及待创建资源的 URI。
- Unauthorized：它将返回 401 状态码和结果对象(可选的)。
- Forbid：它将返回 403 状态码和失败权限列表(可选的)。
- StatusCode(int statusCode, object o = null)：它将返回自定义状态码和结果对象(可选的)。

操作方法还可以用 return myObject 的形式直接返回结果对象。这相当于返回 OK(myObject)。

当操作方法的所有代码路径都返回相同类型的结果对象(例如 MyType)时，可以声明该方法返回 ActionResult<MyType>。也可以返回 NotFound 之类的响应对象，但可以肯定的是，使用上面这种方法可以获得更好的类型检查。

默认情况下，结果对象会被序列化为 JSON 格式，存放到响应正文中。但是，就像之前说过的，如果已经将 XML 格式化程序添加到 MVC 框架处理管道中，那么结果对象的序列化方式就取决于 HTTP 请求的 Accept 标头。具体来说，如果客户端明确地在 Accept 标头中要求 XML 格式，则该对象将被序列化为 XML 格式；否则，它将被序列化为 JSON 格式。

对于作为操作方法输入参数的复杂对象，可以使用一些验证注解属性对其进行验证，如下方代码所示：

```
public record MyType
{
  [Required]
  public string Name{get; set;}
  ...
  [MaxLength(64)]
  public string Description{get; set;}
}
```

如果控制器已经用[ApiController]属性修饰并且验证失败，则 MVC 框架不会执行该操作方法，而是自动创建一个 BadRequest 响应，其中包含一个装有所有检测到的验证错误的字典。因此，不需要添加更多代码来处理验证错误的情况。

操作方法也可以声明为异步方法，如下方代码所示：

```
public async Task<IActionResult>MyMethod(......)
{
  await MyBusinessObject.MyBusinessMethod();
  ...
}

public async Task<ActionResult<MyType>>MyMethod(......)
{
  ...
}
```

本章的用例部分将会展示控制器和操作方法的实际例子。下面将介绍如何使用 JWT 令牌来处理身份验证和鉴权。

1. ASP.NET Core 服务的身份认证和鉴权

使用 JWT 令牌来实现服务的身份认证和鉴权，是基于 JWT 令牌中包含的声明来实现的。对于各种操作方法，我们都可以通过一个控制器属性 User.Claims 来访问得到其全部令牌声明。由于 User.Claims 实现了 IEnumerable 接口，因此，当需要用复杂条件来验证声明时，可以使用 LINQ 对其进行处理。如果是基于角色声明方式的鉴权，我们可以简单地使用 User.IsInRole()方法，如下方代码所示：

```
If(User.IsInRole("Administrators") || User.IsInRole("SuperUsers"))
{
  ...
}
else return Forbid();
```

不过，通常我们不选择在 action(动作)方法内部检查权限，而是使用[Authorize]注解属性修饰整个控制器或单个 action，由 MVC 框架自动执行检查。如果控制器或其中某个 action 使用[Authorize]来修饰，那么只有当请求具有有效的身份验证令牌时才能访问对应的操作方法，这意味着我们不必在 action 内部检查令牌声明的权限。也可以使用以下代码来检查令牌是否包含在一组角色中：

```
[Authorize(Roles = "Administrators,SuperUsers")]
```

复杂条件的声明检查需要在 Startup.cs 文件的 ConfigureServices()方法中定义 authorization policy(鉴权策略)，如下方代码所示：

```
public void ConfigureServices(IServiceCollection services)
{
    services.AddControllers();
    ...
    services.AddAuthorization(options =>
    {
      options.AddPolicy("CanDrive", policy =>
        policy.RequireAssertion(context =>
        context.User.HasClaim(c =>c.Type == "HasDrivingLicense"));
    });
}
```

完成上述定义之后，可以使用[Authorize(Policy = "Father")]修饰 controllers(控制器)或 action(操作方法)。

若要使用基于 JWT 令牌的鉴权方式，需要在 Startup.cs 文件中进行配置。首先，需要把处理身份认证令牌的中间件添加到 Configure()方法的 ASP.NET Core 处理管道中，如下方代码所示：

```
public void Configure(IApplicationBuilder app, IWebHostEnvironment env)
{
    ...
    app.UseAuthorization();
    ...
    app.UseEndpoints(endpoints =>
    {
    endpoints.MapControllers();
    });

}
```

然后，需要在 ConfigureServices 的节段中配置身份验证的服务，定义身份验证的 options 参数，并通过依赖注入的方式，将其注入处理身份验证中间件之中，如下方代码所示：

```
services.AddAuthentication(JwtBearerDefaults.AuthenticationScheme)
    .AddJwtBearer(options => {
      options.TokenValidationParameters =
      new TokenValidationParameters
      {
        ValidateIssuer = true,
        ValidateAudience = true,
        ValidateLifetime = true,
        ValidateIssuerSigningKey = true,
        ValidIssuer = "My.Issuer",
        ValidAudience = "This.Website.Audience",
        IssuerSigningKey = new
          SymmetricSecurityKey(Encoding.ASCII.GetByte
          ("MySecret"))
      };
    });
```

上述示例代码为身份验证方案提供了一个默认名称。然后，它具体配置了 JWT 身份验证的 options 参数。通常，身份验证中间件应当验证 JWT 令牌的以下几个方面：①令牌未过期 (ValidateLifetime = true)；②令牌具有正确的签发者和接收方(请参阅 14.4.5 节)；③令牌的签名是有效的。

上述示例使用的是由字符串生成的对称签名密钥，这意味着签名和验证签名使用相同的密钥。如果 JWT 令牌的签发者和使用者都是同一个网站，这种做法是可接受的；但如果是由唯一的 JWT 签发者控制对多个 Web API 站点的访问，则不应选择这样的方案。

在这种情况下，我们应该使用非对称签名密钥(通常是 RsaSecurityKey)，这样 JWT 验证只需要知道与实际私有签名密钥相关联的公钥即可。可以使用 Identity Server 4 来快速创建用作身份验证服务器的网站。它可以使用常见的用户名-密码的凭据发出 JWT 令牌，也可以转换其他身份验证令牌。如果使用 Identity Server 4 这类身份验证服务器，则不需要指定 IssuerSigningKey 选项，因为身份验证中间件能够自动从身份验证服务器检索所需的公钥，只需要提供身份验证服务器的 URL 就可以，如下方代码所示：

```
.AddJwtBearer(options => {
options.Authority = "https://www.MyAuthorizationserver.com";
options.TokenValidationParameters =...
     ...
```

另外，如果决定从 Web API 的站点内发出 JWT，可以定义一个 Login 操作方法，该方法接受含有用户名和密码的对象，依赖数据库信息获得声明相关的信息，再使用类似的代码构建 JWT 令牌，如下方代码所示：

```
var claims = new List<Claim>
{
  new Claim(...),
  new Claim(...) ,
  ...
};

var token = new JwtSecurityToken(
        issuer: "MyIssuer",
        audience: ...,
        claims: claims,
        expires: DateTime.UtcNow.AddMinutes(expiryInMinutes),
signingCredentials:
new SymmetricSecurityKey(Encoding.ASCII.GetBytes("MySecret"));
return OK(new JwtSecurityTokenHandler().WriteToken(token));
```

这里的 JwtSecurityTokenHandler().WriteToken(token)方法会根据 JwtSecurityToken 对象实例中包含的令牌属性，生成实际的令牌字符串。

下面将介绍如何使用 OpenAPI 文档为 Web API 赋能，以便自动生成可与我们的服务通信的代理类。

2. 对 OpenAPI 的 ASP.NET Core 支持

通过反射的方式，我们可以从 Web API 控制器中提取填写 OpenAPI 的 JSON 文档所需的大部分信息，包括服务终节点路径(可以从路由规则中提取)和输入参数的类型及其来源(取自请求路径、请求正文或标头)。而返回类型和状态码常常不容易估算，因为它们可以动态生成。

因此，MVC 框架提供了[ProducesResponseType]注解属性，以便声明一个可能的返回类型-状态码对。对于可能存在的各种返回类型-状态码对，只需要通过[ProducesResponseType]注解属性来修饰每个操作方法就足够了，如下方代码所示：

```
[HttpGet("{id}")]
[ProducesResponseType(typeof(MyReturnType), StatusCodes.Status200OK)]
[ProducesResponseType(typeof(MyErrorReturnType),
StatusCodes.Status404NotFound)]
public IActionResult GetById(int id)...
```

如果有些代码路径是没有对象可以返回的，可以只指定状态码，如下方代码所示：

```
[ProducesResponseType(StatusCodes.Status403Forbidden)]
```

若所有的代码路径都返回相同的类型，且已在操作方法返回类型中指定该类型为 ActionResult<某通用返回类型>时，也可以只指定状态码。

按照上述方式记录所有操作方法之后，要想为 JSON 服务终节点生成实际的文档，需要安装 Swashbuckle.AspNetCore NuGet 程序包，并将一些代码加入 Startup.cs 文件中。具体来说，需要在 Configure()方法中添加一些中间件，如下方代码所示：

```
app.UseSwagger(); //open api middleware
...
app.UseEndpoints(endpoints =>
{
  endpoints.MapControllers();
});
```

然后，需要在 ConfigureServices()方法中添加一些配置选项，如下方代码所示：

```
services.AddSwaggerGen(c =>
{
c.SwaggerDoc("MyServiceName", new OpenApiInfo
  {
      Version = "v1",
      Title = "ToDo API",
      Description = "My service description",
  });
});
```

SwaggerDoc()方法的第一个参数是文档服务终节点的名称。默认情况下，文档服务终节点可通过类似<web 根路径>/swagger/<服务终节点名称>/swagger.json 的请求路径来访问，但可以通过多种方式进行更改。第二个参数 OpenApiInfo 类中包含的信息则不言自明。

我们可以添加多个对 SwaggerDoc()方法的调用来定义多个文档服务终节点。不过，默认情况下，所有文档服务终节点都将具有相同的文档内容，即对项目中所有 REST 服务的描述。可以通过从 services.AddSwaggerGen(c => {...})中调用 c.DocInclusionPredicate(Func<string, ApiDescription> predicate)方法来更改此默认值。

DocInclusionPredicate()方法需要传入一个函数，该函数接收 JSON 文档名称和操作方法描述作为参数，如果该操作方法的文档需要包含在该 JSON 文档中，则函数应返回 true。

若要声明 REST API 需要 JWT 令牌，需要在 services.AddSwaggerGen(c => {...})中添加以下代码：

```
var security = new Dictionary<string, IEnumerable<string>>
{
    {"Bearer", new string[] { }},
};

c.AddSecurityDefinition("Bearer", new ApiKeyScheme
{
    Description = "JWT Authorization header using the Bearer scheme.
    Example: \"Authorization: Bearer {token}\"",
    Name = "Authorization",
    In = "header",
    Type = "apiKey"
});
c.AddSecurityRequirement(security);
```

可以使用三斜杠注释来丰富 JSON 文档服务终节点的信息，三斜杠注释通常用于自动生成代码文档。接下来是一些三斜杠注释的示例。以下代码显示了如何添加方法描述和参数信息：

```
/// <summary>
/// Deletes a specific TodoItem.
/// </summary>
/// <param name="id">id to delete</param>
[HttpDelete("{id}")]
public IActionResultDelete(long id)
```

以下代码显示了如何添加使用示例：

```
/// <summary>
/// Creates an item.
/// </summary>
/// <remarks>
/// Sample request:
///
/// POST /MyItem
/// {
/// "id": 1,
/// "name": "Item1"
/// }
///
/// </remarks>
```

以下代码显示了如何添加 HTTP 状态码描述和返回类型描述：

```
/// <param name="item">item to be created</param>
/// <returns>A newly created TodoItem</returns>
/// <response code="201">Returns the newly created item</response>
/// <response code="400">If the item is null</response>
```

若要从三斜杠注释中提取信息，需要通过在项目文件(扩展名为 csproj)中添加以下代码来允许代码文档创建：

```
<PropertyGroup>
<GenerateDocumentationFile>true</GenerateDocumentationFile>
<NoWarn>$(NoWarn);1591</NoWarn>
</PropertyGroup>
```

然后，需要在 services.AddSwaggerGen(c => {...})中添加以下代码来允许其处理代码文档：

```
var xmlFile = $"{Assembly.GetExecutingAssembly().GetName().Name}.xml";
var xmlPath = Path.Combine(AppContext.BaseDirectory, xmlFile);
c.IncludeXmlComments(xmlPath);
```

文档服务终节点准备完成后，可以继续添加一些 Swashbuckle.AspNetCore NuGet 程序包中的其他中间件，以生成一个友好的用户界面，方便测试 REST API：

```
app.UseSwaggerUI(c =>
{
    c.SwaggerEndpoint("/swagger/<documentation name>/swagger.json", "
    <api name that appears in dropdown>");
});
```

如果有多个文档服务终节点需要用户界面，则需要为每个服务终节点添加一个 SwaggerEndpoint()调用。我们将使用这个界面来测试本章的用例中所定义的 REST API。

拥有一个有效的 JSON 文档服务终节点后，可以使用以下任一方法来自动生成代理类的 C# 或 TypeScript 代码：

- 使用 NSwagStudio Windows 程序，可在登录参考网站 14.3 获得。
- 如果想自定义代码的生成样式，可以使用 NSwag.CodeGeneration.CSharp NuGet 程序包或 NSwag.CodeGeneration.TypeScript NuGet 程序包。
- 如果想将代码生成与 Visual Studio 构建操作联系起来，可以使用 NSwag.MSBuild NuGet 程序包。相关文档可在参考网站 14.4 中找到。

下面介绍如何从.NET Core 客户端或者从另一个 REST API 调用 REST API。

3. .NET Core HTTP 客户端

System.Net.Http 名称空间中的 HttpClient 类是.NET Standard 2.0 中内置的 HTTP 客户端类。虽然需要与 REST 服务交互时可以直接使用它，但重复创建和释放 HttpClient 实例会存在以下问题：

- 创建 HttpClient 实例的开销很大。
- 当一个 HttpClient 被释放时，例如在一个循环体内的 using 语句中结束时，底层连接不会立即关闭，而是在第一次垃圾回收期间才关闭。大量的释放操作可能会很快耗尽操作系统可以处理的最大连接数。

因此，我们要么重用单个 HttpClient 实例(例如单例模式)，要么就得以某种方式集中使用 HttpClient 实例。从.NET Core 2.1 版本开始，引入了 HttpClientFactory 类来池化 HttpClient。具体来说，每当 HttpClientFactory 对象需要一个新的 HttpClient 实例时，就会创建一个新的 HttpClient。但是，因为创建底层 HttpClientMessageHandler 实例的开销很大，所以它们会被池化直到其寿命到期。

HttpClientMessageHandler 实例必须具有有限的持续时间，因为它们缓存了 DNS 解析信息，而 DNS 解析信息可能随时间变化。HttpClientMessageHandler 的默认寿命为 2 分钟，但开发者可以重新定义它。

使用 HttpClientFactory 能够自动地使用管道传输所有的 HTTP 操作与其他操作。例如，可以添加一个 Polly 重试策略来自动处理 HTTP 操作的请求失败。有关 Polly 的介绍，请参阅 5.4.2 小节。

要想利用 HttpClientFactory 类所带来的优势，最简单的方法是添加 Microsoft.Extensions.Http NuGet 程序包，然后按照以下步骤操作：

(1) 定义一个代理类，例如 MyProxy，用于与所需的 REST 服务进行交互。

(2) 在 MyProxy 的构造函数中接收一个 HttpClient 实例。

(3) 使用注入构造函数中的 HttpClient 来实现所有必要的操作。

(4) 在宿主的服务配置方法中声明代理，对于 ASP.NET Core 应用程序，要在 Startup.cs 文件的 ConfigureServices()方法中声明；而对于客户端应用程序，要在 ConfigureServices()方法 HostBuilder 实例中声明。在最简单的情况下，声明类似于 services.AddHttpClient<MyProxy>()。这个声明会自动将 MyProxy 添加到可用于依赖注入的服务中，因此可以轻松地将其注入那些服务(如控制器的构造函数)中。此外，每次创建 MyProxy 的实例时，HttpClientFactory 都会返回一个 HttpClient，并自动将其注入 MyProxy 的构造函数中。

对于那些需要与 REST 服务交互的类，在其构造函数中可能需要声明的是一个接口，而不是一个具体的代理实现类：

```
services.AddHttpClient<IMyProxy, MyProxy>()
```

Polly 的可恢复性策略(请参阅第 5 章)可以应用于代理类发出的所有 HTTP 调用，如下方代码所示：

```
var myRetryPolicy = Policy.Handle<HttpRequestException>()
   ...//policy definition
   ...;
services.AddHttpClient<IMyProxy, MyProxy>()
   .AddPolicyHandler(myRetryPolicy );
```

最后，对于需要传递给所有注入代理的 HttpClient 实例的某些固定属性，可以预配置它们，如下方代码所示：

```
services.AddHttpClient<IMyProxy, MyProxy>(clientFactory =>
{
  clientFactory.DefaultRequestHeaders.Add("Accept", "application/json");
  clientFactory.BaseAddress = new Uri("https://www.myService.com/");
})
 .AddPolicyHandler(myRetryPolicy );
```

在这个示例中，传递给代理的每个 HttpClient 都经过预配置，因此它们都接收 JSON 格式的响应正文，且必须使用来自具体基地址的服务。一旦定义了基地址，每个 HTTP 请求都需要指定要调用的服务操作方法的相对请求路径。

下面的代码显示了如何对服务端发出 POST 请求，这需要额外添加 System.Net.Http.Json Nuget 程序包。在这段代码中，我们认为注入代理构造函数的 HttpClient 已存储在 webClient 私有字段中：

```
//Add a bearer token to authenticate the call
webClient.DefaultRequestHeaders.Add("Authorization", "Bearer " + token);
...
//Call service method with a POST verb and get response
var response = await
webClient.PostAsJsonAsync<MyPostModel>("my/method/relative/path",
    new MyPostModel
```

```
    {
        //fill model here
        ...
    });
//extract response status code
var status = response.StatusCode;
...
//extract body content from response
string stringResult = await response.Content.ReadAsStringAsync();
```

如果使用了 Polly，则不需要手动拦截和处理通信错误，因为 Polly 会自动执行这项工作。首先需要验证状态码以决定下一步该做什么，然后可以解析响应正文中包含的 JSON 字符串，以获取.NET 类型的实例，这里的类型通常取决于状态码。执行 JSON 解析的代码基于 System.Text.Json NuGet 程序包的 JsonSerializer 类，如下方代码所示：

```
var result =
  JsonSerializer.Deserialize<MyResultClass>(stringResult);
```

发出 GET 请求也十分类似，但需要调用的是 GetAsync()，而不是 PostAsJsonAsync()，就像下方的示例代码一样。其他 HTTP 请求动词的使用也完全类似：

```
var response =
  await webClient.GetAsync("my/getmethod/relative/path");
```

正如你可以在本小节看到的那样，访问 HTTP API 非常简单，它需要一些.NET 5 程序库的实现。自.NET Core 推出以来，Microsoft 一直在努力提高这部分框架的性能和简便性。你可以持续关注它们正在持续不断地实现和丰富的文档与工具。

14.6 用例——公开 WWTravelClub 的旅行方案

在本节中，我们会使用 ASP.NET 实现一个 REST 服务，该服务可以提供指定假期从开始至结束日期范围内的所有套餐。出于教学目的，我们不会根据第 12 章所描述的最佳实践来构建应用程序，而是直接在控制器操作方法中简单地使用 LINQ 查询来生成结果。在专门讲 MVC 框架的第 15 章中，我们再去了解如何搭建一个结构良好的 ASP.NET Core 应用程序。

复制 WWTravelClubDB 解决方案文件夹，并重命名新文件夹为 WWTravelClubREST。WWTravelClubDB 项目是在第 8 章不同小节中逐步构建的。打开复制的新解决方案，并向其中添加一个新的 ASP.NET Core API 项目，将其命名为 WWTravelClubREST(与新解决方案文件夹同名)。为简单起见，身份验证类型(Authentication Type)选无(None)。右击新创建的项目，并设置为启动项目(Set as Startup Project)，使其成为运行解决方案时的默认启动项目。

最后，需要为其添加对 WWTravelClubDB 项目的引用。

ASP.NET Core 项目将配置常量存储在 appsettings.json 文件中。打开这个文件，并将我们在 WWTravelClubDB 项目中所创建数据库的数据库连接字符串添加到其中，如下方代码所示：

```
{
    "ConnectionStrings": {
        "DefaultConnection": "Server=
    (localdb)\\mssqllocaldb;Database=wwtravelclub;
Trusted_Connection=True;MultipleActiveResultSets=true"
```

```
    },
    ...
    ...
}
```

现在，需要将WWTravelClubDB 的entity framework 数据库上下文(DBContext)添加到Startup.cs 文件的 ConfigureServices()方法中，如下方代码所示：

```
services.AddDbContext<WWTravelClubDB.MainDBContext>(options =>
options.UseSqlServer(
Configuration.GetConnectionString("DefaultConnection"),
        b =>b.MigrationsAssembly("WWTravelClubDB")));
```

在传递给 AddDbContext()方法的 options 参数中，通过调用 Configuration.GetConnectionString("DefaultConnection")方法，从 appsettings.json 配置文件的 ConnectionStrings 节点中提取出连接字符串，并将其设置为指定 SQL 服务器的参数。b => b.MigrationsAssembly("WWTravelClubDB")这个 lambda 函数指明了包含数据库迁移的程序集的名称(请参阅第 8 章)，在我们的例子中，就是由 WWTravelClubDB 项目生成的 DLL。要编译 WWTravelClubDB 项目，需要使用 Microsoft.EntityFrameworkCore。

由于想要使用OpenAPI 文档来丰富这个REST 服务，需要添加对Swashbuckle.AspNetCore NuGet 程序包的引用。然后，可以在ConfigureServices()方法中添加非常基本的配置，如下方代码所示：

```
services.AddSwaggerGen(c =>
{
c.SwaggerDoc("WWWTravelClub", new OpenAPIInfo
    {
        Version = "WWWTravelClub 1.0.0",
        Title = "WWWTravelClub",
        Description = "WWWTravelClub Api",
TermsOfService = null
    });
});
```

接着，我们可以为 OpenAPI 服务终节点添加中间件，以显示 API 文档的用户界面，如下方代码所示：

```
app.UseSwagger();
app.UseSwaggerUI(c =>
{
    c.SwaggerEndpoint(
        "/swagger/WWWTravelClub/swagger.json",
        "WWWTravelClub Api");
});

app.UseEndpoints(endpoints => //preexisting code//
{
    endpoints.MapControllers();
});
```

现在，开始编写具体的服务代码。删除由 Visual Studio 通过项目模板自动创建的 ValuesController，然后右击 Controller 文件夹，并选择添加(Add)下面的控制器(Controller)。选择 API Controller – Empty(控制器-空)，将其命名为PackagesController。修改代码如下：

```
[Route("api/packages")]
[ApiController]
public class PackagesController : ControllerBase
{
    [HttpGet("bydate/{start}/{stop}")]
    [ProducesResponseType(typeof(IEnumerable<PackagesListDTO>), 200)]
    [ProducesResponseType(400)]
    [ProducesResponseType(500)]
    public async Task<IActionResult> GetPackagesByDate(
        [FromServices] WWTravelClubDB.MainDBContext ctx,
        DateTime start, DateTime stop)
    {

    }
}
```

[Route]注解属性指明了服务的基本请求路径是 api/packages。我们只实现一个操作方法 GetPackagesByDate()，它通过在 bydate/{start}/{stop}样式的子请求路径上的 HttpGet 请求来调用，其中 start 和 stop 是 DateTime 类型的，它们作为输入参数传递给操作方法 GetPackagesByDate()。[ProduceResponseType]注解属性指明了以下内容：

- 当请求成功时，将返回 200 状态码，并且响应正文为一个 Ienumerable 对象，其中包含的对象类型为 PackagesListDTO(会在下文定义它)，存放查询返回的套餐信息。
- 当请求格式不正确时，将返回 400 状态码。通过[ApiController]注解属性，MVC 框架能够自动处理错误请求，所以我们没有指定返回的类型。
- 当出现意外错误时，将返回 500 状态码以及空的响应正文。

现在，新建一个 DTOs 文件夹，并在其中定义 PackagesListDTO 类：

```
namespace WWTravelClubREST.DTOs
{
    public record PackagesListDTO
    {
        public int Id { get; set; }
        public string Name { get; set; }
        public decimal Price { get; set; }
        public int DurationInDays { get; set; }
        public DateTime? StartValidityDate { get; set; }
        public DateTime? EndValidityDate { get; set; }
        public string DestinationName { get; set; }
        public int DestinationId { get; set; }
    }
}
```

然后，将下方的 using 子句添加到控制器的代码中，以便轻松地引用刚刚创建的 DTO，以及使用 Entity Framework 的 LINQ 方法：

```
using Microsoft.EntityFrameworkCore;
using WWTravelClubREST.DTOs;
```

现在，在 GetPackagesByDate()方法的主体中填充以下代码：

```
try
{
    var res = await ctx.Packages
```

```
            .Where(m => start >= m.StartValidityDate
        && stop <= m.EndValidityDate)
        .Select(m => new PackagesListDTO
        {
            StartValidityDate = m.StartValidityDate,
            EndValidityDate = m.EndValidityDate,
            Name = m.Name,
            DurationInDays = m.DurationInDays,
            Id = m.Id,
            Price = m.Price,
            DestinationName = m.MyDestination.Name,
            DestinationId = m.DestinationId
        })
        .ToListAsync();
    return Ok(res);
}
catch (Exception err)
{
    return StatusCode(500, err);
}
```

代码中的 LINQ 查询类似于第 8 章测试用的 WWTravelClubDBTest 项目中包含的查询。计算出查询结果后，通过调用 OK()方法将结果返回。代码通过捕获异常并返回 500 状态码来处理服务器内部错误。而对于错误请求，通过[ApiController]注解属性，在调用 Controller 方法之前已经自动处理了。

运行解决方案，浏览器会自动打开 ASP.NET Core 生成的页面，我们暂时无法通过它接收任何结果。下面修改浏览器的 URL 为 https://localhost:<端口不变>/swagger。OpenAPI 文档的用户界面如图 14.1 所示。

图 14.1　OpenAPI 文档的用户界面

PackagesListDTO 是我们定义的用于列出套餐的模型，而 ProblemDetails 是用于出现错误请求时报告错误的模型。单击 GET 按钮，可以看到有关 GET 方法的详细信息，也可以测试它，如图 14.2 所示。

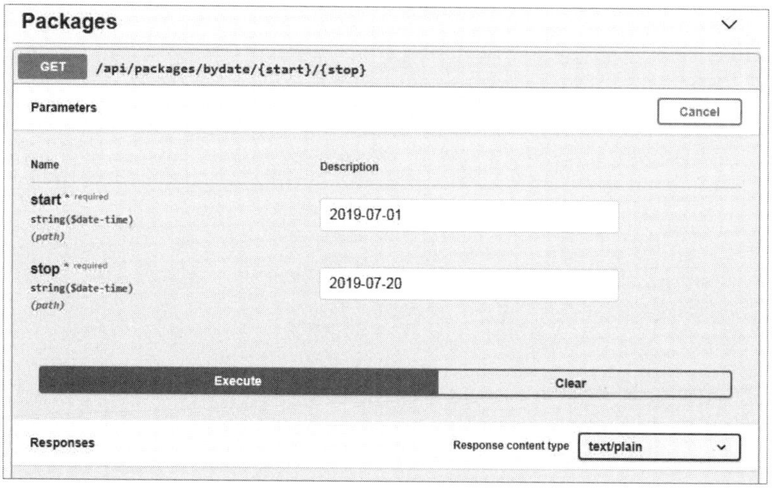

图 14.2　GET 方法的详细信息

输入日期参数时，要注意选择一个能在数据库中检索到套餐记录的日期范围，否则将返回一个空列表。图 14.2 中显示的日期范围应该能够查到结果。

日期必须以正确的 JSON 格式输入，否则将返回 400 状态码及 Bad Request 错误信息，如下方代码所示：

```
{
  "errors": {
    "start": [
      "The value '2019' is not valid."
    ]
  },
  "title": "One or more validation errors occurred.",
  "status": 400,
  "traceId": "80000008-0000-f900-b63f-84710c7967bb"
}
```

如果输入正确的输入参数，则 Swagger UI 会以 JSON 格式返回满足查询条件的套餐。

至此，你已经使用 OpenAPI 文档成功实现了你的第一个 API！

14.7　本章小结

在本章中，我们介绍了 SOA 及其设计原则和约束，其中特别值得记住的是互操作性。

本章重点关注实现互操作性的完善标准，这是商业应用程序公开其服务所需要的。本章详细讨论了 SOAP 和 REST 服务，以及过去几年在大多数应用领域发生的从 SOAP 服务到 REST 服务的过渡趋势；叙述了 REST 服务的原则、身份验证和鉴权的方式，以及如何进行文档化；描述了如何实现高效的.NET Core 代理，以便可以与 REST 服务进行交互。

最后，本章介绍了一些在.NET 5 中可用于实现服务以及实现与服务交互的工具，研究了用于群集内部通信的各种框架，例如.NET Remoting 和 gRPC，以及用于 SOAP 和基于 REST 的公共服务的工具。

在下一章，将学习如何使用.NET 5 构建 ASP.NET Core MVC 应用程序。

14.8　练习题

1. 服务可否使用基于 cookie 的会话？
2. 使用自定义通信协议实现服务是否属于好的做法？如果是，为什么？如果不是，又为什么？
3. 对 REST 服务的 POST 请求会不会导致删除操作？
4. JWT 鉴权令牌中包含多少由句点分隔的部分？
5. 默认情况下，REST 服务的操作方法的复杂类型参数从哪里获取？
6. 如何将控制器声明为 REST 服务？
7. ASP.NET Core 服务主要的文档化注解属性是什么？
8. ASP.NET Core 的 REST 服务路由规则是如何声明的？
9. 为了使用.NET Core 的 HttpClientFactory 类的功能，应如何声明一个代理？

第15章

ASP.NET Core MVC

本章将讲解如何实现应用程序表示层，更具体而言，即如何实现基于 ASP.NET Core MVC 的 Web 应用程序。

ASP.NET Core 是一个用于实现 Web 应用程序的.NET 框架。ASP.NET Core 在前面的章节中已经部分描述过，所以本章将主要关注 ASP.NET Core MVC。

本章涵盖以下主题：

- Web 应用程序的表示层。
- ASP.NET Core MVC 结构。
- ASP.NET Core 最新版本的新增功能。
- ASP.NET Core MVC 和设计原则。
- 用例——在 ASP.NET Core MVC 中实现一个 Web 应用程序。

本章将回顾 ASP.NET Core 框架的架构并讲解更多细节，部分内容已在第 14 章和第 4 章讨论过了，这里主要关注的是如何基于 MVC 的架构模式实现基于 Web 的表示层。

本章还将讲述 ASP.NET Core 最新版本的新增功能，以及 ASP.NET Core MVC 框架的架构模式和/或用于典型的 ASP.NET Core MVC 项目。其中一些模式在第 11 章和第 12 章已经讨论过了，而其他一些模式，如 MVC 模式本身，则是本章的新内容。

本章还通过一个用例介绍如何实现 ASP.NET Core MVC 应用程序，以及如何组织整个 Visual Studio 解决方案。这个例子描述了一个完整的 ASP.NET Core MVC 应用程序，用于编辑 WWTravelClub 里的旅行套餐。

15.1 技术性要求

本章要求安装包含所有数据库工具的免费 Visual Studio 2019 社区版或更高版本。

本章中的所有概念都将基于 WWTravelClub 用例的实例加以讲解。本章的代码可扫封底二维码获得。

15.2 Web 应用程序的表示层

本章讨论了一种基于 ASP.NET Core 框架实现的 Web 应用程序表示层的架构。表示层的 Web

应用程序基于以下 3 种技术。

- 通过 REST 或 SOAP 服务与服务器交换数据的移动或桌面本机应用程序。本书没有讨论它们，因为它们与客户端设备及其操作系统紧密相关，这完全超出了本书的范围。
- 单页应用程序(SPA)是基于 HTML 的应用程序，其动态 HTML 是在客户端通过 JavaScript 或 WebAssembly(一种跨浏览器程序集，可以用作 JavaScript 的高性能替代品)的帮助创建的。与本机应用程序一样，SPA 通过 REST 或 SOAP 服务与服务器交换数据，它们的优势是独立于设备及其操作系统，因为它们是在浏览器中运行的。第 16 章将介绍基于 WebAssembly 的 Blazor SPA 框架。
- 由服务器创建的 HTML 页面，其内容取决于要显示给用户的数据。ASP.NET Core MVC 框架(将在本章讨论)是一个用于创建此类动态 HTML 页面的框架。

本章的剩余部分将重点介绍如何在服务器端创建 HTML 页面，更具体而言，是使用 ASP.NET Core MVC 在服务器端创建 HTML 页面。

15.3 ASP.NET Core MVC 架构

ASP.NET Core 基于通用宿主的概念已经在第 5 章讲述过了。ASP.NET Core 的基本架构也已经在第 14 章简短讲述过了。

值得提醒的是，宿主配置通过调用 IWebHostBuilder 接口的.UseStartup<Startup>()方法，委托给 Startup.cs 文件中的 Startup 类。Startup 类的 ConfigureServices(IServiceCollection services)方法定义了可通过依赖注入注入对象构造函数的所有服务。依赖注入在第 5 章有详细描述。

另外，Configure(IApplicationBuilder app，IWebHostEnvironment env)启动方法定义了所谓的 ASP.NET Core 管道，管道在第 14 章有过简短介绍，下一小节将对其进行更详细的描述。

15.3.1 ASP.NET Core 管道工作原理

ASP.NET Core 提供了一组可配置的模块，可以根据需要进行组装。每个模块都提供了可能需要或不需要的功能。此类功能的示例包括授权、身份验证、静态文件处理、协议协商、CORS 处理等。由于大多数模块将转换应用于传入请求和最终响应，因此这些模块通常称为中间件。

可以将所需的所有模块插入一个通用的程序框架，也就是所谓的 ASP.NET Core 管道。

更具体而言，ASP.NET Core 请求是通过一个 ASP.NET Core 模块管道推送一个上下文对象(HttpContext 实例)来处理的，如图 15.1 所示。

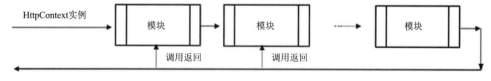

图 15.1 ASP.NET Core 管道

插入管道的对象是包含传入请求数据的 HttpContext 实例。更具体而言，HttpContext 的 Request 属性包含一个 HttpRequest 对象，其属性以结构化的方式表示传入的请求，具体有标题、cookie、请求路径、参数、表单字段和请求正文的属性。

如果将各种模块写入 HttpContext 实例 response 属性所包含的 HttpResponse 对象中,那么它们有助于最终响应的构造。HttpResponse 类与 HttpRequest 类类似,但其属性引用的是所生成的响应。

有一些模块可以构建一个中间数据结构以供管道中的其他模块使用。通常,这种中间数据可以存储在 IDictionary<object,object>的自定义条目中,该条目包含在 HttpContext 对象 Items 属性中。但是,有一个预定义属性 User,它包含有关当前登录用户的信息。登录用户不是自动计算的,必须由身份验证模块来计算。第 14 章解释了如何将运行基于 JWT 令牌的身份验证的标准模块添加到 ASP.NET Core 管道。

HttpContext 有一个 Connection 属性,其中包含与客户端建立的基础连接的信息;还有一个 WebSocket 属性,其中包含与客户端建立的可能基于 WebSocket 的连接的信息。

HttpContext 还有一个 Features 属性,其中包含 IDictionary<Type,object>,该属性指定托管 Web 应用程序和管道模块的 Web 服务器所支持的功能。属性可以用.Set<TFeature>(TFeature o)方法进行设置,并可以使用.Get<tFeature>()方法获取。

Web 服务器功能由框架自动添加,而所有其他功能由管道模块在处理 HttpContext 时添加。

HttpContext 还允许通过其 RequestServices 属性访问依赖项注入引擎,可以通过调用.RequestService.GetService(Type t)方法获取一个被注入引擎管理的 type 类型的实体,或者更好的方法——GetRequiredService<TService>()扩展方法,该扩展方法构建在前一个方法之上。然而,正如我们将在本章剩余部分看到的,依赖注入引擎管理的所有类型通常都会自动注入构造函数,因此这些方法仅在自定义的中间件或其他自定义 ASP.NET Core 引擎中使用。

 HttpContext 实例是在处理 Web 请求时创建,它不仅可通过模块获得,还可以通过 DI 注入应用程序的代码中。自动的依赖注入已经满足插入一个 IHttpContextAccessor 参数到一个类的构造函数,例如一个服务到达控制器(见本节的后半部分),然后访问它的 HttpContext 属性。

一个模块其实就是具有以下结构的类:

```
public class CoreMiddleware
{
    private readonly RequestDelegate _next;
    public CoreMiddleware(RequestDelegate next, ILoggerFactory
    loggerFactory)
    {
        ...
        _next = next;
        ...
    }

    public async Task Invoke(HttpContext context)
    {
        /*
            Insert here the module specific code that processes the
            HttpContext instance before it is passed to the next
            module.

        */

        await _next.Invoke(context);
```

```
        /*
            Insert here other module specific code that processes the
            HttpContext instance, after all modules that follow this
            module finished their processing.
        */
    }
}
```

通常，每个模块都会处理管道中前一个模块传递的 HttpContext 实例，然后调用
wait_next.Invoke(context)方法以调用管道其余部分的模块。当其他模块完成处理并准备好客户端的
响应时，每个模块都可以在代码中按照_next.Invoke(context)方法调用，这个方法会对响应执行进
一步的后续处理。

模块可以通过调用Startup.cs文件中的UseMiddleware<T>()方法注册进ASP.NET Core管道中，
如下所示：

```
public void Configure(IApplicationBuilder app, IWebHostEnvironment env,
IServiceProvider serviceProvider)
{
   ...
   app.UseMiddleware<MyCustomModule>
   ...
}
```

调用 UseMiddleware 时，模块将以同样的顺序插入管道中。由于每个功能可能需要几个模块，
并且可能需要其他操作，因此通常需要定义一个 IApplicationBuilder 扩展，例如以下代码所示的
UseMyFunctionary：

```
public static class MyMiddlewareExtensions
{
    public static IApplicationBuilder UseMyFunctionality(this
    IApplicationBuilder builder,...)
    {
        //other code
        ...
        builder.UseMiddleware<MyModule1>();
        builder.UseMiddleware<MyModule2>();
        ...
        //Other code
        ...
        return builder;
    }
}
```

之后，可以通过调用 app.UseMyFunctionality(…)将整个功能添加到应用程序中。例如，
ASP.NET Core MVC 功能可以通过调用 app.UseEndpoints(…)添加到 ASP.NET Core 管道中。

通常，我们会通过调用 app.Use…加入每个功能。在这种情况下，还需要在 Startup.cs 文件的
ConfigureServices(IServiceCollection services)方法中调用 AddMyFunctionary。例如，如果需要更改
默认的 ASP.NET Core MVC 功能，则需要修改如下调用：

```
services.AddControllersWithViews(o =>
{
    //set here MVC options by modifying the o option parameter
}
```

如果不需要更改默认的 MVC 选项，只需要在 Startup.cs 文件的 ConfigureServices (IServiceCollection services)里面简单调用 services.AddControllersWithViews()即可。

下一小节将介绍 ASP.NET Core 框架的另一个重要功能：处理配置数据。

15.3.2 加载配置数据并与 options 框架一起使用

当 ASP.NET Core 应用程序启动时，它将从 appsettings.json 和 appsettings.[EnvironmentName].json 文件读取配置信息(例如数据库连接字符串)。其中 EnvironmentName 是一个字符串值，取决于应用程序部署的位置。EnvironmentName 的典型值如下：

- Production，用于生产环境。
- Development，开发过程中使用。
- Staging，测试应用程序时使用(又称暂存环境)。

从 appsettings.json 和 appsettings.[EnvironmentName].json 文件中提取的两个 JSON 树将合并到一棵树中，其中 [EnvironmentName].json 中的值将覆盖 appsettings.json 对应路径中的值。这样，应用程序就可以在不同的部署环境中以不同的配置运行。特别的是，可以使用不同的数据库连接字符串，从而在每个不同的环境中使用不同的数据库实例。

[EnvironmentName]字符串取自 ASPNETCORE_ENVIRONMENT 操作系统环境变量。反过来，在应用程序与 Visual Studio 的部署过程中，可以通过两种方式自动设置 ASPNETCORE_ENVIRONMENT。

(1) 使用 Visual Studio 部署时，Visual Studio 发布向导会创建一个 XML 发布配置文件。如果配置下拉列表中有所需要的 ASPNETCORE_ENVIRONMENT，则可以直接完成整个向导过程，如图 15.2 所示。

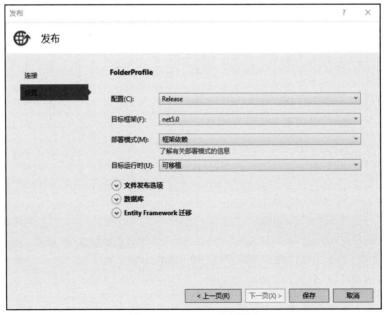

图 15.2　Visual Studio 部署设置

如果没有，则通过以下步骤解决这一问题：

- 在向导中填写信息后，只保存配置文件而不发布。
- 使用文本编辑器编辑配置文件，并添加一个 XML 属性，例如<EnvironmentName>Staging</EnvironmentName>。

(2) 在相应的 Visual Studio ASP.NET Core 项目文件(.csproj)中指定 EnvironmentName。添加以下代码：

```
<PropertyGroup>
    <EnvironmentName>Staging</EnvironmentName>
</PropertyGroup>
```

使用 Visual Studio 开发时，也可以在 Properties\launchSettings.json 中指定 ASPNETCORE_ENVIRONMENT 的值。launchSettings.json 文件包含几个设置组，这些设置组配置了从 Visual Studio 运行时 Web 应用程序的启动方式。可以在 Visual Studio 运行按钮旁边的下拉列表中选择组名以选择应用于该组的所有设置，如图 15.3 所示。

图 15.3　启动设置组下拉列表

由图 15.3 可以看到，启动设置组下拉列表的默认选择为 IIS Express。

下面的代码显示了一个典型的 launchSettings.json 文件，可以向其中添加一组新设置或更改现有默认组的设置：

```
{
  "iisSettings": {
    "windowsAuthentication": false,
    "anonymousAuthentication": true,
    "iisExpress": {
      "applicationUrl": "http://localhost:2575",
      "sslPort": 44393
    }
  },
  "profiles": {
    "IIS Express": {
      "commandName": "IISExpress",
      "launchBrowser": true,
      "environmentVariables": {
        "ASPNETCORE_ENVIRONMENT": "Development"
      }
    },
    ...
    ...
    }
  }
}
```

可以看到，设置组信息位于 profiles 属性下，可以在那里选择应用程序(IIS Express)的宿主、浏览器等相关信息，以及一些环境变量的值。

可以通过 IWebHostEnvironment 实例测试所加载的当前环境。IWebHostEnvironment 实例将作为参数传递给 Startup.cs 文件里的 Configure 方法。IWebHostEnvironment 也可通过 DI 提供给其他

自定义代码。

IWebHostEnvironment.IsEnvironment(string environmentName) 将 检 查 ASPNETCORE_ ENVIRONMENT 的当前值是否为 environmentName。除此之外，还有检查当前环境是否为开发环境的方法.IsDevelopment()、是否为生产环境的方法.IsProduction()和是否为暂存环境的方法.IsStaging()等快捷方法。IWebHostEnvironment 还包含可以返回 ASP.NET Core 应用程序当前根目录和静态文件(包括 CSS、JavaScript、镜像等)目录的属性(.WebRootPath 和.ContentRootPath)。

launchSettings.json 和所有的 PublishProfiles(发布配置文件)都能通过 Visual Studio Explorer 访问(都位于 Properties 节点下面)，如图 15.4 所示。

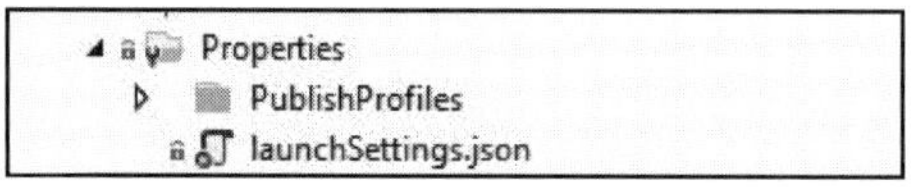

图15.4　启动设置文件

加载完 appsettings.json 和 appsettings.[Environment].json 之后，合并后的配置树可以映射到.NET 对象的属性。例如，假设 appsettings 文件有一个包含了连接到电子邮件服务器所需的所有信息的 E-mail 节段，如下所示：

```json
{
    "ConnectionStrings": {
        "DefaultConnection": "...."
    },
    "Logging": {
        "LogLevel": {
            "Default": "Warning"
        }
    },
    "Email": {
        "FromName": "MyName",
        "FromAddress": "info@MyDomain.com",
        "LocalDomain": "smtps.MyDomain.com",
        "MailServerAddress": "smtps.MyDomain.com",
        "MailServerPort": "465",
        "UserId": "info@MyDomain.com",
        "UserPassword": "mypassword"
```

整个 E-mail 节段将会映射到以下类的实例：

```csharp
public class EmailConfig
{
    public String FromName { get; set; }
    public String FromAddress { get; set; }
    public String LocalDomain { get; set; }

    public String MailServerAddress { get; set; }
    public String MailServerPort { get; set; }

    public String UserId { get; set; }
    public String UserPassword { get; set; }
}
```

需要把依赖注入 EmailConfig 实例相关代码添加到 Startup.cs 文件的 ConfigureServices()方法，

如以下代码所示：

```
public Startup(IConfiguration configuration)
{
    Configuration = configuration;
}
....
public void ConfigureServices(IServiceCollection services)
{
    ...
    services.Configure<EmailConfig>(Configuration.GetSection("Email"));
    ..
```

当我们配置了前面的设置，需要 EmailConfig 数据的类必须声明 IOptions<EmailConfig> options 参数，该参数的值将由依赖注入引擎提供。Options.Value 需要包含一个 EmailConfig 实例。

值得一提的是，Options 类的属性可以应用于将用于 ViewModels 的相同验证属性(参见 15.5.2 小节)。

下一小节将介绍基本 ASP.NET Core MVC 应用所需的 ASP.NET Core 管道模块。

15.3.3　定义 ASP.NET Core MVC 管道

如果在 Visual Studio 中创建了一个新的 ASP.NET Core MVC 项目，Startup.cs 文件的配置方法会创建一个标准的管道。如果需要，可以在那里添加更多模块或更改现有模块的配置。

Configure 方法的初始代码会处理异常并执行基本的 HTTPS 配置：

```
if (env.IsDevelopment())
{
    app.UseDeveloperExceptionPage();
}
else
{
    app.UseExceptionHandler("/Home/Error");
    app.UseHsts();
}
app.UseHttpsRedirection();
```

当出现异常时，如果应用程序处于开发环境中，则装载了 UseDeveloperExceptionPage()方法的模块会向响应添加详细的错误报告。可以看到，这个模块是一个很有价值的调试工具。

如果出现异常时，应用程序没有处于开发模式，则 UseExceptionHandler 将所接收的路径(例如/Home/Error)作为参数恢复请求处理。换句话说，它会用/Home/Error 路径模拟一个新请求。该请求将推送到标准 MVC 处理中，直到到达与/Home/Error 路径相关联的终节点，开发者将在该终节点放置处理错误的自定义代码。然后还会调用 UseHsts()方法在响应中添加严格的传输安全标头，即通知浏览器必须只使用 HTTPS 访问该应用程序。在此声明之后，兼容浏览器应在 Strict Transport Security 标头中指定的时间内自动将应用程序的任何 HTTP 请求转换为 HTTPS 请求。该时间默认为 30 天，但可以指定不同的时间，还可以通过将 options 对象添加到 Startup.cs 文件中的 ConfigureServices()方法来添加其他标头参数：

```
services.AddHsts(options =>    {
    ...
    options.MaxAge = TimeSpan.FromDays(60);
```

```
    ...
});
```

当收到 HTTP URL 时，UseHttpsRedirection 会以强制安全连接的方式自动重定向到 HTTPS URL。一旦建立了第一个 HTTPS 安全连接，Strict Transport Security 标头将阻止将来可能用于执行中间人攻击[1]的重定向。

以下代码显示了默认管道的其余部分：

```
app.UseStaticFiles();
app.UseCookiePolicy();

app.UseRouting();

app.UseAuthentication();
app.UseAuthorization();

...
```

UseStaticFiles 将令项目 wwwroot 文件夹中包含的所有文件(通常是 CSS、JavaScript、图片和字体文件)都可以通过对应路径从 Web 访问。

UseCookiePolicy 已在.NET 5 模板中删除，但仍然可以手动添加它。它确保 ASP.NET Core 管道会处理 cookie，但前提是用户同意使用 cookie。同意使用 cookie 是通过 consent(同意/征得许可) cookie 给出的，也就是说，只有在请求 cookie 中找到 consent cookie 时，才会启用 cookie 处理。用户单击"同意"按钮之后，此 cookie 必须由 JavaScript 创建。可以从 HttpContext.Features 获取包含同意 cookie 名称及其内容的整个字符串，如以下代码段所示：

```
var consentFeature = context.Features.Get<ITrackingConsentFeature>();
var showBanner = !consentFeature?.CanTrack ?? false;
var cookieString = consentFeature?.CreateConsentCookie();
```

其中的原理是这样的，当需要 consent 且尚未获得值时，CanTrack 为 true。当检测到 consent cookie 时，CanTrack 设置为 false。这样就只有在需要 consent 且尚未获得值时才会 showBanner，即在界面上显示是否需要征得用户的同意。

consent 模型相关选项包含在 CookiePolicyOptions 实例中，所以可以使用 options 框架手动配置该实例。Visual Studio 构建的默认配置代码如下，该代码使用 options 框架而不是配置文件来配置 CookiePolicyOptions：

```
services.Configure<CookiePolicyOptions>(options =>
{
    options.CheckConsentNeeded = context => true;
});
```

下面继续讲解默认管道的其余部分，UseAuthentication 将启用身份验证方案，这一行代码仅在创建项目时选择了身份验证方案之后才会有。

可以通过在 ConfigureServices 方法中配置 options 对象来启用特定的身份验证方案,如下所示：

```
services.AddAuthentication(o =>
{
```

---

1 译者注：中间人攻击(Man-in-the-MiddleAttack，简称 MITM 攻击)是一种间接的入侵攻击，这种攻击模式通过各种技术手段将受入侵者控制的一台计算机虚拟放置在网络连接中的两台通信计算机之间，这台计算机就称为"中间人"。

```
    o.DefaultScheme =
    CookieAuthenticationDefaults.AuthenticationScheme;
})
.AddCookie(o =>
{
    o.Cookie.Name = "my_cookie";
})
.AddJwtBearer(o =>
{
    ...
});
```

上面的代码指定了自定义身份验证 cookie 名称，并为应用程序中包含的 REST 服务添加了基于 JWT 的身份验证。AddCookie 和 AddJWTBearer 都有重载，它们在操作之前接受身份验证方案的名称，可以在其中定义身份验证方案选项。由于认证方案名称是引用特定认证方案所必需的，因此未指定时，将使用默认名称。

- CookieAuthenticationDefaults.AuthenticationScheme 中包含的标准名称用于 cookie 身份验证。
- JwtBearerDefaults.AuthenticationScheme 中包含的标准名称用于 JWT 身份验证。

传入 o.DefaultScheme 的名称将用于填充 HttpContext 的用户属性，DefaultScheme 将用于选择身份验证方案。与 DefaultScheme 一起，还可以对其他属性进行更高级的自定义。

　关于更多的 JWT 身份验证的内容，请参阅第 14 章。

如果只是简单指定了 services.AddAuthentication()，那么将使用默认参数进行基于 cookie 的身份验证。

继续讲解默认管道的其余部分，UseAuthorization 将根据 Authorize 属性启用对应的授权。可以通过将 AddAuthorization 方法放到 ConfigureServices 方法中来配置选项，通过这些选项自定义具体的基于声明的授权策略。

　关于更多的身份验证的内容，请参阅第 14 章。

UseRouting 和 UseEndpoints 将处理所谓的 ASP.NET Core 终节点。终节点是指服务于特定 URL 类的处理程序的抽象。这些 URL 将转换为具有特定模式的终节点实例。当模式匹配 URL 时，将创建一个终节点实例，并用模式名称和从 URL 提取的数据填充该实例。这是将 URL 部分与模式的命名部分匹配的结果，可以在以下代码段中看到：

```
Request path: /UnitedStates/NewYork
Pattern: Name="location", match="/{Country}/{Town}"

Endpoint: DisplayName="Location", Country="UnitedStates", Town="NewYork"
```

UseRouting 添加了一个模型，用于处理请求路径以获取请求终节点实例，并将其添加到 IEndpointFeature 类型下的 HttpContext.Features 字典。实际终节点实例包含在 IEndpointFeature 的 Endpoint 属性中。

每个模式还包含处理程序，该处理程序将处理与该模式匹配的所有请求。该处理程序会在创建时传递给终节点。

UseRouting 和 UseEndpoints 的关系：UseRouting 根据当前请求找到终节点，UseEndpoints 则拿到 UseRouting 找到的终节点去执行请求的最终处理。UseEndpoints 会放在管道最后，因为它会产生最终的响应。将路由逻辑分为 UseRouting 和 UseEndpoints 两个独立的中间件模块可以做到根据 UseAuthentication 授权中间件的授权结果来决定是继续将请求传递给 UseEndpoints 中间件照常执行，还是立即返回 401(未授权)/403(禁止)响应。

正如下面的代码片段所示，根据当前请求找到终节点的模式是在 UseRouting 中间件中处理的，而拿到终节点去执行请求的最终处理则列在 UseEndpoints 方法里。虽然 URL 模式没有在使用它们的中间件中直接定义这点似乎有些奇怪，但这样做主要是为了与以前的 ASP.NET Core 版本保持一致。事实上，以前的版本中没有类似于 UseRouting 的方法，而是在管道末尾调用了一个单独的中间件。在新版本中，模式仍然是在管道末尾定义的，以便与以前的版本保持一致，但现在，UseEndpoints 只是在应用程序启动时创建一个包含所有模式的数据结构。然后，该数据结构由 UseRouting 中间件处理，代码如下所示：

```
app.UseRouting();

app.UseAuthentication();
app.UseAuthorization();

app.UseEndpoints(endpoints =>
{
    endpoints.MapControllerRoute(
        name: "default",
        pattern: "{controller=Home}/{action=Index}/{id?}");

});
```

MapControllerRoute 定义了与 MVC 引擎相关的模式，这将在下一小节中描述。此外，还有一些其他类型和方法的模式。例如.MapHub<MyHub>("/chat")会将路径映射到 SignalR 来处理，SignalR 是一个基于 WebSocket 的开源库，简化了向应用添加实时 Web 功能的工作，从而可以令服务器端代码能够将内容推送到客户端。而.MapHealthChecks("/health")则将返回应用程序运行状况数据。除此之外，还可以直接将模式映射到自定义处理程序，例如拦截 GET 请求的.MapGet，以及拦截 POST 请求的.MapPos。这两个就是所谓的代码控制路由(route to code)，以下是 MapGet 的一个示例：

```
MapGet("hello/{country}", context =>
    context.Response.WriteAsync(
        $"Selected country is {context.GetRouteValue("country")}"));
```

模式将按照所定义的顺序进行处理，直到找到匹配的模式。由于身份验证/授权中间件位于路由中间件之后，因此它先验证当前用户是否具有执行终节点处理程序所需的授权，然后处理终节点请求。如果当前用户没有所需的授权，将立即返回 401(未经授权)或 403(禁止)响应。只有通过身份验证和授权的请求才继续由 UseEndpoints 中间件执行其处理程序。

ASP.NET Core MVC 还可以使用第 14 章描述的 ASP.NET Core RESTful API，使用放置在控制器或控制器方法上的属性来指定授权规则。也可以将 AuthorizeAttribute 的实例添加到模式中，以将其授权约束应用于与该模式匹配的所有 URL，如以下示例所示：

```
endpoints
 .MapHealthChecks("/health")
 .RequireAuthorization(new AuthorizeAttribute(){ Roles = "admin", });
```

上面的代码是指只有管理员角色(admin)才有权访问应用程序运行状况数据(.MapHealthChecks("/health"))。

现在已经基本描述完 ASP.NET Core 框架的基本结构，可以讲解更多 MVC 特有的功能了。下一小节将讲述控制器，并解释它们如何通过 ViewModel 与称为视图的 UI 组件交互。

15.3.4 定义控制器和 ViewModel

UseEndpoints 通过 MapControllerRoute 调用将 URL 模式与控制器以及这些控制器的方法相关联，其中控制器是继承自 Microsoft.AspNetCore.Mvc.Controller 的类。通过检查应用程序的 dll 文件可以发现控制器将会加入依赖注入引擎中。这项工作是通过调用位于 Startup.cs 文件中的 AddControllersWithViews()方法来完成的。

UseEndpoints 所添加的管道模块将从 controller 模式变量中获取控制器名称，并从 action 模式变量中获取要调用的控制器方法的名称。按照惯例，所有控制器名称都应以 Controller 后缀结尾，因此实际的控制器类型名称为从 controller 模式变量中找到的名称+Controller 后缀。例如，如果从 controller 模式变量中找到的名称是 Home，那么 UseEndpoints 模块将尝试从依赖注入引擎获取 HomeController 类型的实例。所有控制器公开方法都可以通过路由规则选取到，也可以通过使用 [NoAction]属性对控制器公共方法进行修饰来避免其被调用。路由规则可用的所有控制器方法都称为操作方法。

MVC 控制器的工作原理与第 14 章所描述的 API 控制器类似。唯一的区别是 API 控制器预期会生成 JSON 或 XML，而 MVC 控制器预期会生成 HTML。因此，API 控制器继承于 ControllerBase 类，MVC 控制器继承于 Controller 类，而 Controller 类又继承于 ControllerBase 类并添加了对 HTML 生成相关的方法，例如调用视图(将在下一小节中描述)和创建重定向响应。

MVC 控制器也可以使用类似于 API 控制器的路由技术，即基于控制器和控制器方法属性的路由。可以通过在 UseEndpoints 中调用 MapControllerRoute()方法来实现此类行为。如果该调用位于其他 MapControllerRoute 调用之前，则该控制器路由将具有更高优先级，以此类推，位于之后则优先级更低。

API 控制器全部属性都可以用于 MVC 控制器和操作方法(包括 HttpGet、HttpPost、Authorize 等)。开发者也可以通过继承 ActionFilter 类或其他派生类来编写自己自定义的属性。受篇幅所限，此处无法给出详细信息，但这些详细信息可以在"扩展阅读"中找到。

当 UseEndpoints 模块调用控制器时，其构造函数的参数都通过由依赖注入引擎填充，控制器实例本身将由依赖注入引擎返回，依赖注入引擎将以递归方式自动填充构造器参数。

操作方法参数的值来自以下来源：请求头、模式中与当前请求匹配的变量、查询字符串参数、表单参数、依赖注入。其中通过依赖注入填充的参数值是通过类型匹配的，其他来源的参数值都是按名称匹配的(会忽略字母大小写)。也就是说，操作方法参数名必须与头、查询字符串、表单或模式变量匹配。当参数为复杂类型时，会在每个属性中搜索匹配项，使用匹配的属性名称。对于嵌套的复杂类型，将通过每个嵌套属性的路径搜索匹配项，嵌套属性的路径将由各级属性加上点链接成。例如，属性 1.属性 2.属性 3.....属性 n。通过这种方式获得的名称必须与头名称、模式变量名称、查询字符串参数名称等匹配。例如，包含复杂地址对象的 OfficeAddress 属性将生成 OfficeAddress.Country、OfficeAddress.Town 等名称。

默认情况下，简单类型参数与模式变量和查询字符串变量匹配，而复杂类型参数与表单参数匹配。但是，可以通过在参数前面添加属性来更改前面的默认值，如下所述：

- [FromForm]强制与表单参数匹配；
- [FromHeader]强制与请求头匹配；
- [FromRoute]强制与模式变量匹配；
- [FromQuery]强制与查询字符串变量匹配；
- [FromServices]强制使用依赖注入。

在匹配过程中，将使用当前线程区域设置从选定源提取的字符串转换为操作方法的参数类型。如果转换失败或未找到操作方法参数的匹配项，则整个操作方法将调用失败，然后自动返回 404 响应。例如，在下面的示例中，id 参数将通过查询字符串参数或模式变量匹配，因为它是简单类型；而 myclass 属性和嵌套属性则通过表单参数匹配，因为 myclass 是复杂类型。最后，myservice 则通过依赖注入获得值，因为它的前缀是[FromServices]属性：

```
public class HomeController : Controller
{
    public IActionResult MyMethod(
        int id,
        MyClass myclass,
        [FromServices] MyService myservice)
    {
        ...
```

如果找不到 id 参数的匹配项，并且如果在 UseEndpoints 模式中将 id 参数声明为必须的，则自动返回 404 响应，因为模式匹配失败。当参数必须匹配不可为 null 的单一类型时，通常会将参数声明为非可选。而如果不能在依赖注入容器中找到 MyService 实例，则会引发异常，因为在这种情况下，请求失败并非由错误的请求导致的，而是由代码设计错误导致的，所以应该引发异常而不是返回 404 响应。

如果 MVC 控制器声明为异步，则返回 IActionResult 接口或 Task<IActionResult>结果。IActionResult 接口只有一个方法 ExecuteResultAsync(ActionContext)，当框架调用该方法时，它会生成实际的响应。

对于每一类 IActionResult，MVC 控制器都有返回具体实现的方法。最常用的 IActionResult 是 ViewResult，它通过 View 方法返回：

```
public IActionResult MyMethod(...)
{
    ...
    return View("myviewName", MyViewModel)
}
```

ViewResult 是控制器创建 HTML 响应的常用方法。更具体而言，控制器与业务/数据层交互，生成将在 HTML 页面中显示的数据抽象。这个抽象对象叫作 ViewModel(视图模型)。ViewModel 作为第二个参数传递给 View 方法，而第一个参数是名为 View 的 HTML 模板的名称，该模板将使用 ViewModel 中包含的数据进行实例化。

综上所述，MVC 控制器的处理顺序如下：

(1) 控制器执行一些处理来创建 ViewModel，即需要在 HTML 页面上显示的数据的抽象。

(2) 然后，控制器通过将视图名称和 ViewModel 传递给 View 方法来创建 ViewResult。

(3) MVC 框架调用 ViewResult，并使用 ViewModel 中包含的数据实例化视图中包含的模板。

(4) 将模板实例化的结果写入响应中。

通过以上分工，控制器通过构建 ViewModel 来完成生成 HTML 所需的概念性工作，而视图(即模板)负责所有图形细节。

视图将在下一小节中做详细的描述，而模型-ViewModel-视图控制器模式将在本章后续章节中做更详细的讨论。

另一种常见的 IActionResult 是 RedirectResult，它创建重定向响应，从而迫使浏览器跳转到特定的 URL。一旦用户完成并成功提交表单，就会使用重定向，通常会将用户重定向到可以选择其他操作的页面。

返回 RedirectResult 最简单的方法是将 URL 传递给 Redirect()方法，这也是需要重定向到 Web 应用程序之外的 URL 的建议方法。如果想要重定向到 Web 应用程序之内的 URL，建议使用 RedirectToAction 方法，该方法接受控制器名称、操作方法名称和跳转目标操作方法所需的参数。框架将使用这些数据计算出最终 URL，并迫使浏览器跳转到该 URL 以调用目标操作方法。使用这种方法的优点是，如果在开发或维护过程中修改了路由规则，则不需要修改代码中出现的所有旧 URL，因为框架会自动更新生成新的 URL。

以下代码显示了如何调用 RedirectToAction：

```
return RedirectToAction("MyActionName", "MyControllerName",
        new {par1Name=par1Value,..parNName=parNValue});
```

另一种有用的 IActionResult 是 ContentResult，它可以通过调用 Content 方法来创建。ContentResult 允许将任何字符串写入响应并指定其 MIME 类型，如下例所示：

```
return Content("this is plain text", "text/plain");
```

最后，通过调用 File 方法来创建 FileResult，FileResult 将向响应中写入二进制数据。该方法有多个重载，允许指定字节数组、流或文件路径，以及二进制数据的 MIME 类型。

接下来介绍如何通过视图生成实际的 HTML。

15.3.5   Razor 视图

ASP.NET Core MVC 使用一种名为 Razor 的语言来定义视图中包含的 HTML 模板。Razor 视图文件会在第一次使用时，或者应用程序构建时，或者应用程序发布时编译成.NET 类。默认情况下，每次生成和发布时都会启用预编译，但也可以启用运行时编译，以便在视图部署之后还可以对其进行修改。要想启用运行时编译，可以在 Visual Studio 创建项目时选中复选框"启用 Razor 运行时编译"。还可以通过向 Web 应用程序项目文件中添加以下代码来禁用每次生成和发布时的预编译：

```
<PropertyGroup>
  <TargetFramework> net5.0 </TargetFramework>
  <!-- add code below -->
  <RazorCompileOnBuild>false</RazorCompileOnBuild>
  <RazorCompileOnPublish>false</RazorCompileOnPublish>
```

```
    <!-- end of code to add -->
    ...
</PropertyGroup>
```

还可以单独新建一个 Razor 类库项目，通过这种方式创建的 Razor 视图也会预编译到视图库中。

编译之后，视图仍然与它们的路径关联，这些路径将成为它们的全名。每个控制器在 Views 文件夹下都有一个与控制器同名的关联文件夹，该文件夹应包含该控制器使用的所有视图。

图 15.5 中显示了与 HomeController 关联的文件夹及其视图。

图 15.5 中还显示了 Shared 文件夹，该文件夹包含多个控制器共用的所有视图或局部视图。控制器通过视图方法中的路径引用视图(不加.cshtml 扩展名)。如果路径以 "/" 开头，路径会被解析为应用程序相关的根目录，否则将先去 Views 文件夹下与控制器相关联的文件夹中查找视图。如果还是找不到对应视图，则会去 Shared 文件夹中搜索对应视图。

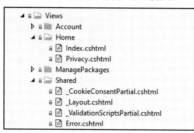

图 15.5　Views 文件夹

例如，在 HomeController 中调用 View("Privacy", MyViewModel)将会查找到图 15.5 中所示的 Privacy.cshtml 视图文件。如果 View(视图)的名称与操作方法的名称相同，则可以简写为 View(MyViewModel)。

Razor 视图是 HTML 代码与 C#代码以及一些 Razor 特定语句的混合。Razor 视图通常以以下声明开头，该声明包含 Razor 视图预期接收的 ViewModel 类型：

```
@model MyViewModel
```

每个视图还可能包含一些 using 声明，其效果与使用标准.cs 代码文件的声明是一样的：

```
@model MyViewModel
@using MyApplication.Models
```

比较特殊的是位于 Views 文件夹根目录下的_ViewImports.cshtml 文件，在该文件中使用的 @using 声明会自动应用于所有视图。

每个视图还可以在其开头标明所需要的类型以供依赖注入引擎生成实例，语法如下：

```
@model MyViewModel
@using MyApplication.Models
@inject IViewLocalizer Localizer
```

上面代码的第三行告诉依赖注入引擎需要 IViewLocalizer 接口的实例,并将其赋值于 Localizer 变量。除了开头这些声明，视图的剩余部分将混合 C#代码、HTML 和 Razor 控制流语句。我们可以将视图任一部分应用 HTML 模式或 C#模式。HTML 模式中的代码将被解析成 HTML，C#模式中的代码将被解析成 C#。

接下来将讲解 Razor 流程控制语句。

1. Razor 流程控制语句

可以使用@{..} Razor 流程控制语句来混合使用 C#和 HTML 代码，如下所示：

```
@{
    //place C# code here
    var myVar = 5;
    ...
    <div>
        <!-- here you are in HTML mode again -->
        ...
    </div>
    //after the HTML block you are still in C# mode
    var x = "my string";
}
```

以上代码示例中，<div>到</div>部分为 HTML 代码，<div>之前和</div>之后的都是 C#代码。

C#部分的代码并不会生成 HTML，而 HTML 部分的代码将会按照出现的顺序添加到响应中。在 HTML 模式下，可以通过@来添加任何 C#代码表达式。如果表达式很复杂，例如由一系列属性和方法调用组成，那么必须用括号括起来。以下代码显示了一些示例：

```
<span>Current date is: </span>
<span>@DateTime.Today.ToString("d")</span>
...
<p>
  User name is: @(myName+ " "+mySurname)
</p>
...
<input type="submit" value="@myUserMessage" />
```

还可以基于当前区域设置将类型转换为字符串(关于如何设置每个请求的区域设置，请参阅15.5 节)。另外，字符串会自动对 HTML 进行编码，例如"<"和">"符号，如果不想对"<"和">"编码，想原样输出，可以使用@HTML.Raw，如下所示：

```
@HTML.Raw(myDynamicHtml)
```

在 HTML 模式下，可以使用@if Razor 语句来依据具体条件选择性输出 HTML：

```
@if(myUser.IsRegistered)
{
    //this is a C# code area
    var x=5;
    ...
    <p>
     <!-- This is an HTML area -->
    </p>
    //this is a C# code area again
}
else if(callType == CallType.WebApi)
{
    ...
}
else
```

```
{
  ..
}
```

在上面的代码中,从每一块 Razor 控制流语句的开头开始,都切换到 C#模式,直到遇到第一个 HTML 标签,然后进入 HTML 模式,在遇到对应的 HTML 关闭标签之后又恢复 C#模式。

可以使用 for、foreach、while 和 do 等 Razor 语句多次实例化 HTML 模板,如下例所示:

```
@for(int i=0; i< 10; i++)
{

}

@foreach(var x in myIEnumerable)
{

}

@while(true)
{

}
@do
{

}
while(true)
```

Razor 视图还可以包含不生成任何代码的注释。@*...*@里面的所有文本都被视为注释,会在编译页面时删除。接下来将介绍 Razor 视图属性。

2. Razor 视图属性

每个视图中都预定义了一些标准变量,最重要的变量是 Model,它包含传递给视图的 ViewModel。例如,如果将一个 Person(人)的模型传递给一个视图,那么@model.Name将显示传递给视图的 Person 这一模型的 Name(名字)。

ViewData 变量包含与调用视图的控制器共享的 IDictionary<string,object>。也就是说,所有控制器都有一个 ViewData 属性,该属性包含 IDictionary<string,object>,可以在控制器里设置 ViewData 属性,然后在视图的 ViewData 变量中调用。ViewData 是 ViewModel 的替代方案,可用于将信息或数据从控制器传递给视图。另外,还可以使用 ViewBag 属性将信息或数据从控制器传递给视图,使用 ViewBag 属性的优点是灵活,因为 ViewBag 属性是动态类型。

User 变量包含当前登录用户的相关信息,其实就是调用了当前请求的 Http.Context.User 属性同一实例。Url 变量包含 IUrlHelper 接口的一个实例,所以可以用于计算 Url 相关信息。例如,Url.Action("action","controller", new {par1=valueOfPar1,...})将根据 action、contoller、匿名对象中的所有参数计算出最终 URL。

Context 变量包含整个请求的 HttpContext。ViewContext 变量包含视图调用上下文相关数据,包括操作方法的元数据。

接下来将介绍如何使用 Razor 标签助手。

3. Razor 标签助手

在 ASP.NET Core MVC 中，开发者可以定义所谓的标签助手，标签助手可以给现有标签添加新属性来增强现有的 HTML 标签，甚至可以定义新的 HTML 标签。在编译 Razor 视图时，会将任何标签与现有的标签助手相匹配。找到匹配项后，源标签将替换为由标签助手创建的 HTML。可以为同一个标签定义多个标签助手。当同一个标签定义了多个标签助手时，会按顺序执行，如果不希望按顺序执行，可以配置标签助手的优先级属性。

标签助手是从 TagHelper 类继承的类。此处不讨论如何创建新的标签助手，而是介绍 ASP.NET Core MVC 附带的主要预定义标签助手。有关如何定义标签助手的完整指南，请参见本章"扩展阅读"部分。

要使用标签助手，必须先声明包含标签助手的.dll 文件，如下所示：

```
@addTagHelper *, Dll.Complete.Name
```

如果只想使用.dll 文件中的某一个标签助手而不是所有标签助手，则必须将*替换为具体标签名。

以上声明既可以放在使用标签助手的视图中，这样的话每个要使用该标签助手的视图都要声明一遍，所以也可以一次性将所有的声明都放在 Views 文件夹根目录的_ViewImports.cshtml 文件中。默认情况下，_ViewImports.cshtml 就已经添加了所有预定义的 ASP.NET Core MVC 标签助手，声明如下：

```
@addTagHelper *, Microsoft.AspNetCore.Mvc.TagHelpers
```

如下所示，我们可以看到，通过预定义的标签助手，<a>标签可以根据控制器、action 等参数自动生成 URL：

```
<a asp-controller="{controller name}"
asp-action="{action method name}"
asp-route-{action method parameter1}="value1"
...
asp-route-{action method parametern}="valuen">
    put anchor text here
</a>
```

通过预定义的标签助手，<form>标签也支持了类似的语法：

```
<form asp-controller="{controller name}"
asp-action="{action method name}"
asp-route-{action method parameter1}="value1"
...
asp-route-{action method parametern}="valuen"
...
>
    ...
```

通过预定义的标签助手，<script>标签的一些属性得到了增强，允许在下载失败时调用另一个源。这个功能典型的用法是从一些云服务下载脚本以优化浏览器缓存，当出现网络故障时则调用本地副本。以下代码使用回退技术下载 bootstrap JavaScript 文件：

```
<script src="https://stackpath.bootstrapcdn.com/
bootstrap/4.3.1/js/bootstrap.bundle.min.js"
```

```
   asp-fallback-src="~/lib/bootstrap/dist/js/
   bootstrap.bundle.min.js"
   asp-fallback-test="window.jQuery && window.jQuery.fn && window.jQuery.fn.modal"
crossorigin="anonymous"
   integrity="sha384-xrRywqdh3PHs8keKZN+8zzc5TX0GRTLCcmivcbNJWm2rs5C8PRhcEn3czEjh
AO9o">
   </script>
```

asp-fallback-test 包含验证下载是否成功的 JavaScript 测试代码。在这个示例中，通过测试是否成功创建了 JavaScript 对象来验证是否成功下载了 bootstrap JavaScript 文件。

通过预定义的标签助手，<environment>标签可根据不同的环境(开发、暂存和生产)输出不同的 HTML。它的典型用法是在开发过程中输出 JavaScript 文件的调试版本，如以下代码所示：

```
<environment include="Development">
     @*development version of JavaScript files*@
</environment>
<environment exclude="Development">
     @*development version of JavaScript files *@
</environment>
```

还有一个<cache>标签，它可以将内容缓存到内存中，以优化渲染速度：

```
<cache>
   @* heavy to compute content to cache *@
</cache>
```

默认情况下，内容会被缓存 20 分钟，但也可以通过属性自定义缓存时间，例如 expires-on="{datetime}"、expires-after="{timespan}"和 expires-sliding="{timespan}"。expires-sliding 和 expires-after 之间的区别在于，每次请求内容时，expires-after 的过期时间计数都会重置。可以通过 vary-by 属性自定义缓存的数据。还有类似的属性，例如 vary-by-header，它可以自定义请求头中要缓存的数据，还有 vary-by-cookie 等。

所有<input>标签(例如 textarea、input 和 select-*)都有一个 asp-for 属性，该属性接受以视图 ViewModel 为根的属性路径作为其值。例如，如果视图有 Person ViewModel，则可能会有如下内容：

```
<input type="text" asp-for"Address.Town"/>
```

以上代码所做的第一件事是将嵌套属性 Town 的值指定给输入标签的 value 属性。如果值不是字符串，则通常会依据当前请求的区域设置将其转换为字符串。

此外，它还会将 input 的 name 属性设为 Address.Town，将 input 的 ID 属性设为 Address_Town(这是因为 ID 不允许使用点)。

可以通过 ViewData.TemplateInfo.HtmlFieldPrefix 指定前缀来添加前缀。例如，如果前缀设置为 MyPerson，则 name 将变成 MyPerson.Address.Town。

<input>标签助手的功能主要在于：当表单需要提交给一个参数且该参数为复合类型，例如 Person 类的操作方法时，可以将对应 input 填充进参数值而不需要过多处理。

lable 标签也有同样的 asp-for 属性，从而令标签可以引用具有相同 asp-for 值的输入字段。

以下代码是一个 input/label 对的示例：

```
<label asp-for="Address.Town"></label
<input type="text" asp-for="Address.Town"/>
```

以上代码中的 label 标签会优先采用 label 标签对里面的文本，如果没有任何文本(如以上代码所示)，则显示 asp-for 字段里面的 Display 属性的 name。如果没有设置 Display 属性，将使用 asp-for 字段里的名称(本例为 Town)。

span 或 div 也可以添加类似属性，即 asp-validation-for="Address.Town"，则对应的 Address.Town input 标签会自动插入验证消息。关于验证框架的更详细内容将在 15.5 节中介绍。

同样地，也可以通过设置 span 或 div 的 asp-validation-summary 属性来自动创建验证错误摘要：

```
asp-validation-summary="ValidationSummary.{All, ModelOnly}"
```

如果属性设置为 ValidationSummary.ModelOnly，将只显示 Model 相关字段的错误消息；如果设置为 ValidationSummary.All，则显示所有错误信息。

通过预定义的标签助手，<select>标签可以使用 asp-items 属性自动生成所有选择选项。需要向 asp-items 属性传递 IEnumerable<SelectListItem>，其中每个 SelectListItem 需要包含选项的文本和值。SelectListItem 还包含一个可选的 Group 属性，可用于将选项分组。

接下来将展示如何复用视图代码。

15.3.6　复用视图代码

ASP.NET Core MVC 有好几种复用视图代码的技术，最重要的是布局页面。

在 Web 应用程序中，经常会有多个页面拥有相同的结构，例如相同的主菜单或相同的左边栏或右边栏。在 ASP.NET Core 中，可以将这种常见结构分解为布局页面或视图。

可以使用以下代码指定当前视图所用的布局页面：

```
@{
    Layout = "_MyLayout";
}
```

如果没有指定，则默认使用定义于 Views 文件夹下的_ViewStart.cshtml 文件中的布局页面。_ViewStart.cshtml 的默认内容如下：

```
@{
    Layout = "_Layout";
}
```

因此，通过 Visual Studio 创建的项目默认布局页面是位于 Shared 文件夹的_layout.cshtml。

打开_layout.cshtml 页面可以看到，其包含所有子页面共享的 HTML 代码、页面标题，以及对 CSS 和 JavaScript 文件的引用。具体每个子页面视图生成的 HTML 将放在@RenderBody()方法中，如下所示：

```
...
<main role="main" class="pb-3">
    ...
    @RenderBody()
    ...
</main>
...
```

每个子页面视图的 ViewState 都会复制到其布局页面的 ViewState 中，因此可以通过 ViewState 将信息传递给布局页面。这种方法通常用于将视图标题传递给布局页面，然后布局页面使用视图标题组成页面的标题，如下所示：

```
@*In the view *@

@{
    ViewData["Title"] = "Home Page";
}

@*In the layout view*@
<head>
    <meta charset="utf-8" />
    ...
    <title>@ViewData["Title"] - My web application</title>
    ...
```

虽然每个视图生成的主要内容放在其布局页面的单个区域中，即前面所说的@RenderBody() 方法，但每个布局页面还可以定义多个部分用以放置不同的区域，每个视图可以在这些区域中放置更多的二级内容。

例如，假设一个布局页面定义了一个脚本部分，如下所示：

```
...
<script src="~/js/site.js" asp-append-version="true"></script>

@RenderSection("Scripts", required: false)
...
```

然后，视图可以使用前面定义的部分来传递一些特定于视图的 JavaScript 引用，如下所示：

```
.....
@section scripts{
    <script src="~/js/pages/pageSpecificJavaScript.min.js"></script>
}
.....
```

如果一个操作方法希望将 HTML 返回给 AJAX 调用，那么它必须生成一个 HTML 片段，而不是整个 HTML 页面。在这种情况下，不必使用布局页面，可以通过在控制器操作方法中调用 PartialView 方法而不是 View 方法来实现。PartialView 和 View 具有完全相同的重载方法和参数。

重用视图代码的另一种方法是将多个视图共有的视图片段抽离成一个新的视图，然后供所有这些视图调用。一个视图可以调用另一个带有 partial 标签的视图，如下所示：

```
<partial name="_viewname" for="ModelProperty.NestedProperty"/>
```

以上代码调用_viewname 局部视图并将 Model.ModelProperty.NestedProperty 中包含的对象传递给它。当通过 partial 标签调用视图时，不会使用布局页面，被调用的视图将只返回本身的 HTML 片段。

以上代码中的被调用视图的 ViewData.TemplateInfo.HtmlFieldPrefix 属性将设置为 ModelProperty.NestedProperty 字符串。因为_viewname.cshtml 文件中的输入字段的名称可能会与调用视图输入字段的名称相同，这样做可以避免最终 HTML 控件重名问题。

除了通过调用者视图的属性指定_viewname 的 ViewModel，还可以通过将 for 替换为 model，直接传递包含在变量中或由 C# 表达式返回的对象，如下所示：

```
<partial name="_viewname" model="new MyModel{...})" />
```

以上代码中的被调用视图的 ViewData.TemplateInfo.HtmlFieldPrefix 属性将采用其默认值，也就是空字符串。

还有一种方法是视图组件。以下代码是视图组件调用的示例：

```
<vc:[view-component-name] par1="par1 value" par2="parameter2 value">
</vc:[view-component-name]>
```

参数名称必须与视图组件方法中使用的名称匹配。另外，组件名称和参数名称都必须遵循短横线分隔命名法。也就是说，原始名称中的所有大写字符都必须转换为小写，然后使用短横线 "-" 间隔每个单词。例如，MyParam 必须转换为 my-param。

视图组件实际上就是从 ViewComponent 类派生的类。因此当调用组件时，框架会查找 Invoke() 方法或 InvokeAsync() 方法，并将所有在组件中调用的参数传递给 Invoke() 或 InvokeAsync() 方法。如果方法定义为 async，则须使用 InvokeAsync，否则须使用 Invoke。

以下代码是视图组件定义的示例：

```
public class MyTestViewComponent : ViewComponent
    {

        public async Task<IViewComponentResult> InvokeAsync(
        int par1, bool par2)
        {
            var model= ....
            return View("ViewName", model);
        }

    }
```

然后通过以下代码调用上面定义的组件：

```
<vc:my-test par1="10" par2="true"></my-test>
```

如果该组件由控制器 MyController 所属的视图调用，那么将会在以下路径中搜索 ViewName 视图：

- /Views/MyController/Components/MyTest/ViewName。
- /Views/Shared/Components/MyTest/ViewName。

接下来讲解 ASP.NET Core 最新版本的新增功能。

15.4　ASP.NET Core 最新版本的新增功能

ASP.NET Core 3.0 中，路由引擎作为 MVC 引擎的一部分，可用于其他处理程序。在以前的版本中，路由和属性路由作为 MVC 处理程序的一部分，通过 app.UseMvc() 添加进应用程序。现在，app.UseMvc() 已经被 app.UseRouting() 和 UseEndpoints() 方法取代，不仅可以将请求路由到控制器，还可以路由到其他处理程序。

终节点及其关联的处理程序现在定义在 UseEndpoints 中，如下所示：

```
app.UseEndpoints(endpoints =>
  {
    ...
    endpoints.MapControllerRoute("default", "
    {controller=Home}/{action=Index}/{id?}");
    ...
  });
```

MapControllerRoute 将模式与控制器相关联，但我们也可以使用诸如 endpoints.MapHub<ChatHub>("/chat")的方法将一个模式与处理 WebSocket 连接的中心相关联。在 15.3 节中，我们看到还可以使用 MapPost 和 MapGet 将模式与自定义处理程序相关联。

独立路由还允许我们不仅能向控制器，而且还能向任何处理程序添加授权，如下所示：

```
MapGet("hello/{country}", context =>
  context.Response.WriteAsync(
  $"Selected country is {context.GetRouteValue("country")}"))
  .RequireAuthorization(new AuthorizeAttribute(){ Roles = "admin" });
```

另外，ASP.NET Core 有一个独立的 JSON 格式化工具，不再依赖第三方 Newtonsoft JSON 序列化工具。但是，如果遇到兼容性问题，仍然可以通过安装 Microsoft.AspNetCore.Mvc. NewtonsoftJson NuGet 包和配置控制器将轻量级的 ASP.NET Core JSON 格式化工具替换回 Newtonsoft JSON 序列化工具，如下所示：

```
services.AddControllersWithViews()
  .AddNewtonsoftJson();
```

这里，AddNewtonsoftJson 还有一个重载可以接受 Newtonsoft JSON 序列化工具的配置选项：

```
.AddNewtonsoftJson(options =>
    options.SerializerSettings.ContractResolver =
      new CamelCasePropertyNamesContractResolver());
```

Microsoft 的 JSON 序列化工具是在 3.0 版本中引入的，当时它是轻量级。现在，.NET 5 提供的功能已经与 Newtonsoft JSON 的功能相当。

在 3.0 之前的版本中，只能向依赖注入引擎添加控制器和视图。现在，仍然可以通过 services.AddControllersWithViews 向依赖注入引擎添加控制器和视图，但如果只想实现 REST 终节点不想使用视图，也可以使用 AddControllers 只添加控制器。

.NET 5.0 带来了显著的性能改进，因为 JIT 编译器的改进，现在可以生成更短、更优化的代码，以及 HTTP/2 协议实现的改进。现在已经拥有加倍的计算速度，以及更高效的内存和垃圾收集处理。

15.5 ASP.NET Core MVC 和设计原则的关系

整个 ASP.NET Core 框架都建立在第 5 章、第 8 章、第 11～13 章讲解过的设计原则和模式之上。

所有的框架功能都是通过依赖注入提供的，因此它们中的每一个都可以被一个自定义的对应项替换，而不会影响代码的其余部分。但是，这些提供者并没有单独添加到依赖注入引擎中，它们被分组为 option 对象，以符合 SOLID 中的单一职责原则。所有模型绑定器、验证提供程序和数据注解提供程序也都是如此。

通过本章第 1 节中介绍的 options 框架，配置数据不再是从某个配置文件创建的对应字典中获得的，而是被组织到 option 对象中。这也是 SOLID 原则中接口隔离原则的一个实践。

此外，ASP.NET Core 还应用了其他模式，这些模式是关注点分离原则(Separation of Concerns，SOC)的具体实例，也应用了单一职责原则。具体例子如下：

- 中间件模块架构(ASP.NET Core 管道)。
- 将验证和多语言化从应用程序代码中分离出来。
- MVC 模式本身。

接下来的各个小节中将逐一讲解。

15.5.1　ASP.NET Core 管道的优点

ASP.NET Core 管道架构有两个重要优点：

- 根据单一职责原则，将初始请求执行的所有不同操作分解成不同的模块。
- 执行这些不同操作的模块不需要相互调用，而是由 ASP.NET Core 框架调用每个模块。这样每个模块的代码就不需要执行与分配给其他模块的职责相关的任何操作。

这么做确保了功能的最大独立性和更简单的代码。例如，一旦启用了授权和身份验证模块，其他模块就不需要再担心授权了。这样每个控制器都只需要关注应用程序的业务逻辑。

15.5.2　服务器端和客户端验证

通过定义验证属性，可以把验证逻辑从应用程序代码中完全分离出来。开发者只需要对模型的每个属性添加验证规则属性即可。

当实例化操作方法参数时，会自动检查验证规则。然后，模型中的错误和路径(错误发生的位置)都会记录在 ModelState 控制器属性包含的字典中。开发者需要先检查 ModelState.IsValid 来验证是否存在错误。如果存在错误，开发者必须将同一 ViewModel 返回同一视图中，不需要开发者做太多操作，错误消息就会自动显示在视图中，以便用户更正所有错误。开发者只需要执行以下操作：

- 在每个输入控件旁边添加带有 asp-validation-for 属性的 span 或 div 标签，该字段将自动填入可能的错误信息。
- 添加带有 asp-validation-summary 属性的 div，该属性将自动填充验证错误摘要。有关更多详细信息，请参见 15.3 节 Razor 标签助手相关内容。

还可以在客户端启用同样的验证规则，以便在表单发布到服务器之前就能够向用户显示错误，方法也很简单，通过局部视图调用_ValidationScriptPartial.cshtml 视图以添加相关的 JavaScript 引用即可。System.ComponentModel.DataAnnotations 和 Microsoft.AspNetCore.Mvc 名称空间包含了一些预定义验证属性，包括：

- Required 属性要求用户为其所修饰的属性指定一个值。所有不可为 null 的属性会隐式地自动应用 Required 属性，例如所有浮点、整数和小数，因为它们不能有 null 值。
- Range 属性约束输入数值要在一定范围内。

- 还包括约束字符串长度的属性(StringLength、MinLength、MaxLength)。

还可以将自定义错误消息直接插入属性中,属性还可以引用包含它们的资源类型的属性。

开发者可以通过在 C#和 JavaScript 提供用于客户端验证的验证代码来定义自定义属性。

也可以使用其他验证提供程序取代基于属性的验证,例如使用 fluent 接口为每种类型定义验证规则的 fluent 验证。只需要修改 services.AddControllersWithViews()方法中 options 对象配置即可。示例代码如下:

```
services.AddControllersWithViews(o => {
    ...
    // code that modifies o properties
});
```

验证框架会自动检查数字和日期输入项是否根据所选区域设置进行了合乎格式的输入。

15.5.3 ASP.NET Core 多语言支持

在多语言文化应用程序中,必须依据每个用户的语言和文化偏好提供对应的页面。通常,多语言文化应用程序会使用多种语言提供内容,并且可以用多种语言处理日期和数字格式。事实上,虽然所有受支持语言的内容都需要手动生成,但是.NET Core 还是能够依据当前区域设置自动格式化和解析日期与数字。

例如,Web 应用程序可能不支持所有基于英语文化(en)特有的内容,但可能支持所有已知的基于英语文化的数字和日期格式(如 en-US、en-GB、en-CA 等)。

Thread.CurrentThread.CurrentCulture 属性包含当前线程用于数字和日期的区域设置。因此,可以将此属性设置为 new CultureInfo("en-CA"),这样数字和日期将根据加拿大文化进行格式化/解析。同时,Thread.CurrentThread.CurrentUICulture 属性值也决定了要读取哪个区域设置的资源文件。一个多语言文化应用程序需要先设置至少两种区域设置资源文件或视图文件,然后依据当前请求的区域设置读取对应的资源文件或视图文件。

根据关注点分离原则,根据当前用户偏好设置当前请求区域设置的整个逻辑被分解到 ASP.NET Core 管道的特定模块中。要配置此模块,作为第一步,需要先设置该多语言文化应用程序支持的日期/数字区域设置,如下所示:

```
var supportedCultures = new[]
{

  new CultureInfo("en-AU"),
  new CultureInfo("en-GB"),
  new CultureInfo("en"),
  new CultureInfo("es-MX"),
  new CultureInfo("es"),
  new CultureInfo("fr-CA"),
  new CultureInfo("fr"),
  new CultureInfo("it-CH"),
  new CultureInfo("it")
};
```

然后设置所支持的语言。通常,会选择一种不特定于任何国家的语言版本,以保持足够小的翻译数量,如下所示:

```
var supportedUICultures = new[]
{
    new CultureInfo("en"),
    new CultureInfo("es"),
    new CultureInfo("fr"),
    new CultureInfo("it")
};
```

将文化中间件添加到管道中，如下所示：

```
app.UseRequestLocalization(new RequestLocalizationOptions
{
    DefaultRequestCulture = new RequestCulture("en", "en"),

    // Formatting numbers, dates, etc.
    SupportedCultures = supportedCultures,
    // UI strings that we have localized.
    SupportedUICultures = supportedUICultures,
    FallBackToParentCultures = true,
    FallBackToParentUICultures = true
});
```

如果用户请求的区域设置能够在 supportedCultures 或 supportedUICultures 中明确找到，则直接使用该区域设置。如果找不到则会根据 FallBackToParentCultures 和 FallBackToParentUICultures 尝试使用父文化。也就是说，例如，如果在列出的区域中找不到所需的 fr-FR 区域设置，则框架将搜索其通用版本 fr。如果还是找不到，框架将使用 DefaultRequestCulture 所指定的区域设置。

文化中间件默认将按照以下步骤使用 3 个提供程序为当前用户选择区域设置：

(1) 中间件查找 culture 和 ui-culture 查询字符串参数。

(2) 如果上一步失败，中间件将查找名为 AspNetCore.Culture 的 cookie，其值预计为 c=en-US|uic=en。

(3) 如果前两个步骤都失败，中间件将查找浏览器 Accept-Language 请求标头，该标头可以在浏览器设置中更改，其初始值可以在操作系统区域设置中进行设置。

当用户第一次请求应用程序页面时，将采用浏览器的区域设置(参见第(3)步)。然后，如果用户单击了带有正确查询字符串参数的更改语言链接，则会经由以上第(1)步切换成新的区域设置。通常单击了语言链接之后，服务器还会生成一个 cookie，以通过第(2)步记住用户的选择。

提供内容本地化最简单的方法是为每种语言提供不同的视图。因此，如果想为不同语言的 Home.cshtml 视图实现本地化，则必须提供名为 Home.en.cshtml、Home.es.cshtml 等的视图文件。如果 ui-culture 线程没有找到特定的视图文件，则默认选择 Home.cshtml。

必须通过调用 AddViewLocalization 方法来启用视图本地化，如下所示：

```
services.AddControllersWithViews()
    .AddViewLocalization(LanguageViewLocationExpanderFormat.Suffix)
```

另一种选择是将简单字符串或 HTML 片段存储在所有支持语言的特定资源文件中。采用这种方式时，必须通过调用 AddLocalization 方法来启用资源文件的使用，如下所示：

```
services.AddLocalization(options =>
    options.ResourcesPath = "Resources");
```

上面代码中的 ResourcesPath 是放置所有资源文件的根文件夹。如果未指定，则默认为空字符串, 资源文件将放置在 Web 应用程序根目录中。特定视图(如/Views/Home/Index.cshtml 视图)的资源文件为如下路径:

```
<ResourcesPath >/Views/Home/Index.<culture name>.resx
```

因此, 如果 ResourcesPath 为空, 则资源文件必须放在/Views/Home/Index.<culture name>.resx 路径, 也就是说, 必须与视图放在同一个文件夹。

添加与视图关联的所有资源文件的键-值对后, 可以将本地化的 HTML 片段添加到视图中, 如下所示:

- 使用@inject IViewLocalizer Localizer 声明语句将 IViewLocalizer 注入视图。
- 如有需要, 可以将视图中的文本替换为 Localizer 字典对应的值, 例如 Localizer["myKey"], 其中 "myKey" 是资源文件中使用的 key(键)。

以下代码是 IViewLocalizer 字典使用示例:

```
@{
    ViewData["Title"] = Localizer["HomePageTitle"];
}
<h2>@ViewData["MyTitle"]</h2>
```

如果在资源文件中找不到对应的 key, 即本地化失败, 则会返回 key 本身。如果需要在 Model 字段中, 即数据注解(data annotation)中, 启用本地化和多语言支持, 则还需要添加 AddDataAnnotationsLocalization()调用, 如下所示:

```
services.AddControllersWithViews()
    .AddViewLocalization(LanguageViewLocationExpanderFormat.Suffix)
    .AddDataAnnotationsLocalization();
```

而 Model(如 MyWebApplication.ViewModels.Account.RegisterViewMode)数据注解对应的资源文件则需要放在以下路径:

```
<ResourcesPath >/ViewModels/Account/RegisterViewModel.<culture name>.resx
```

需要注意的是, 需要将 ResourcesPath 替换为名称空间(一般为应用程序.dll 名称)。如果 ResourcesPath 为空, 并且使用 Visual Studio 创建的默认名称空间, 则资源文件必须放在其关联类的同一文件夹中。

还可以将每组资源文件与一种类型(如 MyType)关联, 然后通过 IHtmlLocalizer<MyType>获取本地化 HTML 片段, 或通过 IStringLocalizer<MyType>获取本地化字符串。

它们的用法与 IViewLocalizer 的用法相同。与 MyType 关联的资源文件放置路径与数据注解的情况相同。如果要为整个应用程序使用一组唯一的资源文件, 通常的选择是将 Startup 类作为引用类型(IStringLocalizer<Startup>和 IHtmlLocalizer<Startup>)。另一个常见的选择是创建各种空类, 用作各种资源文件组的引用类型。

本小节介绍了如何在 ASP.NET Core 项目中管理多语言文化。下一小节将描述一种实现了 ASP.NET Core MVC 使用的实现了关注点分离的更重要的模式: MVC 模式。

15.5.4 MVC 模式

MVC 是一种用于实现 Web 应用程序表示层的模式, 其基本思想是将关注点分离原则应用于表示层的逻辑和图形之间。逻辑由控制器负责, 图形则由视图负责。控制器和视图通过模型进行通信，该模型通常称为 ViewModel，以区别于业务层和数据层的模型。

表示层的逻辑是指什么呢？第 1 章讲过可以通过描述用户和系统之间交互的用例来记录软件的需求。粗略地说，表示层的逻辑就是用例的映射。用例映射到控制器，用例的每一个操作映射到控制器的操作方法。控制器负责管理与用户的交互，并依赖业务层进行每个 action 涉及的业务处理。

每个操作方法从用户接收数据，执行一些业务处理，然后根据处理结果编码 ViewModel 以决定向用户显示什么。视图接收该 ViewModel，然后决定具体的图形界面，即所要使用的 HTML。

将逻辑和图形分成两个不同的组件有什么优点？主要优点如下。

- 更改图形界面不会影响代码逻辑部分，因此可以尝试各种图形界面选项，以优化与用户的交互，而不会危及代码逻辑部分的可靠性。
- 可以通过实例化控制器和传递参数来测试应用程序，而不需要使用在浏览器页面上运行的测试工具。这样，测试更容易实现，并且更快。而且因为不依赖图形界面的具体实现方式，因此每次更改图形界面时不需要更新测试代码。
- 更容易在实现控制器的开发者和实现视图的图形设计师之间分配工作。不过图形设计师在使用 Razor 时会遇到困难，因此他们可能只能提供一个 HTML 示例页面，然后需要开发者将其转换为可以对实际数据进行操作的 Razor 视图。

接下来介绍如何使用 ASP.NET Core MVC 实现 Web 应用程序。

15.6 用例——使用ASP.NET Core MVC实现Web应用程序

本节将使用 ASP.NET Core MVC 实现本书用例 WWTravelClub 的目的地和套餐管理面板。应用程序将使用第 12 章所描述的领域驱动设计(DDD)方法实现，所以，很好地理解第 12 章的内容是学习本节的基本前提。下面首先描述整个应用程序的规范和架构，然后讲解应用程序的各个部分。

15.6.1 定义应用程序规范

目的地和套餐已经在第 8 章讲述过了，本节将使用完全相同的数据模型，并进行必要的修改以使其适应 DDD 方法。管理面板必须能够对套餐、目的地列表进行 CRUD 操作。为了简化应用程序，我们将简单实现这两个功能：应用程序将显示所有目的地并按名称排序，而所有套餐将按有效期排序。

此外，我们做出如下假设。

- 向用户显示目的地和套餐的应用程序与管理面板的应用程序共享同一数据库。因为只有管理面板的应用程序需要修改数据，将会使用一个数据库写入副本和多个只读副本。
- 价格的修改和套餐的删除会立即更新用户的购物车。因此，管理面板的应用程序必须发送有关价格变化和套餐删除的异步通信。我们不会在这里实现整个通信逻辑，只会将所有此类事件添加到一个事件表中作为并行线程的输入，该线程负责将这些事件发送到所有相关的微服务。

完整的套餐管理代码可在本书 GitHub 存储库的 ch15 文件夹中找到，目的地管理的大部分代码将留作练习。在本节的剩余部分中，我们将描述应用程序的整体架构，并讨论相关的代码示例。

15.6.2 定义应用程序架构

该应用程序是根据第 12 章所描述的指导原则组织的，应用了 DDD 和 SOLID 原则来映射业务领域模型。也就是说，应用程序将分为三层，每层作为独立的项目实现。

(1) 第一层为数据层，包含存储库的实现和描述数据库实体的类。这是一个.NET Core 库项目，但是，由于它需要一些接口，例如定义在 Microsoft.NET.Sdk.web 中的 IServiceCollection，所以不仅需要添加.NET Core SDK 的引用，还需要添加 ASP.NET Core SDK 的引用。这可以通过以下方式实现：

- 选中解决方案资源管理器中的相关项目，然后右击选择编辑项目文件。
- 在编辑窗口中添加：

```
<ItemGroup>
    <FrameworkReference Include="Microsoft.AspNetCore.App" />
</ItemGroup>
```

(2) 第二层为包含存储库规范的领域层。该层将包含存储库实现和 DDD 聚合接口。在该实现中，我们决定在接口中隐藏根数据实体的操作/属性来实现聚合。例如，数据层的 Package 类(套餐类)是一个聚合根，其实现了领域层中的 IPackage 接口，该接口将隐藏 Package 实体类的所有属性设置器。领域层还包含所有领域事件的定义，而相应的事件处理程序则在应用层中定义。

(3) 第三层为应用层，即 ASP.NET Core MVC 应用程序——在该项目中定义 DDD 查询、命令、命令处理程序和事件处理程序。控制器负责填充查询对象以获得可以传递给视图的 ViewModel。应用层通过填充命令对象并执行其关联的命令处理程序来更新存储。命令处理程序将通过领域层的 IRepository 接口和 IUnitOfWork 来管理与协调事务。

应用程序将应用命令查询职责分离(CQRS)模式。也就是说，使用命令对象来修改存储，使用查询对象来查询存储。

查询部分很容易使用和实现：控制器填充参数，然后调用执行方法。反过来，查询对象有直接的 LINQ 实现，可以将结果通过 LINQ 的 Select 方法直接投影到控制器视图的 ViewModel 对象。还可以将 LINQ 实现隐藏到负责存储更新操作的同一存储库类后面，但这么做会将简单查询的定义和修改变得非常耗时。

在任何情况下，都最好将查询对象隐藏在接口后面，以便在测试控制器时可以使用 Fake/Mock 实现替换真正实现。

命令部分所涉及的对象和调用链则比较复杂。因为它需要构造和修改聚合，以及通过领域事件定义多个聚合之间，以及聚合与其他应用程序之间的交互。

图 15.6 是命令部分运作示意图。圆圈代表要在不同层之间交换的数据[1]，而矩形代表处理数据的程序，虚线箭头将接口与实现它们的类型连接起来。

---

1 译者注：这里的圆圈代表同一份数据。

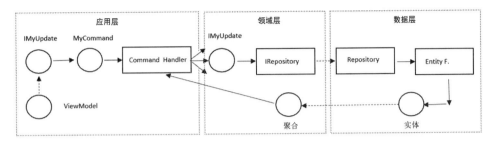

图 15.6   命令部分运作示意图

下面详细讲解图 15.6 中的步骤。

(1) 控制器的操作方法接收和验证一个或多个 ViewModel。

(2) 这些 ViewModel 封装了用于填充命令对象的属性，命令对象的具体代码可以参见以 Command 结尾的 cs 代码文件。

(3) 通过控制器操作方法中的依赖注入(通过 15.3.4 小节中描述的[FromServices]参数属性)检索与上一步命令匹配的命令处理程序(即以 CommandHandler 结尾的 cs 代码文件)，然后执行 CommandHandler 的 HandleAsync 方法。HandleAsync 方法将通过 IRepository 存储库接口与数据库进行交互。

(4) ASP.NET Core 依赖注入引擎会自动注入步骤(3)中创建的命令处理程序其构造函数中声明的所有参数。最重要的是它注入了执行所有命令处理程序事务所需的所有 IRepository 实现。命令处理程序通过调用在其构造函数中接收的这些 IRepository 实现的方法来构建聚合或者修改所构建的聚合。聚合表示已经存在的实体或新创建的实体。命令处理程序使用每个 IRepository 中包含的 IUnitOfWork 接口，以及数据层返回的并发异常，将其操作组织为事务。值得指出的是，每个聚合都有自己的 IRepository，更新每个聚合的整个逻辑是在聚合本身中定义的，而不是在其关联的 IRepository 中定义的，从而使代码更加模块化，具体例子包括 PackagesManagementDB\Models\Package.cs 文件中的 FullUpdate 方法。

(5) IRepository 的具体实现类在数据层使用 Entitiy Framework Core。聚合是由隐藏在领域层中定义的接口后面的根数据实体实现的，而处理事务并将更改传递给数据库的 IUnitOfWork 则是通过应用程序的 DbContext 实现的。

(6) 领域事件是在每个聚合过程中生成的，并通过调用其 AddDomainEvent 方法添加到聚合中。但是，它们不会立即触发。通常，它们会在所有聚合处理结束时以及更改传递到数据库之前触发，不过并非所有事件都是这么做的。

(7) 应用程序通过抛出异常来处理错误。一种更有效的方法是在依赖引擎中定义一个 request-scoped(请求范围)的对象，其中每个应用程序的子部分可以将其范围内的错误添加为领域事件。然而，虽然这种方法执行效率更高，但它增加了代码的复杂性和应用程序开发时间。

本节示例的 Visual Studio 解决方案由 3 个项目组成：

- 名为 PackagesManagementDomain 的领域层项目，使用了.NET Standard 2.1。
- 名为 PackagesManagementDB 的数据层项目，使用了.NET 5.0。
- 名为 PackagesManagement 的 ASP.NET Core MVC 5.0 项目，包含应用层和表示层。新建该项目时，身份验证类型选择了"无"。如果不这么做的话，用户数据库会直接添加到 ASP.NET Core MVC 项目，而不是添加到数据层。我们将在数据层中手动添加用户数据库。

首先创建名为 PackagesManagement 的 ASP.NET Core MVC 5.0 项目，并将整个解决方案也命名为 PackagesManagement。然后将另外两个库项目添加到同一个解决方案中。最后让 ASP.NET Core MVC 项目引用这两个项目，PackageManagementDB 再引用 PackageManagementDomain。建议首先按照此步骤操作一遍以创建自己的项目，然后将本节 GitHub 存储库的代码复制到这些项目中。

接下来介绍 PackageManagementDomain 领域层项目的代码。

1. 定义领域层

将 PackageManagementDomain .NET Standard 2.1 库项目添加到解决方案后，首先向项目根目录添加一个 Tools 文件夹，然后把第 12 章的代码(DomainLayer 工具)放进该文件夹。由于该文件夹所包含的代码使用了数据注解并定义依赖引擎扩展方法，因此我们还必须添加 System.ComponentModel.Annotations 和 Microsoft.Extensions.DependencyInjection NuGet 包的引用。

将创建一个包含所有聚合定义的 Aggregates 文件夹(记住，我们将聚合实现为接口，也就是 IDestination、IPackage 和 IPackageEvent)。这里的 IPackageEvent 所聚合的表用于放置要传播给其他应用程序的事件。

接下来分析一下 IPackage：

```
public interface IPackage : IEntity<int>
{
    void FullUpdate(IPackageFullEditDTO o);
    string Name { get; set; }

    string Description { get;}
    decimal Price { get; set; }
    int DurationInDays { get; }
    DateTime? StartValidityDate { get;}
    DateTime? EndValidityDate { get; }
    int DestinationId { get; }

}
```

IPackage 包含与第 8 章定义的 Package 实体相同的属性，两者的区别如下：

- 它继承了 IEntity<int>(第 8 章的 Package 实体没有继承任何接口和类)，所以能够提供聚合的所有基本功能。
- 它不需要 Id 属性，因为它已经从 IEntity<int>继承了 Id 属性。
- 所有属性都是只读的，因为所有聚合都只能通过专门的更新操作(在我们的例子中是 FullUpdate 方法)进行修改。

还要添加一个 DTOs 文件夹，将在该文件夹中放置所有要传递给聚合(如 UpdatePackageCommand 类中的 updates)的接口定义。此类接口用于定义更新操作，然后在应用层的 ViewModel 中实现此类接口。在我们的例子中，此类接口包含 IPackageFullEditDTO，可以使用它来更新现有的套餐(Package)。如果想添加管理目的地的类似逻辑，则必须为 IDestination 聚合定义一个类似的接口。

然后还要添加一个 IRepository 文件夹，并放置所有存储库规范：IDestinationRepository、

IPackageRepository 和 IPackageEventRepository。这里的 IPackageEventRepository 是与 IPackageEvent
聚合相关的存储库。下面以 IPackageRepository 存储库为例讲解一下：

```
public interface IPackageRepository:
        IRepository<IPackage>
{
    Task<IPackage> Get(int id);
    IPackage New();
    Task<IPackage> Delete(int id);
}
```

存储库接口所包含的方法基本是一样的，都是 Get、New、Delete，因为所有业务逻辑都应该
表示为聚合方法——在我们的例子中，就是创建新套餐、检索现有套餐和删除现有套餐等方法。
修改现有套餐的具体逻辑包含在 IPackage 的 FullUpdate 方法中。

与所有领域层项目一样，PackageManagementDomain 也包含一个包含所有领域事件定义的事
件文件夹。在我们的例子中，该文件夹名为 Events，包含套餐删除事件和价格修改事件：

```
public class PackageDeleteEvent: IEventNotification
{
    public PackageDeleteEvent(int id, long oldVersion)
    {
        PackageId = id;
        OldVersion = oldVersion;
    }
    public int PackageId { get; }
    public long OldVersion { get; }

}
public class PackagePriceChangedEvent: IEventNotification
{
    public PackagePriceChangedEvent(int id, decimal price,
        long oldVersion, long newVersion)
    {
        PackageId = id;
        NewPrice = price;
        OldVersion = oldVersion;
        NewVersion = newVersion;
    }
    public int PackageId { get; }
    public decimal NewPrice { get; }
    public long OldVersion { get; }
    public long NewVersion { get; }
}
```

当聚合将其所有更改发送到另一个应用程序时，它必须具有版本相关属性。接收更改的应用
程序使用该属性以正确的顺序应用所有更改。这里需要明确的版本号，因为更改是异步发送的，
所以接收更改的顺序可能与发送更改的顺序不同。为此，用于在应用程序外部发布更改的事件需
要同时具有 OldVersion(更改前的版本)和 NewVersion(更改后的版本)属性。与删除事件关联的事件
则不需要 NewVersion 属性，因为删除之后，实体无法存储任何版本。

接下来将讲解领域层的接口是如何在数据层中实现的。

2. 定义数据层

数据层项目需要引用 Microsoft.AspNetCore.Identity.EntityFrameworkCore 和 Microsoft.
EntityFrameworkCore.SqlServer NuGet 包,因为我们使用了 EF Core 和 SqlServer。还引用了
Microsoft.EntityFrameworkCore.Tools 和 Microsoft.EntityFrameworkCore.Design,因为生成数据
库迁移代码需要它们,如第 8 章所述。

新建一个 Models 文件夹,用于放置所有数据库实体。它们与第 8 章的数据库实体类似,两
者的区别如下:

- 继承自 Entity\<T>,所以将获得聚合的所有基本特性。注意,只有聚合根需要继承
  Entity\<T>,其他实体的定义必须按照第 8 章所述操作。在本节示例中,所有实体都是聚
  合根。
- 不需要 Id 属性,因为已经从 Entity\<T>继承了 Id 属性。
- 部分实体具有包含实体版本信息的 EntityVersion 属性,并使用[ConcurrencyCheck]属性修
  饰。当将实体更改发送给其他应用程序时,需要用到这个版本信息。使用 ConcurrencyCheck
  属性修饰用来防止在更新实体版本时出现并发错误,这么做的性能会比使用事务更好。

更具体而言,在保存实体更改时,如果标记 ConcurrencyCheck 属性的字段的值与在内存中加
载实体时读取的值不同,则会引发并发异常,以通知调用方法在读取实体后有其他人修改了该值。
可以重试该操作直到没有并发异常为止,以保证在执行过程中没有人在数据库中修改同一实体。

接下来详细分析一下 Package 实体:

```
public class Package: Entity<int>, IPackage
{
    public void FullUpdate(IPackageFullEditDTO o)
    {
        if (IsTransient())
        {
            Id = o.Id;
            DestinationId = o.DestinationId;
        }
        else
        {
            if (o.Price != this.Price)
                this.AddDomainEvent(new PackagePriceChangedEvent(
                        Id, o.Price, EntityVersion, EntityVersion+1));
        }
        Name = o.Name;
        Description = o.Description;
        Price = o.Price;
        DurationInDays = o.DurationInDays;
        StartValidityDate = o.StartValidityDate;
        EndValidityDate = o.EndValidityDate;
    }
    [MaxLength(128), Required]
    public string Name { get; set; }
    [MaxLength(128)]
    public string Description { get; set; }
    public decimal Price { get; set; }
    public int DurationInDays { get; set; }
    public DateTime? StartValidityDate { get; set; }
    public DateTime? EndValidityDate { get; set; }
```

```
    public Destination MyDestination { get; set; }
    [ConcurrencyCheck]
    public long EntityVersion{ get; set; }

    public int DestinationId { get; set; }
}
```

FullUpdate 方法是更新 IPackage 聚合的唯一方法，当价格发生变化时，会将 PackagePrice-
ChangedEvent 添加进实体事件列表。

MainDBContext.cs 文件包含数据层数据库上下文定义。它不是从 DBContext 继承，而是从以
下预定义的上下文类继承的：

```
IdentityDbContext<IdentityUser<int>, IdentityRole<int>, int>
```

该上下文定义了身份验证所需的用户表。在我们的例子中，分别为用户和角色选择了
IdentityUser<T>和 IdentityRole<S>标准，并使用整数作为 T 和 S 的 Id。不过，也可以使用其他从
IdentityUser 和 IdentityRole 继承的且添加了更多属性的类。

在 OnModelCreating 方法中，必须调用 base.OnModelCreating(builder)以应用 IdentityDbContext
中定义的配置。

MainDBContext 通过实现 IUnitOfWork 接口来启用事务相关特性。以下代码显示了启动、回
滚、提交等方法的事务实现：

```
public async Task StartAsync()
{
    await Database.BeginTransactionAsync();
}

public Task CommitAsync()
{
    Database.CommitTransaction();
    return Task.CompletedTask;
}

public Task RollbackAsync()
{
    Database.RollbackTransaction();
    return Task.CompletedTask;
}
```

但是，它们很少在分布式环境中被命令类使用，这是因为接下来提到的重试操作通常比事务
有更好的性能。

下面分析重试操作，即将应用于 DbContext 的所有更改传递到数据库的方法的实现代码：

```
public async Task<bool> SaveEntitiesAsync()
{
    try
    {
        return await SaveChangesAsync() > 0;
    }
    catch (DbUpdateConcurrencyException ex)
    {
        foreach (var entry in ex.Entries)
        {
```

```
            entry.State = EntityState.Detached;
        }
        throw;
    }
}
```

上面的实现通过调用 DbContext.SaveChangesSync()方法将所有更改保存到数据库中，不过重点是它会截获所有并发异常，并将并发错误中涉及的所有实体的状态标记为 Detached。这样，当下次重试整个失败的操作时，将从数据库中重新加载它们的更新版本。

Repositories 文件夹包含所有存储库实现。下面分析 IPackageRepository.Delete()方法的实现：

```
public async Task<IPackage> Delete(int id)
{
    var model = await Get(id);
    if (model is not Package package) return null;
    context.Packages.Remove(package);
    model.AddDomainEvent(
        new PackageDeleteEvent(
            model.Id, package.EntityVersion));
    return model;
}
```

它从数据库中读取实体，并将其从 Package 数据集中正式删除。当更改保存到数据库时，将强制删除数据库中的实体。此外，它还会将 PackageDeleteEvent 添加到事件列表中。

Extensions 文件夹包含 DBExtensions 静态类，该类包含两个要添加到应用程序依赖注入引擎和 ASP.NET Core 管道的扩展方法。

AddDbLayer 的 IServiceCollection 扩展接受数据库连接字符串和包含所有数据库迁移的 dll 文件的名称(作为其输入参数)，然后执行以下操作：

```
services.AddDbContext<MainDbContext>(options =>
            options.UseSqlServer(connectionString,
            b => b.MigrationsAssembly(migrationAssembly)));
```

以上代码将数据库上下文及其相关信息包括使用 SQL Server、数据库连接字符串、包含所有数据库迁移的 dll 文件的名称添加进依赖注入引擎，然后执行以下操作：

```
services.AddIdentity<IdentityUser<int>, IdentityRole<int>>()
            .AddEntityFrameworkStores<MainDbContext>()
            .AddDefaultTokenProviders();
```

以上代码添加并配置基于数据库的身份验证所需的所有类型，其中 UserManager 和 RoleManager 类型用于管理用户和角色，并通过 AddDefaultTokenProviders 方法添加了用户登录时使用数据库中包含的数据创建身份验证令牌的提供程序。

最后通过调用 AddAllRepositories 方法将所有存储库实现添加到依赖注入引擎中。关于 AddAllRepositories 方法的详细代码可以在领域层项目 PackagesManagementDomain\Tools\ RepositoryExtensions.cs 中找到。

UseDBLayer 扩展方法通过调用 context.Database.Migrate()来迁移数据库并填充初始化数据。在我们的例子中，它使用 RoleManager 和 UserManager 分别创建管理角色和初始管理员，还创建了一些目的地和套餐示例数据。

 context.Database.Migrate()对于快速设置和更新暂存环境与测试环境非常有用。在生产环境中部署时，应该使用迁移工具根据迁移生成SQL脚本，并且在负责维护数据库的人员应用该脚本之前，应该先对该脚本进行检查。

为了创建迁移，必须在ASP.NET Core MVC Startup.cs文件中调用前面所讲的AddDbLayer扩展方法，如下所示：

```
public void ConfigureServices(IServiceCollection services)
{
    ...
    services.AddRazorPages();
    services.AddDbLayer(
        Configuration.GetConnectionString("DefaultConnection"),
        "PackagesManagementDB");


public void Configure(IApplicationBuilder app,
    IWebHostEnvironment env)
    ...
    app.UseAuthentication();
    app.UseAuthorization();
    ...
}
```

请确保身份验证和授权模块都已添加到ASP.NET Core管道，否则身份验证和授权引擎将无法工作。

必须将数据库连接字符串添加到appsettings.json文件，如下所示：

```
{
  "ConnectionStrings": {
      "DefaultConnection":
"Server=(localdb)\\mssqllocaldb;Database=package-management;Trusted_Connection
=True;MultipleActiveResultSets=true"

  },
  ...
}
```

最后，需要把Microsoft.EntityFrameworkCore.Design引用添加到ASP.NET Core项目。

至此，一切准备工作就绪。现在，打开Visual Studio的程序包管理器控制台，选择PackageManagementDB作为默认项目，然后输入以下命令：

```
Add-Migration Initial -Project PackageManagementDB
```

以上命令将添加初始化迁移代码文件，然后可以使用Update-Database命令将其应用于数据库。注意，如果从GitHub复制项目，则不需要构建迁移框架(因为已经创建好了)，但仍需要更新数据库。

下一小节描述应用层。

3. 定义应用层

作为第一步，为了简单起见，将下面的代码添加到 ASP.NET Core 管道：

```
app.UseAuthorization();

// Code to add: configure the Localization middleware
var ci = new CultureInfo("en-US");
app.UseRequestLocalization(new RequestLocalizationOptions
{
   DefaultRequestCulture = new RequestCulture(ci),
   SupportedCultures = new List<CultureInfo>
   {
     ci,
   },
    SupportedUICultures = new List<CultureInfo>
   {
     ci,
   }
});
```

然后，创建一个 Tools 文件夹并将第 12 章的 ApplicationLayer 代码(GitHub 存储库的 ch12\ApplicationLayer 目录中)放进去。有了这些工具，现在可以添加自动发现所有查询、命令处理程序和事件处理程序并将其添加到依赖注入引擎的代码，如下所示：

```
public void ConfigureServices(IServiceCollection services)
{
   ...
   ...
   services.AddAllQueries(this.GetType().Assembly);
   services.AddAllCommandHandlers(this.GetType().Assembly);
   services.AddAllEventHandlers(this.GetType().Assembly);
}
```

还需要添加一个 Queries 文件夹放置所有查询及其相关接口。例如，以下代码用于列出所有套餐的 PackagesListQuery 查询：

```
public class PackagesListQuery:IPackagesListQuery
{
   private readonly MainDbContext ctx;
   public PackagesListQuery(MainDbContext ctx)
   {
      this.ctx = ctx;
   }
   public async Task<IEnumerable<PackageInfosViewModel>> GetAllPackages()
   {
      return await ctx.Packages.Select(m => new PackageInfosViewModel
      {
         StartValidityDate = m.StartValidityDate,
         EndValidityDate = m.EndValidityDate,
         Name = m.Name,
         DurationInDays = m.DurationInDays,
         Id = m.Id,
         Price = m.Price,
         DestinationName = m.MyDestination.Name,
         DestinationId = m.DestinationId
```

```
        })
            .OrderByDescending(m=> m.EndValidityDate)
            .ToListAsync();
    }
}
```

查询对象会自动注入应用程序数据库上下文中。GetAllPackages 方法使用 LINQ 将所有必需的信息映射到 PackageInfosViewModel 中，并根据 EndValidityDate 属性对所有结果进行降序排序。

PackageInfosViewModel 与所有其他 ViewModel 一起放置在 Models 文件夹中。针对每个控制器定义各自的文件夹，然后将 ViewModel 组织到对应的文件夹中是一种很好的做法。接下来分析用于修改套餐的 ViewModel：

```
public class PackageFullEditViewModel: IPackageFullEditDTO
    {
        public PackageFullEditViewModel() { }
        public PackageFullEditViewModel(IPackage o)
        {
            Id = o.Id;
            DestinationId = o.DestinationId;
            Name = o.Name;
            Description = o.Description;
            Price = o.Price;
            DurationInDays = o.DurationInDays;
            StartValidityDate = o.StartValidityDate;
            EndValidityDate = o.EndValidityDate;
        }
        ...
        ...
```

它有一个接受 IPackage 聚合接口的构造函数。这样，Package 数据就会复制到用于填充编辑视图的 ViewModel 中。它实现了在领域层中定义的 IPackageFullEditDTO 接口。通过这种方式，它可以直接用于向领域层发送 IPackage 更新。

所有属性都包含供客户端和服务器端验证引擎自动使用的验证属性。每个属性都包含一个显示属性，该属性定义了要赋予输入字段的标签。最好将字段标签放置在 ViewModel 中，而不是直接放置在视图中，因为这样做可以让使用同一 ViewModel 的所有视图都自动使用相同的名称。以下代码列出了其所有属性：

```
public int Id { get; set; }
[StringLength(128, MinimumLength = 5), Required]
[Display(Name = "name")]
public string Name { get; set; }
[Display(Name = "package infos")]
[StringLength(128, MinimumLength = 10), Required]
public string Description { get; set; }
[Display(Name = "price")]
[Range(0, 100000)]
public decimal Price { get; set; }
[Display(Name = "duration in days")]
[Range(1, 90)]
public int DurationInDays { get; set; }
[Display(Name = "available from"), Required]
public DateTime? StartValidityDate { get; set; }
[Display(Name = "available to"), Required]
```

```
public DateTime? EndValidityDate { get; set; }
[Display(Name = "destination")]
public int DestinationId { get; set; }
```

Commands 文件夹包含所有命令。以下是用于修改套餐的命令：

```
public class UpdatePackageCommand: ICommand
{
    public UpdatePackageCommand(IPackageFullEditDTO updates)
    {
        Updates = updates;
    }
    public IPackageFullEditDTO Updates { get; private set; }
}
```

该命令处理程序通过构造函数注入 IPackageFullEditDTO 的实现来调用 DTO 接口，在我们的例子中，它是我们前面描述的编辑 ViewModel(即 PackageFullEditViewModel)。对应的命令处理程序放置在 Handlers 文件夹中。以下是用于修改套餐的命令处理程序：

```
IPackageRepository repo;
IEventMediator mediator;
public UpdatePackageCommandHandler(IPackageRepository repo, IEventMediator
mediator)
{
    this.repo = repo;
    this.mediator = mediator;
}
```

它通过构造函数注入 IPackageRepository 存储库和触发事件处理程序所需的 IEventMediator 实例。以下代码是标准的 HandleAsync 命令处理程序方法的实现：

```
public async Task HandleAsync(UpdatePackageCommand command)
{
    bool done = false;
    IPackage model;
    while (!done)
    {
        try
        {
            model = await repo.Get(command.Updates.Id);
            if (model == null) return;
            model.FullUpdate(command.Updates);
            await mediator.TriggerEvents(model.DomainEvents);
            await repo.UnitOfWork.SaveEntitiesAsync();
            done = true;
        }
        catch (DbUpdateConcurrencyException)
        {
            // add some logging here
        }
    }
}
```

以上代码中的命令操作如果遇到并发异常会重复执行，直到没有遇到异常为止。HandleAsync 使用存储库获取要修改的实体实例。如果未找到实体(即该实体已被删除)，则命令将停止执行。

否则，所有更改都会传递给检索到的聚合。更新后会立即触发聚合中包含的所有事件，特别是如果价格已更改，则执行与价格更改关联的事件处理程序。同时，因为 Package 实体的 EntityVersion 属性声明了[ConcurrencyCheck]属性，因此此并发检查确保 Package 实体的 EntityVersion 属性被正确更新(即在以前的版本号基础上增加 1)，以及确保价格更改事件是按正确的版本号处理的。

此外，事件处理程序放置在 handlers 文件夹。价格变化事件处理程序如下：

```
public class PackagePriceChangedEventHandler :
    IEventHandler<PackagePriceChangedEvent>
{
    private readonly IPackageEventRepository repo;
    public PackagePriceChangedEventHandler(IPackageEventRepository repo)
    {
        this.repo = repo;
    }
    public Task HandleAsync(PackagePriceChangedEvent ev)
    {
        repo.New(PackageEventType.CostChanged, ev.PackageId,
            ev.OldVersion, ev.NewVersion, ev.NewPrice);
      return Task.CompletedTask;
    }
}
```

通过构造函数自动注入 IPackageEventRepository 存储库，该存储库处理数据库表和要发送到其他应用程序的所有事件。HandleAsync 方法调用了存储库的 New 方法，将新记录添加到该表中。

表中的所有记录都由 IPackageEventRepository 处理，也可以通过并行任务调用在依赖注入引擎中通过 services.AddHostedService<MyHostedService>()添加的微服务，详情参见第 5 章。但是，与本章相关的 GitHub 代码中没有实现这个并行任务，这个任务留给读者来练习了。

接下来介绍控制器和视图的设计。

15.6.3　控制器和视图

还需要在 Visual Studio 自动搭建的控制器上再添加两个控制器，即负责用户登录/注销和注册的 AccountController，以及负责处理所有与套餐相关操作的 ManagePackageController。右击 Controllers 文件夹，选择 Add | Controller，然后选择空 MVC 控制器(以避免出现不需要的 Visual Studio 脚手架代码)，输入控制器名称。

为简单起见，AccountController 只有登录和注销方法，因此只能使用初始管理员用户登录。但是，可以进一步添加操作方法，使用 UserManager 类来定义、更新和删除用户。UserManager 类可以通过依赖注入引擎提供，如下所示：

```
private readonly UserManager<IdentityUser<int>> _userManager;
private readonly SignInManager<IdentityUser<int>> _signInManager;
public AccountController(
    UserManager<IdentityUser<int>> userManager,
    SignInManager<IdentityUser<int>> signInManager)
{
    _userManager = userManager;
    _signInManager = signInManager;
}
```

SignInManager 负责登录/注销操作。注销操作方法非常简单，如下所示：

```
[HttpPost]
public async Task<IActionResult> Logout()
{
    await _signInManager.SignOutAsync();
    return RedirectToAction(nameof(HomeController.Index), "Home");
}
```

其中只是调用 signInManager.SignOutAsync 方法，然后将浏览器重定向到主页。为了避免通过 URL 调用，使用了 HttpPost 修饰，因此只能通过表单提交来调用。

另外，登录需要两个操作方法。第一个是通过 Get 调用的，用于显示供用户输入用户名和密码的登录表单，如下所示：

```
[HttpGet]
public async Task<IActionResult> Login(string returnUrl = null)
{
    // Clear the existing external cookie
    //to ensure a clean login process
    await HttpContext
        .SignOutAsync(IdentityConstants.ExternalScheme);
    ViewData["ReturnUrl"] = returnUrl;
    return View();
}
```

当浏览器被授权模块自动重定向到登录页面时，它接收 returnUrl 作为其参数。当未登录用户试图访问受保护的页面时，就会发生这种情况。returnUrl 存储在 ViewState 字典中，该字典将传递给登录视图。通过如下代码，登录视图中的表单在提交时会将其连同用户名和密码一起传递回控制器：

```
<form asp-route-returnurl="@ViewData["ReturnUrl"]" method="post">
...
</form>
```

所提交的表单会被一个同样名为 Login，但被[HttpPost]属性修饰的操作方法截获，如下所示：

```
[ValidateAntiForgeryToken]
public async Task<IActionResult> Login(
    LoginViewModel model,
    string returnUrl = null)
    {
        ...
```

以上方法接收 Login 视图使用的登录模型，以及 returnUrl 查询字符串参数。其中 ValidateAntiForgeryToken 属性用于验证 MVC 自动形成的令牌(称为防伪令牌)，然后将其添加到隐藏字段中，以防止跨站点攻击。

首先判断用户是否已经登录，如果用户已经登录，则操作方法会将其注销：

```
if (User.Identity.IsAuthenticated)
{
    await _signInManager.SignOutAsync();
}
```

然后会验证是否存在验证错误，如果有错误，它会显示填充了 ViewModel 数据的同一视图，以便用户更正错误：

```
if (ModelState.IsValid)
{
    ...
}
else
 // If we got this far, something failed, redisplay form
 return View(model);
```

如果验证无误，则_signInManager 为登录用户：

```
var result = await _signInManager.PasswordSignInAsync(
    model.UserName,
    model.Password, model.RememberMe,
    lockoutOnFailure: false);
```

登录成功后，如果 returnUrl 不为空，则操作方法会将浏览器重定向到 returnUrl，否则会将浏览器重定向到主页：

```
if (result.Succeeded)
{
    if (!string.IsNullOrEmpty(returnUrl))
        return LocalRedirect(returnUrl);
    else
        return RedirectToAction(nameof(HomeController.Index), "Home");
}
else
{
    ModelState.AddModelError(string.Empty,
        "wrong username or password");
    return View(model);
}
```

如果登录失败，它会向 ModelState 添加一个错误，并显示同一表单，让用户重试。

介绍 AccountController 之后，下面讲解 ManagePackagesController。ManagePackagesController 包含一个 Index 方法，该方法以表格格式显示所有套餐：

```
[HttpGet]
public async Task<IActionResult> Index(
    [FromServices]IPackagesListQuery query)
{
    var results = await query.GetAllPackages();
    var vm = new PackagesListViewModel { Items = results };
    return View(vm);
}
```

查询对象通过依赖注入引擎注入操作方法中。操作方法调用它并将结果转为 IEnumerable 然后插入 PackageListViewModel 实例的 Items 属性。将结果转为 IEnumerable 然后插入 ViewModel 中，而不是将它们直接传递到视图中，这是一种很好的做法，这么做的优点是：如果需要添加其他属性，对现有视图代码的修改更少。结果将通过 Bootstrap 4 表格显示，因为 Visual Studio 自动构建的 CSS 是 Bootstrap 4。

结果如图 15.7 所示。

图15.7　套餐管理页面

New Package 链接(形状像 Bootstrap 4 样式的按钮，但实际上是链接)调用控制器的 Create 方法，而每行中的 delete 和 edit 链接分别调用控制器的 Delete 和 Edit 方法，并向它们传递行中显示的套餐的 ID。以下是这两个链接的实现代码：

```
@foreach(var package in Model.Items)
{
<tr>
    <td>
        <a asp-controller="ManagePackages"
        asp-action="@nameof(ManagePackagesController.Delete)"
        asp-route-id="@package.Id">
        delete
        </a>
    </td>
    <td>
        <a asp-controller="ManagePackages"
        asp-action="@nameof(ManagePackagesController.Edit)"
        asp-route-id="@package.Id">
        edit
        </a>
    </td>
    ...
    ...
```

接下来描述 HttpGet 和 HttpPost Edit 方法的代码：

```
[HttpGet]
public async Task<IActionResult> Edit(
    int id,
    [FromServices] IPackageRepository repo)
{
    if (id == 0) return RedirectToAction(
        nameof(ManagePackagesController.Index));
    var aggregate = await repo.Get(id);
    if (aggregate == null) return RedirectToAction(
        nameof(ManagePackagesController.Index));
    var vm = new PackageFullEditViewModel(aggregate);
    return View(vm);
}
```

HttpGet 的 Edit 方法使用 IPackageRepository 来检索现有的套餐。如果找不到套餐，这意味着它已被其他用户删除，浏览器将再次重定向到列表页面，以显示更新的套餐列表。否则，聚合将传递给 PackageFullEditViewModel ViewModel，然后用编辑视图呈现该 ViewModel。

用于呈现套餐的视图必须呈现包含所有套餐的目的地，因此它需要一个 IDestinationListQuery 查询的实例，该查询是为了帮助实现目的地选择 HTML 逻辑而实现的。该查询通过依赖注入引擎注入视图中，因为是视图负责决定如何让用户选择目的地。注入查询并使用它的代码如下所示：

```
@inject PackagesManagement.Queries.IDestinationListQuery destinationsQuery
@{
    ViewData["Title"] = "Edit/Create package";
    var allDestinations =
        await destinationsQuery.AllDestinations();
}
```

以下是处理视图提交表单的 HttpPost Edit 方法：

```
[HttpPost]
public async Task<IActionResult> Edit(
    PackageFullEditViewModel vm,
    [FromServices] ICommandHandler<UpdatePackageCommand> command)
{
    if (ModelState.IsValid)
    {
        await command.HandleAsync(new UpdatePackageCommand(vm));
        return RedirectToAction(
            nameof(ManagePackagesController.Index));
    }
    else
        return View(vm);
}
```

如果 ModelState.IsValid 为 True，验证通过，则创建 UpdatePackageCommand 并调用其关联的处理程序。否则，将再次将视图显示给用户，以使他们能够纠正所有错误。

还需要将套餐列表页面和登录页面的新链接添加到主菜单中，主菜单位于_Layout 视图中，如下所示：

```
<li class="nav-item">
    <a class="nav-link text-dark"
        asp-controller="ManagePackages"
            asp-action="Index">Manage packages</a>
</li>
@if (User.Identity.IsAuthenticated)
{
    <li class="nav-item">
        <a class="nav-link text-dark"
            href="javascript:document.getElementById('logoutForm').submit()">
            Logout
        </a>
    </li>
}
else
{
    <li class="nav-item">
        <a class="nav-link text-dark"
```

```
        asp-controller="Account" asp-action="Login">Login</a>
    </li>
}
```

logoutForm 是一个空表单,其唯一目的是发送 post 请求到 Logout 方法。logoutForm 已添加到前端 body 的尾部,如下所示:

```
@if (User.Identity.IsAuthenticated)
{
    <form asp-area="" asp-controller="Account"
          asp-action="Logout" method="post"
          id="logoutForm" ></form>
}
```

现在,我们的应用程序已经完成了! 可以运行、登录并开始管理套餐了。

15.7 本章小结

本章分析了 ASP.NET Core 管道和 ASP.NET Core MVC 应用程序的多个模块,如身份验证/授权、options 框架和路由,描述了控制器和视图如何将请求映射到 HTML 响应,还分析了 ASP.NET Core 最新版本的新增功能。

最后,本章分析了 ASP.NET Core MVC 框架中实现的所有设计模式,尤其是关注点分离的重要性和 ASP.NET Core MVC 在 ASP.NET Core 管道中的实现原理,以及其验证和多语言模块;还重点分析了在表示层逻辑和图形之间分离关注点的重要性,以及 MVC 模式如何确保这一点。

下一章将解释如何使用新的 Blazor WebAssembly 框架在表示层实现单页应用程序。

15.8 练习题

1. 列出 Visual Studio 在 ASP.NET Core 项目中构建的所有中间件模块。
2. ASP.NET Core 管道模块是否需要继承一个基类或实现一些接口?
3. 一个标签仅能定义一个标签助手,否则会引发异常,这是正确的吗?
4. 如何在控制器中测试表单是否有验证错误?
5. 布局视图中包含主视图输出的指令是什么?
6. 如何在布局视图中调用主视图的其他部分?
7. 控制器如何调用视图?
8. 多语言文化模块默认安装了多少个提供程序?
9. ViewModel 是控制器与其调用的视图通信的唯一方式吗?

第**16**章

Blazor WebAssembly

本章将介绍如何使用 Blazor WebAssembly 实现表示层。Blazor WebAssembly 应用程序是一个可以在任何支持 WebAssembly 技术的浏览器中运行的 C#应用程序。它由 HTML 页面和可下载文件组成，可以通过导航到特定的 URL 来访问，并作为标准静态内容在浏览器中下载。

Blazor 应用程序使用了第 15 章讲解过的许多技术，如依赖注入和 Razor。因此，强烈建议在阅读本章之前先学习第 15 章。

本章涵盖以下主题：

- Blazor WebAssembly 架构。
- Blazor 页面和组件。
- Blazor 表格和验证。
- Blazor 的高级功能，如多语言、身份验证和 JavaScript 互操作性。
- Blazor WebAssembly 的第三方工具。
- 用例——使用 Blazor WebAssembly 实现一个简单的应用程序。

服务器端 Blazor 像 ASP.NET Core MVC 一样在服务器上运行。本章仅讨论完全在用户浏览器中运行的 Blazor WebAssembly，因为本章的主要目的是提供一个说明如何使用客户端技术来实现表示层的相关示例。此外，作为一种服务器端技术来使用的话，Blazor 的性能无法与 ASP.NET Core MVC 等其他服务器端技术相比，已经在第 15 章提到过。

本章首先给出了 Blazor WebAssembly 总体架构的草图，然后描述了具体功能，并且将在必要时通过分析和修改 Visual Studio 提供的、选择 Blazor WebAssembly 项目模板时自动生成的示例代码来澄清概念。本章还通过 WWTravelClub 用例实践本章所学到的所有概念。

16.1 技术性要求

学习本章内容之前，需要安装包含所有数据库工具的免费 Visual Studio 2019 社区版或更高版本。

本章中的所有概念都将通过基于 WWTravelClub 用例的实例加以讲解。本章的代码可扫封底二维码获得。

16.2　Blazor WebAssembly 架构

Blazor WebAssembly 利用新的 WebAssembly 浏览器功能以及浏览器中的.NET 运行时执行程序。这样，所有开发者都可以使用.NET 代码库和生态系统来实现能够在任何兼容 WebAssembly 的浏览器中运行的应用程序。WebAssembly 被认为是 JavaScript 的高性能替代品。它是一个能够在浏览器中运行的程序集，并受与 JavaScript 代码相同的限制。这意味着 WebAssembly 代码与 JavaScript 代码一样是在一个孤立的执行环境中运行，因此所能访问的机器资源非常有限。

与过去类似的技术如 Flash 和 Silverlight 不同的是，WebAssembly 是 W3C 的官方标准。更具体而言，它于 2019 年 12 月 5 日成为官方标准，因此预计其使用寿命会比较长。事实上，所有主流浏览器都已经支持它了。

然而，WebAssembly 的优势不仅体现在性能上，它还可以在浏览器中运行与现代化的高级面向对象语言相关的完整代码库，如 C++(直接编译)、Java(字节码)和 C#(.NET)。

Microsoft 建议在浏览器中运行.NET 代码时使用 Unity 3D 图形框架和 Blazor。

在 WebAssembly 之前，浏览器中运行的表示层只能用 JavaScript 实现，而维护这种由脚本语言编写的大量代码会带来很多问题。

现在有了 Blazor，可以使用现代化的高级面向对象语言 C#实现复杂的应用程序，C#编译器和 Visual Studio 为这种语言提供了所有便利。

此外，如果使用 Blazor，所有.NET 开发者都可以充分利用.NET 框架来实现在浏览器中运行的表示层，以及充分利用运行在服务器端的共享库和其他层中的类。

接下来将描述 Blazor 的总体架构。16.2.1 小节探讨单页应用程序的通用概念，并指出 Blazor 的优点。

16.2.1　什么是单页应用程序

单页应用程序(SPA)是一种基于 HTML 的应用程序，通过在浏览器中运行的代码来更改 HTML，而不是向服务器发出新请求，从头开始呈现新的 HTML 页面。SPA 能够通过用局部新的 HTML 替换完整的页面区域来模拟多页面体验。

SPA 框架是为实现 SPA 而设计的框架。在 WebAssembly 之前，所有 SPA 框架都基于 JavaScript。最著名的基于 JavaScript 的 SPA 框架是 Angular、React.js 和 Vue.js。

所有 SPA 框架都提供了将数据转换为 HTML 以向用户显示的方法，并依赖一个名为路由的模块来模拟页面更改。通常，数据会填充 HTML 模板的占位符，并选择要呈现的模板部分(类似 if 语句的结构)，以及呈现的次数(类似 for 语句的结构)。

Blazor 模板语言是 Razor，关于 Razor 的内容已经在第 15 章中描述过。

为了模块化，代码将组织成组件，这些组件是一种虚拟 HTML 标签，当真正呈现时就会生成实际的 HTML 标签。与 HTML 标签一样，组件也有其属性(通常称为参数)和自定义事件。开发者需要给每个组件设置正确的参数来创建正确的 HTML，并生成正确的事件。组件可以通过分层方式在其他组件内部使用。

应用程序路由通过选择组件、充当页面并将其放置在预定义区域这几步来运作。每个页面组件都有一个与之关联的网址路径。这个网址路径加上 Web 应用程序域名连接而成的路径就形成了一个 URL 以标识页面。与其他 Web 应用程序一样，该页面 URL 用于通过常规链接或路由方法/

功能与路由通信，以决定加载哪个页面。

一些 SPA 框架还提供了一个预定义的依赖注入引擎，以确保在一端的组件和另一端的通用服务以及在浏览器中运行的业务代码之间实现更好的分离。

在本小节列出的框架中，只有 Blazor 和 Angular 有现成的依赖注入引擎。

基于 JavaScript 的 SPA 框架通常会从多个 JavaScript 文件编译所有 JavaScript 代码，然后执行所谓的 Tree-shaking[1]，即删除所有未使用的代码。

目前，Blazor 将主应用程序引用的所有 DLL 分开，并分别对每个 DLL 执行 Tree-shaking。

下一小节将开始描述 Blazor 架构。我们鼓励创建一个名为 BlazorReview 的 Blazor WebAssembly 项目，这样就可以直观查看本章讲解的代码和构造。按照图 16.1 所示选择个人用户账户作为身份验证，然后选中 ASP.NET Core 托管。通过这种方式，Visual Studio 还将创建一个 ASP.NET Core 项目，该项目与 Blazor 客户端应用程序通信，具有所有身份验证和授权逻辑功能。

图 16.1　创建 BlazorReview 应用程序

如果启动应用程序并尝试登录或尝试访问需要登录的页面时，尚未应用数据库迁移，则需要按照第 8 章所述转到 Visual Studio 软件包管理器控制台运行 Update-Database 命令。

16.2.2　加载并启动应用程序

作为一个单页应用程序，Blazor WebAssembly 应用程序的 URL 将始终为静态 HTML 页面 index.html[2]。在我们的 BlazorReview 项目中，index.html 位于 BlazorReview.Client->wwwroot->index.html。这个页面是 Blazor 应用程序创建 HTML 的容器，其中 header 部分包含 viewport 元标签、标题和将应用于整个应用程序的 CSS。Visual Studio 默认项目模板添加了一个专用于应用程序的 CSS 文件和 neutral 风格的 Bootstrap CSS，可以用自定义样式的 CSS 甚至完全不同的 CSS 框

1　译者注：Tree-shaking 的本质是消除无用的 js 代码。编译器可以判断出哪些代码根本不影响输出，然后消除这些代码。

2　译者注：Blazor 更新很快，读者实际看到的未必是这样，但是原理是差不多的。

架替换这些默认的引导 CSS。

index.html 的 body 部分包含以下代码:

```
<body>
<div id="app">Loading...</div>

<div id="blazor-error-ui">
        An unhandled error has occurred.
<a href="" class="reload">Reload</a>
<a class="dismiss"></a>
</div>
<script
src="_content/Microsoft.AspNetCore.Components.WebAssembly.Authentication/
AuthenticationService.js">
</script>
<script src="_framework/blazor.webassembly.js"></script>
</body>
```

第一个 div 是应用程序放置其生成代码的位置。Blazor 应用程序加载和启动之后,将会显示放置在这个 div 中的任何标签,然后这个 div 将被应用程序生成的 HTML 替换。第二个 div 通常是不可见的,只有 Blazor 截获未处理的异常时才会出现。

blazor.webassembly.js 包含 Blazor 框架的 JavaScript 部分。此外,它还负责下载.NET 运行时以及所有应用程序 DLL。更具体而言,blazor.webassembly.js 会下载 blazor.boot.json 文件,这个文件列出了所有应用程序文件及其哈希值。然后 blazor.boot.json.js 再下载该文件中列出的所有资源,并验证它们的哈希值。blazor.webassembly.js 所下载的所有资源都是在应用程序构建或发布时创建的。

只有当项目启用身份验证,并处理 Blazor 使用的 OpenID Connect 协议时,才会添加 AuthenticationService.js,以利用其他身份验证凭据(如 cookie)获取 Token 令牌,这是通过 Web API 与服务器交互的客户端的首选身份验证凭据。认证将在 16.5.4 节进行更详细的讨论,Token 令牌已在第 14 章讨论过了。

Blazor 应用程序入口点位于 BlazorReview.Client->Program.cs 文件,其结构如下:

```
public class Program
{
    public static async Task Main(string[] args)
        {
            var builder = WebAssemblyHostBuilder.CreateDefault(args);
            builder.RootComponents.Add<App>("#app");

            // Services added to the application
            // Dependency Injection engine declared with statements like:
            // builder.Services.Add...

            await builder.Build().RunAsync();
        }
    }
```

WebAssemblyHostBuilder 是一个用于创建 WebAssemblyHost 的生成器,它是第 5 章讲解过的通用宿主(鼓励你查看这部分内容)的特定于 WebAssemblyHost 的实现。第一条构建器配置指令声明了 Blazor 根组件(App),它将包含整个组件树以及 Index.html 页面中占位用的 HTML 标签(#app)。

更具体而言,是通过 RootComponents.Add()方法添加了一个负责处理整个 Blazor 组件树的托管服务。可以通过每次使用不同的 HTML 标签引用来多次调用 RootComponents.Add()方法,从而在同一个 HTML 页面中运行多个 Blazor WebAssembly 用户界面。

　　builder.Services 包含将服务添加到 Blazor 应用程序依赖注入引擎的所有常用方法和扩展方法,包括 AddScope、AddTransient、AddSingleton 等。与第 15 章所讲的 ASP.NET Core MVC 应用程序一样,服务是实现业务逻辑和存储共享状态的首选。在 ASP.NET Core MVC 中,服务通常传递给控制器;在 Blazor WebAssembly 中,服务通常被注入组件。

　　下一小节将解释根应用程序组件如何模拟页面更改。

16.2.3　路由

　　主机构建代码引用的根 App 类定义在 BlazorView.Client->App.razor 文件中。App 类是一个 Blazor 组件,和所有 Blazor 组件一样,它是在一个扩展名为.razor 的文件中定义,并使用 Razor 语法来丰富组件表示法,也就是说,使用类似 HTML 的标签来表示其他 Blazor 组件。该类包含处理应用程序页面的全部逻辑:

```
<CascadingAuthenticationState>
<Router AppAssembly="@typeof(Program).Assembly">
<Found Context="routeData">
<AuthorizeRouteView RouteData="@routeData"
                    DefaultLayout="@typeof(MainLayout)">
<NotAuthorized>
@*Template that specifies what to show
when user is not authorized *@
</NotAuthorized>
</AuthorizeRouteView>
</Found>
<NotFound>
<LayoutView Layout="@typeof(MainLayout)">
<p>Sorry, there's nothing at this address.</p>
</LayoutView>
</NotFound>
</Router>
</CascadingAuthenticationState>
```

　　上面代码中所有表示组件或特定组件参数的标签统称模板。可以把它们想象成一种定制的 HTML 标签,只不过这种标签可以用 C#和 Razor 代码来定义。与 HTML 不同的是,模板接受 Razor 标签作为值的参数。模板将在 16.3.2 小节中讨论。

　　CascadingAuthenticationState 组件的唯一功能是将身份验证和授权信息传递给组件树中的所有组件。只有在项目创建期间选择添加授权,Visual Studio 才会生成它。

　　Router 组件是实际的应用程序路由。它扫描通过 AppAssembly 参数传入的组件(可以用作页面的组件)程序集,从中查找路由信息。Visual Studio 默认传入 Program 类(即主应用程序)所在的程序集,也可以通过 AdditionalAssemblies 参数添加其他包含页面的程序集,注意,这里的参数是复数,所以该参数可以接受 IEnumerable 形式的程序集列表,即多个程序集。然后,路由会截获所有通过代码或常见<a> HTML 标签执行的页面更改。这里的导航可以通过依赖注入的 NavigationManager 实例相关代码处理。

　　Router 组件包含两个模板,一个名为 Found(用于找到请求 URI 页面时),另一个名为

NotFound(用于找不到请求 URI 页面时)。Found 模板由 AuthorizeRouteView 组件组成，AuthorizeRouteView 组件用于进一步区分用户是否有权访问所选页面。如果项目创建期间没有添加授权，则 Found 模板由 RouteView 组件组成：

```
<RouteView RouteData="@routeData" DefaultLayout="@typeof(MainLayout)" />
```

RouteView 获取所选页面，并将其呈现在 DefaultLayout 参数指定的布局页面内。这只是默认布局页面，每个页面都可以指定不同的布局页面来覆盖它。Blazor 布局页面的工作方式类似于第 15 章所述的 ASP.NET Core MVC 布局页面，唯一的区别是页面标签的位置用@Body 指定而不是用@RenderBody()指定：

```
<div class="content px-4">
    @Body
</div>
```

在使用 Visual Studio 默认模板创建的 Blazor 项目中，默认布局页面位于 BlazorView.Client->Shared->MainLayout.razor 文件。

如果应用程序使用授权，则 AuthorizeRouteView 的工作原理与 RouteView 类似，但它允许指定在用户未经授权情况下的模板：

```
<NotAuthorized>
@if (!context.User.Identity.IsAuthenticated)
{
<RedirectToLogin />
}else
{
<p>You are not authorized to access this resource.</p>
}
</NotAuthorized>
```

如果用户未通过身份验证,RedirectToLogin 组件将使用 NavigationManager 示例跳转到登录页面，否则，它会通知用户没有足够的权限访问所选页面。

Blazor WebAssembly 还允许延迟加载程序集，以减少初始应用程序加载时间，但由于本书篇幅所限，此处不做讨论。详情可以参阅"扩展阅读"中的 Blazor 官方文档参考链接。

16.3 Blazor 页面和组件

本节将介绍 Blazor 组件的基础知识，如何定义组件及其结构，如何将事件附加到 HTML 标签，如何定义它们的属性，以及如何在组件中使用其他组件。

16.3.1 组件结构

组件定义在扩展名为.razor 的文件中编译之后，就成为从 ComponentBase 继承的类。与所有其他 Visual Studio 项目元素一样，Blazor 组件也可以通过"添加"|"新建项"菜单添加。通常，用作页面的组件会在 pages 文件夹或其子文件夹中定义，而其他类型的组件则放置在各自的文件夹中。Blazor 项目默认将其所有非页面组件添加到 Shared 文件夹中，但可以以不同的方式组织它们。

默认情况下，会为页面分配一个名称空间，该名称空间对应页面所在文件夹的路径。因此，例如，在我们的示例项目中，BlazorView.Client->Pages 中的所有页面的路径被分配给 BlazorReview.Client.Pages 名称空间。但是，可以通过在文件顶部的声明区域中放置@namespace 声明来更改此默认名称空间。该区域还可能包含其他重要声明。下面是一个列出了所能使用的所有声明的示例：

```
@page "/counter"
@layout MyCustomLayout
@namespace BlazorApp2.Client.Pages
@using Microsoft.AspNetCore.Authorization
@implements MyInterface
@inherits MyParentComponent
@typeparam T
@attribute [Authorize]
@inject NavigationManager navigation
```

前两条指令仅作用于 page 组件。更具体而言，@layout 指令使用另一个组件覆盖默认布局页面，而@page 指令定义了页面在应用程序 base URL 中的路径(路由)。因此，例如，如果应用程序运行在 https://localhost:5001，则上述页面的 URL 将为 https://localhost:5001/counter。页面路由还可以包含类似的参数：/orderitem/{customer}/{order}，其中参数名称必须与组件定义为参数的 public 属性相匹配。匹配不区分大小写，本小节稍后将解释参数。

每一个参数会从字符串转换为参数类型实例，如果转换失败，将引发异常。可以通过指定每个参数的类型来跳过这种行为，在这种情况下，如果对指定类型的转换失败，则与页面 URL 的匹配失败。这种情况只支持基本类型：/orderitem/{customer:int}/{order:int}。参数是必需的，也就是说，如果找不到参数，匹配就会失败，路由会尝试其他页面。但是，我们可以通过指定两个@page 指令，一个带参数，另一个不带参数，从而令参数成为可选的。

@namespace 将覆盖组件的默认名称空间，而@using 相当于 C#通常的 using 语句。需要指出的是，在{项目目录}->_Imports.razor 文件中声明的@using 会自动应用到所有的组件。

@inherits 声明该组件是另一个组件的子类，而@implements 声明它实现了一个接口。

如果组件是泛型类，则使用@typeparam，并声明泛型参数的名称，而@attribute 将类级别属性添加到组件。注意，@attribute 应用的是类级别的属性，而属性级别的属性将直接应用于代码区域定义的属性中，因此它们不需要专门的声明语句。上述示例中的应用于页面组件类的[Authorize]属性可防止未经授权的用户访问该页面。它的工作方式与应用于 ASP.NET Core MVC 的控制器或操作方法时完全相同。

最后，@inject 指令要求依赖项注入引擎生成一个类型实例，并将其插入类型名称声明后面的字段中(即上述示例中的 navigation 参数)。

组件文件的中间部分由 HTML 组成，该 HTML 支持 Razor 标签，从而可以调用子组件以丰富输出。

组件文件最后由@code 代码块组成，@code 代码块包含实现组件的类的字段、属性和方法：

```
@code{
...
private string myField="0";
[Parameter]
public int Quantity {get; set;}=0;
private void IncrementQuantity ()
```

```
{
        Quantity++;
}
private void DecrementQuantity ()
{
        Quantity--;
        if (Quantity<0) Quantity=0;
}
...
```

用[Parameter]属性修饰的 public 属性用作组件参数。也就是说，当组件被实例化为另一个组件时，它们被用来将值传递给所修饰的属性，就像将值传递给 HTML 标签中的 HTML 元素一样：

```
<OrderItem Quantity ="2" Id="123"/>
```

值通过属性名称匹配的方式，将页面中的路由参数传递给组件参数：

```
OrderItem/{id}/{quantity}
```

组件参数也可以接受复杂类型和函数：

```
<modal title='() => "Test title" ' ...../>
```

如果组件类型是泛型类型，则必须为@typeparam 声明的每个泛型参数传递对应的类型值：

```
<myGeneric T= "string"....../>
```

不过，编译器通常能够从参数的类型推断出泛型类型。

最后，@code 指令中包含的代码也可以在与组件具有相同名称和名称空间的 partial 类中声明：

```
public partial class Counter
{
  [Parameter]
public int CurrentCounter {get; set;}=0;
  ...
  ...
}
```

这些 partial 类通常定义在组件同一文件夹中的同名.cs 文件中。例如，定义与 counter.razor 组件相关的 partial 类的文件是 counter.razor.cs。

每个组件还可能有一个关联的 CSS 文件，其名称必须是组件文件名称加上.css 后缀。例如，与 counter.razor 关联的 CSS 文件是 counter.razor.css。该文件中包含的 CSS 仅应用于组件，对页面的其余部分没有影响。这点称为 CSS 隔离，目前通过向所有组件 HTML 根添加唯一属性来实现。然后，组件 CSS 文件的所有选择器作用范围都被限定为该唯一属性，这样它们就不会影响其他HTML。

我们可以添加一个 IDictionary<string, object> 参数，然后用 [Parameter(CaptureUnmatchedValues = true)]修饰。这样，插入标签中的所有不匹配参数，即没有匹配组件属性的所有参数，都会作为键-值对添加到 IDictionary 中。

这个功能提供了一种将参数转发到 HTML 元素或组件标签中包含的其他子组件的简单方法。例如，如果有一个 Detail 组件，它显示传入对象的 Value 参数，则可以使用此功能将所有常用的HTML 属性转发到该组件的根 HTML 标签，如下所示：

```
<div @attributes="AdditionalAttributes">
...
</div>
@code{
[Parameter(CaptureUnmatchedValues = true)]
public Dictionary<string, object>
AdditionalAttributes { get; set; }
 [Parameter]
 Public T Value {get; set;}
}
```

这样，添加到组件标签中的常见 HTML 属性(例如 class)会被转发到组件的根 div，从而用于设置组件的样式：

```
<Detail Value="myObject" class="my-css-class"/>
```

下一小节将讲解模板和级联参数。

16.3.2　模板和级联参数

Blazor 的工作原理是构建一个名为呈现树[1](render tree)的数据结构，它会随着 UI 的变化而更新。每次更改后，Blazor 都会定位必须呈现的 HTML 部分，并使用所包含的信息对其进行更新。

同时，Blazor 组件默认不能够向组件里添加 HTML 内容，组件的 HTML 都由组件自身确定，外界仅仅能输入一些参数。如果强制加 HTML，运行时会报错。那么，如何解决这个问题呢？答案是为组件增加 RenderFragment 即可。

RenderFragment 委托定义了一个函数，该函数能够将所加入的 HTML 内容添加到对象的特定位置。还有一个 RenderFragment<T>，它接受一个用来驱动 HTML 内容生成的扩展参数。例如，可以将 Customer 对象传递给 RenderFragment<T>，以便呈现该特定客户的所有数据。

可以使用 C#代码定义 RenderFragment 或 RenderFragment<T>，但最简单的方法是使用 Razor 标签在组件中定义它。Razor 编译器将负责生成正确的 C#代码：

```
RenderFragment myRenderFragment = @<p>The time is @DateTime.Now.</p>;
RenderFragment<Customer> customerRenderFragment =
(item) => @<p>Customer name is @item.Name.</p>;
```

只需要简单调用该代码就可以在 Razor 标签中使用，如下所示：

```
RenderFragment myRenderFragment = ...
  ...
<div>
  ...
  @myRenderFragment
  ...
</div>
  ...
```

以下是调用 RenderFragment<T>的 Razor 标签代码：

```
Customer myCustomer = ...
  ...
  <div>
```

---

1 译者注：又名渲染树。

```
...
@myRenderFragment(myCustomer)
...
</div>
...
```

作为函数，RenderFragment 可以像所有其他类型一样传递给组件参数。但是，Blazor 有一个特定的语法，可以更容易地同时定义 RenderFragment 并将其传递给组件，即模板语法。很简单，只需要在组件中先定义参数：

```
[Parameter]
Public RenderFragment<Customer>CustomerTemplate {get; set;}
[Parameter]
Public RenderFragment Title {get; set;}
```

然后按照如下代码调用(本例为调用 Customer 对象)：

```
<Detail>
<Title>
<h5>This is a title</h5>
</Title>
<CustomerTemplate Context=customer>
<p>Customer name is @customer.Name.</p>
</CustomerTemplate >
</Detail>
```

每个 RenderFragment 参数都由一个与参数同名的标签表示。对于参数 CustomerTemplate，通过 Context 关键字定义用于标签的参数名称。在上面的代码示例中，参数名为 customer。

当组件只有一个 RenderFragment 参数，并且该参数被命名为 ChildContent，那么可以直接在组件的开关标签之间加入 HTML：

```
[Parameter]
Public RenderFragment<Customer> ChildContent {get; set;}
.............
.............
<IHaveJustOneRenderFragment Context=customer>
<p>Customer name is @customer.Name.</p>
</IHaveJustOneRenderFragment>
```

为了熟悉组件模板，下面修改 Pages->FetchData.razor 页面，出于学习组件模板的目的，此处不使用 foreach，而是使用 Repeater 组件。

右击 Shared 文件夹，选择"添加" | "Razor 组件"，添加一个新的 Repeater.razor 组件，然后用以下代码替换现有代码：

```
@typeparam T

@foreach(var item in Values)
{
@ChildContent(item)
}

@code {
    [Parameter]
public RenderFragment<T> ChildContent { get; set; }
```

```
    [Parameter]
public IEnumerable<T> Values { get; set; }
}
```

该组件使用了泛型参数定义，因此可以与任何 IEnumerable 一起使用。用以下内容替换 FetchData.razor 组件中 tbody 标志内的内容：

```
<Repeater Values="forecasts" Context="forecast">
<tr>
<td>@forecast.Date.ToShortDateString()</td>
<td>@forecast.TemperatureC</td>
<td>@forecast.TemperatureF</td>
<td>@forecast.Summary</td>
</tr>
</Repeater>
```

由于 Repeater 组件只有一个模板(即前面定义代码中的 ChildContent)，因此可以将模板内容直接放在组件的开关标签中间，然后运行并验证页面是否正常工作。现在已经介绍了如何使用模板，以及如何通过向组件中放置标签来定义模板。

一个比较重要的预定义模板化 Blazor 组件是 CascadingValue 组件。该组件只呈现放置在其中的内容，不做任何更改，但会将类型实例传递给其所有子组件：

```
<CascadingValue  Value="new MyOptionsInstance{...}">
……
</CascadingValue >
```

在上面的例子中，放置在 CascadingValue 标签内的所有组件及其所有子组件都可以捕获在 CascadingValue 参数中传递的 MyOptionInstance 实例。组件声明中的 MyoptionInstance 属性既可以是 public 也可以是 private，并使用 CascadingParameter 属性对其进行修饰就足够了：

```
[CascadingParameter]
privateMyOptionsInstance options {get; set;}
```

匹配是通过类型兼容性来执行的。如果与兼容类型的其他级联参数有冲突，还可以指定 CascadingParameter 属性的 Name 值，例如[CascadingParameter("myUnique name")]。

CascadingValue 组件还有一个 IsFixed 属性，如果传值是一次性的，那么最好将 IsFixed 设置为 true，这样渲染性能会更好一些。事实上，传播级联值对于传递选项和设置是非常有用的，但计算成本非常高。

当 IsFixed 设置为 true 时，只执行一次传播，即在第一次时呈现每一段相关内容，然后在内容的生命周期内不会再尝试更新级联值。因此，只要级联对象的指针在内容的生命周期内不会改变，就可以使用 IsFixed。

级联值的一个例子是 16.2.3 节介绍过的 CascadingAuthenticationState 组件，它将身份验证和授权信息级联到所有呈现的组件。

16.3.3　事件

HTML 标签和 Blazor 组件都通过属性/参数来获取输入。HTML 标签通过事件向页面提供输出，Blazor 允许通过{event name}属性将 C#函数附加到 HTML。以 Pages->Counter.razor 组件为例：

```
<p>Current count: @currentCount</p>
```

```
<button class="btn btn-primary" @onclick="IncrementCount">Click me</button>

@code {
private int currentCount = 0;

private void IncrementCount()
    {
        currentCount++;
    }
}
```

该函数也可以作为 lambda 内联方式传递。此外，还能接受等价的 C#常见事件参数。"扩展阅读"中所包含的 Blazor 官方文档的链接列出了所有受支持的事件及其参数。

除了@onclick 这种方式，Blazor 还支持组件事件，因此使用组件事件也能达到同样效果。组件事件是类型为 EventCallBack 或 EventCallBack<T>的参数。EventCallBack 是不带参数的组件事件类型，而 EventCallBack<T>是带 T 类型参数的组件事件类型。通过组件调用触发事件示例代码如下，以 MyEvent 为例：

```
awaitMyEvent.InvokeAsync()
```

或

```
awaitMyIntEvent.InvokeAsync(arg)
```

这些调用执行绑定到事件的处理程序，如果没有绑定处理程序，则不执行任何操作。

组件事件可以采用与 HTML 元素事件完全相同的方式使用，唯一的区别是不需要在事件名称前加@，因为 HTML 事件需要通过@来区分 HTML 属性和 Blazor 添加的同名参数：

```
[Parameter]
publicEventCallback MyEvent {get; set;}
[Parameter]
publicEventCallback<int> MyIntEvent {get; set;}
...
...
<ExampleComponent
MyEvent="() => ..."
MyIntEvent = "(i) =>..." />
```

HTML 元素事件本质上也是 EventCallBack<T>，这就是为什么组件事件与 HTML 元素事件这两种事件类型的行为方式完全相同。EventCallBack 和 EventCallBack<T>是结构(struct)，而不是委托(delegate)。从它们的构造函数可以看出，它们接收一个委托参数，以及一个实现了 Microsoft.AspNetCore.Components.IHandleEvent 接口、用于通知事件已被触发的参数。不用说，所有组件都实现了这个接口。状态更改在 Blazor 更新页面 HTML 的方式中起着根本性的作用。我们将在下一小节中详细分析它们。

对于 HTML 元素，Blazor 还可以通过向指定事件的属性添加 :preventDefault 和:stopPropagation 指令来停止事件的默认操作和事件冒泡，如以下示例所示：

```
@onkeypress="KeyHandler" @onkeypress:preventDefault="true"

@onkeypress="KeyHandler" @onkeypress:preventDefault="true"
@onkeypress:stopPropagation ="true"
```

16.3.4　绑定

组件参数值通常必须与外部变量、属性或字段保持同步。这种同步的典型应用是在输入组件或 HTML 标签中编辑对象属性。每当用户更改输入值时，必须一致地更新对象属性，反之亦然。渲染组件后，必须立即将对象特性值复制到组件中，以便用户对其进行编辑。

类似的场景由参数事件对(parameter-event pairs)处理。更具体而言，一方面，将属性值复制到参数中。另一方面，每次输入更改值时，都会触发更新属性的组件事件。这样属性值和输入值就能保持同步。

这种场景非常常见和有用，Blazor 有一种特定的语法，可以同时定义事件和将属性值复制到参数中。这种简化的语法要求事件与交互中涉及的参数同名，并带有"Changed"后缀。

例如，假设一个组件有一个 Value 参数。然后相应的事件必须为 ValueChanged。此外，每次用户更改组件值时，组件必须通过调用 await ValueChanged.InvokeAsync(arg) 来调用 ValueChanged 事件。有了这些，就可以将 MyObject.MyProperty 属性与 Value 属性同步，语法如下所示：

```
<MyComponent @bind-Value="MyObject.MyProperty"/>
```

这种语法称为绑定(binding)。Blazor 将自动附加用来更新 MyObject.MyProperty 属性到 ValueChanged 事件的事件处理程序。

HTML 元素的绑定以类似的方式工作，但由于开发者无法确定参数和事件的名称，因此必须使用稍微不同的约定。首先，不需要在绑定中指定参数名，因为它始终是 HTML 输入值属性。因此，绑定被简单地写为@bind="object.MyProperty"。默认情况下，对象属性会在 change 事件上更新，但可以通过添加@bind-event:@bind event="oninput"属性来指定不同的事件。

此外，HTML 输入的绑定尝试将输入字符串自动转换为目标类型。如果转换失败，输入将恢复为初始值。这种行为非常原始，因为在发生错误时，不会向用户提供错误消息，并且没有考虑区域设置(HTML5 输入不区分区域设置，但文本输入必须使用当前区域设置)。我们建议只将输入绑定到字符串目标类型。Blazor 具有处理日期和数字的特定组件，只要目标类型不是字符串，就应该使用这些组件，16.4 节将对它们进行描述。

为了熟悉事件，编写一个组件，在用户单击"确认"按钮时同步输入类型文本的内容。右击 Shared 文件夹，添加一个新的 ConfirmedTest.razor 组件，然后将其代码替换如下：

```
<input type="text" @bind="Value" @attributes="AdditionalAttributes"/>
<button class="btn btn-secondary" @onclick="Confirmed">@ButtonText</button>

@code {
    [Parameter(CaptureUnmatchedValues = true)]
public Dictionary<string, object> AdditionalAttributes { get; set; }
    [Parameter]
public string Value {get; set;}
    [Parameter]
public EventCallback<string> ValueChanged { get; set; }
    [Parameter]
public string ButtonText { get; set; }
async Task Confirmed()
    {
```

```
        await ValueChanged.InvokeAsync(Value);
    }
}
```

ConfirmedText 组件利用按钮单击事件从而触发 ValueChanged 事件。此外,组件本身通过@bind 将其 Value 参数与 HTML 输入同步。值得指出的是,该组件使用 CaptureUnmatchedValues 将应用于其标签的所有 HTML 属性转发到 HTML 输入。通过这种方式,ConfirmedText 组件的用户可以通过简单地向组件标签添加 class 或 style 属性来设置输入字段的样式。

现在,在 Pages->Index.razor 中使用这个组件,将以下代码放置在 Index.razor 的尾部:

```
<ConfirmedText @bind-Value="textValue" ButtonText="Confirm" />
<p>
        Confirmed value is: @textValue
</p>

@code{
private string textValue = null;
}
```

运行项目并使用输入及 Confirm 按钮,将看到每次单击 Confirm 按钮时,不仅会从 textValue 页面属性中复制输入值,而且组件后面的段落内容也会一致更新。

用@bind-Value 显式地将 textValue 与组件同步,但是谁负责将 textValue 与段落内容保持同步呢?答案在下一小节中。

16.3.5 Blazor 如何更新 HTML

使用@model.property 之类的东西在 Razor 标签中写入变量、属性或字段的内容时,Blazor 不仅在呈现组件时会呈现变量、属性或字段的实际值,还尝试在该值每次更改时更新 HTML,这一过程称为变化检测(change detection)。变化检测是所有主流 SPA 框架都有的一个功能,但 Blazor 实现它的方式非常简单和优雅。

基本思想是,当所有 HTML 呈现完之后,只有在事件内部执行代码时才会发生更改。这就是为什么 EventCallBack<T>会包含对 IHandleEvent 的引用。当组件将处理程序绑定到事件时,Razor 编译器会创建一个 EventCallback 或 EventCallback<T>,将绑定到该事件的函数和定义该函数的组件(IHandleEvent)传入 EventCallback 或 EventCallback<T>构造函数中。

一旦事件处理程序的代码被执行,Blazor 运行时就会收到 IHandleEvent 可能已更改的通知。事实上,事件处理程序代码只能更改定义事件处理程序的组件的变量、属性或字段的值。反过来,这会触发源于该组件的更改检测。Blazor 将验证组件标签中所使用的变量、属性或字段是否被更改,然后更新相关的 HTML。

如果更改的变量、属性或字段是另一个组件的输入参数,则另一个组件生成的 HTML 可能也需要更新。因此,基于另一个组件的另一个变更检测过程将被递归触发。

绘制算法仅在满足下列条件时才能够发现所有相关更改:

(1) 没有组件引用事件处理程序中属于其他组件的数据结构。

(2) 组件的所有输入都是通过其参数到达,而不是通过方法调用或其他 public 成员。

当由于上述条件之一的故障未检测到而更改时,开发者必须手动声明组件的可能更改。这可以通过调用 StateHasChanged()组件方法来实现。由于此调用可能会导致页面 HTML 的更改,因

此它不能异步进行，必须在 HTML 页面 UI 线程中排队。所以需要通过将要执行的函数传递给
InvokeAsync 组件方法来实现。

总而言之，最终要执行的指令是 await InvokeAsync(StateHasChanged)。

下一小节将总结组件的描述，并分析组件的生命周期和相关的生命周期方法。

16.3.6　组件生命周期

每个组件生命周期事件都有一个关联的方法。有些方法既有同步版本也有异步版本，有些方法只有异步版本，有些方法只有同步版本。

组件生命周期从设置由组件的父组件在呈现树或路由参数中提供的参数开始，即
SetParametersAsync 方法。可以通过重写 SetParametersAsync 方法来自定义该步骤：

```
public override async Task SetParametersAsync(ParameterView parameters)
{
await ...

await base.SetParametersAsync(parameters);
}
```

通常，自定义包括修改数据结构，因此会调用 base 方法来执行设置参数的默认操作。

组件在接收了 SetParametersAsync 中的初始参数后开始初始化，此时将调用 OnInitialized 和
OnInitializedAsync：

```
protected override void OnInitialized()
{
    ...
}
protected override async Task OnInitializedAsync()
{
await ...
}
```

当组件创建并添加到呈现树后，会立即调用它们一次。请将任何初始化代码放在这里，而不要放在组件构造函数中，因为这样可提高组件的可测试性。

如果初始化代码订阅了某些事件或执行了某些需要清理的操作，那么该组件需要实现
IDisposable，并将所有清理代码放在其 Dispose 方法中。对于实现了 IDisposable 的组件，Blazor
都会在销毁它之前调用 Dispose 方法。

当组件初始化之后，以及每次组件参数更改时，都会调用以下两个方法：

```
protected override async Task OnParametersSetAsync()
{
await ...
}
protected override void OnParametersSet()
{
    ...
}
```

之后会呈现或重新呈现组件。可以通过重写 ShouldRender 方法来避免更新后组件重新呈现：

```
protected override bool ShouldRender()
```

```
    {
    ...
    }
```

只有确定组件的 HTML 代码会发生更改时才重新呈现组件是组件库实现中使用的一种高级
优化技术。

组件呈现阶段还涉及调用其子组件。因此，只有在其所有子组件也呈现完之后，组件呈现阶
段才能视作完成。渲染完成后将调用以下方法：

```
protected override void OnAfterRender(bool firstRender)
{
if (firstRender)
    {

    }
...
}
protected override async Task OnAfterRenderAsync(bool firstRender)
{
if (firstRender)
    {
    await...
        ...
    }
    await ...
}
```

由于调用上面的方法时，所有组件 HTML 都已更新，所有子组件都已执行完其所有生命周期
方法，因此上面的方法是执行以下操作的正确位置：

- 调用 JavaScript 函数来操作生成的 HTML。JavaScript 调用在 16.5.2 小节中进行了描述。
- 通过子组件处理附加到参数或级联参数的信息。事实上，类似标签组件和其他组件可能
  需要注册子部分到根组件，因此根组件通常可以级联一个其中一些子组件可以注册的数
  据结构。AfterRender 和 AfterRenderAsync 方法中编写的代码可以利用所有子部分都已完
  成注册这一事实。

下一节将介绍用于收集用户输入的 Blazor 工具。

16.4 Blazor 表单和验证

与所有主流 SPA 框架类似，Blazor 还提供了专门处理用户输入、向用户提供错误消息和即时
视觉反馈的工具。整个工具集称为 Blazor 表单，由名为 EditForm 的表单组件、各种输入组件、数
据注解验证程序、验证错误摘要和验证错误消息标签组成。

EditForm 通过在表单内部级联的 EditContext 类实例编排所有输入组件的状态及数据注解验证
程序。不过，验证错误摘要和验证错误消息标签并不在编排范围之中，而是注册到一些 EditContext
事件中。

向 EditForm 传递的对象的属性必须是 Model 的 public 属性。值得指出的是，绑定到嵌套属性
的输入组件不会触发验证，因此 EditForm 必须传递一个 ViewModel。EditForm 以创建一个新的
EditContext 实例，并将其级联，以便它可以与表单内容交互。

还可以在 EditForm 的 EditContext 参数中直接传递 EditContext 的自定义实例，而不是在其模型参数中传递对象，在这种情况下，EditForm 将使用自定义副本，而不是创建新实例。通常，当需要订阅 EditContextOnValidationStateChanged 和 OnFieldChanged 事件时，可以这么做。

当单击 Submit 按钮提交 EditForm 并且验证通过没有错误时，窗体将调用其 OnValidSubmit 回调，可以在 OnValidSubmit 回调方法里面放置使用和处理用户输入的代码。相反，如果存在验证错误，则会显示这些错误，表单将调用 OnInvalidSubmit 回调。

每个输入控件都会根据验证状态自动添加一些 CSS 类，即 valid、invalid 和 modified。可以使用这些 CSS 类向用户提供足够的视觉反馈。默认的 Blazor Visual Studio 模板已经提供了一些 CSS。

下面是一个典型的表单：

```
<EditForm Model="FixedInteger"OnValidSubmit="@HandleValidSubmit" >
<DataAnnotationsValidator />
<ValidationSummary />
<div class="form-group">
<label for="integerfixed">Integer value</label>
<InputNumber @bind-Value="FixedInteger.Value"
id="integerfixed" class="form-control" />
<ValidationMessage For="@(() => FixedInteger.Value)" />
</div>
<button type="submit" class="btn btn-primary"> Submit</button>
</EditForm>
```

上面示例表单中的 label 是一个标准的 HTML 标签，而 InputNumber 是 Blazor 的数字属性组件。ValidationMessage 是仅在发生验证错误时显示的错误标签。它默认使用 validationmessage CSS 类呈现。与错误消息相关联的属性通过无参数 lambda 传入 for 参数，如以上示例所示。

DataAnnotationsValidator 组件基于通常的 .NET 验证属性，例如 RangeAttribute、RequiredAttribute 等，还可以通过继承 ValidationAttribute 类来编写自定义验证属性。

可以在验证属性中提供自定义错误消息，并且可以通过 {0} 占位符的方式填充使用 DisplayAttribute 声明的属性显示名称或者属性名称。

与 InputNumber 组件一起，Blazor 还支持用于字符串属性的 InputText 组件、用于在 HTML 文本区域中编辑字符串属性的 InputTextArea 组件、用于布尔属性的 InputCheckbox 组件，以及将 DateTime 和 DateTimeOffset 呈现为日期的 InputDate 组件。它们的工作方式与 InputNumber 组件完全相同，不过暂时没有可用于其他 HTML5 输入类型的组件。特别是，没有任何组件可用于呈现时间或日期加时间，或用于使用范围构件呈现数字。

可以通过继承 InputBase<TValue> 类并重写 BuildRenderTree、FormatValueAsString 和 TryParseValueFromString 方法来实现呈现时间或日期加时间控件。可以登录参考网站 16.1 查看 InputNumber 组件的源代码。

还可以使用 16.6 节介绍的第三方库来解决这一问题。

Blazor 还有一个专门用于呈现选择列表的组件，其工作原理如下例所示：

```
<InputSelect @bind-Value="order.ProductColor">
<option value="">Select a color ...</option>
<option value="Red">Red</option>
<option value="Blue">Blue</option>
<option value="White">White</option>
</InputSelect>
```

还可以通过 InputRadioGroup 和 InputRadio 组件呈现枚举，如以下示例所示：

```
<InputRadioGroup Name="color" @bind-Value="order.Color">
<InputRadio Name="color" Value="AllColors.Red" /> Red<br>
<InputRadio Name="color" Value="AllColors.Blue" /> Blue<br>
<InputRadio Name="color" Value="AllColors.White" /> White<br>
</InputRadioGroup>
```

Blazor 还提供了一个用于处理和上传文件的 InputFile 组件，此处不做讨论，"扩展阅读"中提供了官方参考链接。

本节完成 Blazor 基础知识的描述。下一节将分析它的一些高级功能。

16.5 Blazor 高级功能

本节收集了 Blazor 的各种高级功能的简短描述，这些功能分为几个小节进行介绍。由于篇幅有限，此处无法给出每个功能的所有细节，"扩展阅读"中的链接将涵盖缺少的细节。下面从如何引用通过 Razor 标签定义的组件和 HTML 元素开始讲解。

16.5.1 对组件和 HTML 元素的引用

有时，我们可能需要引用一个组件来调用它的一些方法。例如，对于实现模式窗口的组件，需要调用它的 Show()方法：

```
<Modal @ref="myModal">
...
</Modal>
...
<button type="button" class="btn btn-primary"
@onclick="() => myModal.Show()">
Open modal
</button>
...
@code{
private Modal  myModal {get; set;}
 ...
}
```

如上例所示，引用是通过@ref 指令捕获的。同样，@ref 指令也可以用于捕获对 HTML 元素的引用。HTML 引用具有 ElementReference 类型，通常用于调用 HTML 元素上的 JavaScript 函数，如下一小节所述。

16.5.2 JavaScript 互操作性

由于 Blazor 还没有将所有 JavaScript 功能都公开给 C#代码，因此有时需要调用 JavaScript 函数，特别是为了方便地利用现有的庞大的第三方 JavaScript 存储库。Blazor 可以通过 IJSRuntime 接口实现这一点，该接口可以通过依赖注入引擎注入组件中。

有了 IJSRuntime 实例之后，就可以调用具有返回值的 JavaScript 函数，如下所示：

```
T result = await jsRuntime.InvokeAsync<T>(
```

```
"<name of JavaScript function or method>", arg1, arg2....);
```

可以调用不返回任何值的 JavaScript 函数，如下所示：

```
awaitjsRuntime.InvokeAsync(
"<name of JavaScript function or method>", arg1, arg2....);
```

参数既可以是基本类型，也可以是可以在 JSON 中序列化的对象，而 JavaScript 函数的名称是一个可以通过点来包含访问属性、子属性和方法名称的字符串，如 myJavaScriptObject.myProperty.myMethod。

参数也可以是通过@ref指令捕获的ElementReference实例，在这种情况下，它们作为JavaScript端的 HTML 元素接收。

调用的 JavaScript 函数调用必须定义在 Index.html 文件中或 Index.html 中引用的 JavaScript 文件中。

如果正在为一个 Razor 库项目编写组件库，JavaScript 文件可以与 CSS 文件一起作为资源嵌入 DLL 库中。只需要在项目根目录中添加一个 wwwroot 文件夹，并将所需的 CSS 和 JavaScript 文件放置在该文件夹或其子文件夹中即可。之后，这些文件可以被引用为

```
_content/<dll name>/<file path in wwwroot>
```

因此，如果文件名是 myJsFile.js，dll 名称是 MyCompany.MyLibrary，并且该文件被放置在 wwwroot 内的 js 文件夹中，那么它的引用将是

```
_content/MyCompany.MyLibrary/js/myJsFile.js
```

如果将 JavaScript 文件组织为 ES6 模块，则不需要在 Index.html 中引用它们。可以直接加载 ES6 模块，如下所示：

```
// _content/MyCompany.MyLibrary/js/myJsFile.js  JavaScript file
export function myFunction ()
{
...
}
...
//C# code
var module = await jsRuntime.InvokeAsync<JSObjectReference>(
    "import", "./_content/MyCompany.MyLibrary/js/myJsFile.js");
...
T res= await module.InvokeAsync<T>("myFunction")
```

此外，可以在 JavaScript 代码中调用 C#对象的实例方法，步骤如下。

(1) 假设 C#方法被称为 MyMethod，先用[JSInvokable]属性修饰 MyMethod 方法。

(2) 将 C#对象放入 DotNetObjectReference 实例并通过 JavaScript 调用将其传递给 JavaScript：

```
var objRef = DotNetObjectReference.Create(myObjectInstance);
//pass objRef to JavaScript
....
//dispose the DotNetObjectReference
objRef.Dispose()
```

(3) 在 JavaScript 中，假设 C#对象位于名为 dotnetObject 的变量中，那么就可以调用如下：

```
dotnetObject.invokeMethodAsync("<dll name>", "MyMethod", arg1, ...).
```

```
then(result => {...})
```

下一节将讲解如何处理内容和数字/日期的本地化。

16.5.3 全球化与本地化

Blazor 应用程序启动后,应用程序区域设置和应用程序 UI 区域设置都将设置为浏览器的区域设置。但是,开发者可以通过将所选的区域设置分配给 CultureInfo.DefaultThreadCurrentCulture 和 CultureInfo.DefaultThreadCurrentUICulture 来更改这两个区域设置。

设置了 CurrentCulture 之后,日期和数字将根据所选区域设置的约定自动格式化。对于 UI 区域设置,开发者必须手动提供包含所有受支持区域设置的所有应用程序字符串翻译的资源文件。

这方面有两种方法。第一种方法,可以创建一个资源文件,例如 myResource.resx,然后添加所有特定于语言的文件,如 myResource.it.resx、myResource.pt.resx 等。在本例中,Visual Studio 创建了一个名为 myResource 的静态类,其静态属性是每个资源文件的键(key)。这些属性将自动包含与当前 UI 区域设置对应的本地化字符串。可以在任何地方使用这些静态属性,并且可以使用由资源类型和资源名称组成的对来设置 ErrorMessageResourceType 和 ErrorMessageResourceName 验证属性或其他类似属性。这样,属性将自动使用本地化的字符串。

第二种方法,只添加特定语言的资源文件(myResource.it.resx、myResource.pt.resx 等)。在这种情况下,Visual Studio 不会创建任何与资源文件关联的类,可以像第 15 章所讲的,在 ASP.NET Core MVC 视图中使用资源文件那样,通过 IStringLocalizer 和 IStringLocalizer<t>使用资源文件。

16.5.4 身份验证和授权

16.2.3 节概述了 CascadingAuthenticationState 和 AuthorizeRouteView 组件如何防止未经授权的用户访问受[Authorize]属性保护的页面。下面深入讲解页面授权的工作原理。

.NET 应用程序的身份验证和授权信息通常包含在 ClaimsPrincipal 实例中。在服务器应用程序中,该实例是在用户登录时生成的,并从数据库中获取所需信息。在 Blazor WebAssembly 应用程序中,此类信息也必须由负责 SPA 身份验证的远程服务器提供。有好几种方法可以为 Blazor WebAssembly 应用程序提供身份验证和授权,Blazor 对此定义了 AuthenticationStateProvider 抽象。

所有身份验证和授权提供程序都继承自 AuthenticationStateProvider 抽象类,并重写其 GetAuthenticationStateAncy 方法,该方法返回任务<AuthenticationState>,其中 AuthenticationState 包含身份验证和授权信息。实际上,AuthenticationState 只包含一个带有 ClaimsPrincipal 的 User 属性。

定义了 AuthenticationStateProvider 的具体实现之后,还需要在 program.cs 文件中的依赖引擎容器中注册它:

```
services.AddScoped<AuthenticationStateProvider, MyAuthStateProvider>();
```

描述了 Blazor 如何注册 AuthenticationStateProvider 以提供身份验证和授权信息之后,将回到 Blazor 默认提供的 AuthenticationStateProvider 的预定义实现。

CascadingAuthenticationState 组件调用注册的 AuthenticationStateProvider 的 GetAuthenticationStateAncy 方法,并级联返回的任务<AuthenticationState>。可以使用组件中定义的[CascadingParameter]截取此级联值:

```
[CascadingParameter]
private Task<AuthenticationState>myAuthenticationStateTask { get; set; }
……
ClaimsPrincipal user = (await myAuthenticationStateTask).User;
```

Blazor 应用程序通常使用 AuthorizeRouteView 和 AuthorizeView 组件来控制用户访问内容。

如果用户不满足页面[Authorize]属性的规定，AuthorizeRouteView 将阻止访问页面，并呈现 NotAuthorized 模板中的内容，如果验证通过，将呈现 Authorized 模板中的内容。 AuthorizeRouteView 还有一个 Authorizing 模板，用于在进行身份验证期间显示内容。

可在组件中使用 AuthorizeView 以显示仅授权用户可用的标签。它与[Authorize]属性一样，可以使用角色和策略参数来指定用户访问内容所必须满足的约束：

```
<AuthorizeView Roles="Admin,SuperUser">
//authorized content
</AuthorizeView>
```

AuthorizeView 还可以指定 NotAuthorized 和 Authorized 模板：

```
<AuthorizeView>
<Authorized>
...
</Authorized>
<Authorizing>
    ...
</Authorizing>
<NotAuthorized>
    ...
</NotAuthorized>
</AuthorizeView>
```

如果在创建 Blazor WebAssembly 项目时添加了授权选项，则 Visual Studio 会自动向应用程序依赖注入引擎添加以下方法调用：

```
builder.Services.AddApiAuthorization();
```

该方法添加了一个 AuthenticationStateProvider，用于从常用的 ASP.NET Core 身份验证 cookie 中提取用户信息。由于身份验证 cookie 是加密的，因此必须通过联系服务器公开的终节点来执行此操作。16.2.2 节曾介绍，该操作在 AuthenticationService.js JavaScript 文件的帮助下执行。服务器终节点以承载令牌(bearer token)的形式返回用户信息，该令牌也可用于验证与服务器的 Web API 的通信。第 14 章详细描述了承载令牌。Blazor WebAssembly 通信将在下一节中介绍。

如果未找到有效的身份验证 cookie，则提供程序将创建未经身份验证的 ClaimsPrincipal。这样，当用户试图访问受[Authorize]属性保护的页面时，AuthorizeRouteView 组件会调用 RedirectToLogin 组件，跳转到用户登录页面。接下来讲解一下 RemoteAuthenticatorView 组件：

```
@page "/authentication/{action}"
@using Microsoft.AspNetCore.Components.WebAssembly.Authentication
<RemoteAuthenticatorView Action="@Action"  />

@code{
   [Parameter] public string Action { get; set; }
}
```

RemoteAuthenticatorView 类似于常用的 ASP.NET Core 用户登录/注册系统，每当它收到要执行的 action 时，就会将用户从 Blazor 应用程序重定向到正确的 ASP.NET Core 页面(登录、注册、注销、用户配置文件)。

与服务器通信所需的所有信息都基于名称约定，但它们可以通过 AddApiAuthorization 方法的 options 参数进行自定义。例如，可以在那里更改用户注册的 URL 地址，以及 Blazor 为收集服务器设置信息而联系的终节点的地址。该终节点位于 BlazorReview.Server->Controllers->OidcConfigurationController.cs 文件。

当用户登录了之后，他们就会重定向到登录前所请求的 Blazor 应用程序页面。重定向 URL 由 BlazorReview.Client->Shared->RedirectToLogin.razor 组件计算，它从 NavigationManager 中提取并将其传递给 RemoteAuthenticatorView 组件。这一次，AuthenticationStateProvider 将能够从登录操作创建的身份验证 cookie 中获取用户信息。

有关认证过程的更多详细信息，请参阅"扩展阅读"中的 Blazor 官方参考链接。

下一小节将介绍 HttpClient 类和相关类型的 Blazor WebAssembly 的特定实现。

16.5.5　与服务器的通信

如第 14 章所介绍的，Blazor WebAssembly 也支持.NET HttpClient 和 HttpClientFactory 类。然而，由于浏览器的通信限制，它们的实现是不同的，并且依赖于浏览器 Fetch API。

第 14 章分析了如何利用 HttpClientFactory 定义类型化客户端。还可以使用完全相同的语法在 Blazor 中定义类型化客户端。

然而，由于 Blazor 需要在每个请求中向应用服务器发送身份验证过程中创建的承载令牌，因此通常定义一个命名客户端，如下所示：

```
builder.Services.AddHttpClient("BlazorReview.ServerAPI", client =>
    client.BaseAddress = new Uri(builder.HostEnvironment.BaseAddress)
.AddHttpMessageHandler<BaseAddressAuthorizationMessageHandler>();
```

AddHttpMessageHandler 添加了一个 DelegatingHandler，即 DelegatingHandler 抽象类的子类。DelegatingHandler 的实现会覆盖其 SendAsync 方法，以便处理每个请求和每个相对响应：

```
protected override async Task<HttpResponseMessage> SendAsync(
    HttpRequestMessage request,
    CancellationToken cancellationToken)
{
//modify request
  ...
HttpResponseMessage= response = await base.SendAsync(
request, cancellationToken);
//modify response
  ...
return response;
}
```

BaseAddressAuthorizationMessageHandler 是通过上一节中的 AddApiAuthorization 调用添加到依赖注入引擎中的。它将授权过程产生的承载令牌添加到每个发往应用服务器域的请求中。如果此承载令牌已过期或根本找不到，它将尝试从用户身份验证 cookie 中获取新的承载令牌。如果此尝试也失败，将引发 AccessTokenNotAvailableException。通常，会捕获类似的异常，并触发重定

向到登录页面(默认情况下为/authentication/{action}):

```
try
    {
        //server call here
    }
catch (AccessTokenNotAvailableException exception)
    {
        exception.Redirect();
    }
```

由于大多数请求都被定向到应用程序服务器,而且只有几个调用可能会通过CORS(跨源请求)与其他服务器联系,因此 BlazorReview.ServerAPI 命名客户端也被定义为默认的 HttpClient 实例:

```
builder.Services.AddScoped(sp =>
            sp.GetRequiredService<IHttpClientFactory>()
                .CreateClient("BlazorReview.ServerAPI"));
```

通过向依赖注入引擎请求一个 HttpClient 实例,可以获得默认客户端。对其他服务器的 CORS 可以通过定义使用其他承载令牌的其他命名客户端来处理。通过首先从依赖注入引擎获取 IHttpClientFactory 实例,然后调用其 CreateClient("<named client name>")方法,可以获得命名客户端。Blazor 提供了获取承载令牌和连接服务的相关库。详情请参阅 "扩展阅读" 中的相关链接。

下一节将简要介绍一些最相关的第三方工具和库,它们增强了 Blazor 的官方功能,并有助于提高 Blazor 项目的生产率。

16.6　Blazor WebAssembly 第三方工具

尽管 Blazor 很年轻,但它的第三方工具和产品生态系统已经相当丰富。在开源、免费的产品中,值得一提的是 Blazorise 这个项目(参见参考网站16.2),其中包含各种免费的基本 Blazor 组件(输入、选项卡、模态等),可以使用各种 CSS 框架设置样式。它还包含一个简单的可编辑网格和一个简单的树状视图。

同样值得一提的是 BlazorStrap(参见参考网站16.3),它包含所有 Bootstrap 4 组件和小部件的纯 Blazor 实现。

在所有商业产品中,Blazor 控件工具包(参见参考网站 16.4)值得一提,这是一个用于实现商业应用程序的完整工具集。它包含所有的输入类型,并在浏览器不支持的情况下提供相应的兼容替代品及所有引导组件,所有其他基本组成部分及一个完整、先进的拖放框架,高级定制及可编辑组件,如详情视图、详情列表、网格、树重复器(树视图的泛化)。所有组件都基于复杂的元数据表示系统,使用户能够使用数据注解和内联声明以声明方式设计标签。

此外,Blazor 控件工具包还包含其他复杂的验证属性、用于撤销用户输入的工具、用于计算要发送到服务器更改的工具、基于 OData 协议的复杂客户端和服务器端查询工具,以及用于维护和保存整个应用程序状态的工具。

还有 bUnit(参见参考网站16.5),这是一个开源项目,提供了测试 Blazor 组件的所有工具。

下一节将展示如何通过实现一个简单的应用程序将前面所学到的知识付诸实践。

16.7 用例——使用 Blazor WebAssembly 实现一个简单的应用程序

本节将使用 Blazor WebAssembly 实现本书 WWTravelClub 预订用例中的套餐搜索程序,利用第 15 章已经实现的领域层和数据层来设置解决方案。

16.7.1 准备解决方案

首先,创建第 15 章中创建的 PackagesManagement 解决方案文件夹的副本,并将其重命名为 PackagesManagementBlazor。打开解决方案,右击名为 PackagesManagement 的 Web 项目并将其删除。然后,转到解决方案文件夹并删除名为 PackagesManagement 的整个 Web 项目文件夹。

现在,右击解决方案并选择"添加"|"新建项目",新建一个新的 Blazor WebAssembly 项目,命名为 PackagesManagementBlazor。身份验证类型选择"无",选中"SP.NET Core 托管"。此处不需要身份验证,因为将要实现的按位置搜索功能需要对未注册用户也可用。

选中 PackagesManagementBlazor.Server 项目,右击选择"设为启动项目"(如此设置后其名称应为粗体)。

PackagesManagementBlazor.Server 项目需要同时引用数据层(PackageManagementDB)和领域层(PackageManagementDomain)项目,因此请将它们添加为引用。

还需要将旧 Web 项目的相同连接字符串复制到 PackagesManagementBlazor.Server 项目下的 appsettings.json 文件:

```
"ConnectionStrings": {
    "DefaultConnection": "Server=(localdb)\\
mssqllocaldb;Database=package-management;Trusted_Connection=True;MultipleActiv
eResultSets=true"

},
```

这样,就可以重用已经创建的数据库。还需要添加与旧 Web 项目相同的 DDD 工具。在项目根目录中添加一个名为 Tools 的文件夹,并复制 GitHub 存储库中与该书关联的 ch12->ApplicationLayer 文件夹的内容。

然后还需要向 Startup.cs 文件中的 ConfigureServices 方法末尾添加以下代码来将 PackageManagementBlazor.Server 和数据层关联起来:

```
services.AddDbLayer(Configuration
        .GetConnectionString("DefaultConnection"),
        "PackagesManagementDB");
```

这与添加到旧 Web 项目中的方法相同。最后,还可以添加用于发现 Web 项目中的所有查询的 AddAllQueries 扩展方法:

```
services.AddAllQueries(this.GetType().Assembly);
```

不需要其他自动发现工具,因为这是一个只有查询功能的应用程序。下一小节将讲解如何设计服务器端 REST API。

16.7.2　实现所需的 ASP.NET Core REST API

首先,定义用于在服务器和客户应用端之间通信的 ViewModel。将在 PackagesManagementBlazor.Shared
项目中定义 ViewModel,因为这个项目同时被服务器应用和客户端应用引用。

下面从 PackageInfosViewModel 这一个 ViewModel 开始:

```
using System;
namespace PackagesManagementBlazor.Shared
{
    public class PackageInfosViewModel
    {
        public int Id { get; set; }
        public string Name { get; set; }
        public decimal Price { get; set; }
        public int DurationInDays { get; set; }
        public DateTime? StartValidityDate { get; set; }
        public DateTime? EndValidityDate { get; set; }
        public string DestinationName { get; set; }
        public int DestinationId { get; set; }
        public override string ToString()
        {
            return string.Format("{0}. {1} days in {2}, price: {3}",
                Name, DurationInDays, DestinationName, Price);
        }
    }
}
```

然后,添加包含所有 Package(套餐)的 ViewModel:

```
using System.Collections.Generic;
namespace PackagesManagementBlazor.Shared
{
    public class PackagesListViewModel
    {
        public IEnumerable<PackageInfosViewModel>
            Items { get; set; }
    }
}
```

还可以添加按位置搜索套餐的查询。在 PackagesManagementBlazor.Server 项目的根目录中添
加一个 Queries 文件夹,在其中添加定义查询的接口 IPackagesListByLocationQuery:

```
using DDD.ApplicationLayer;
using PackagesManagementBlazor.Shared;
using System.Collections.Generic;
using System.Threading.Tasks;

namespace PackagesManagementBlazor.Server.Queries
{
    public interface IPackagesListByLocationQuery: IQuery
    {
        Task<IEnumerable<PackageInfosViewModel>>
            GetPackagesOf(string location);
    }
}
```

最后，还要添加查询实现：

```
public class PackagesListByLocationQuery:IPackagesListByLocationQuery
    {
        private readonly MainDbContext ctx;
        public PackagesListByLocationQuery(MainDbContext ctx)
        {
            this.ctx = ctx;
        }
        public async Task<IEnumerable<PackageInfosViewModel>> GetPackagesOf(string
location)
        {
            return await ctx.Packages
                .Where(m => m.MyDestination.Name.StartsWith(location))
                .Select(m => new PackageInfosViewModel
            {
                StartValidityDate = m.StartValidityDate,
                EndValidityDate = m.EndValidityDate,
                Name = m.Name,
                DurationInDays = m.DurationInDays,
                Id = m.Id,
                Price = m.Price,
                DestinationName = m.MyDestination.Name,
                DestinationId = m.DestinationId
            })
                .OrderByDescending(m=> m.EndValidityDate)
                .ToListAsync();
        }
    }
}
```

一切都准备好了，终于可以定义 PackageController 了：

```
using Microsoft.AspNetCore.Mvc;
using PackagesManagementBlazor.Server.Queries;
using PackagesManagementBlazor.Shared;
using System.Threading.Tasks;

namespace PackagesManagementBlazor.Server.Controllers
{
    [Route("[controller]")]
    [ApiController]
    public class PackagesController : ControllerBase
    {
        // GET api/<PackagesController>/Flor
        [HttpGet("{location}")]
        public async Task<PackagesListViewModel> Get(string location,
            [FromServices] IPackagesListByLocationQuery query )
        {
            return new PackagesListViewModel
            {
                Items = await query.GetPackagesOf(location)
            };
        }
    }
}
```

服务器端代码完成了！下面继续讨论与服务器通信的 Blazor 服务的定义。

16.7.3　在服务中实现业务逻辑

我们将向 PackagesManagementBlazor.Client 项目中添加 ViewModels 和 Services 文件夹。需要的大多数 ViewModel 已经在 PackagesManagementBlazor.Shared 项目中定义了。搜索表单只需要一个 ViewModel，将其添加到 ViewModels 文件夹：

```
using System.ComponentModel.DataAnnotations;
namespace PackagesManagementBlazor.Client.ViewModels
{
    public class SearchViewModel
    {
        [Required]
        public string Location { get; set; }
    }
}
```

还需要 PackageClient 服务，将其添加到 Services 文件夹：

```
namespace PackagesManagementBlazor.Client.Services
{
    public class PackagesClient
    {
        private HttpClient client;
        public PackagesClient(HttpClient client)
        {
            this.client = client;
        }
        public async Task<IEnumerable<PackageInfosViewModel>>
            GetByLocation(string location)
        {
            var result =
                await client.GetFromJsonAsync<PackagesListViewModel>
                    ("Packages/" + Uri.EscapeDataString(location));
            return result.Items;
        }
    }
}
```

代码就是这么简单！比我们想象中只多了一个 Uri.EscapeDataString 方法，该方法用于对参数进行编码，以便将其安全地附加到 url。

最后，向依赖注入引擎注册服务：

```
builder.Services.AddScoped<PackagesClient>();
```

需要指出的是，这只是个示例程序，在真正用于实际工作的版本中，应该通过 IPackagesClient 接口注册服务，以便能够在测试中模拟它，即以上代码需要改为.AddScoped<IPackagesClient, PackagesClient>()。

现在大部分工作都完成了，只剩下构建 UI 工作了。

16.7.4　实现用户界面

首先删除不需要的应用程序页面，即 Pages->Counter.razor 和 Pages->FetchData.razor。不要忘

记还需要从 Shared->NavMenu.razor 的侧菜单中删除它们的链接。

然后用以下代码替换 Pages->Index.razor 页面的代码:

```
@using PackagesManagementBlazor.Client.ViewModels
@using PackagesManagementBlazor.Shared
@using PackagesManagementBlazor.Client.Services
@inject PackagesClient client
@page "/"

<h1>Search packages by location</h1>
<EditForm Model="search"
        OnValidSubmit="Search">
<DataAnnotationsValidator />
<div class="form-group">
<label for="integerfixed">Insert location starting chars</label>
<InputText @bind-Value="search.Location" />
<ValidationMessage For="@(() => search.Location)" />
</div>
<button type="submit" class="btn btn-primary">
      Search
</button>
</EditForm>
@code{
    SearchViewModel search { get; set; }
= new SearchViewModel();
    async Task Search()
    {
       ...
    }
}
```

上面的代码添加了所需的@using,注入了 PackageClient 服务,并定义了搜索表单。当表单成功提交后,它将调用搜索回调,检索所有结果的代码将放置在其中。

接下来将添加逻辑代码来显示所有结果并完成@code 代码块。以下代码必须紧跟在搜索表单之后:

```
@if (packages != null)
{
...
}
else if (loading)
{
    <p><em>Loading...</em></p>
}
@code{
    SearchViewModel search { get; set; } = new SearchViewModel();
    private IEnumerable<PackageInfosViewModel> packages;
    bool loading;
    async Task Search()
    {
        packages = null;
        loading = true;
        await InvokeAsync(StateHasChanged);
        packages = await client.GetByLocation(search.Location);
        loading = false;
```

```
    }
}
```

if 代码块中所省略的代码是负责呈现包含所有结果的表格。这部分代码随后再讲解。

在使用 PackageClient 服务开始检索直到返回结果之前，我们将删除所有以前的结果并显示加载中，这对应上面 Razor 代码中的 else if(loading)这一段，用加载消息替换以前的表单。手动设置了 packages 和 loading 这些变量之后，必须调用 StateHasChanged 来触发更改检测并刷新页面。检索完所有结果并返回回调之后，则不需要再次调用 StateHasChanged，因为回调本身的终止会触发更改检测并导致所需的页面刷新。

以下是呈现所有结果的表格的代码:

```
<div class="table-responsive">
  <table class="table">
    <thead>
     <tr>
       <th scope="col">Destination</th>
       <th scope="col">Name</th>
       <th scope="col">Duration/days</th>
       <th scope="col">Price</th>
       <th scope="col">Available from</th>
       <th scope="col">Available to</th>
     </tr>
    </thead>
    <tbody>
     @foreach (var package in packages)
     {
       <tr>
         <td>
           @package.DestinationName
         </td>
         <td>
           @package.Name
         </td>
         <td>
           @package.DurationInDays
         </td>
         <td>
           @package.Price
         </td>
         <td>
           @(package.StartValidityDate.HasValue ?
             package.StartValidityDate.Value.ToString("d")
             :
             String.Empty)
         </td>
         <td>
           @(package.EndValidityDate.HasValue ?
             package.EndValidityDate.Value.ToString("d")
             :
             String.Empty)
         </td>
       </tr>
     }
```

```
    </tbody>
  </table>
</div>
```

运行该项目,将看到以 Florence 为初始值的搜索结果。因为前几章向数据库插入了 Florence(作为一个地理位置),所以会出现相关结果!

16.8 本章小结

本章介绍了什么是 SPA、Blazor WebAssembly 架构,以及如何基于 Blazor WebAssembly 框架构建 SPA;还解释了如何与 Blazor 组件交换输入/输出,以及绑定的概念。

解释了 Blazor 的基本原则之后,本章重点讨论了如何在出现错误时获得用户输入,同时为用户提供足够的反馈和视觉线索。然后,本章简要介绍了高级功能,如 JavaScript 互操作性、全球化、授权认证和客户端-服务器通信。

本章还通过一个实际用例展示了如何在实践中使用 Blazor 来实现一个简单的旅游套餐搜索应用程序。

16.9 练习题

1. 什么是 WebAssembly?

2. 什么是 SPA(单页面应用程序)?

3. Blazor 路由组件的用途是什么?

4. 什么是 Blazor 页面?

5. @namespace 指令的目的是什么?

6. 什么是 EditContext?

7. 初始化组件的正确位置有哪些?

8. 处理用户输入的正确位置有哪些?

9. 什么是 IJSRuntime 接口?

10. @ref 的目的是什么?

第17章
C# 9 编码最佳实践

作为项目的软件架构师，有责任定义和维护一套编写代码的标准，以指导团队根据公司期望进行编程。本章介绍一些关于编写代码的最佳实践，以及 C# 9 编码的提示和技巧，可以帮助开发者编写安全、简易又可维护的软件。

本章涵盖以下主题：

- 代码的复杂性如何影响性能。
- 使用版本控制系统的重要性。
- 用 C#编写安全代码。
- .NET Core 编程的提示和技巧。
- 编写代码时的注意事项。

C# 9 和.NET 5 已被引入。此处展示的示例和练习还可适用于.NET 5 的许多版本，它们也涉及 C#编程的基础。

17.1 技术性要求

学习本章内容之前，需要安装 Visual Studio 2019 的免费社区版本及以上版本，并已安装所有数据库工具。可以扫封底二维码获得本章的示例代码。

17.2 越糟糕的程序员，编码越复杂

许多人认为，好的程序员就是能够编写复杂代码的人。然而，随着软件开发的不断成熟，人们逐渐认识到复杂性并不意味着工作完成得好，反而意味着代码质量差。一些优秀的科学家与研究者证实了这一观点，并强调专业的代码需要专注于时间、高质量及预算。

即便场景很复杂，只要能减少歧义并阐明代码的运行过程，尤其对方法和变量使用好的命名方式，遵守 SOLID 原则，便可将代码化繁为简。

因此，如果想要写好代码，需要专注于如何去做好它，要考虑到之后阅读这些代码的人不止自己一个人。

如果对编写好代码的重要性的理解符合简易性、清晰性的理念，则有必要考虑 Visual Studio 工具——代码度量值，参见图 17.1。

图 17.1　在 Visual Studio 中计算代码度量值

代码度量值工具会提供度量值，便于深入了解所交付软件的质量。此工具提供的度量值可在参考网站 17.1 中找到。下一小节将重点说明它们在一些现实生活场景中是多么有用。

17.2.1　可维护性指数

可维护性指数表明了维护代码的难易程度——代码越简单，指数值越高(上限为 100)。易于维护是保持软件健康的关键点之一。很显然，任何软件在未来都会发生变化，因为变化是无法避免的。因此，如果可维护性水平很低的话，请考虑重构代码。编写专注于单一职责的类和方法，避免重复代码，以及限制每个方法的代码行数，都可以提高可维护性指数。

17.2.2　圈复杂度

Thomas J. McCabe 是圈复杂度这一指标的权威专家。他将软件函数的复杂度定义为可达代码路径(圆形节点)的数量。路径越多，函数越复杂。McCabe 认为每个函数的复杂度分值都必须少于 10。这也意味着，如果代码的方法较为复杂，则必须重构它，并且将其部分内容转为单独的方法。在一些真实的场景中，这种行为很容易被检测到：

- 在循环内循环。
- 大量连续的 if-else 语句。
- 在同一个方法中处理 switch 语句中每个 case 的代码细节。

例如用于处理信用卡交易不同情况的方法的首个版本。正如你所能看到的，以 McCabe 提到的数值为基础，圈复杂度比其更大。之所以会如此，其原因在于 switch 语句每个 case 中的 if-else 语句的数量：

```
/// <summary>
/// This code is being used just for explaining the concept of cyclomatic complexity.
/// It makes no sense at all. Please Calculate Code Metrics for understanding
/// </summary>
private static void CyclomaticComplexitySample()
{
  var billingMode = GetBillingMode();
  var messageResponse = ProcessCreditCardMethod();
  switch (messageResponse)
  {
```

```
case "A":
  if (billingMode == "M1")
    Console.WriteLine($"Billing Mode {billingMode} for " +
      $"Message Response {messageResponse}");
  else
    Console.WriteLine($"Billing Mode {billingMode} for " +
      $"Message Response {messageResponse}");
  break;
case "B":
  if (billingMode == "M2")
    Console.WriteLine($"Billing Mode {billingMode} for " +
      $"Message Response {messageResponse}");
  else
    Console.WriteLine($"Billing Mode {billingMode} for " +
      $"Message Response {messageResponse}");
  break;
case "C":
  if (billingMode == "M3")
    Console.WriteLine($"Billing Mode {billingMode} for " +
      $"Message Response {messageResponse}");
  else
    Console.WriteLine($"Billing Mode {billingMode} for " +
      $"Message Response {messageResponse}");
  break;
case "D":
  if (billingMode == "M4")
    Console.WriteLine($"Billing Mode {billingMode} for " +
      $"Message Response {messageResponse}");
  else
    Console.WriteLine($"Billing Mode {billingMode} for " +
      $"Message Response {messageResponse}");
  break;
case "E":
  if (billingMode == "M5")
    Console.WriteLine($"Billing Mode {billingMode} for " +
      $"Message Response {messageResponse}");
  else
    Console.WriteLine($"Billing Mode {billingMode} for " +
      $"Message Response {messageResponse}");
  break;
case "F":
  if (billingMode == "M6")
    Console.WriteLine($"Billing Mode {billingMode} for " +
      $"Message Response {messageResponse}");
  else
    Console.WriteLine($"Billing Mode {billingMode} for " +
      $"Message Response {messageResponse}");
  break;
case "G":
  if (billingMode == "M7")
    Console.WriteLine($"Billing Mode {billingMode} for " +
      $"Message Response {messageResponse}");
  else
    Console.WriteLine($"Billing Mode {billingMode} for " +
      $"Message Response {messageResponse}");
  break;
```

```
    case "H":
      if (billingMode == "M8")
        Console.WriteLine($"Billing Mode {billingMode} for " +
          $"Message Response {messageResponse}");
      else
        Console.WriteLine($"Billing Mode {billingMode} for " +
          $"Message Response {messageResponse}");
      break;
    default:
      Console.WriteLine("The result of processing is unknown");
      break;
    }
}
```

如果统计这段代码的代码度量值，在计算圈复杂度时，将发现一个糟糕的结果，如图 17.2 所示。

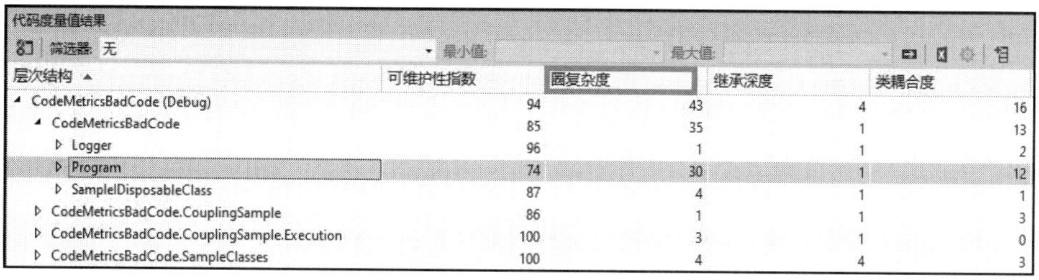

图 17.2　圈复杂度较高的情况

代码本身没有意义，关键在于展示为了编写更好的代码可以进行改进的次数:

- switch-case 中的各个选项可以使用 Enum 改写。
- 每个 case 的运行过程可各自用具体方法改写。
- switch-case 可被 Dictionary<Enum,Method>代替。

通过利用前面的技术重构此代码，得到的代码将更易于理解，如以下代码片段(只展示其主要方法)所示:

```
static void Main()
{
    var billingMode = GetBillingMode();
    var messageResponse = ProcessCreditCardMethod();
Dictionary<CreditCardProcessingResult, CheckResultMethod>
methodsForCheckingResult =GetMethodsForCheckingResult();
    if (methodsForCheckingResult.ContainsKey(messageResponse))
        methodsForCheckingResult[messageResponse](billingMode,
        messageResponse);
    else
        Console.WriteLine("The result of processing is unknown");
}
```

完整的代码可在本章的 GitHub 存储库中被找到，其中还演示了如何实现较低复杂度的代码。图 17.3 展示了这些代码度量值的结果。

层次结构 ▲	可维护性指数	圈复杂度	继承深度	类耦合度
▲ CodeMetricsGoodCode (Debug)	94	29	1	9
▲ CodeMetricsGoodCode	90	22	1	5
▲ Program	80	21	1	5
Main() : void	73	2		5
GetMethodsForCheckingResult() : Dictionary<Cre	62	1		3
CheckResultSucceed(BillingMode, CreditCardPro	90	2		3
CheckResultG(BillingMode, CreditCardProcessing	90	2		3
CheckResultF(BillingMode, CreditCardProcessing	90	2		3
CheckResultE(BillingMode, CreditCardProcessing	90	2		3
CheckResultD(BillingMode, CreditCardProcessing	90	2		3
CheckResultC(BillingMode, CreditCardProcessing	90	2		3
CheckResultB(BillingMode, CreditCardProcessing	90	2		3

图 17.3　重构后圈复杂度减少

正如图 17.3 所示，在重构代码之后，复杂度大幅减少了。第 13 章讨论了重构对于代码重用的重要性。在本章中这么做的原因是一样的——消除重复。

这里的关键在于，这些技术的应用使开发者对代码的理解提高了，同时代码的复杂度减少了，这也证明了圈复杂度的重要性。

17.2.3　继承深度

继承深度反映的是与被分析方法相关联的类数目。继承的类越多，该度量值的结果就越差。与类耦合度类似，它表明了修改代码的难度。例如，图 17.4 中存在 4 个有继承关系的类。

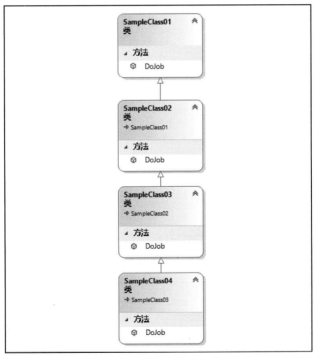

图 17.4　继承深度示例

由图 17.5 可以看出，越深的类具有越差的指标结果。可以这样理解，对于最深的那个类来说，存在其他 3 个类可以改变它的行为(包括它自己则为 4 个)。

层次结构 ▲	可维护性指数	圈复杂度	继承深度	类耦合度
▲ CodeMetricsBadCode (Debug)	94	43	4	16
▷ CodeMetricsBadCode	85	35	1	13
▷ CodeMetricsBadCode.CouplingSample	86	1	1	3
▷ CodeMetricsBadCode.CouplingSample.Execution	100	3	1	0
▲ CodeMetricsBadCode.SampleClasses	100	4	4	3
▷ SampleClass01	100	1	1	0
▷ SampleClass02	100	1	2	1
▷ SampleClass03	100	1	3	1
▷ SampleClass04	100	1	4	1

图 17.5　继承深度度量值

在面向对象分析工作方法中，继承是其中很基本的一项。然而，它有时候会给代码带来一些坏处，因为它能导致代码相互间的依赖。因此，如果可行的话，可以考虑使用组合来替代继承。

17.2.4　类耦合度

当在一个类里关联太多其他类时，显然会产生一些耦合，这会给代码的维护带来坏处。图 17.6 展示了一个类耦合度示例，其中的代码本身没有意义。

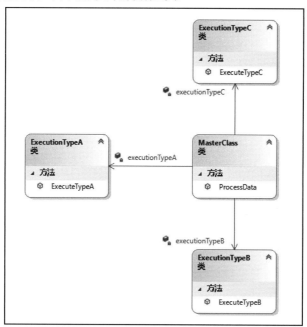

图 17.6　类耦合度示例

计算上述设计的代码度量值，由图 17.7 可以看出，ProcessData()方法的类耦合实例的数目为 3，它调用 ExecuteTypeA()、ExecuteTypeB()和 ExecuteTypeC()方法。

代码度量值结果					
筛选器: 无 ▼ 最小值: 最大值: ▫ ◀ ◈ 箇					
层次结构 ▲	可维护性指数	圈复杂度	继承深度	类耦合度	源代码行
▲ CodeMetricsBadCode (Debug)	94	43	4	16	358
▷ CodeMetricsBadCode	85	35	1	13	258
▲ CodeMetricsBadCode.CouplingSample	86	1	1	3	18
▲ MasterClass	86	1	1	3	15
executionTypeA : ExecutionTypeA	93	0	1	1	1
executionTypeB : ExecutionTypeB	93	0	1	1	1
executionTypeC : ExecutionTypeC	93	0	1	1	1
ProcessData() : void	81	1		3	7
▷ CodeMetricsBadCode.CouplingSample.Execution	100	3	1	0	30
▷ CodeMetricsBadCode.SampleClasses	100	4	4	3	52

图 17.7　类耦合度度量值

有论文指出，类耦合度实例的最大数量不应超过 9。由于聚合是比继承更好的一种实践，可以使用接口来解决类耦合的问题。例如，采用与图 17.8 所示设计具有相同功能的代码能够带来更好的结果。

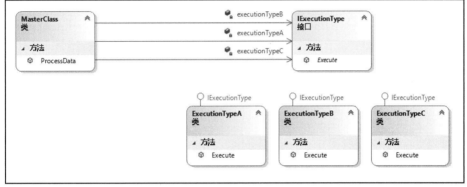

图 17.8　降低类耦合度

注意，采用接口的这种设计，可以在添加更多执行类型时，不会引起类耦合度的相应增加，如图 17.9 所示。

代码度量值结果					
筛选器: 无 ▼ 最小值: 最大值: ▫ ◀ ◈ 箇					
层次结构 ▲	可维护性指数	圈复杂度	继承深度	类耦合度	源代码行
▲ CodeMetricsGoodCode (Debug)	94	29	1	9	198
▷ CodeMetricsGoodCode	90	22	1	5	115
▲ CodeMetricsGoodCode.CouplingSample	93	2	1	4	25
▷ IExecutionType	100	1	0	0	4
▲ MasterClass	86	1	1	4	15
executionTypeA : IExecutionType	93	0	1	2	1
executionTypeB : IExecutionType	93	0	1	2	1
executionTypeC : IExecutionType	93	0	1	2	1
ProcessData() : void	81	1		1	7
▷ CodeMetricsGoodCode.CouplingSample.Execution	100	3	1	1	30
◁ CodeMetricsGoodCode.Enums	93	2	1	0	28

图 17.9　应用聚合的方式以后的类耦合度

作为软件架构师，在设计解决方案时必须考虑做到更多的内聚而不是耦合。有文献指出，好的软件具有高内聚、低耦合的特点。在软件开发中，高内聚表示软件中每个类中的方法和数据之间有很好的关系；低耦合则表示软件中的类与类之间没有紧密或者直接的关联。这是一个基本原则，可以作为建立架构模型时的指导。

17.2.5 源代码行

源代码行度量值可以反映所处理的代码的规模。不能将源代码行与复杂度关联起来,因为行数并不表示复杂度。例如,源代码行可以体现出软件在大小和设计方面的信息。例如,如果你将过多的源代码行放在了一个单独的类里(大于 1000 行代码,也叫 1KLOC),这表明它是一个糟糕的设计。

17.3 使用版本控制系统

本章专门提及这个主题的目的是强迫大家去理解它。如果不使用版本控制系统,将会与可以节省软件开发时间的架构模型和最佳实践擦肩而过。

在过去的几年里,我们一直在享受 GitHub、BitBucket 和 Azure 等在线版本系统所带来的优势。事实是,软件开发的生命周期中,开发者需要拥有这样一类工具,因为大多数供应商都对小型团队提供了免费版本。即使是独自进行开发,这些工具也可以帮助开发者跟踪代码的更改、管理软件的版本,以及保证代码的一致性与完整性。

独自使用版本控制系统时,版本控制系统的作用是显然的。不过,当初这类系统是为了解决团队编写代码时的问题而被开发出来的,为此,它引入了一些功能用以保持代码的完整性,例如分支和合并,即使在开发人数非常多的情况下也能很好工作。

作为软件架构师,必须决定团队将执行怎样的分支策略。Azure DevOps 和 GitHub 采用不同的方式来实现它,两者各自在某些情况下会很有用。

可以在参考网站 17.2 中找到有关 Azure DevOps 团队如何处理此问题的信息。关于 GitHub 的处理方式,可以查看参考网站 17.3。作为软件架构师,需要选择控制代码的策略,第 20 章将详细讨论这点。

17.4 用 C#编写安全代码

在设计上,可以认为 C#是一种安全的编程语言。它不需要使用指针,除非强制使用它,而且释放内存的工作在大多数情况下是由垃圾回收器进行管理。即使如此,为了可以从代码中得到更好、更安全的结果,应该了解 C#中保证代码安全的一些常见的做法。

17.4.1 try-catch

编写代码时发生异常是很常见的,因此需要在异常发生时对它们进行管理。try-catch 语句可用于处理异常,为了保证代码安全,使用它们是非常必要的。有很多应用程序崩溃的例子,原因就是缺少了对 try-catch 语句的使用。以下代码是一个缺少使用 try-catch 语句的示例。值得一提的是,它只是为了帮助我们理解没有使用正确语句来处理异常而抛出的概念。需要考虑使用 int.TryParse(textToConvert, out int result)来处理解析失败的情况。

```
private static int CodeWithNoTryCatch(string textToConvert)
{
    return Convert.ToInt32(textToConvert);
```

```
    }
```

另外，错误地使用 try-catch 也会给代码带来损害，尤其还可能会因为无法看到代码的准确行为，而不理解代码产生的结果。

以下代码是一个使用空的 try-catch 语句的示例：

```
private static int CodeWithEmptyTryCatch(string textToConvert)
{
    try
    {
        return Convert.ToInt32(textToConvert);
    }
    catch
    {
        return 0;
    }
}
```

try-catch 语句应当总是与日志记录功能相关联，以便能够从系统中得到能显示准确行为的响应，同时也不会导致系统崩溃。以下代码是一个带有日志管理功能的 try-catch 语句的理想示例。值得一提的是，我们应尽可能捕捉具体的异常类型，因为捕获一般异常将会隐藏意外异常。

```
private static int CodeWithCorrectTryCatch(string textToConvert)
{
    try
    {
        return Convert.ToInt32(textToConvert);
    }
    catch (FormatException err)
    {
        Logger.GenerateLog(err);
        return 0;
    }
}
```

作为软件架构师，应该对代码进行检查，以便从代码中发现并修复这种行为。系统的不稳定常常会与代码中缺少使用 try-catch 语句有关。

17.4.2　try-finally 和 using

内存泄漏可以被认为是软件最糟糕的行为之一。它们会导致系统的不稳定、计算机资源的不当使用，以及意外的应用程序崩溃。C# 尝试使用垃圾收集器来解决这个问题，当它了解到对象可以被释放时，会自动从内存中释放对象。

与 I/O 交互的对象通常不受垃圾收集器管理，例如文件系统、套接字等。以下代码是一个错误使用 FileStream 对象的示例。它认为垃圾回收器将会释放被使用的内存，但实际上不会。

```
private static void CodeWithIncorrectFileStreamManagement()
{
    FileStream file = new FileStream("C:\\file.txt",
        FileMode.CreateNew);
    byte[] data = GetFileData();
    file.Write(data, 0, data.Length);
}
```

此外，垃圾回收器需要一段时间才会与需要被释放的对象进行交互。另外，开发者可能想自己控制对象的释放。针对上述两种情况的最佳实践是使用 try-finally 或 using 语句。

```
private static void CorrectFileStreamManagementFirstOption()
{
    FileStream file = new FileStream("C:\\file.txt",
        FileMode.CreateNew);
    try
    {
        byte[] data = GetFileData();
        file.Write(data, 0, data.Length);
    }
    finally
    {
        file.Dispose();
    }
}

private static void CorrectFileStreamManagementSecondOption()
{
    using (FileStream file = new FileStream("C:\\file.txt",
        FileMode.CreateNew))
    {
        byte[] data = GetFileData();
        file.Write(data, 0, data.Length);
    }
}

private static void CorrectFileStreamManagementThirdOption()
{
    using FileStream file = new FileStream("C:\\file.txt",
        FileMode.CreateNew);
    byte[] data = GetFileData();
    file.Write(data, 0, data.Length);
}
```

上面的代码准确地展示了如何对不受垃圾回收器管理的对象进行处理，可以用 try-finally 和 using 来实现。作为软件架构师，需要关注这类代码。缺少 try-finally 或 using 语句的使用，会对软件运行时的行为带来巨大损害。值得一提的是，使用代码分析工具(现在会与.NET 5 一起发布)能够自动地提醒你注意这些问题。

17.4.3　IDisposable 接口

与不在方法内部使用try-finally/using 语句创建语句可能会遇到麻烦一样,在未实现IDisposable 接口的类中进行对象创建也可能会导致应用程序中出现内存泄漏。为此，当有一个负责处理和创建对象的类时，应该实现 disposable 模式，以保证所有由它创建的资源得以释放，如图 17.10 所示。

好消息是 Visual Studio 提供了一些代码片段来实现这一接口，只需要在代码中声明它，然后右击 "快速操作和重构" 选项，如图 17.10 所示。

插入代码后，需要按照 TODO 的说明进行操作，这样就可以正确地实现 disposable 模式了。

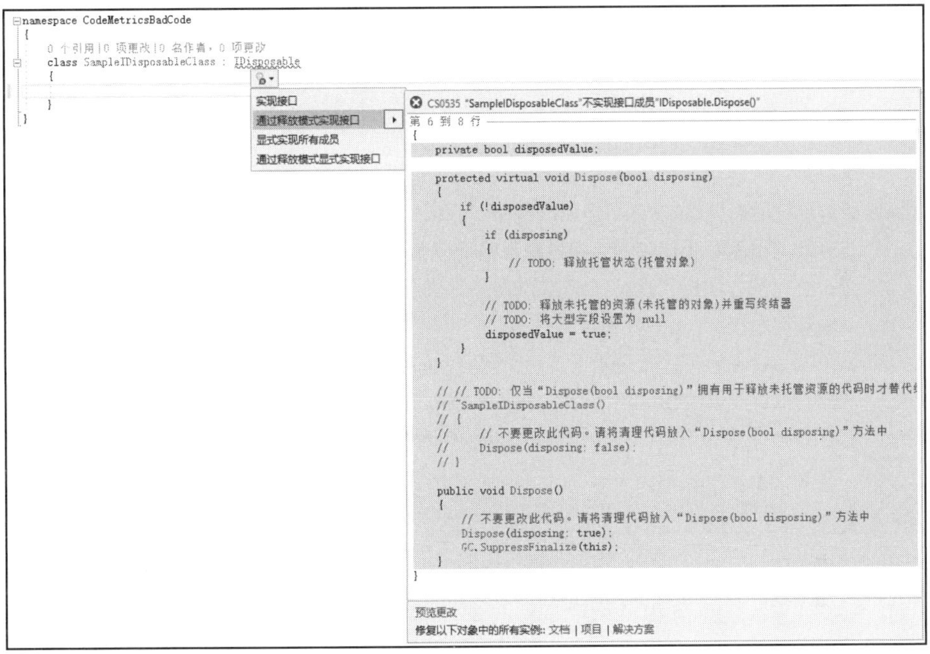

图 17.10　IDisposable 接口实现

17.5　编写.NET 5 代码的提示与技巧

.NET 5 中实现了一些很好的功能，可以帮助我们编写更好的代码。依赖注入是拥有更安全代码的最有用的方法之一，已经在第 11 章讨论过了。下面是一些使用依赖注入的理由。首先，你将不需要担心如何处理被注入的对象，因为不是你负责这些对象的创建。然后，依赖注入使你能够在代码中注入 ILogger。它对于调试需要用 try-catch 语句进行处理的异常来讲非常有用。此外，使用.NET 5 进行 C#的编程，还应当遵循那些在任何编程语言中都通用的良好实践。以下列出了一些良好实践。

- 类、方法和变量应具有易于理解的名称：名称应能够说明读者所需要了解的一切。除非名称是公开的，否则应做到不需要添加解释性的注解。
- 方法不能有太高的复杂度级别：为使方法不会有太多的代码行数，应当进行圈复杂度的检查。
- 成员应有正确的可见性：C#作为一种面向对象的编程语言，它支持使用不同的可见性关键字进行封装。C# 9.0 提供了 Init-only 的 setter，因此可以创建 init 属性/索引的访问方法，以取代原来的 set。这样，对象的构造函数执行之后，这些成员就是只读的。
- 应避免重复代码：在 C#等高级编程语言中，没有理由编写重复代码。
- 使用对象前应先对其进行检查：由于空对象可以存在，代码必须进行空类型检查。值得一提的是，从 C# 8 开始，可以用可空引用类型来避免与可空对象相关的错误。
- 应使用常量和枚举数：避免代码中出现幻数(magic number)和文本的一个好方法是，将这些信息转换为常量和枚举数，它们通常会更易于理解。

- 应避免 Unsafe 代码：Unsafe 关键字使你可以在 C#中处理指针。除非没有其他方法可以实现解决方案，否则应避免使用带有 Unsafe 的代码。
- try-catch 语句不能为空：在使用 try-catch 语句时，没有理由不在 catch 区域编写处理的代码。更重要的是，捕获的异常应尽可能为具体的异常，而不是仅仅写一个"exception"。这样是为了避免吞掉意料之外的异常。
- 处理创建的对象(如果它们是一次性使用的)：即使对于垃圾回收器能自动处理的将被处理的对象，也需要在代码中考虑处理那些自己负责创建的对象。
- 应对公有的方法进行注解：考虑到公有方法会在库的外部被使用，因此应当解释它们正确的外部用法。
- switch-case 语句应有 default 语句：由于 switch-case 语句在某些情况下有可能接收到一个未知的入口变量，在这种情况下 default 语句能保证代码不会中断。

 关于可空引用类型的更多信息，请参阅参考网站 17.4。

　　作为软件架构师，可以考虑给开发者提供一种代码模式，以保持团队代码风格的一致性。这是一种良好的实践。还可以将此代码模式作为代码审查的检查表，由此提高软件的代码质量。

17.6　编写代码时的注意事项

　　作为软件架构师，必须定义符合公司需求的一套代码标准。

　　在本书的示例项目中(可以在第 1 章查看有关 WWTravelClub 项目的更多信息)，这也没有什么不同。本章通过描述一个编写所提供的示例代码时应遵循的注意事项清单，来说明这一标准。值得一提的是，该清单可以是开始建立标准的一个好工具。作为软件架构师，应该与团队中的开发者一起讨论这一清单，不断完善它，使其变得实用和良好。

　　此外，这些声明旨在厘清团队成员之间的沟通，同时提升所开发软件的性能和维护质量。

- 务必用英语编写代码。
- 务必使用驼峰格式的 C#编码标准。
- 务必使用易于理解的名称来命名类、方法和变量。
- 务必对公有的类、方法和属性进行注释。
- 尽可能使用 using 语句。
- 尽可能使用异步实现。
- 不要写空的 try-catch 语句。
- 不要编写圈复杂度分数超过 10 的方法。
- 不要在 for/while/do-while/foreach 语句中使用 break 和 continue。

　　这些注意事项易于遵循，而且能给团队编写的代码带来很好的结果。第 19 章将对那些有助于实现这些规则的工具进行讨论。

17.7 本章小结

本章讨论了编写安全代码的一些重要的技巧，介绍了一种用于分析代码度量值的工具，以便对所开发软件的复杂性和可维护性进行管理。本章还提供了一些很好的技巧，以确保软件不会因内存泄漏和异常而崩溃。在现实生活中，软件架构师总会被要求去解决这些问题。

下一章将介绍单元测试的技术、单元测试的原理，以及一种专注于 C#测试项目的软件过程模型。

17.8 练习题

1. 为什么需要关心可维护性？
2. 什么是圈复杂度？
3. 列出使用版本控制系统的好处。
4. 什么是垃圾回收器？
5. 实现 IDisposable 接口的重要性体现在哪里？
6. .NET 5 给编写代码带来了那些新的优势？

第<big>18</big>章
单元测试用例和 TDD

开发软件时，我们必须确保应用程序无错误，并能符合所有相关需求。这一点可以通过在开发过程中，抑或在整个应用程序完全或者部分实现时对所有模块进行测试来达到。

手工执行所有的测试不是一个切实可行的办法。因为每当应用程序被修改时，大部分测试需要重新执行，而正如本书前文提到的，现代软件需要被持续修改以适应高速变化的市场需求。本章将讨论交付可靠软件所需的各种测试类型，以及如何组织这些测试，使它们自动化。

本章涵盖以下主题：
- 单元测试和集成测试，以及它们的用法。
- 测试驱动开发(TDD)的基础知识。
- 在 Visual Studio 中定义 C#测试工程。
- 用例——在 DevOps Azure 中对单元测试进行自动化。

在本章中，我们将了解到哪些类型的测试值得在项目中实施，什么是单元测试，以及如何在各种类型的项目中编写单元测试。本章用例将介绍在应用程序的持续集成/持续交付(CI/CD)周期中，如何在 Azure DevOps 中自动执行单元测试。

18.1 技术性要求

学习本章内容之前，需要安装 Visual Studio 2019 的免费社区版本及以上版本，并已安装所有数据库工具。同时，需要有一个免费的 Azure 账户。如果尚未创建，请参阅第 1 章的内容创建 Azure 账户。

本章中的所有概念都基于本书的 WWTravelClub 用例的一些实际例子来阐述。本章代码可以扫封底二维码获取。

18.2 单元测试和集成测试

我们应当尽量避免将应用程序的测试环节延迟到其绝大部分功能都实现之后再进行，主要有以下几个原因。

- 如果一个类或者模块的设计或实现是不正确的，它可能已经影响到了其他模块的实现方式，此时再去修复，其成本可能变得非常高。

- 在执行测试所采用的所有可能测试路径里，将它们所有可能的输入情况组合起来，其数量会随着同时测试的类或模块的数量呈指数型增长。例如，如果类的方法 A 的执行可以采用 3 种不同路径，而方法 B 的执行可以采用 4 种路径，则要同时测试 A 和 B 就需要考虑 3×4 种不同的输入情况。一般来说，如果同时对几个模块进行测试，所需要测试的路径总数就是将每个模块单独测试所需路径数的乘积。相反，如果每个模块是分别进行测试的，则所需的输入数量只是将每个模块单独测试所需路径数的总和。
- 如果一个由 N 个模块所组成的聚合测试失败了，在 N 个模块中定位导致错误的根源会比较耗时。
- 当 N 个模块一起进行测试时，有时即使是应用程序的 CI/CD 周期中的一个模块发生了更改，也有必要将所有包含 N 个模块的这些测试重新进行定义。

这些考虑都表明，对每个模块分别进行测试会方便得多。遗憾的是，有些错误是不同模块之间进行交互时产生的。如果忽略不同方法之间的上下文关系，仅仅单独验证每个方法而进行一系列测试，是不够完整的。

因此，测试可以分为以下两个阶段。

- 单元测试：这类测试负责验证每个模块的所有执行路径是否正常运行。单元测试通常会涵盖所有可能的路径。这是一种可行的做法，因为与整个应用程序所有可能的执行路径数量相比，每个方法或模块中的可能执行路径并不算多。
- 集成测试：一旦软件通过了其所有的单元测试，集成测试就可以开始被执行。集成测试主要验证所有模块可以正确交互，且可以获得预期的执行结果。集成测试不需要覆盖所有可能的情况，这是因为单元测试已经验证了每个模块在其所有的执行路径中都能正常工作。集成测试需要验证所有交互的模式，也就是各种模块之间进行合作的所有可能的方式。

通常，每种交互模式会有多个与之相关的测试，包括该模式的典型情况和一些极端情况。例如，如果整个交互模式接受一个数组作为入参，则可以使用典型大小的数组编写一个测试，或者使用 null 数组、空数组、超大数组进行测试。通过这种方式，我们可以验证单个模块的设计方式是否能满足整个交互模式的需求。

基于前面这个策略，如果仅更改单个模块而不改变其公共接口，则只需要对该模块的单元测试进行修改。

相反，如果这个更改涉及某些模块与之交互的方式，则必须为此添加新的集成测试，或者修改现有的集成测试。不过，通常情况下这不是大问题，因为大多数的测试都属于单元测试，所以即使是重写大部分的集成测试，也不一定需要很大的工作量。此外，如果应用程序是基于单一职责、开闭、里氏替换、接口隔离、依赖倒置等原则(SOLID 原则)来设计的，则单个代码更改后，必须更改的集成测试的数量应该很少。这是因为代码更改会影响的应该只是与修改后的方法或类直接交互的少数几个类。

18.2.1　对单元测试和集成测试进行自动化

在软件的整个生命周期中，单元测试和集成测试肯定会被反复使用，这也是它们值得被自动化的原因。对单元测试和集成测试进行自动化，既可以避免手工测试执行时可能出现的失误，又能够节省时间。每次小的代码改动之后，一套由上千条自动化测试组成的完整测试，可以在几分钟的时间内对整个软件的完整性进行验证,这就帮助实现了现代软件开发的 CI/CD 周期中的频繁更改。

 当出现新的错误时,可以添加新的测试用于发现它们,这种错误就不会在软件的未来版本中再次出现。这样,自动化测试会变得越来越可靠,且可以很好地保护软件免受由于新的变更而引起的错误的影响。因此,变更带来新的(不能立即发现的)错误的可能性会大大减小。

下一节将介绍组织和设计自动化单元测试与集成测试的基础知识。18.4 节还会提供在 C#中编写一个测试的实践细节。

18.2.2 编写自动化单元测试与集成测试

编写测试不需要从无到有,所有软件开放平台都会提供一些工具来帮助我们编写测试,以及启动它们(或它们中的一部分)。当选定的测试被执行之后,这些工具会显示执行结果的报告,同时还提供一些工具以便对那些未通过的测试进行调试。

更具体而言,所有的单元测试和集成测试框架都由以下 3 个重要部分组成。

(1) 定义测试的工具:用于验证实际结果与预期结果是否一致。通常,测试被组织成类或方法的形式,运行测试就是调用代表该测试的单个应用程序类或单个类方法。每个测试可以分为 3 个阶段。

- 测试准备:测试所需的一般环境已就绪。此阶段旨在准备测试所需的全局环境,例如一些需要注入类构造函数里的对象,或者数据库表的模拟。它不会为需要测试的每个方法提供单独的输入。通常,多个测试会有相同的准备过程,因此测试准备被单独设为专用模块。
- 测试执行:在具备足够输入的条件下调用那些需要测试的方法,它们的执行结果会与形如 Assert.Equal(x, y)和 Assert.NotNull(x)这样的预期结果进行比较。
- 环境卸载:清理整个环境,以免一个测试影响其他的测试。这个阶段的步骤与测试准备阶段正好相反。

(2) 模拟工具:尽管集成测试需要使用所有(或几乎所有)在某一交互模式中涉及的类,但单元测试中一般禁止使用其他应用程序类。如果一个被测试的类,如 A,使用了来自另一个类 B 的方法,这个方法作为 A 的构造函数 M 的入参被使用。在这种情况下,为了测试构造方法 M,我们必须为 M 注入一个方法 B 的假的实现。值得指出的是,在单元测试中还是可以使用非自身的一些纯数据类的,只有那些有处理过程的类才不被允许使用。模拟框架包含一些定义接口实现和接口方法实现的工具。这些接口和接口方法返回可以在测试中定义的数据。通常,模拟装置还能提供所有相关模拟方法调用的信息。这种模拟装置不需要定义实际的类文件,而是通过在测试中调用 new Mock< IMyInterface >()等方法在线完成。

(3) 执行和报告工具:这是一种基于配置的可视化工具,开发者通过它来决定启动哪些测试,以及何时启动。此外,它还会将测试的最终结果显示为报告,其中包含通过的测试、未通过的测试、每个测试的执行时间,以及其他一些特定工具或配置的信息。通常,在 Visual Studio 等 IDE 中运行的执行工具或报告工具,都允许对失败的测试启动调试会话。

由于只有接口允许对其所有方法进行完整的模拟定义，因此在类构造函数和方法中应当注入接口或者(不需要模拟的)纯数据类，否则无法对类进行单元测试。因此，对于每个需要被注入其他类的协作类，必须为之定义相应的接口。

　　此外，在使用协作类时，被测试的类应当使用从其构造函数或方法中注入的协作类的实例，而不是使用在另一些类的公共静态字段中定义的协作类的实例。否则，在编写测试时可能会忽略了这些隐藏的交互，而且这也会使测试准备阶段变得复杂。

下一节描述了软件开发中用到的其他类型的测试。

18.2.3　编写验收测试和性能测试

验收测试定义了项目合作方与开发团队之间的一种约定。它们用于验证所开发的软件实际是否按照商定的方式运行。验收测试不仅验证功能是否符合各项规范，同时还验证软件可用性和用户界面方面的约束。由于验收测试的目的之一是展示软件在实际计算机显示器上的呈现和行为方式，因此它们不会是完全自动化的，而是主要由操作员所须遵循的一系列方法和验证清单来组成。

有时一些自动化测试只为验证功能规范而开发，那么此类测试经常可以绕过用户界面，仅在用户界面背后的逻辑上直接注入测试输入即可。例如，在 ASP.NET Core 应用程序中，整个网站运行在一个完整的环境里，该环境包含了所有必要的测试数据的存储。输入不提供给 HTML 页面，而是直接注入 ASP.NET Core 的控制器中。这种绕过用户界面的测试称为界面下测试(subcutaneous test)。ASP.NET Core 提供各种工具来执行界面下测试，同时也提供工具用以自动与 HTML 页面进行交互。

自动化测试通常首选界面下测试的方式，出于以下原因会采用手动执行完整测试的方式：

- 没有自动化测试可以验证用户界面的呈现方式和可用性。
- 将与用户界面的实际交互进行自动化是十分耗时的事情。
- 用户界面经常会为了提高可用性或者添加新功能等原因而进行更改，一个应用程序画面中的细小改动，可能会导致操作该画面的所有相关测试都需要重写。

简而言之，界面下测试属于广泛使用且可复用性低的测试，不太值得将它们实现自动化。不过，ASP.NET Core 提供了 Microsoft.AspNetCore.Mvc.Testing NuGet 包，用以在测试环境中运行整个网站。将它与 NuGet 包 AngleSharp(一个将 HTML 页面解析为 DOM 树的包)一起使用，能允许你以可接受的工作量进行自动化完整测试的程序编写。自动化 ASP.NET Core 验收测试将在第 22 章详细描述。

性能测试将伪造的负载加载到应用程序上，以查看它是否有能力处理典型的生产负载情况，从而得出它的承载上限，定位系统的瓶颈。应用程序被部署在一个硬件资源与生产环境相同的临时环境中。

接着，创建伪造请求并将其发送给系统，收集响应时间和其他一些指标。伪造的这批请求应当与实际生产环境的请求有相同的构成。如果实际生产请求日志中有相关信息的话，可以由此生成伪造请求。

若响应时间不令人满意，则收集的其他指标可以用于发现可能的系统瓶颈(内存不足、存储缓慢或软件模块运行缓慢)。一旦定位了问题，可以在调试器中分析导致该问题的软件组件，测量其在典型请求里涉及的各种方法调用的执行时间。

性能测试未通过，可能需要对应用程序的硬件重新进行定义，也可能需要对某些软件模块、类或方法进行优化。

Azure 和 Visual Studio 都提供了可以创建伪造负载和执行指标报告的工具,不过这些工具已经被宣布过时且将会停产,因此本书不会对其进行描述。可以使用开源和第三方工具作为替代方案,其中一些工具在"扩展阅读"中列出。

下一节介绍一种以测试为核心的软件开发方法。

18.3 测试驱动开发

测试驱动开发(TDD)是一种以单元测试为核心的软件开发方法。根据这种方法,单元测试针对每个类的规范进行形式化表示,因此必须在编写类的代码之前先编写它们。实际上,一组覆盖所有代码路径的完整测试可以明确地定义代码的行为,因此可以将这组测试视为该代码的规范。它不是通过某种正式语言描述代码行为的正式规范,而是一种基于行为示例的规范。

对软件进行测试的理想方法是编写整个软件行为的正式规范,并使用一些全自动工具来验证实际生产的软件是否符合这些规范。过去也有一些试图定义一种描述代码规范的正式语言的研究工作,不过用相似的语言表达开发者心目中的软件行为是一件非常困难且容易出错的事情。因此,这些尝试很快被放弃,人们转而采用基于示例的方法。当时,采用这种方法主要是为了自动生成代码。

如今,自动代码生成基本上已经被放弃,只在一些小的应用领域使用,例如设备驱动程序的创建。在这些领域,尝试测试一些难以重现的行为或者测试并行的线程时,用正式语言形式化软件行为的工作值得一做。

单元测试最初是作为对基于示例的规范进行编码的一种独立、完整的方式而设计的,它属于一种称为极限编程的特定敏捷开发方法中的一部分。然而,现今 TDD 已经可以独立于极限编程而使用,且成为其他敏捷方法的一项强制性规定。

虽说在找出上百个错误后,回过头对单元测试进行改进,将其视为可靠的代码规范无疑是正确的,但开发者其实可以很容易地先把可作为可靠规范的单元测试设计出来,再提供给所要编写的代码来使用。事实上,如果示例是随机选取的,则通常会需要无限或至少大量的示例来明确地定义代码的行为。

只有当你理解了所有可能的执行路径之后,才可以使用可接受数量的示例来定义代码行为。实际在这点上,为每个执行路径选择一个典型的示例就已经足够。因此,在代码完全编写完成后再为该方法编写单元测试是容易的:只需要为现有代码的每个执行路径选择一个典型的示例。然而,以这种方式编写单元测试并不能防止执行路径本身设计上的错误。有争议的一点是,即使提前编写测试也并不能防止某个人忘记测试一个值或者值的组合——没有人是完美的!不过,这样做确实会迫使你在实现之前就明确地对测试进行考虑,这就减少了意外遗漏一个测试用例的可能。

我们可以得出结论,在编写单元测试时,开发者必须设法预测所有可能的执行路径,例如通过寻找极限情况、添加约束范围以外的示例等方式。然而,正如开发者可能会在编写应用程序代码时出错一样,在设计单元测试时,也可能在预测所有可能的执行路径时出错。

我们已经可以看出 TDD 的主要缺点:单元测试本身可能是错误的。也就是说,不仅是应用程序代码,还有与代码相关的 TDD 单元测试,都有可能出现与开发者心中所想的行为不一致的情况。所以在一开始,单元测试就不能被认为是软件规范,而是应该作为对软件行为的描述,且描述本身可能是有错误且不完整的。因此，对于我们心中所想的软件行为有两种描述方式：应用程序代码本身和先于它编写的 TDD 单元测试。

> TDD 可以发挥作用的一个原因是编写测试和编写代码时出现完全相同的错误的可能性非常低。因此，每当测试运行不通过时，至少单元测试或者应用程序代码之一会有错误；反之，假设单元测试或者应用程序代码之一编写错误了，则测试运行不通过的可能性非常高。也就是说，使用 TDD 可以确保绝大多数的错误立刻被发现！

用 TDD 的方式编写一个类方法或者一段代码，是一个包含 3 个阶段的循环过程。

- 红色阶段：在此阶段，开发者编写空的方法，这些方法或是抛出 NotImplementedException 异常，或是代码体留空，接着再为这些方法设计新的单元测试。这些测试一定会运行不通过，因为此时尚未实现它们所描述的行为的具体代码。
- 绿色阶段：在此阶段，开发者添加尽可能少的代码，或者对原有代码进行最小的必要改动，使所有单元测试都能通过。
- 重构阶段：一旦测试通过，则可以开始对代码进行重构，以确保良好的代码质量，并有最佳实践和模式可以被应用。特别是，在此阶段，部分代码可以分离到其他方法或类中去。另外，还有可能在这个阶段发现其他一些单元测试需要被添加进来，因为可能有一些新的执行路径或极限情况被生成或发现了。

一旦所有的测试都通过，且不再需要编写新的代码或者修改现有的代码，循环就终止了。

有时，设计初始的单元测试会比较难，因为很难想象代码是如何工作的、可能采用什么样的执行路径。在这种情况下，可以通过编写应用程序代码的草图来帮助你更好地理解所要使用的特定算法。在初始阶段，我们只需要关注代码的主执行路径，完全不需要考虑极端情况和输入验证。一旦弄清楚背后有效工作的算法的主要思想，就可以进入标准的三阶段的 TDD 循环过程。

下一节将列出 Visual Studio 中所有可用的测试项目，并对 xUnit 进行详细描述。

18.4　定义 C#测试项目

在 Visual Studio 里，有 3 种类型的单元测试框架的模板，分别是 MSTest、 xUnit 和 NUnit。启动新的项目向导以后，为能使所有适用于.NET Core 的 C#应用程序的版本显示出来，请将项目类型设置为测试，将语言设置为 C#，将平台设置为 Linux，这是因为可以在 Linux 上部署的只有.NET Core 项目。图 18.1 展示了随之显示的可选项目。

图 18.1 所示的几种项目都会自动引入相关的 NuGet 包，以在 Visual Studio 测试用户界面(Visual Studio 测试运行器)运行所有的测试。不过，它们不会引入可用于模拟接口的工具，所以可以为项目添加一个流行的模拟框架的 Nuget 包，也就是 Moq。

> 所有测试项目都必须引用所要测试的项目。

图 18.1　添加测试项目

下面将介绍 xUnit，因为它可能是前述 3 个框架中最流行的一个。不过所有这 3 个框架其实非常相似，主要区别在于断言方法的名称，以及用于修饰各种测试类和方法的属性名称。

18.4.1　使用 xUnit 测试框架

在 xUnit 里，测试是使用[Fact]或[Theory]属性进行修饰的方法。测试可以被测试运行器自动地发现。测试运行器会在用户界面上列出所有的测试，而用户可以运行所有测试，或者只运行自己所选择的那部分测试。

在运行每个测试之前，会先创建该测试类的一个新的实例，所以类的构造函数中要包含相关的测试准备代码，用以在这个类的测试方法之前先行执行。如果还需要编写与清理相关的代码，则测试类必须实现 IDisposable 接口，然后拆除(tear-down)代码就可以包含到 IDisposable.Dispose 方法中。

测试代码会调用所要测试的方法，然后使用一些 Asset 静态类的方法来测试方法调用的结果，如 Assert.NotNull(x)、Assert.Equal(x, y)和 Assert.NotEmpty(IEnumerable x)方法。还有一些方法可以验证方法调用过程中是否会抛出特定类型的异常，例如：

```
Assert.Throws<MyException>(() => {/* test code */ ...}).
```

当断言失败时，会抛出异常。如果测试代码或者断言抛出的异常未能被拦截，则测试不会通过。

下面是定义单个测试方法的示例：

```
[Fact]
public void Test1()
{
    var myInstanceToTest = new ClassToTest();
    Assert.Equal(5, myInstanceToTest.MethodToTest(1));
}
```

[Fact]属性用于一个方法只定义一个测试的情况，而[Theory]属性则用于同一个方法定义了数个测试的情况，这数个测试可能有不同的数据元组。数据元组可以通过多种方式来指定，并作为

方法入参被注入测试中去。

可以把前面的方法修改为可以让 MethodToTest 方法接受多个输入数据的测试,如下所示:

```
[Theory]
[InlineData(1, 5)]
[InlineData(3, 10)]
[InlineData(5, 20)]
public void Test1(int testInput, int testOutput)
{
    var myInstanceToTest = new ClassToTest();
    Assert.Equal(testOutput,
        myInstanceToTest.MethodToTest(testInput));
}
```

每个 InlineData 属性指定了用于被注入到方法入参的数据元组,这种方式只适用于将简单的常量数据作为属性参数。xUnit 同时还允许从一个实现了 IEnumerable 接口的类中获取所有数据元组,如下方示例所示:

```
public class Test1Data: IEnumerable<object[]>
{
    public IEnumerator<object[]> GetEnumerator()
    {
        yield return new object[] { 1, 5};
        yield return new object[] { 3, 10 };
        yield return new object[] { 5, 20 };

    }

    IEnumerator IEnumerable.GetEnumerator()=>GetEnumerator();

}
...
...
[Theory]
[ClassData(typeof(Test1Data))]
public void Test1(int testInput, int testOutput)
{
    var myInstanceToTest = new ClassToTest();
    Assert.Equal(testOutput,
        myInstanceToTest.MethodToTest(testInput));
}
```

ClassData 属性指定了提供测试数据的类的类型。

另外,可以从类的静态方法中获取测试数据,这个类需要在 MemberData 属性中指定,且其静态方法能返回一个 IEnumerable 的结果,如下方示例所示:

```
[Theory]
[MemberData(nameof(MyStaticClass.Data),
    MemberType= typeof(MyStaticClass))]
public void Test1(int testInput, int testOutput)
{
    ...
```

MemberData 属性将方法名称作为第一个参数传递,而类的类型则在 MemberType 参数中传递。如果静态方法是在测试类之中的，则可以省略 MemberType 参数。

下一节将展示如何处理一些高级测试准备和清理场景。

18.4.2 高级测试准备和清理场景

有时，测试代码的准备工作包含一些极其耗时的操作，例如打开数据库连接。这类操作不需要在每次测试之前都重复进行，而是可以在同一类的所有测试运行之前先执行一次。在 xUnit 中，这类测试代码不能被放入测试类的构造函数中，这是因为运行每个单独的测试时都会创建一遍该测试类的实例。因此，相关代码应当被分离到单独的类中，我们称其为夹具类。

如果需要相应的清理代码，则夹具类也应当实现 IDisposable 接口。在其他一些测试框架(如 NUnit)中，由于测试类的实例只会被创建一次，因此不需要专门分离这些夹具代码到其他类中。不过，那些不会在每个测试运行前创建新实例的测试框架(如 NUnit)可能会因为不同测试方法之间产生了不希望出现的交互而出现错误。

下面是打开和关闭数据库连接的 xUnit 夹具类的示例：

```
public class DatabaseFixture : IDisposable
{
    public DatabaseFixture()
    {
        Db = new SqlConnection("MyConnectionString");
    }

    public void Dispose()
    {
        Db.Close()
    }
    public SqlConnection Db { get; private set; }
}
```

由于夹具类实例在执行与其相关的所有测试之前仅创建一次，且在这些测试执行完以后立即被销毁。因此，数据库的连接只在夹具类实例被创建时被打开，然后在夹具类实例因测试执行完立即被销毁时关闭。

通过让测试类实现一个名为 IClassFixture 的空接口，可以将其与夹具类关联起来。

```
public class MyTestsClass : IClassFixture<DatabaseFixture>
{
    private readonly DatabaseFixture fixture;

    public MyDatabaseTests(DatabaseFixture fixture)
    {
        this.fixture = fixture;
    }
    ...
    ...
}
```

夹具类实例会自动注入测试类的构造函数中，以使夹具类测试准备中计算出的所有数据可以在测试时使用。这样，例如在上述的示例中，可以获得数据库连接实例以便该测试类的所有测试方法都可以使用它。

如果希望夹具类的测试准备代码执行以后可以被不止一个测试类使用，而是被一组测试类所使用，则应当将夹具类与一个表示测试类集合的空类关联起来。

```
[CollectionDefinition("My Database collection")]
public class DatabaseCollection : ICollectionFixture<DatabaseFixture>
{
    // this class is empty, since it is just a placeholder
}
```

CollectionDefinition 属性声明了集合的名称，同时应使用 ICollectionFixture 来替换 IClassFixture 接口。然后通过对测试类添加 Collection 属性来声明该类属于上面定义的那个集合，如下所示：

```
[Collection("My Database collection")]
public class MyTestsClass
{
    DatabaseFixture fixture;

    public MyDatabaseTests(DatabaseFixture fixture)
    {
        this.fixture = fixture;
    }
    ...
    ...
}
```

Collection 属性声明要使用哪个集合，而测试类构造函数中的 DataBaseFixture 参数则可以提供一个实际的夹具类实例，因此它可以在所有测试类的测试中被使用。

下一节将展示如何使用 Moq 框架来模拟接口。

18.4.3　使用 Moq 模拟接口

本节所列出的测试框架中都不包含模拟功能，就像 xUnit 中也不包含一样。因此，模拟功能必须通过安装特定的 NuGet 包来提供。NuGet 包所提供的 Moq 框架是可用于.NET 的模拟框架中最流行的框架之一。它非常易于使用。我们将在本节简要地介绍它。

安装好相应的 NuGet 包之后，需要在测试文件中添加 using Moq 语句。可以很容易地定义一个模拟实现，如下所示：

```
var myMockDependency = new Mock<IMyInterface>();
```

对具体方法给定具体输入值的模拟依赖行为可以由 Setup/Return 方法对来定义，如下所示：

```
myMockDependency.Setup(x=>x.MyMethod(5)).Returns(10);
```

可以对同一方法添加多个 Setup/Return 指令，这样就可以指定无限数量的输入/输出行为。

除了具体的输入值，还可以使用通配符来匹配特定类型的输入，如下所示：

```
myMockDependency.Setup(x => x.MyMethod(It.IsAny<int>()))
                .Returns(10);
```

配置好模拟依赖以后，可以通过它的 Object 属性提取模拟实例并将其用于实际的测试实现。如下所示：

```
var myMockedInstance=myMockDependency.Object;
...
myMockedInstance.MyMethod(10);
```

然而，模拟方法通常是被测试代码调用的，因此只需要提取模拟实例并将其用作测试中的输入。

还可以模拟属性和异步方法，如下所示：

```
myMockDependency.Setup(x => x.MyProperty)
              .Returns(42);
...
myMockDependency.Setup(x => x.MyMethodAsync(1))
              .ReturnsAsync("aasas");
var res=await myMockDependency.Object
    .MyMethodAsync(1);
```

对于异步方法，应当使用 ReturnsAsync 替换 Returns。

每个模拟实例都会把对其方法和属性的所有调用记录下来，因此可以在测试中使用这些信息，如下方示例代码所示：

```
myMockDependency.Verify(x => x.MyMethod(1), Times.AtLeast(2));
```

上述语句断言了 MyMethod 方法通过给定参数被调用了至少两次。另外，也有 Times.Never、Times.Once(断言相关方法仅被调用了一次)，以及其他语句可以使用。

截至目前所提及的关于 Moq 的文档应该已经足以覆盖 99%可能出现的测试需求，不过 Moq 还提供一些更复杂的选项。"扩展阅读"中将介绍关于 Moq 的完整文档的链接。

下一节将通过用例展示如何在实践中定义单元测试，以及如何在 Visual Studio 和 Azure DevOps 中运行它们。

18.5　用例——在 Azure DevOps 中对单元测试进行自动化

在本节中，我们会在第 15 章构建的示例应用程序里添加一些单元测试项目。该示例应用程序可以从本书相关的 GitHub 代码存储库的第 15 章内容中下载。

首先，复制解决方案的文件夹，并将其命名为 PackagesManagementWithTests。然后，打开解决方案，并向其添加一个名为 PackagesManagementTest 的 xUnit .NET Core C#测试项目。最后，为该测试项目添加对 ASP.NET Core 项目 PackagesManagement 的引用，这是因为将要对它进行测试。同时，还要添加对最新版本的 Moq NuGet 包的引用，因为需要模拟功能。此时，我们已经准备好开始编写测试。

例如，我们将为 ManagePackagesController 控制器内由[HttpPost]属性修饰的 Edit 方法编写单元测试。该方法如下所示：

```
[HttpPost]
public async Task<IActionResult> Edit(
    PackageFullEditViewModel vm,
    [FromServices] ICommandHandler<UpdatePackageCommand> command)
{
    if (ModelState.IsValid)
    {
        await command.HandleAsync(new UpdatePackageCommand(vm));
        return RedirectToAction(
            nameof(ManagePackagesController.Index));
    }
```

```
    else
        return View(vm);
}
```

编写测试方法之前，先将测试项目自动包含的测试类重命名为 ManagePackagesController-Tests。

第一个测试方法验证的是，若 ModelState 中存在错误，请求(Action)方法会将其接收到的作为输入参数的模型呈现为视图，用户由此可以修正所有的错误。删除原有的自动生成的测试方法，再编写一个空的 DeletePostValidationFailedTest 方法，如下所示:

```
[Fact]
public async Task DeletePostValidationFailedTest()
{
}
```

该方法必须是异步的，且其返回类型应为 Task，这是因为所要测试的 Edit 方法是异步的。在这个测试里，没有对象会被注入使用，所以不需要使用模拟对象。因此，作为测试准备，需要创建控制器的实例，还需要向 ModelState 中添加一个错误，如下所示:

```
var controller = new ManagePackagesController();
controller.ModelState
    .AddModelError("Name", "fake error");
```

接着，调用该方法，注入 ViewModel 和一个 null 值的命令处理器(command handler)作为它的调用参数。使用 null 值的命令处理器是因为它不会被使用，如下所示:

```
var vm = new PackageFullEditViewModel();
var result = await controller.Edit(vm, null);
```

在验证阶段，我们会验证结果是一个 ViewResult，而且它包含的是与被注入控制器的模型相同的模型。

```
var viewResult = Assert.IsType<ViewResult>(result);
Assert.Equal(vm, viewResult.Model);
```

现在，还需要另一个测试来验证在没有错误的情况下，命令处理器会被调用，且浏览器能够被重定向到 Index 控制器的请求方法。调用 DeletePostSuccessTest 方法，如下所示:

```
[Fact]
public async Task DeletePostSuccessTest()
{
}
```

这次的准备代码应当对模拟命令处理器进行准备，如下所示:

```
var controller = new ManagePackagesController();
var commandDependency =
    new Mock<ICommandHandler<UpdatePackageCommand>>();
commandDependency
    .Setup(m => m.HandleAsync(It.IsAny<UpdatePackageCommand>()))
    .Returns(Task.CompletedTask);
var vm = new PackageFullEditViewModel();
```

由于 HandleAsync 处理器方法不返回异步值，则不能使用 ReturnsAsync，但必须使用 Returns 方法并让其仅返回一个已完成的 Task 对象(Task.Complete)。使用 ViewModel 和模拟处理器作为参数，调用该方法进行测试：

```
var result = await controller.Edit(vm,
    commandDependency.Object);
```

这种情况下，相关验证代码如下：

```
commandDependency.Verify(m => m.HandleAsync(
    It.IsAny<UpdatePackageCommand>()),
    Times.Once);
var redirectResult=Assert.IsType<RedirectToActionResult>(result);
Assert.Equal(nameof(ManagePackagesController.Index),
    redirectResult.ActionName);
Assert.Null(redirectResult.ControllerName);
```

首先验证命令处理器实际上已被调用过一次。更佳的验证过程还应包括检查它调用时是否使用了正确的命令，即调用参数中包含将要传递给请求方法的 ViewModel。此处将这一点留做练习。

然后验证请求方法是否会返回 RedirectToActionResult 类型，验证返回结果的请求方法名称是否正确，以及验证返回结果的控制器是否有具体名称。

所有测试准备就绪后，如果测试窗口没有出现在 Visual Studio 的左侧栏，则可以简单地在 Visual Studio 的测试菜单项中选择运行所有测试项。测试窗口出现后，还可以从该窗口中启动更多的功能。

如果测试未能通过，可以在代码中添加一个断点，然后在测试窗口中右击该测试，并选择调试选定测试，以启动调试会话。

连接到 Azure DevOps 存储库

在应用程序的 CI/CD 周期中，尤其是在持续集成中，测试发挥着重要的作用。每次对应用程序存储库的 master 分支进行更改时，至少都应该执行一遍测试，以验证更改不会带来错误。

以下步骤展示了如何将解决方案连接到 Azure DevOps 存储库，同时会定义一个 Azure DevOps 的管道来构建项目并启动相关测试。这样，每天所有开发者推送他们的变更到存储库之后，都可以启动管道来验证存储库代码是否编译并通过了所有测试。

(1) 需要有免费的 DevOps 订阅。如果还没有订阅，则单击参考网站 18.1 中的"免费开始使用"按钮来创建。这里，先定义一个组织，到了创建项目这一步时可以停止，因为我们将会在 Visual Studio 中创建项目。

(2) 确保已在 Visual Studio 中使用(与上述创建 DevOps 账户的同一个)Azure 账户登录。此时，可以通过右击解决方案，选择 Configure continuous delivery to Azure...来为解决方案创建一个 DevOps 存储库。窗口中将出现一条消息，提示没有为代码配置存储库，如图 18.2 所示。

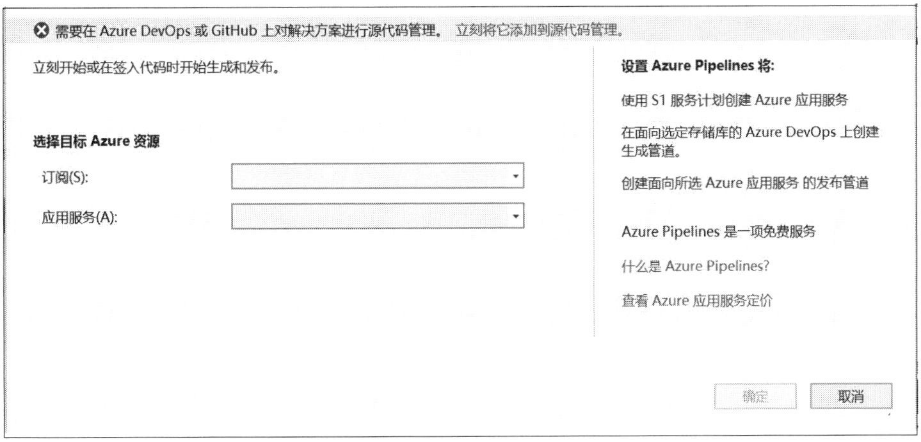

图 18.2 没有存储库的提示消息

(3) 单击 "立刻将它添加到源代码管理" 链接。之后，DevOps 图标将在 Visual Studio 团队资源管理器选项卡中出现，如图 18.3 所示。

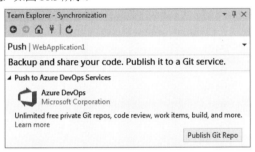

图 18.3 将存储库发布到 DevOps 面板

正如第 3 章所展示的那样，团队资源管理器正在被 Git 更改替代。但如果此自动向导将你带到团队资源管理器，那么请使用它来创建存储库。接下来可以使用 Git 更改视图。

(4) 单击 Publish Git Repo 按钮后，系统将提示选择 DevOps 组织和存储库的名称。成功将代码发布到 DevOps 存储库后，DevOps 图标如图 18.4 所示。

图 18.4 发布之后的 DevOps 图标

此处显示了在线 DevOps 项目的链接。在这之后，打开解决方案时，若该链接没有出现，请单击 "连接... " 按钮或者 "管理连接" 链接(两者任意选择一个)来选择并连接到你的项目。

(5) 单击这个链接跳转到在线的项目。在那里，如果单击左侧菜单的 Repos 项，则将看到刚刚发布的存储库。

(6) 现在，单击 "管道" 菜单项，以创建 DevOps 管道来构建和测试项目。在出现的窗口中，单击 Create Pipeline 按钮以创建新的管道，如图 18.5 所示。

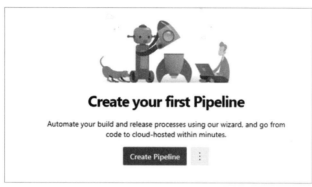

图18.5　创建管道

(7) 系统将提示选择存储库所在的位置，如图 18.6 所示。

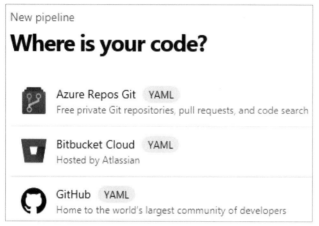

图18.6　选择存储库所在的位置

(8) 选择 Azure Repos Git，然后选择存储库，之后系统将提示选择项目相关的配置，如图 18.7 所示。

图18.7　管道配置

(9) 选择 ASP.NET Core，将自动创建一个用于构建和测试项目的管道。通过将新生成的.yaml 文件提交到存储库中，可以将其保存，如图 18.8 所示。

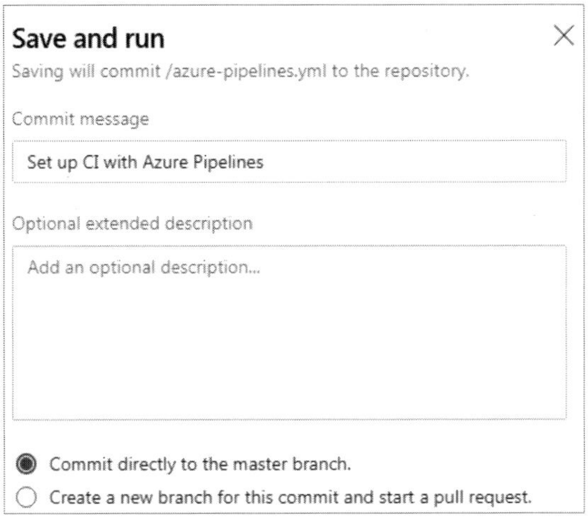

图 18.8　保存管道

(10) 可以单击 Queue 按钮来运行管道。另外，由于 DevOps 搭建的标准管道中带有存储库主分支上的触发器，所以每次当该分支上有新的更改提交时，或者每次当管道被修改时，它都会被自动启动。可以单击 Edit 按钮来修改管道，代码如图 18.9 所示。

```
trigger:
- master

pool:
  vmImage: 'windows-latest'

variables:
  solution: '**/*.sln'
  buildPlatform: 'Any CPU'
  buildConfiguration: 'Release'

steps:
Settings
- task: NuGetToolInstaller@1

Settings
- task: NuGetCommand@2
  inputs:
    restoreSolution: '$(solution)'

Settings
- task: VSBuild@1
  inputs:
    solution: '$(solution)'
    msbuildArgs: '/p:DeployOnBuild=true /p:WebPublishMethod=Package /p:PackageAsSingleFile=true /p:SkipInvalidConfigurations=true
    platform: '$(buildPlatform)'
    configuration: '$(buildConfiguration)'

Settings
- task: VSTest@2
  inputs:
    testSelector: 'testAssemblies'
    testAssemblyVer2: |
      **\PackagesManagementTest.dll
      !**\*TestAdapter.dll
      !**\obj\**
    searchFolder: '$(System.DefaultWorkingDirectory)'
    platform: '$(buildPlatform)'
    configuration: '$(buildConfiguration)'
```

图 18.9　管道代码

(11) 进入编辑模式后，可以单击每个管道步骤上方的 Settings 链接来编辑每一个管道步骤。可以按如下方式添加新的管道步骤。

① 先输入 – task:，这是添加新的管道步骤时的建议之一，即要求输入任务的名称。

② 输入有效的任务名称后，新步骤上方会出现一个 Settings 链接，单击它。

③ 在出现的窗口中插入任务所需的参数，然后保存。

(12) 为了让测试能够工作，需要指定条件，用以定位包含测试的所有程序集。在我们的例子中，因为仅有唯一的一个.dll 文件包含测试，所以直接指定它的名称即可。单击 VSTest@2 测试任务的 Settings 链接，将 Test files 字段自动生成的内容替换为以下内容：

```
**\PackagesManagementTest.dll
!**\*TestAdapter.dll
!**\obj\**
```

(13) 单击 Add 按钮以修改实际的管道内容。在 Save and run 对话框中确认更改后，管道将会启动。如果整个过程中没有出现错误，则测试结果会被计算出来。通过在管道 History 选项卡中选择特定构建并单击页面上的 Tests 选项卡，可以对特定构建期间启动的测试结果进行分析。在我们的例子中，应该会看到类似图 18.10 所示的内容。

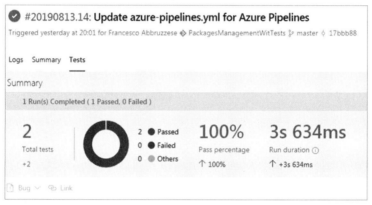

图 18.10　测试结果

(14) 单击管道页面的 Analytics 选项卡，将看到与所有构建相关的分析，其中包括有关测试结果的分析，如图 18.11 所示。

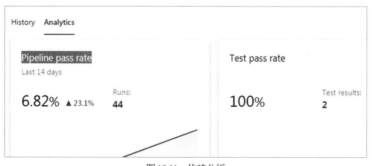

图 18.11　构建分析

(15) 单击 Analytics 页面的测试区域，可以看到所有管道测试结果的详细报告。

综上所述，我们创建了一个新的 Azure DevOps 存储库，将解决方案发布到这个新存储库，然后创建了一个构建管道，这个管道可以在每次构建后执行测试。构建管道保存后会立即执行。而且，每当 master 分支上有新的提交时，也都会自动执行。

18.6　本章小结

本章解释了为什么值得对单元测试进行自动化，其中重点关注了单元测试的重要性。本章还列出了所有类型的测试以及各自主要的功能，主要集中在单元测试上。本章分析了 TDD 的优势，说明了如何在实践中运用它。

最后，本章分析了可用于.NET Core 项目的所有测试工具，重点介绍了 xUnit 和 Moq。另外，本书用例展示了实践中如何在 Visual Studio 和 Azure DevOps 中使用它们。

在下一章，将介绍如何测试和衡量代码的质量。

18.7　练习题

1. 为什么值得对单元测试进行自动化？
2. TDD 能立即发现大多数错误的主要原因是什么？
3. xUnit 的[Theory]和[Fact]属性之间有什么区别？
4. xUnit 中哪个静态类用于测试断言？
5. 有哪些方法可用来定义 Moq 模拟依赖？
6. 是否可以用 Moq 模拟异步方法？如果是，如何模拟？

第19章

使用工具编写更好的代码

正如我们在第 17 章所看到的，编码可以被视为一门艺术，而如何编写易于理解的代码则更像是一门哲学。在第 17 章，我们讨论了一些最佳实践，以供开发者参考。在本章中，我们会介绍与代码分析相关的一些技术和工具，以帮助项目拥有编写良好的代码。

本章涵盖以下主题：

- 识别编写良好的代码。
- 分析过程中可以使用的工具。
- 使用扩展工具分析代码。
- 检查分析之后的最终代码。
- 用例——在应用程序发布之前评估 C#代码。

本章还讲解软件开发的生命周期里可以选用何种工具，以便更有效地进行代码分析。

19.1　技术性要求

学习本章内容之前，需要安装 Visual Studio 2019 的免费社区版或更佳版本。可以扫封底二维码获取本章的示例代码。

19.2　识别编写良好的代码

定义代码是否编写得好，并不是一件简单的事情。第 17 章中提到的最佳实践可以指导软件架构师为团队制定一些标准。然而，即使有这些标准的存在，错误依然会出现。有时可能只有在代码投入使用之后，这些错误才能被发现。有时，实际使用环境中的代码仅仅是没有遵循定义的标准。在这种情况下，尤其是如果带有问题的代码可以正常工作的话，我们并不会轻易决定对其进行重构。有人会得出这样的结论，编写良好的代码也就是能在实际使用环境运行良好的代码。然而，这种说法对于软件寿命无疑是有害的，因为这会无形中允许开发者不按照标准来编写代码。

基于上述原因，软件架构师需要找到合适的工具来确保其定义的代码标准能够被强制执行。幸运的是，时下有很多工具可供选择，以帮助我们完成这一任务。这类工具称为静态代码分析自动化，可以极大地帮助改进所开发的软件，同时能给开发者提供助力。

开发者的能力能够随着代码分析不断成长，因为代码检查的过程就是在开发者之间传播知识的过程。很多工具可以确保定义的代码标准能够被强制执行，而 Roslyn 能在编写代码的过程中就完成这一任务。Roslyn 是.NET 的编译器平台，它允许开发一些用于分析代码的工具。这些分析工具可以对代码的样式、质量、设计和其他问题进行检查。

例如，以下代码本身没有意义，仅供我们从中看到一些错误：

```
using System;
static void Main(string[] args)
{
    try
    {
        int variableUnused = 10;
        int variable = 10;
        if (variable == 10)
        {
            Console.WriteLine("variable equals 10");
        }
        else
        {
            switch (variable)
            {
                case 0:
                    Console.WriteLine("variable equals 0");
                    break;
            }
        }
    }
    catch
    {
    }
}
```

这段代码的目的是展示一些工具，这些工具的强大功能可以帮助你改进所要交付的代码。在下一节，我们会逐一研究这些工具，包括如何设置它们。

19.3　使用 C#代码评估工具

Visual Studio 在代码分析方面的功能一直不断发展，这意味着 Visual Studio 2019 肯定比 Visual Studio 2017 拥有更多用于代码分析的工具，未来的版本则拥有更多。

团队的编码样式是软件架构师需要考虑的问题之一。好的编码样式无疑能促进开发者对代码的理解。单击 Visual Studio 菜单栏的"工具"｜"选项"，再在打开的窗口左侧菜单中单击"文本编辑器"｜C#，可以找到不同选项，以不同模式设置各种代码样式。而且，糟糕的代码样式可以在"代码样式"选项中被设置成"错误"，如图 19.1 所示。

图 19.1 中，避免未使用的参数被设置成了"错误"。

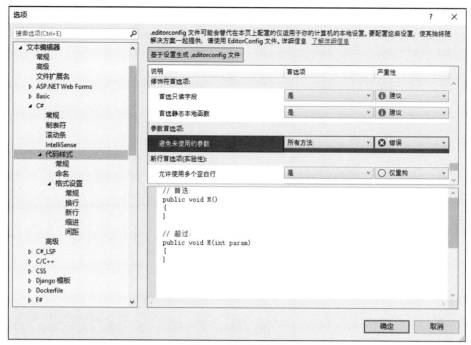

图 19.1　代码样式选项

在此修改下，19.2 节的代码进行编译，会得到不同的结果，如图 19.2 所示。

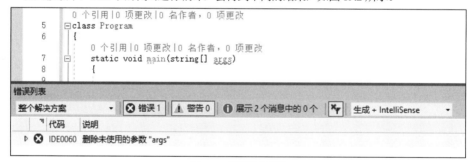

图 19.2　代码样式结果

 可以将代码样式配置导出，再将其加入开发项目中，以使该项目遵循所定义的规则。

Visual Studio 2019 还提供了另一个很好的工具——分析和代码清理工具。利用这个工具，可以设置一些能够帮助清理代码的代码标准。例如，在图 19.3 中，配置了一些移除不必要代码的标准。

图 19.3 配置代码清理

要运行代码清理，可以在解决方案资源管理器中右击要进行代码清理的项目，再选择"运行代码清理" | "分析和代码清理"，如图 19.4 所示。之后，代码清理过程会在项目的所有代码文件中执行。

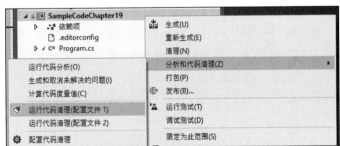

图 19.4 运行代码清理

解决代码样式和代码清理工具所指示的错误后，原先的示例代码进行了简化，如下所示：

```csharp
using System;
try
{
    int variable = 10;
    if (variable == 10)
    {
        Console.WriteLine("variable equals 10");
    }
    else
    {
        switch (variable)
        {
```

```
            case 0:
                Console.WriteLine("variable equals 0");
                break;
        }
    }
}
catch
{
}
```

值得一提的是，前面这段代码还有很多需要改进的地方。Visual Studio 允许通过安装扩展来为 IDE 添加其他工具。这些工具可以帮助提高代码质量，因为其中一些工具就是用于执行代码分析的。本节中会列出一些免费工具，以便根据需要选择合适的选项。当然，也包括一些付费工具。本章主要帮助大家了解这类工具的功能。

要安装这些扩展，需要找到 Visual Studio 2019 的"管理扩展"选项，如图 19.5 所示。

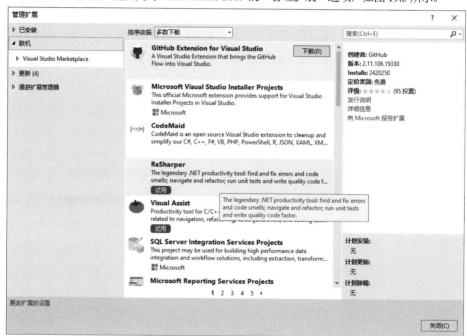

图19.5　Visual Studio 2019 的"管理扩展"选项

 Visual Studio 还提供许多能够为代码和解决方案的生产力与质量带来提升的其他扩展，可以在这个管理器中搜索。

选择好要安装的扩展之后，需要重新启动 Visual Studio。绝大多数扩展在安装之后可以很容易被识别，因为它们会使 IDE 的行为发生变化。Microsoft Code Analysis 2019 和 SonarLint for Visual Studio 2019 是此类扩展中较为不错的两个，我们将在下一节中讨论它们。

19.4　使用扩展工具分析代码

经过代码样式和代码清理工具示例处理之后，尽管此时的示例代码比19.2节给出的版本要好，但它与第 17 章所提到的最佳实践还相去甚远。本节将介绍如何使用两种扩展来改进代码：Microsoft Code Analysis 2019 和 SonarLint for Visual Studio 2019。

19.4.1　使用 Microsoft Code Analysis 2019

Microsoft Code Analysis 2019 由 Microsoft DevLabs 提供，是由之前用来自动化的 FxCop 规则升级而来。该扩展可以通过 NuGet 包的形式添加到项目中，并由此添加到应用程序的持续集成构建中。它主要包含 100 多条规则，用于在输入代码时检测代码中的问题。

例如，仅仅启用这个扩展，然后重新构建本章前述简化后的示例代码，Code Analysis 就发现有一个新问题需要解决，如图 19.6 所示。

图 19.6　Code Analysis 的使用

值得一提的是，我们在第 17 章讨论过，使用空的 try-catch 语句是一种糟糕的做法。所以，通过添加这个扩展，这类问题会被暴露出来，这将为提高代码的质量带来益处。

19.4.2　使用 SonarLint for Visual Studio 2019

SonarLint 是 Sonar Source 社区的一个开源项目，可以在编码时检测错误和质量问题。它支持 C#、VB.NET、C、C++和 JavaScript。这个扩展的强大之处在于，它在检测出问题的同时，还会给出解决问题的方案。这也是为什么开发者在使用这些工具时能够学习如何更好地编写代码。在图 19.7 中可以看到对示例代码的分析结果。

可以看出，这个扩展能够指出错误，同时对于每个警告都给出了解决方案。它不仅能在检查问题方面发挥作用，而且对开发者的良好编码实践也很有帮助。

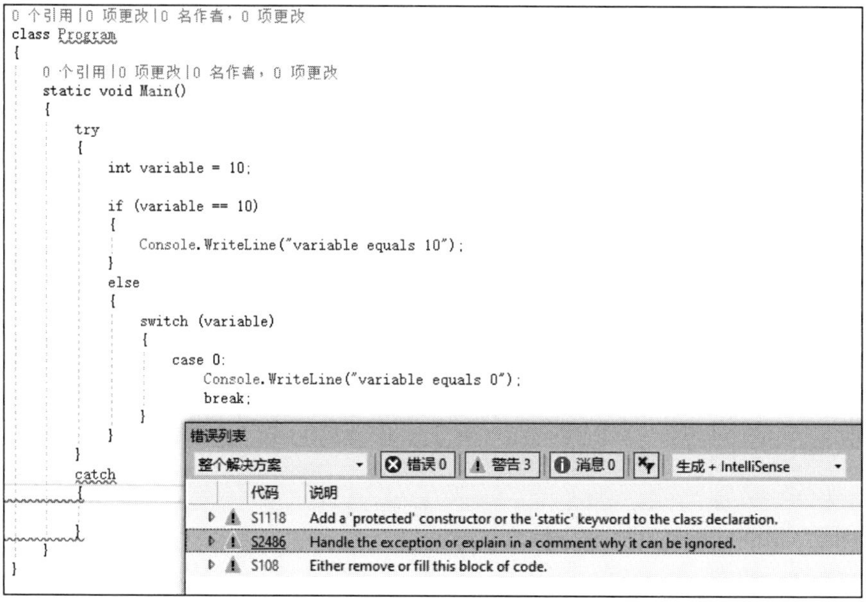

图 19.7　SonarLint 的使用

19.5　检查分析之后的最终代码

使用两个扩展进行分析后，最终解决了所有发现的问题。现在再看看最终的代码，如下所示：

```csharp
using System;

try
{
    int variable = 10;

    if (variable == 10)
    {
        Console.WriteLine("variable equals 10");
    }
    else
    {
        switch (variable)
        {
            case 0:
                Console.WriteLine("variable equals 0");
                break;
            default:
                Console.WriteLine("Unknown behavior");
                break;
        }
    }
}
catch (Exception err)
{
```

```
    Console.WriteLine(err);
}
```

可以看到，这段代码不仅更易于理解，而且更安全。另外，它还考虑了不同的编程路径，因为在 switch-case 语句中对 default 条件编写了代码。这种模式在第 17 章也讨论过。由此可以得出结论，通过使用本节提到的一个(或全部)扩展，可以比较容易地实现最佳实践。

19.6　用例——在应用程序发布之前评估 C#代码

在第 3 章，我们在 Azure 平台上创建了 WWTravelClub 存储库。正如我们所看到的，Azure DevOps 支持持续集成这一点非常有用。在这一节，我们会对 DevOps 概念和 Azure DevOps 平台如此有用的原因进行讨论。

本节只介绍对已提交但未发布的代码进行分析的可能性。如今，在应用程序生命周期工具的 SaaS 世界里，我们拥有一些代码分析平台的 SaaS，上述可能性也得益于此。本用例使用的是 Sonar Cloud。

Sonar Cloud 对于开源软件是免费的，它可以分析存储在 GitHub、Bitbucket 和 Azure DevOps 上的代码。用户需要先在这些平台上进行注册。登录之后，若代码存储在 Azure DevOps 中，可以按照参考网站 19.1 中介绍的步骤，在 Azure DevOps 和 Sonar Cloud 之间创建连接。

设置好 Azure DevOps 的项目和 Sonar Cloud 的连接后，将生成图 19.8 所示的构建管道。

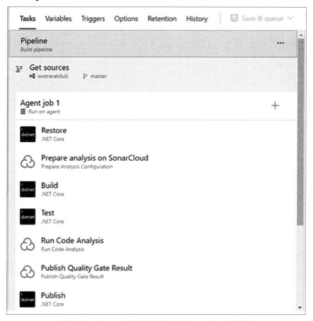

图 19.8　Azure 构建管道中的 Sonar Cloud 配置

值得一提的是，Sonar Cloud 中需要填写 GUID，而 C#项目没有提供 GUID。可以通过参考网站 19.2 很容易地生成一个 GUID，再按照图 19.9 所示进行配置。

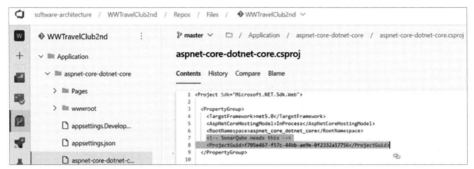

图 19.9　SonarQube 项目 GUID

完成项目的构建后，代码分析的结果会在 Sonar Cloud 中显示，如图 19.10 所示。可以访问参考网站 19.3 浏览这个项目。

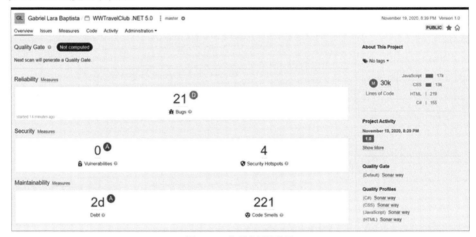

图 19.10　代码分析的结果

另外，此时被分析的代码实际上尚未发布，所以这对于在系统发布之前获知发布代码的质量非常有用。可以将此作为在提交期间自动进行代码分析的参考。

19.7　本章小结

本章介绍了一些帮助实现第 17 章描述的最佳编码实践的工具，重点介绍了 Roslyn 编译器，它能够在开发者编写代码的同时进行代码分析。本章还介绍了一个用例，即在应用程序发布之前评估 C#代码，通过 Sonar Cloud 实现在 Azure DevOps 构建过程中进行代码分析。

当你将本章所学的内容全部应用到项目中时，代码分析能帮助你提升交付给客户的代码质量。这一点对于软件架构师这一角色而言十分重要。

下一章将介绍如何使用 Azure DevOps 部署应用程序。

19.8　练习题

1. 什么样的软件能称为编写良好的代码？
2. Roslyn 是什么？
3. 什么是代码分析？
4. 代码分析的重要性是什么？
5. Roslyn 如何在代码分析方面提供帮助？
6. 什么是 Visual Studio 扩展？
7. 用于代码分析的扩展工具有哪些？

第**20**章

DevOps

本章将介绍使用 DevOps 开发和交付软件所需的主要概念、原则和工具。作为软件架构师，需要的不仅仅是将 DevOps 视为一种流程去理解和传播它，而是将其作为一种哲学。

本章将重点讨论服务设计思维，也就是说，正在设计的软件是作为服务提供给组织(或组织的一部分)。这种方法的主要优点是，使软件能够为目标组织带来最高优先级的价值。此外，作为软件架构师，提供的不仅仅是工作代码和修改错误的约定，而是一个可以满足软件所设想需求的完整解决方案。换句话说，软件架构师的工作包括为满足这些需求所需的一切，例如监控用户的满意度，以及在用户需求发生变化时调整软件。这样就可以更容易地监控软件以揭示问题和新需求，并修改它以使其快速适应不断变化的需求。

服务设计思维与软件即服务(SaaS)模型关系密切，我们在第 4 章对它进行了讨论。事实上，最简单的提供基于 Web 服务的解决方案的方法是将 Web 服务可以作为服务对外提供，而不是销售实现它们的软件。

本章涵盖以下主题：

- 描述什么是 DevOps，并介绍如何将其应用于 WWTravelClub 项目的示例。
- 了解 DevOps 原则和部署的各个阶段，以利用部署流程。
- 了解 Azure DevOps 的持续交付。
- 定义持续反馈，并介绍 Azure DevOps 中与之相关的工具。
- 了解 SaaS，并为服务场景准备解决方案。
- 用例——使用 Azure 管道部署程序包管理应用程序。

与其他章节不同的是，WWTravelClub 项目将在本章各节出现，所有演示 DevOps 原则的截图都来自本书的主要用例，以帮助你轻松理解 DevOps 原则。完成本章学习，你将能够根据服务设计思维原则设计软件，并使用 Azure 管道部署应用程序。

20.1 技术性要求

学习本章内容之前，需要安装 Visual Studio 2019 社区版或更高版本，并已安装所有 Azure 工具。除此之外，还需要一个免费的 Azure 账户，如果还没有创建，可以参考第 1 章的内容创建 Azure 账户。本章使用的代码与第 18 章相同，可从扫封底二维码获得。

20.2　DevOps 的描述

DevOps 由开发(Development)和运营(Operations)这两个词结合而成，所以这个过程只是将这些领域中的行为统一起来。然而，当你开始对它进行更多的学习时，你会意识到将这两个领域联系起来并不足以实现这一哲学的真正目标。也可以说，DevOps 是一种流程，它满足了当前人们在软件交付方面的需求。

 Microsoft 首席 DevOps 经理 Donovan Brown 对 DevOps 的定义：DevOps 是人员、流程和产品的联合体，能够为最终用户持续提供价值。详见参考网站20.1。

对 DevOps 概念的最好描述是：一种使用人员、流程和产品不断向最终用户交付价值的方法。需要开发和交付面向客户的软件。一旦公司从各方面都认识到关键点是最终用户，作为软件架构师，你的任务就是向大家呈现能够促进交付过程的技术。

值得一提的是，本书的所有内容都与这种方法有关联，而不是仅仅让你了解一堆工具和技术。作为一名软件架构师，你必须了解，DevOps 始终是一种将更快的解决方案轻松地提供给最终用户的方法，并与他们的实际需求相联系。因此，你需要学习 DevOps 的原则，也就是本章将讨论的内容。

20.3　DevOps 原则

把 DevOps 看作一种哲学，有一点值得一提，那就是有些原则可以使这个流程在团队中很好地生效，这些原则就是持续集成、持续交付和持续反馈。

 Microsoft 有一个专门的网页来介绍 DevOps 的定义、文化、实践、工具及其与云的关系，请查看参考网站20.2。

DevOps 在许多书籍和技术文章中都以无穷的符号来表示。此符号表示软件开发生命周期中持续方法的必要性。在这个周期中，你需要计划、构建、持续集成、部署、运营、获得反馈，然后开始新的循环。这个流程应当是一个协作的过程，因为每个人都有相同的关注点———向最终用户交付价值。结合这些原则，作为软件架构师，你需要选择适合这种方法的最佳软件开发过程。我们在第 1 章讨论了这些过程。

开始构建企业解决方案时，协作是更快完成任务和满足用户需求的关键。正如我们在第 17 章所讨论的，版本控制系统在这个过程中是必不可少的，但是工具本身并不能完成这项工作，尤其是在工具配置糟糕的情况下。

作为软件架构师，你可以通过持续集成来获得软件开发协作的具体方法。实现它之后，每当开发者提交了代码，主代码就会自动编译并进行测试。

使用持续集成的好处是，可以促使开发者以尽可能快的速度合并更改，从而最小化合并冲突。此外，开发者可以共享单元测试，这将提高软件的质量。

在 Azure DevOps 中设置持续集成非常简单。在构建管道中，可以通过编辑配置勾选 Enable continuous integration 复选框，如图 20.1 所示。

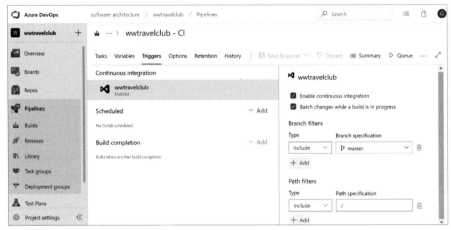

图 20.1　Enable continuous integration 复选框

值得一提的是，如果有一个包含单元测试和功能测试的解决方案集，那么只要提交代码，它就会自动被编译和测试。这将使你的主分支在团队的每一次提交后能够保持稳定和安全。

持续集成的关键是能够更快地发现问题。当你允许其他人测试和分析代码时，你也能够更快地发现问题。DevOps 方法在这方面的帮助就是确保尽快地实现这个能力。

20.4　Azure DevOps 的持续交付

当应用程序的每次独立的代码提交都被构建且通过单元测试和功能测试对其进行测试之后，你可能还希望能够持续地部署它，要做到这点不单单是一个配置工具的问题。作为软件架构师，你需要确保团队和流程已经做好了进入这一步的准备。下面介绍如何使用书中的用例来启用第一个部署场景。

20.4.1　使用 Azure 管道部署程序包管理应用程序

在本节中，将为 DevOps 项目配置 Azure 应用程序服务平台的自动部署，第 8 章的用例中已定义了这个项目。Azure DevOps 还可以自动创建新的 Web 应用程序，但是为了防止配置错误(这可能会消费你所有的免费积分)，我们将手动创建它，并只让 Azure DevOps 负责部署应用程序。下面展示了所有必需的步骤。

1. 创建 Azure Web 应用程序和 Azure 数据库

可以通过以下简单步骤定义 Azure Web 应用程序。

(1) 打开 Azure 门户页面并选择 App Services，然后单击 Add 按钮创建新的 Web 应用程序。填写所有相关数据，如图 20.2 所示。

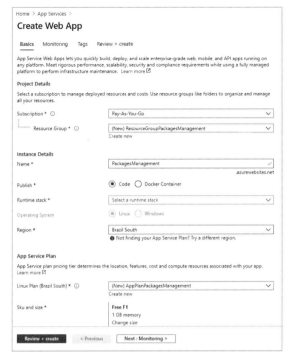

图 20.2　创建 Azure Web 应用程序

(2) 很明显，可以使用已经拥有的 Resource Group，以及合适的 Region。对于 Runtime stack，请选择与 Visual Studio 解决方案中使用的.NET Core 版本相同的版本。

(3) 现在，如果有足够的账户积分，可以为应用程序创建一个 SQL Server 数据库，并将其命名为 PackageManagementDatabase。如果没有足够的账户积分也不用担心，仍然可以测试应用程序部署，但是应用程序在尝试访问数据库时将返回错误。请参阅第 9 章，了解如何创建 SQL Server 数据库。

2. 配置 Visual Studio 解决方案

定义 Azure Web 应用程序之后，为使其可以在 Azure 中运行，需要通过以下简单步骤配置应用程序。

(1) 如果定义了一个 Azure 数据库，那么 Visual Studio 解决方案中需要两个不同的连接字符串，一个用于开发的本地数据库，另一个则用于 Azure Web 应用程序。

(2) 在 Visual Studio 解决方案中打开 appsettings.json 和 appsettings.Development.json 这两个文件，如图 20.3 所示。

图 20.3　打开 Visual Studio 配置

(3) 将 appsettings.json 的整个 ConnectionString 节点复制到 appsettings.Development.json 中，如下所示：

```
"ConnectionStrings": {
```

```
        "DefaultConnection": "Server=(localdb)....."
    },
```

(4) 开发环境的设置中有了本地连接字符串，因此可以将 appsettings.json 中的 DefaultConnection 更改为一个 Azure 数据库。

(5) 转到 Azure 门户中的数据库，复制其连接字符串，并输入定义数据库服务器时获得的用户名和密码。

(6) 在本地提交代码更改，然后与远程代码存储库同步。现在，更改会出现在 DevOps 管道上，它会处理它们并获得新的构建项目。

3. 配置 Azure 管道

最后，可以通过以下步骤配置 Azure 管道，以便在 Azure 上自动交付应用程序：

(1) 单击 Visual Studio 的团队资源管理器窗口的"连接"选项卡中的"管理连接"选项，将 Visual Studio 与 DevOps 项目连接起来，然后单击 DevOps 链接跳转到在线项目。

(2) 在单元测试之后添加新的步骤来修改 PackageManagementWithTest 项目的构建管道。事实上，需要将所有准备用于部署的文件压缩在一个 ZIP 文件中。

(3) 单击 PackageManagementWithTest 管道的 Edit 按钮，然后在文件的末尾添加以下内容：

```
- task: PublishBuildArtifacts@1
```

(4) 当新任务上方出现 Setting 链接时，单击该链接可配置新任务，如图 20.4 所示。

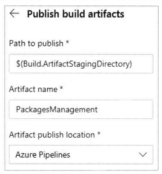

图 20.4　配置 Publish build artifacts 窗口

(5) 选择默认的 Path to publish 选项，因为它已与将部署应用程序的任务的路径同步，输入项目名称，然后选择 Azure Pipelines 作为发布位置。保存之后，管道就会启动，新添加的任务应该会成功。

(6) 其他发布构件被添加到称为 Release Pipelines 的不同管道中，以将它们与构建相关构件分离。发布管道允许使用图形界面，但不能编辑.yaml 文件。

(7) 单击左侧菜单的 Releases 选项卡以创建新的发布管道。单击 Add a new pipeline 后，系统将提示添加第一个管道阶段中的首个任务。实际上，整个发布管道是由不同的阶段(stage)组成的，每个阶段都有任务的分组序列。虽然每个阶段只是一个任务序列，但是在阶段层面上可以分支，可以在每个阶段之后添加几个分支。这样，就可以针对每个平台需要的不同任务将项目部署到不同的平台。在本书用例中，只使用单个阶段。

(8) 选择 Deploy Azure App Service 任务。添加此任务后，系统会提示填写缺少的信息。

(9) 单击 error link 并填写缺少的参数，如图 20.5 所示。

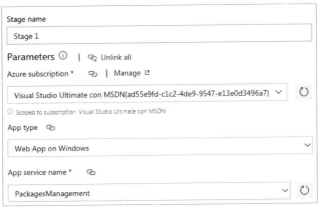

图 20.5　填写缺少的参数

(10) 选择你的订阅，如果出现 Authorize 按钮，单击它以授权 Azure 管道访问你的订阅。然后选择 Windows 作为部署平台，从 App service name 下拉列表中选择自己创建的 App 服务。任务设置会在编写它们时自动保存，因此只需要单击整个管道的 Save 按钮。

(11) 现在，需要将这个管道连接到一个 Artifact 源。单击 Add Artifact 按钮，然后选择 Build 作为源类型，因为需要将新的发布管道与构建管道创建的 ZIP 文件连接起来。之后将会出现设置窗口，可以在其中定义要发布的 Artifact，如图 20.6 所示。

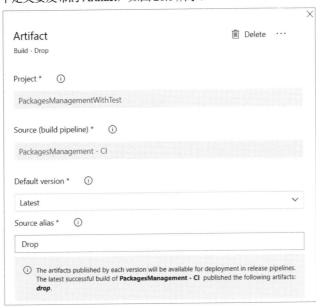

图 20.6　定义要发布的 Artifact

(12) 从下拉列表中选择以前的构建管道，保持版本为 Latest，使用 Source alias 中的建议名称。

(13) 发布管道已经准备好，可以直接使用了。刚刚添加的 Artifact 源的图像右上角会有一个触发器图标，如图 20.7 所示。

图 20.7　Artifact 已准备好

(14) 单击触发器图标，启用持续部署触发器，就可以选择在新版本可用时自动触发发布管道，如图 20.8 所示。

图 20.8　启用持续部署触发器

(15) 先保持它为禁用状态，可以等完成并手动测试过发布管道之后再启用它。

如前所述，作为自动触发的准备工作，需要在部署应用程序之前添加一个人工批准任务。

4. 为发布添加人工批准

由于任务通常由软件代理执行，因此需要在手动作业中嵌入人工批准环节。为发布添加人工批准的步骤如下。

(1) 单击 Stage 1 标题右侧的 3 个点，如图 20.9 所示。

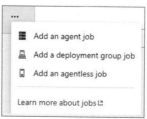

图 20.9　为 Stage 1 添加人工批准任务

(2) 选择 Add an agentless job 添加无代理作业，然后单击 Add 按钮并添加 Manual intervention(人工干预)任务。图20.10 显示了人工干预任务的设置。

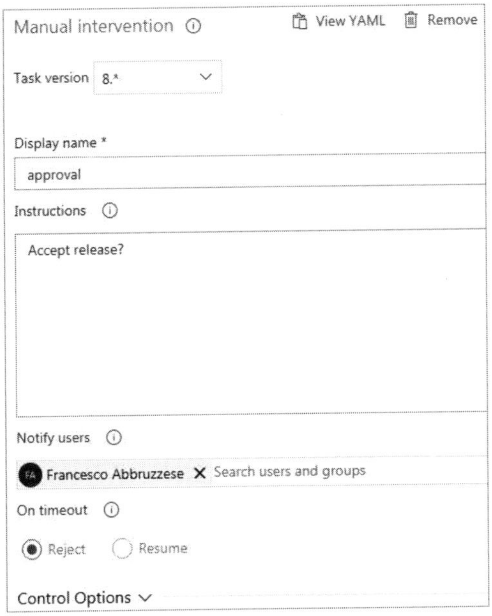

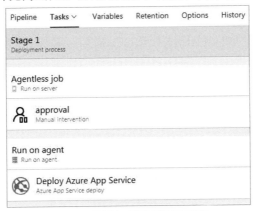

图20.10　设置人工干预任务

(3) 为操作人员添加说明，并在 Notify users 字段中选择自己的账户。

(4) 用鼠标拖动整个无代理作业，并将其放置在应用程序部署任务之前，如图20.11 所示。

图20.11　设置人工批准部署任务列表

(5) 单击左上角的 Save 按钮保存管道。

现在，一切准备就绪，可以开始创建第一个自动发布版本了。

5. 创建发布版本

一切就绪后，可以按如下方式准备和部署新的发布版本。

(1) 单击 Create release 按钮开始创建新的发布版本，如图20.12 所示。

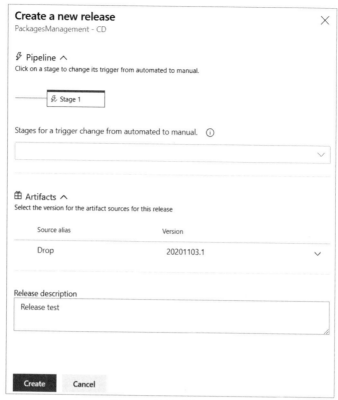

图 20.12   创建新的发布版本

(2) 验证源别名是之前最新的可用别名，添加 Release description，然后单击 Create。短时间内会收到一封电子邮件，单击其中包含的链接可转到批准页面，如图 20.13 所示。

图 20.13   批准发布页面

(3) 单击 Approve 按钮，批准发布并等待部署完成。发布版本部署成功，如图 20.14 所示。

图 20.14　发布版本已部署

至此，已经成功运行了第一个发布管道！

在实际项目中，发布管道将包含更多的任务。事实上，在应用程序最终部署到实际生产环境之前，会先部署在一个预生产环境中用于测试。因此，在第一次部署之后，可能会有一些其他任务，例如人工测试、部署到生产环境的人工授权，以及生产环境中的最终部署。

20.4.2　多阶段环境

与持续交付相关的方法需要确保生产环境在每次新部署中都是安全的。为此，需要采用多阶段的管道。图 20.15 以本书用例作为示例，展示了一种使用公共阶段的方法。

图 20.15　使用 Azure DevOps 的发布阶段

这些阶段是使用 Azure DevOps 发布管道来配置的。每一个阶段都有自己的目的，这将影响最终交付产品的质量。这些阶段如下。

- 开发/测试：开发者和测试人员在此阶段构建新功能。此阶段的环境最容易暴露出 bug 和不完整功能。
- 质量保证：此阶段的环境为团队中与开发和测试无关的领域提供了新功能的简要版本。项目经理、市场营销人员、供应商和其他人都可以将其作为研究、验证甚至预生产的一个环境。此外，开发和质量团队可以保证新版本在同时考虑了功能和基础设施的前提下能够正确部署。
- 生产：此阶段是客户运行解决方案的阶段。在持续集成的理念中，一个好的生产环境应设立尽快更新这一目标。频率会根据团队规模的不同而有所不同，但是有一些方法可以让这个过程大于每天一次。

部署应用程序的这 3 个阶段将影响解决方案的质量，还将使团队拥有一个更安全的部署过程，具有更少的风险和更好的产品稳定性。这种方法乍一看可能有点贵，但如果没有它，部署糟糕的结果通常会比投资这套方案更贵。为了安全起见，还必须考虑多阶段的情况。可以按照这样的方式设置管道，即只有通过定义好的授权，才能从一个阶段移到另一个阶段，如图 20.16 所示。

图 20.16　定义部署前的条件

　　如图 20.16 中所见，设置部署前的条件非常简单。还可以在图 20.17 中看到，定制授权方法的选项不止一个，这使你有可能重新定义满足正在处理的项目需要的持续交付方法。

　　图 20.17 显示了 Azure DevOps 为部署前批准提供的选项。可以定义哪些人可以批准这个阶段并为其设置批准策略，例如选择在完成流程之前重新验证批准者身份。作为软件架构师，使用此方法时需要确定适合自己所创建项目的配置。

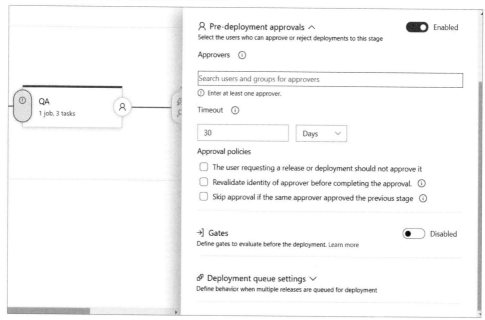

图 20.17　部署前批准选项

　　值得一提的是，尽管这种方法已经比单阶段部署要好得多，但作为软件架构师，还需要了解 DevOps 管道的监控阶段。持续反馈是一个绝佳的工具，我们将在下一节讨论这种方法。

20.5　定义持续反馈和相关的 DevOps 工具

有了一个在上一节描述的部署场景中完美运行的解决方案之后，反馈对于你的团队了解发布的结果以及版本如何为客户工作是非常重要的。为了获得这种反馈，一些工具可以辅助开发者和客户，将这些人聚集在一起，快速跟踪反馈的过程。

20.5.1　使用 Azure Monitor Application Insights 监控软件

Azure Monitor Application Insights 是软件架构师需要的工具，用于对其解决方案进行持续反馈。值得一提的是，Application Insights 是 Azure Monitor 的一部分，它提供一套更广泛的监控功能，包括警报、仪表板和工作簿。应用程序连接到它之后，就开始收到对软件的每个请求的反馈。这使你不仅可以监控所发出的请求，还可以监控数据库性能、应用程序可能遇到的错误，以及处理时间最长的调用。

显然，将此工具接入你的环境中会产生成本，但该工具提供的功能是值得的。值得注意的是，对于简单的应用程序，它甚至可以是免费的，因为只需要为接收的数据付费，而接收的数据有一个免费配额。此外，需要了解的是，由于在 Application Insights 中存储数据的所有请求都在单独的线程中运行，因此性能开销非常小。

值得注意的是，许多服务(如 App Services、函数应用等)都可以选择在初始创建过程中添加 Application Insights，因此在阅读本书的过程中，你可能已经创建了 Application Insights。图 20.18 显示了在环境中创建这个工具是非常容易的。

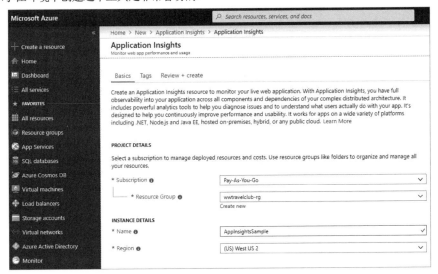

图 20.18　在 Azure 中创建 Application Insights

 如果想使用 Visual Studio 在应用程序中设置 Application Insights，参考网站 20.3 中的 Microsoft 教程可能会非常有用。

例如，假设需要分析在应用程序中花费更多时间的请求。将应用程序细节附加到 Web 应用程序的过程非常简单：只要设置 Web 应用程序，就可以完成。如果不确定是否为 Web 应用程序配置了 Application Insights，则可以通过 Azure 门户进行查找。导航到 App Services(应用程序服务)并查看 Application Insights 设置，如图 20.19 所示。

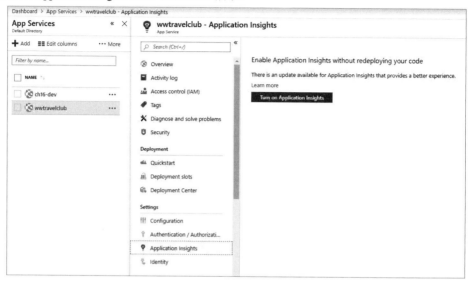

图 20.19　在 App Services 中实现 Application Insights

通过该界面可以创建一个监控服务并将其附加到 Web 应用程序中，也可以使用已创建的监控服务。值得一提的是，可以将多个 Web 应用程序连接到同一个 Application Insights 组件。图 20.20 显示了如何将 Web 应用程序添加到已创建的 Application Insights 资源。

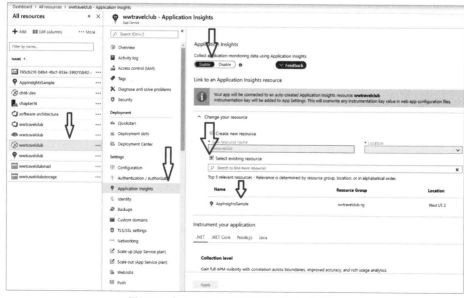

图 20.20　在 App Services 中实现 Application Insights

在 Web 应用程序中配置了 Application Insights 之后，就可以在 App Services 中看到图 20.21 所示页面。

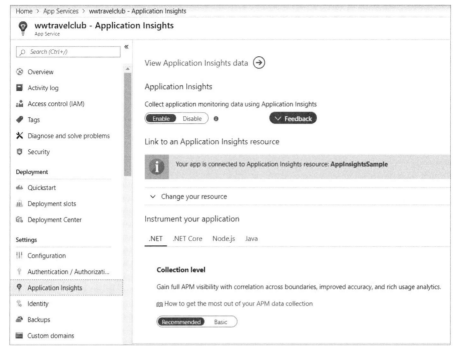

图 20.21　App Services 中的 Application Insights

Application Insights 连接到解决方案后，数据收集将持续进行，可以在组件提供的仪表板中看到结果，如图 20.22 所示。可以在以下两个地方找到这个页面：

- Web 应用程序门户内配置 Application Insights 的同一位置。
- Azure 门户中，浏览 Application Insights 资源后。

图 20.22　运行中的 Application Insights

通过此仪表板可以查看失败的请求、服务器响应时间和服务器请求,还可以打开可用性检查。它将从任何 Azure 数据中心向所选 URL 发出请求。

不过,Application Insights 的美妙之处在于它对系统有深入的分析。例如,图 20.23 所示页面可以提供有关网站上请求数量的反馈。可以通过对处理时间较长或调用频率较高的任务进行排序来进行分析。

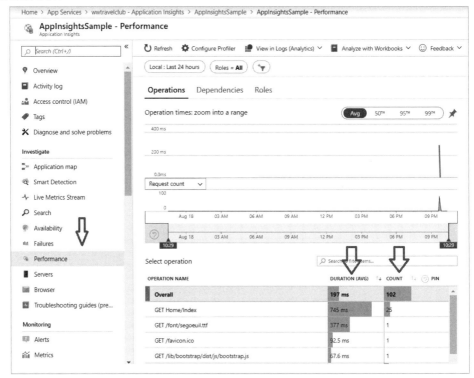

图 20.23　使用 Application Insights 分析应用程序的性能

考虑到在图 20.23 所示页面中可以用不同的方式进行过滤,并且 Web 应用程序收到请求便能获得这个信息,这无疑是一个定义持续反馈的工具。这是使用 DevOps 原则实现客户需求的最佳方法之一。

Application Insights 是一种技术工具,它正是软件架构师在实际分析模型中监视现代应用程序所需要的,也是一种基于用户在正在开发的系统上的行为的持续反馈方法。

20.5.2　使用测试和反馈工具实现反馈

持续反馈过程中的另一个有用工具是测试和反馈工具,它由 Microsoft 设计,用于帮助产品所有者和质量保证用户分析新功能。

使用 Azure DevOps,可以通过在每个工作项中选择一个选项来请求团队的反馈,如图 20.24 所示。

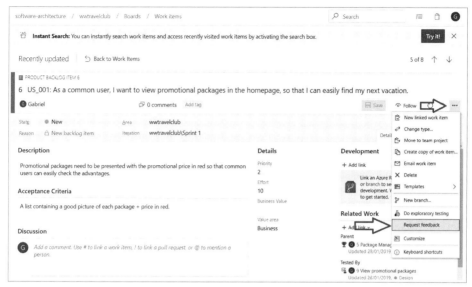

图 20.24　使用 Azure DevOps 的请求反馈

收到反馈请求后，可以使用测试和反馈工具进行分析，并向团队提供正确的反馈。可以将该工具连接到 Azure DevOps 项目，在分析反馈请求时提供更多功能。值得一提的是，此工具是一个 Web 浏览器扩展工具，需要在使用前安装它。图 20.25 显示了如何为测试和反馈工具设置 Azure DevOps 项目 URL。

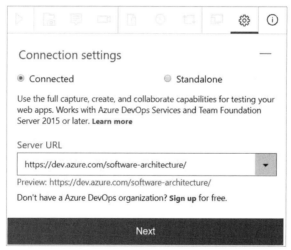

图 20.25　将测试和反馈工具连接到 Azure DevOps 组织

 可以通过参考网站 20.4 下载相应的工具。

这个工具很简单，可以使用它截图、记录过程、写笔记，如图 20.26 所示。

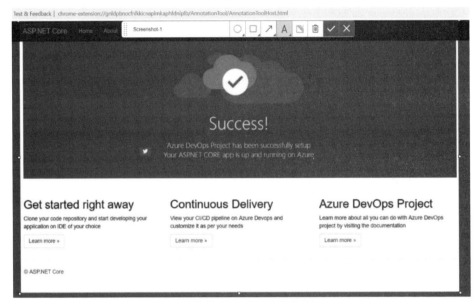

图 20.26　使用测试和反馈工具提供反馈(一)

不错的是，可以把所有这些分析都记录在一个会话时间表中。正如图 20.27 所示，可以在同一个会话中获得更多反馈，这对分析过程很有好处。

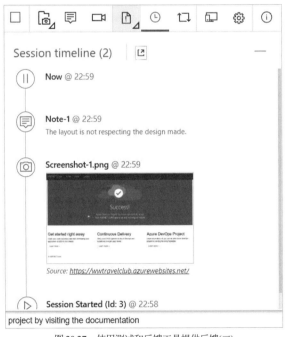

图 20.27　使用测试和反馈工具提供反馈(二)

完成分析并连接到 Azure DevOps 后，通过测试和反馈工具提供的反馈，可以报告错误、创建任务或者启动新的测试用例，如图 20.28 所示。

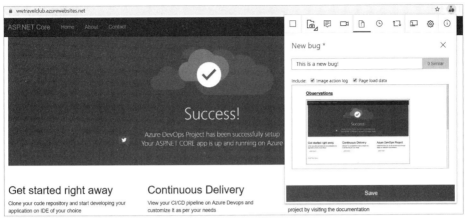

图 20.28　在 Azure DevOps 中打开一个错误

对于报告的错误，其结果可以在 Azure DevOps 的 Work items 面板上检查。值得一提的是，不需要 Azure DevOps 开发者的许可证就可以访问环境的这个区域。作为软件架构师，可以将这个基本且有用的工具传播给尽可能多的解决方案的关键用户。图 20.29 显示了将该工具连接到 Azure DevOps 项目后，该工具报告的错误。

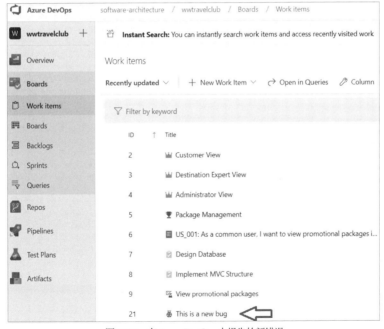

图 20.29　在 Azure DevOps 中报告的新错误

有一个这样的工具对项目获得良好反馈十分重要。但是，作为软件架构师，可能还需要寻找最好的解决方案来加速这个过程。书中探讨的工具是实现这一目标的好方法。每当需要在开发过程中再实施一个步骤时，都可以考虑这种方法。持续反馈是软件开发过程中的一个重要步骤，由此软件将不断获得新的功能。另一个可以利用 DevOps 的非常重要的方法是 SaaS。我们会在下一节中介绍它。

20.6 SaaS

将软件作为服务来销售/使用涉及一系列更广泛的解决方案设计原则,称为服务设计思维。服务设计思维不仅仅是一种软件开发技术或软件部署方法,它还影响多个业务领域,即组织与人力资源、软件开发过程,最后是硬件基础设施与软件架构。

下面将分别简要讨论服务设计思维在上面提到的几个业务领域的可能影响,其中在最后一小节中,我们将特别关注 SaaS 部署模型。

20.6.1 使组织适应服务场景

服务设计思维给组织带来的第一个影响可能来自为目标组织优化软件价值的需要。这需要人员或团队负责规划和监控软件在目标组织中的影响,以最大限度地提高软件的附加值。这种战略角色不仅最初的设计阶段需要,而且应用程序的整个生命周期中都需要。事实上,这个角色负责全局把控以使软件与目标组织不断变化的需求保持一致。

服务设计思维给组织带来的另一个重要的影响体现在人力资源管理领域。事实上,由于主要的优先事项是软件的增值(而不是利用现有的资源和能力),人力资源必须适应项目的需要,即在需要时尽快获得新的人才,并通过适当的培训培养所需的能力。

下一小节讨论服务设计思维可能对软件开发中所涉及过程带来的影响。

20.6.2 服务场景中的软件开发过程

影响软件开发过程的主要约束是需要保持软件与组织的需求相适应。任何基于 CI/CD 方式的敏捷方法都可以满足这种需求。有关 CI/CD 的简短回顾,请参阅第 3 章。值得指出的是,任何设计良好的 CI/CD 循环都应该包括对用户反馈和用户满意度报告的处理。

此外,为了优化软件的价值,安排开发团队(或其部分人员)与系统用户密切接触的阶段是一种很好的做法,这样开发者就可以更好地了解软件对目标组织的影响。

在编写功能性需求和非功能性需求时,必须始终牢记软件的价值。出于这个原因,对用户故事进行注释是很有用的,要考虑到它们为什么以及如何对价值做出贡献。收集需求的过程在第 2 章进行了讨论。

下一小节将讨论更多技术层面的可能影响。

20.6.3 服务场景在技术层面的可能影响

在服务场景中,硬件基础设施和软件架构都受到 3 个主要原则的约束,这 3 个原则是为保持软件满足组织需求而直接带来的结果,具体如下。

(1) 需要对软件进行监控,以发现任何可能由系统故障、软件使用或用户需求变化引起的问题。这意味着从所有硬件/软件组件中提取运行状况检查信息和负载统计信息。为发现组织需求的变化,有关用户执行操作的统计数据能够给出很好的线索。更具体而言,是用户和应用程序在每个操作实例上花费的平均时间,还有每单位时间(天、周或月)内执行的操作实例数量。

(2) 监测用户满意度是有必要的。为获取用户满意度的反馈，可以在每个应用程序屏幕上添加链接以指向易于填写的用户满意度报告页面。

(3) 需要快速调整硬件和软件，以适应每个应用程序模块接收的通信流量和组织需求的变化。这意味着你需要：

- 极度关注软件的模块化；
- 为数据库引擎中的更改保留可能性，与单体软件相比更倾向于采用面向服务的架构(SOA)或基于微服务的解决方案；
- 为新技术敞开大门。

使硬件易于适应意味着允许硬件扩展，也就意味着要么采用云基础设施，要么采用硬件群集，或者是两者兼而有之。同样重要的是，要为云服务供应商的变化保留可能性，也就意味着将对云平台的依赖封装在少量的软件模块中。

要最大化软件的增值，可以通过选择可用于实现每个模块的最佳技术来实现，而这又意味着能够混合不同的技术。这就是基于容器的技术(如 Docker)发挥作用的地方。第 5~7 章对 Docker 及其相关技术进行了描述。

综上所述，我们列出的所有需求都倾向于采用本书中描述的大多数先进技术，例如云服务、可扩展 Web 应用程序、分布式/可扩展数据库、Docker、Kubernetes、SOA 和微服务架构。

关于如何为服务环境准备软件的更多细节将在 20.6.5 节中给出，下一小节将专门讨论 SaaS 应用程序的优缺点。

20.6.4　决定何时采用 SaaS 解决方案

SaaS 解决方案的主要吸引力在于其灵活的支付模式，它具有以下优势。

- 可以避免大额投资，转而选择更实惠的每月付款。
- 可以从一个低成本的系统开始，然后只有在业务增长时才转向更昂贵的解决方案。

此外，SaaS 解决方案还提供了其他优势，具体如下。

- 在所有云解决方案中，可以轻松地扩展解决方案。
- 应用程序会自动更新。
- 由于 SaaS 解决方案是通过公共互联网提供的，因此可以从任何位置访问。

不过，SaaS 的优势是有代价的，因为 SaaS 也有一些不容忽视的缺点，具体如下。

- 业务与 SaaS 提供商紧密相关，SaaS 提供商可能会中断服务的提供，或修改服务提供的方式使你不再能接受。
- 通常仅限于 SaaS 供应商提供的几个标准选项，无法实现定制。但有时 SaaS 供应商也允许添加个人编写的定制模块。

总之，SaaS 解决方案有优点，但也有一些缺点，因此作为软件架构师，必须进行详细的分析以决定如何采用它们。

下一小节将解释如何调整软件，使其可以在服务场景中使用。

20.6.5　为服务场景准备解决方案

首先，为服务场景准备解决方案意味着专门为云或分布式环境设计解决方案。反过来，这意味着在设计时要考虑到可扩展性、容错性和自动故障恢复。

如何考虑这 3 个特性,主要与处理状态的方式有关。无状态模块实例易于扩展和替换,因此应该仔细规划哪些模块是无状态的,哪些模块具有状态。此外,如第 9 章所述,写操作和读操作的扩展方式完全不同。读操作更容易通过复制进行扩展,而写操作不能很好地通过关系数据库进行扩展,通常需要 NoSQL 解决方案。

分布式环境中的高可扩展性通常需要避免使用分布式事务和同步操作。因此,只有使用基于异步消息的更复杂技术才能实现数据一致性和容错性,例如:

- 一种技术是将要发送的所有消息存储在队列中,以便在发生错误或超时的情况下可以重试异步传输。当接收到确认消息或模块决定中止(生成消息的)操作时,可以从队列中删除消息。
- 另一种技术是处理同一消息被多次接收的可能性,因为超时会导致同一消息被多次发送。
- 如果需要,可以使用乐观锁并发控制和事件溯源等技术来最小化数据库中的并发问题。乐观锁并发控制在第 15 章进行了讲解,而事件溯源与其他数据层的内容在第 12 章进行了讲解。

 前两种技术与其他分布式处理技术在第 5 章进行了详细讨论。

容错性和自动故障恢复要求软件模块实现可供云框架调用的健康检查接口,以验证模块是否正常工作,或者是否需要终止模块并由另一个实例替换。ASP.NET Core 和所有 Azure 微服务解决方案都提供现成的基本健康检查,因此开发者不需要对其进行处理。但是,可以通过实现一个简单的接口来添加更详细的自定义运行状况检查。

如果目标是保留更改某些应用程序模块的云提供商的可能性,那么难度就会增加。在这种情况下,来自云平台的依赖必须封装在几个模块中,并且必须舍弃与具体云平台绑定得太严格的解决方案。

如果应用程序是为服务场景设计的,那么一切都必须自动化:新版本的测试和验证、应用程序所需的整个云基础设施的创建,以及应用程序在该基础设施上的部署。

所有云平台都提供了相应的语言和工具来帮助自动化整个软件 CI/CD 周期,即构建代码、测试代码、触发手动版本批准、硬件基础设施创建和应用程序部署所组成的循环。

Azure 管道让你能够完成所有步骤的自动化。第 18 章的用例展示了如何自动化所有步骤,包括用 Azure 管道进行软件测试。下一节中的用例将展示如何在 Azure Web 应用程序平台上自动化应用程序部署。

自动化在 SaaS 应用程序中扮演着更为基础的角色,因为为每个新客户创建新租户的整个过程必须由客户订阅自动触发。更具体而言,多租户 SaaS 应用程序可以通过以下 3 种基本技术实现。

- 所有客户共享相同的硬件基础架构和数据存储。这种解决方案是最容易实现的,因为它需要实现一个标准的 Web 应用程序。然而,这只适用于非常简单的 SaaS 服务,因为对于更复杂的应用程序,要确保存储空间和计算时间在用户之间平均分配变得越来越困难。此外,随着数据库变得越来越复杂,安全隔离不同用户的数据总是越来越困难。
- 所有客户共享相同的基础架构,但每个客户都有自己的数据存储。此选项解决了以前解决方案中的所有数据库问题,而且非常容易实现自动化,因为创建新租户只需要创建新数据库。这种解决方案提供了一种定义定价策略的简单方法，将它们与存储消耗量联系起来。

- 每个客户都有自己的专用基础设施和数据存储。这是最灵活的策略。从用户的角度来看，它唯一的缺点就是价格较高。因此，仅在每个用户所需的计算能力超过某个最小阈值时是方便的。由于必须为每个新客户创建一个完整的基础结构，并且必须在其上部署一个新的应用程序实例，因此实现自动化更加困难。

无论选择哪种策略，都需要能够随着用户的增加而扩展云资源。

如果还需要确保基础设施创建脚本能够跨多个云提供商工作，那么，不仅不能使用对单个云平台来说过于特定的功能，还需要一种独特的基础设施创建语言，可以将其翻译成更常见的云平台的本机语言。Terraform 和 Ansible 是描述硬件基础设施的两个非常常见的选择。

20.7　用例——WWTravelClub 项目方案

在本章中，WWTravelClub 项目的截图展示了实现良好 DevOps 周期所需的步骤。WWTravelClub 团队决定使用 Azure DevOps，因为他们知道该工具对于在整个周期中获得最佳 DevOps 体验至关重要。

这些需求是使用用户故事编写的，可以在 3.4 节找到。代码放在 Azure DevOps 项目的存储库中。这两个概念都在第 3 章进行了讲解。

为了完成任务的生命周期管理，可以采用 Scrum 这一项目管理模型，在第 1 章介绍过。这种方法将实现划分为几个 Sprint，强制在每个周期结束时交付价值。使用本章中学习的持续集成工具，每次团队完成对代码存储库主分支的开发时，都将编译代码。

代码被编译和测试后，部署的第一阶段就完成了。第一阶段通常被命名为开发/测试阶段，因为可以用它来进行内部测试。Application Insights、测试和反馈工具都可以用来获取新版本的第一个反馈。

如果新版本的测试和反馈通过了，就应该进入第二阶段，即质量保证阶段。可以再次使用 Application Insights、测试和反馈工具，但现在使用的环境更加稳定。

该周期结束时需要获得在生产阶段部署的授权。这当然是一个艰难的决定，但 DevOps 指出，必须不断地这样做，才能从客户那里获得更好的反馈。Application Insights 一直是一个有用的工具，因为可以监视生产中新版本的演变，还可以将其与过去的版本进行比较。

这里描述的 WWTravelClub 项目方案可以在许多其他现代应用程序开发生命周期中使用。作为软件架构师，必须全局把控这整个过程。

20.8　本章小结

在本章中，我们了解到 DevOps 不仅是一系列用于持续交付软件的技术和工具，而且是一种理念，能够持续向所开发项目的最终用户交付价值。

考虑到这种方法，我们了解了持续集成、持续交付和持续反馈对于 DevOps 的目标是多么重要。本章还介绍了 Azure、Azure DevOps 和 Microsoft 工具如何帮助你实现目标。

本章描述了服务设计思维原则和 SaaS 软件部署模型。学习本章之后,应该能够分析这些方法可能对组织带来的影响,并且应该能够调整现有的软件开发过程和硬件及软件架构,以发挥它们的优势。

本章还解释了软件周期自动化、云硬件基础设施配置和应用程序部署的必要性及所涉及的技术。

实现了展示过的示例之后,应该能够使用 Azure 管道来自动化基础结构配置和应用程序部署。本章以 WWTravelClub 为例说明了这种方法,在 Azure DevOps 中启用 CI/CD,并使用 Application Insights、测试和反馈工具进行技术与功能两方面的反馈。在现实生活中,这些工具将使你能够更快速地了解正在开发的系统的当前行为,因为可以获得对它的持续反馈。

下一章将详细介绍持续集成,它在服务场景和 SaaS 应用程序维护中起着基础性的作用。

20.9 练习题

1. DevOps 是什么?
2. 持续集成是什么?
3. 持续交付是什么?
4. 持续反馈是什么?
5. 构建管道和发布管道之间有什么区别?
6. DevOps 方案中的 Application Insights 的主要目标是什么?
7. 测试和反馈工具如何在 DevOps 过程中提供帮助?
8. 服务设计思维的主要目标是什么?
9. 服务设计思维是否需要优化利用公司现有的所有能力?
10. 为什么完全自动化是 SaaS 应用程序生命周期的基础?
11. 是否可以使用平台无关语言定义硬件云基础设施?
12. 自动化整个应用程序生命周期的首选 Azure 工具是什么?
13. 如果两个 SaaS 供应商提供相同的软件产品,应该使用最可靠的还是最便宜的?
14. 可扩展性是服务场景中唯一重要的需求吗?

第**21**章

持续集成所带来的挑战

有些时候，持续集成被视为 DevOps 的先决条件。在第 20 章中，我们讨论了持续集成的基础知识、DevOps 是如何依赖它的及其实现过程。不同于其他实用性的章节，本章的目的是讨论如何在实际场景中实现持续集成以及使用它所带来的挑战，这是软件架构师所需要考虑的。

本章涵盖以下主题：

- 持续集成。
- 持续集成和 GitHub。
- 使用持续集成的风险和挑战。
- 与本章内容相关的 WWTravelClub 项目方案。

与第 20 章一样，WWTravelClub 用例将会在整章的内容说明过程中出现，因为本章所有关于持续集成的示例截屏都来自它。此外，本章还将给出一个结论，这样就可以很容易地理解持续集成的原则。

完成本章学习，你将能够判断是否在项目环境中使用持续集成。此外，还可以定义成功使用此方法所需的工具。

21.1　技术性要求

学习本章内容之前，需要安装 Visual Studio 2019 社区版(免费)或更高版本，还需要一个 Azure DevOps 账户，可参阅第 3 章了解如何创建它。可以扫封底二维码下载本章的示例代码。

21.2　持续集成

如在第 20 章所见，一旦开始使用诸如 Azure DevOps 这样的平台，那么在单击选项时启用持续集成肯定很容易。因此，技术不是实现这一过程的致命弱点。

由图 21.1 可以看出，使用 Azure DevOps 打开持续集成十分简单。通过单击构建管道并对其进行编辑，在进行几步点击操作后，就可以设置一个触发器并启用持续集成。

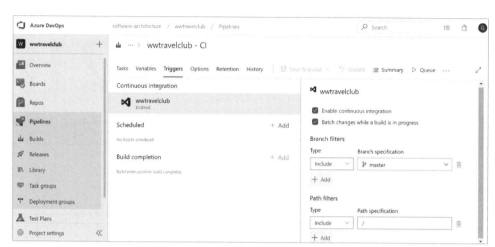

图21.1　启用持续集成触发器

事实上，持续集成将帮助你解决一些问题。例如，它将强制测试代码，因为你需要更快地提交更改，以便其他开发者可以使用你正在编程的代码。

另外，执行持续集成的过程不仅仅是简单地通过在 Azure DevOps 中启用持续集成构建就完成了。当然，一旦代码完成并提交后，就可以启动构建了，但这远不能说明解决方案已经很好地运用了持续集成。

作为软件架构师，需要真正理解 DevOps 是什么。正如第 20 章所讨论的，始终关注需要向最终用户交付价值，是决定和绘制开发生命周期的好方法。因此，虽然启用持续集成很容易，但启用此功能会为最终用户的真实业务带来什么样的影响？得到了这个问题的所有答案且知道如何降低其实现的风险之后，才可以说已经实现了一个持续集成流程。

值得一提的是，正如第 20 章所讨论的那样，持续集成是一种原则，它能够使 DevOps 工作得更快、更好。然而，DevOps 并非离不开它，尤其是在不确定流程是否足够成熟且足以支持代码持续交付的情况下。此外，如果在一个不够成熟且不足以应对持续集成复杂性的团队中启用它，可能会对 DevOps 产生错误的理解，因为在部署解决方案时将开始面临一些风险。这里的关键是，持续集成不是 DevOps 的先决条件。启用持续集成可以在 DevOps 中使事情更快。然而，离开持续集成也可以练习 DevOps。

这就是花一章的篇幅介绍持续集成的原因。作为软件架构师，需要了解启用持续集成的关键点。不过，在了解这一点之前，需要先学习另一个可以帮助实现持续集成的工具，即 GitHub。

21.3　持续集成和 GitHub

自从 GitHub 被 Microsoft 收购以来，许多功能都得到了改进，并提供了新的选项，增强了这个强大工具的能力。在 Azure 门户中可以看到这些功能的集成，特别是使用 GitHub Actions。

GitHub Actions 是一组帮助实现软件开发自动化的工具。它支持在任何平台上提供快速持续集成/持续部署(Continuous Deployment，CD)服务，使用 YAML 文件定义其工作流。可以考虑将 GitHub Actions 作为 Azure DevOps 管道的替代方案。但值得一提的是，可以使用 GitHub Actions 实现任何 GitHub 事件的自动化，在 GitHub Marketplace 中提供了成百上千种 action 的选择，如图 21.2 所示。

图 21.2　GitHub Actions

通过 GitHub Actions 接口创建工作流来构建.NET Core Web 应用程序非常简单。如图 21.2 所示，已经创建了一些工作流程来帮助我们。下面的 YAML 是通过单击.NET Core 下的 Set up this workflow 选项生成的：

```yaml
name: .NET Core

on:
  push:
    branches: [ master ]
  pull_request:
    branches: [ master ]

jobs:
  build:

    runs-on: ubuntu-latest

    steps:
    - uses: actions/checkout@v2
    - name: Setup .NET Core
      uses: actions/setup-dotnet@v1
      with:
        dotnet-version: 3.1.301
    - name: Install dependencies
      run: dotnet restore
    - name: Build
      run: dotnet build --configuration Release --no-restore
    - name: Test
      run: dotnet test --no-restore --verbosity normal
```

通过下面的修改，能够构建为本章创建的特定应用程序：

```yaml
name: .NET Core Chapter 21
```

```
on:
  push:
    branches: [ master ]
  pull_request:
    branches: [ master ]

jobs:
  build:

    runs-on: ubuntu-latest

    steps:
    - uses: actions/checkout@v2
    - name: Setup .NET Core
      uses: actions/setup-dotnet@v1
      with:
        dotnet-version: 5.0.100-preview.3.20216.6
    - name: Install dependencies
      run: dotnet restore ./ch21
    - name: Build
      run: dotnet build ./ch21 --configuration Release --no-restore
    - name: Test
      run: dotnet test ./ch21 --no-restore --verbosity normal
```

如图 21.3 所示，脚本更新之后可以检查工作流的结果。如果需要，还可以启用持续部署。这里只要定义好正确的脚本即可。

图 21.3　通过 GitHub Actions 编译的简单应用程序

 Microsoft 提供了专门介绍 Azure 和 GitHub 集成的文档，可以通过参考网站 21.1 获得。

作为软件架构师，需要了解哪种工具最适合自己的开发团队。Azure DevOps 有一个很好的环境来支持持续集成，GitHub 也一样。这里的关键点是，无论选择哪一种方案，在启用持续集成之后都将面临风险和挑战。下一节将介绍会面临的风险和挑战。

21.4　使用持续集成的风险和挑战

现在，你可能会想到将风险和挑战作为避免使用持续集成的理由。但是，如果它能帮助你创建更好的 DevOps 流程，那么为什么要避免使用它呢？本节想要传达的思想是帮助软件架构师通过良好的过程和技术来减轻风险并克服挑战。

本节将讨论以下几点风险和挑战：

- 禁用生产环境的持续部署。
- 不完整的功能。
- 不稳定的测试解决方案。

一旦定义了处理这些问题的技术和流程，就没有理由不使用持续集成。值得一提的是，DevOps 并不依赖持续集成，但持续集成确实能够使 DevOps 工作得更加顺利。

21.4.1 禁用生产环境的持续部署

生产环境的持续部署是一种过程，在提交新代码并经过一些管道步骤之后，可以在生产环境中使用此代码。这一点不是无法做到，而是做起来既困难又昂贵。此外，还需要有一个成熟的团队来实现它。在互联网上看到的大多数演示和示例都说明，持续集成能够为部署代码提供快速轨道。CI/CD 的演示看起来很简单，这种简单性表明应该尽快实施它。但是，如果再多想一点，如果直接部署到生产环境中，这种情况可能会很危险！在一个需要每周 7 天、每天 24 小时不停运行的解决方案中，这是不现实的。所以，你需要有所担心，并考虑不同的解决方案。

第一种方案是使用多阶段场景，如第 20 章所述。多阶段场景可以为所构建的部署生态系统带来更多的安全性。此外，将获得更多选项，以避免在生产中进行不正确的部署，例如启用部署前批准，如图 21.4 所示。

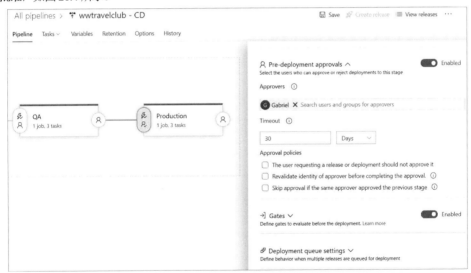

图21.4 生产环境安全的多阶段场景

值得一提的是，可以构建一个部署管道，其中所有代码和软件结构都将通过该工具进行更新。但是，如果有某些在此场景之外的内容需要更改，例如数据库脚本和环境配置，则不正确的生产环境发布可能会对最终用户造成损害。此外，需要为何时更新生产环境做出计划和决策，并且在许多情况下，需要将即将发生的更改通知所有平台用户。"变更管理"过程适用于这些难以决定的场景。

由于将代码交付到生产环境存在挑战,作为软件架构师,需要考虑用时间安排表来完成这个任务。无论周期设为每月、每天提交还是每次提交,都不是问题。这里的关键点是,需要创建一个流程和管道,以确保只有良好且获得批准的软件才可以进入生产阶段。然而,值得注意的是,部署间的时间间隔越长,潜在的风险就越大,因为以前部署的版本和新版本之间的偏差比较大,并且在一次发布中会推出更多的更改内容。因此,通过管理使这个周期越频繁,则效果会越好。

21.4.2 不完整的功能

当团队的开发者正在创建新功能或修复缺陷时,可能会考虑生成一个分支,以避免使用为持续交付而设计的分支。分支(Branch)是代码存储库中一种可用的功能,因为它隔离了代码,所以可以创建独立的开发支线。使用 Visual Studio 创建分支非常简单,如图 21.5 所示。

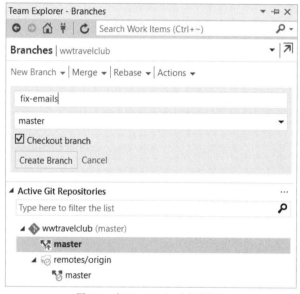

图 21.5 在 Visual Studio 中创建分支

这似乎是一个很好的方法。不过,假设开发者已经准备好了即将用来部署的代码实现,并且刚刚将代码合并到主分支中,假如此时发现这个功能还没有准备好,因为某个需求被省略,该怎么办?又假如发现了会导致不正确行为的错误该怎么办?结果可能是发布的版本的功能不完整或修复不正确。

一种避免在主分支中出现损坏功能或错误修复的良好实践是使用 Pull Request。Pull Request 能够让其他团队开发者知道开发的代码已准备好进行合并。图 21.6 显示了如何使用 Azure DevOps 为所做的更改创建新的 Pull Request。

创建了 Pull Request 并指定评审人员后,每个评审人员将能够分析代码,并确定此代码是否足够健康以在主分支中使用。图 21.7 显示了一种使用对比工具来分析代码变更的方法。

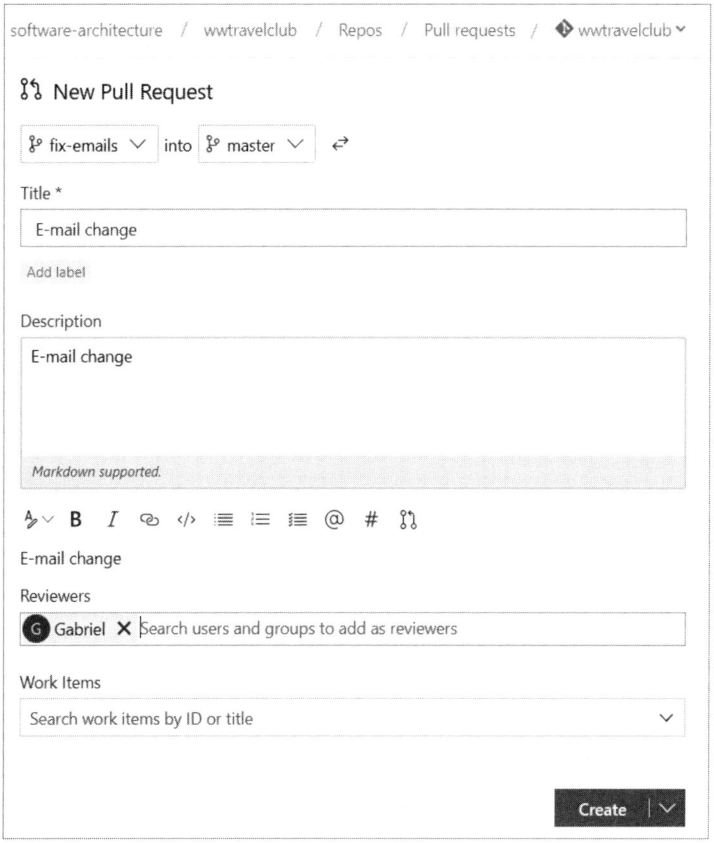

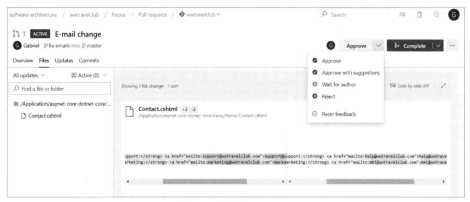

图 21.6　创建一个 Pull Request

图 21.7　分析 Pull Request

完成所有代码评审后，将能够安全地将代码合并到主分支，如图 21.8 所示。要合并代码，需要单击 Complete merge。如果启用了持续集成的触发器(如本章前面所示)，Azure DevOps 将启动构建管道。

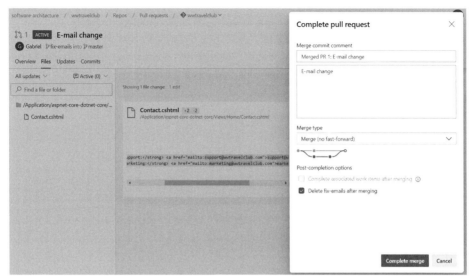

图 21.8 合并 Pull Request

如果没有这样的环节，大量的差代码可能对主分支造成损坏，这些代码可能随着持续部署带来系统的错误，这是无可争辩的事实。值得一提的是，代码评审不仅在 CI/CD 场景中是一种很好的实践，而且对于创建高质量的软件也是一种绝佳实践。

这里需要重点关注的挑战是确保呈现在最终用户面前的只有整体的功能。可以使用 Feature Flag 技术来解决这个问题，这是一种确保只向最终用户提供准备好的功能的技术。再次强调一下，此处不是将 CI 作为一种工具来讨论，而是将其视为一种在每次需要为生产环境交付代码时定义和使用的过程。

值得一提的是，对于控制环境中不同功能的可用性，Feature Flag 比使用分支/Pull Request 要安全得多。两者有各自的适用场景，Pull Request 用于在持续集成阶段控制代码质量，而 Feature Flag 用于在持续部署阶段控制功能的可用性。

21.4.3 不稳定的测试解决方案

降低了本节中介绍的另外两个风险后，可能会发现在启用持续集成后错误代码已经不常出现。确实，因为正在处理一个多阶段场景，并在代码推送至第一阶段之前已经创建了 Pull Request，这些都能够减轻前文提到的担心。

有没有一种方法可以加速对发布的评估，确保这个新的发布已经准备好提供给利益相关者进行测试？是的，当然有！从技术上讲，第 18 章和第 22 章的用例中描述了允许做到这点的方法。

正如这两章中所讨论的，考虑到实现自动化所需的成本，自动化软件中的每一处都是不可行的。此外，在用户界面或业务规则变化很大的场景中，自动化的维护成本可能会更高。尽管这是一个艰难的决定，但作为软件架构师，应当不断推动团队使用自动化测试。

例如，图 21.9 显示了由 Azure DevOps 项目模板创建的 WWTravelClub 的单元测试和功能测试示例。

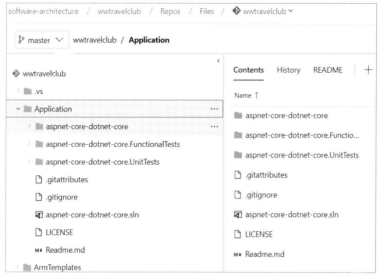

图 21.9　单元测试和功能测试示例

一些架构模式(如第 11 章介绍的 SOLID 原则)和质量保证方法(如同行评审)能够在某些方面提供比软件测试更好的结果。

然而，这些方法并没有降低自动化实践的效果。事实上，所有这些方法都有助于获得稳定的解决方案，尤其是运行持续集成场景时。在这种环境下，最好的事情就是尽快发现错误和错误行为。如前面所述，单元测试和功能测试都有助于完成这项工作。

在构建管道期间，单元测试将在部署之前发现业务逻辑的错误，这带来很大帮助。例如，图 21.10 展示了由于单元测试未通过而取消构建的模拟错误。

图 21.10　单元测试结果

获得这种错误的方法很简单，需要根据单元测试所检查的内容编写一些不响应的代码。提交代码后,持续部署就会触发,代码将会在管道中构建。我们创建的 Azure DevOps 项目向导提供的最后一个步骤是执行单元测试。因此,在构建代码之后,单元测试将会运行。如果代码无法通过测试,将会得到一个错误。

另外,图 21.11 显示了在开发/测试阶段的功能测试期间发生的错误。此时,开发/测试环境存在的一个缺陷已被功能测试快速检测到。

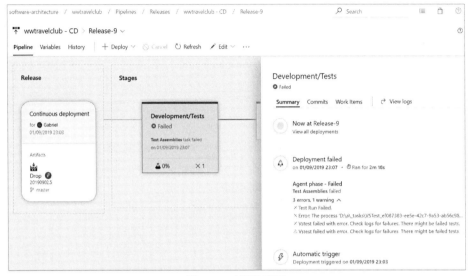

图21.11 功能测试结果

此外,上面提到这点并不是在 CI/CD 过程中应用功能测试的唯一好处,使用这种方法还可以保护其他部署阶段。例如,Azure DevOps 发布管道界面如图 21.12 所示。如果查看 Release-9 就会发现,由于此错误发生在开发/测试环境中的发布阶段之后,因此多阶段环境保护了部署的其他阶段的环境。

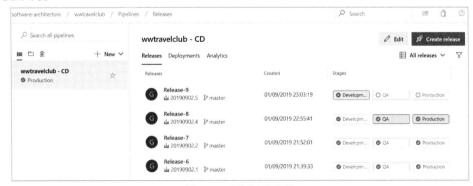

图21.12 多阶段环境保护

在持续集成过程中取得成功的关键是,将其视为加速软件交付的有用工具,并且不要忘记团队始终需要向最终用户交付价值。通过这种方法,前面介绍的技术将为团队实现目标提供绝佳的帮助。

21.5　WWTravelClub 项目方案

本章展示了 WWTravelClub 项目截图，并举例说明了在启用持续集成的同时采用更安全方法的步骤。即使将 WWTravelClub 视为假设场景，在构建它时可参考以下步骤：

- 在启用持续集成的同时也启用多阶段方案。
- 即使在多阶段场景中，Pull Request 也是一种保证在第一阶段中获得高质量代码的方法。
- 同行评审能够为做好 Pull Request 提供帮助。
- 在创建新功能时，同行评审可以检查是否存在 Feature Flag。
- 同行评审检查在创建功能期间开发的单元测试和功能测试。

以上步骤并非仅适用于 WWTravelClub。作为软件架构师，可以以此为出发点，定义一种方法来保证安全的 CI 场景。

21.6　本章小结

本章讨论了在软件开发生命周期中启用持续集成的重要性，并描述了在将持续集成用于解决方案时软件架构师将面临的风险和挑战。

此外，本章还介绍了一些可以简化此过程的解决方案和概念，如多阶段环境、Pull Request、Feature Flag、同行评审和自动化测试。了解这些技术和过程将帮助你在 DevOps 场景中指导项目实现更安全的持续集成行为。

下一章将介绍软件测试的自动化是如何发挥作用的。

21.7　练习题

1. 什么是持续集成？
2. 有没有不使用持续集成的 DevOps？
3. 在不成熟的团队中启用持续集成有哪些风险？
4. 多阶段环境如何为持续集成提供帮助？
5. 自动化测试如何为持续集成提供帮助？
6. Pull Request 如何为持续集成提供帮助？
7. Pull Request 是否只在持续集成中发挥作用？

第**22**章
功能测试自动化

前面的章节讨论了单元测试和集成测试在软件开发中的重要性，如何确保代码库的可靠性，以及单元测试和集成测试如何成为所有软件生产阶段的组成部分，且能够在每次修改代码库时运行。

还有另一种重要的测试，称为功能测试。它们仅在每个 Sprint 结束时执行，用于验证 Sprint 的输出是否真正满足与相关参与方商定的规范。

本章专门介绍功能测试以及一些定义、执行和自动化功能测试的技术。

本章涵盖以下主题：

- 功能测试的目的。
- 在 C#中使用单元测试工具自动化功能测试。
- 用例——自动化功能测试。

本章还设计了一个自动化功能测试，用以验证每个 Sprint 生成的代码是否符合其规范。

22.1 技术性要求

在阅读本章内容之前，建议先阅读第 18 章。

本章要求使用安装了所有数据库工具的 Visual Studio 2019 社区版(免费)或更高版本。本章代码在第 18 章代码的基础上做了修改，可以扫封底二维码获得。

22.2 功能测试的目的

第18 章讨论了自动化测试的优势、如何设计它们，以及它们面临的挑战。功能测试使用与单元测试和集成测试相同的技术和工具，而功能测试仅在每个 Sprint 结束时运行。功能测试的基本作用是验证整个软件的当前版本是否符合其规范。

由于功能测试还涉及用户界面(下文称 UI)，因此它们需要更多工具来模拟用户在 UI 中的行为方式，本章将进一步讨论这一点。除了对额外工具的需求，UI 还带来了其他挑战，即 UI 的变更比较频繁，且变化可能很大。因此，不能设计依赖于 UI 图形细节的测试，否则可能会被迫在每次 UI 更改时全部重写所有测试。这就是为什么有时最好放弃自动测试而返回手动测试。

无论是自动测试还是手动测试，功能测试都必须是一个正式的过程，用于以下目的。

(1) 功能测试代表了开发团队和相关参与方之间的契约中最重要的部分，另一部分是对非功能需求规范的验证。该契约的形式化方式取决于开发团队和相关参与方之间的关系性质。

● 在供应商-客户关系的情况下，功能测试成为每个 Sprint 的供应商-客户业务合同的一部分，并由为客户工作的团队编写它们。如果测试失败，则 Sprint 会被拒绝，供应商必须运行追加的 Sprint 来解决所有问题。

● 如果由于开发团队和相关参与方同属于一家公司而没有供应商-客户业务关系，则不存在业务合同。在这种情况下，开发团队与相关参与方一起编写一份内部文档，正式确定 Sprint 的需求。如果测试失败，通常不会拒绝 Sprint，而是使用测试结果来驱动下一个 Sprint 的规范。当然，如果失败率很高，Sprint 也可能会被拒绝，则应该重复运行这个 Sprint。

(2) 在每个 Sprint 结束时，运行的正式功能测试可防止之前 Sprint 中取得的任何结果被新代码破坏。

(3) 当使用敏捷开发方法时，要想获得最终系统规范的形式表示，最佳的方式是维护一套持续更新的功能测试。因为在敏捷开发期间，最终系统的规范不是在开发开始之前决定的，而是系统不断演进的结果。

由于在早期阶段，第一个 Sprint 的输出可能与最终系统有很大不同，不值得花太多时间编写详细的手动测试和/或自动化测试。因此，可以将用户故事限制为几个示例，这些示例将用作软件开发的输入和手动测试。

随着系统功能变得更加固定，此时值得花时间为它们编写详细和正式的功能测试。对于每个功能规范，必须编写测试来验证它们在极端情况下的操作。例如，在现金取款用例中，必须编写测试来验证所有可能性：余额不足、卡已过期、密码错误、重复多次密码错误。

图 22.1 描绘了现金取款的整个过程以及所有可能的结果。

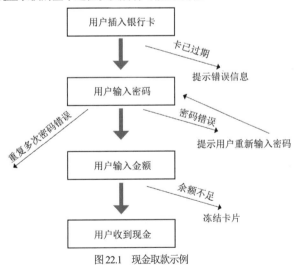

图 22.1　现金取款示例

在手动测试的情况下，对于图 22.1 所示每个场景，必须给出每个操作涉及的所有步骤的所有细节，以及每个步骤的预期结果。

是否要自动化所有或部分功能测试是一个重要决定，因为编写自动化测试来模拟操作人员与系统 UI 的交互需要很大成本。用测试的实施成本除以预期的使用次数，可以作为最终做决定的依据。

在 CI/CD 的情况下，可以多次执行相同的功能测试，但遗憾的是，功能测试严格依赖于 UI 的实现方式，而且在现代系统中，UI 又经常发生更改。因此，在这种情况下使用完全相同的 UI 执行测试可能也不会超过几次。

为了克服与 UI 相关的所有问题，一些功能测试可以采用界面下测试的方式实现，即绕过 UI 的测试。例如，针对 ASP.NET Core 应用程序的一些功能测试可以直接调用控制器的操作方法，而不是通过浏览器发送实际请求。

遗憾的是，界面下测试无法验证所有可能的实现错误，因为它们无法检测 UI 本身的错误。此外，在 Web 应用程序的情况下，界面下测试通常会受到其他限制，因为它们绕过了整个 HTTP 协议。

特别是对于 ASP.NET Core 应用程序，如果直接调用控制器的操作方法，则会绕过处理每个请求然后将其传递给相应操作方法的整个 ASP.NET Core 管道。因此，测试不会分析 ASP.NET Core 管道中的身份验证、鉴权、CORS[1]和其他中间件的行为。

完整的 Web 应用程序自动化功能测试应该执行以下操作：

(1) 在要测试的 URL 上启动一个实际的浏览器。

(2) 等待页面上的所有 JavaScript 执行完成。

(3) 向浏览器发送模拟操作人员行为的命令。

(4) 每次与浏览器交互之后，自动测试应该等待，直至交互所触发的所有 JavaScript 执行完成。

目前虽然有一些可用的浏览器自动化工具，但如前所述，使用浏览器自动化实现的测试非常昂贵且难以实现。因此，ASP.NET Core MVC 的建议方法是使用.NET 的 HTTP 客户端(即 HttpClient)将实际的 HTTP 请求发送到 Web 应用程序的实例，而不是使用浏览器。HttpClient 收到 HTTP 响应之后，就会在 DOM 树中解析它并验证它是否收到了正确的响应。

HttpClient 与浏览器自动化工具的唯一区别是，它无法运行 JavaScript。不过，可以添加一些其他测试来测试 JavaScript 代码。这些测试基于特定于 JavaScript 的测试工具，如 Jasmine 和 Karma。

下一节将介绍如何使用.NET 的 HttpClient 来自动化 Web 应用程序的功能测试，而功能测试自动化的实际示例将在 22.4 节中展示。

22.3　在 C#中使用单元测试工具来自动化功能测试

自动化功能测试使用与单元测试和集成测试相同的测试工具。也就是说，这些测试可以嵌入第 18 章提到的相同 xUnit、NUnit 或 MSTests 项目中。但是，在这种情况下，还需要添加能够与 UI 交互以及检查 UI 的其他工具。

本章的剩余部分将专注于 Web 应用程序，因为它们是本书的主要关注点。如前所述，如果正在测试 Web API，则只需要 HttpClient 实例，因为它们可以轻松地与 XML 和 JSON 中的 Web API 终节点进行交互。

---

1 译者注：CORS (跨源资源共享或通俗地译为跨域资源共享)是一种基于 HTTP 头的机制，该机制通过允许服务器标示它自己以外的其他 origin(域、协议和端口)，这样浏览器可以访问加载这些资源。跨源资源共享还通过一种机制来检查服务器是否会允许要发送的真实请求，该机制通过浏览器发起一个到服务器托管的跨源资源的预检请求。在预检中，浏览器发送的头中标示 HTTP 方法和真实请求中会用到的头。

对于返回 HTML 页面的 ASP.NET Core MVC 应用程序,交互则更加复杂,因为还需要一些工具用于解析 HTML 页面 DOM 树并与之交互。AngleSharp NuGet 程序包是一个很好的解决方案,因为它支持最新的 HTML 和基础的 CSS,并为外部提供的 JavaScript 引擎(如 Node.js)提供扩展接口。但是,不建议在测试中包含 JavaScript 和 CSS,因为它们与目标浏览器密切相关,因此针对这部分内容的最好选择是使用可以直接在目标浏览器中运行的 JavaScript 特定测试工具。

使用 HttpClient 类测试 Web 应用程序有以下两个基本选项。

● 模拟环境中的应用程序。HttpClient 实例通过互联网/局域网连接实际的临时模拟环境 Web 应用程序,与所有其他正在对该软件进行 beta 测试的人同时使用它。这种方法的优点是所测试的是真实的东西,但测试过程更难以构思,因为无法在每次测试之前控制应用程序的初始状态。

● 受控应用程序。HttpClient 实例与本地应用程序连接,在每次测试之前配置、初始化和启动该本地应用程序。这个场景完全类似于单元测试场景。测试结果是可重现的,每次测试前的初始状态是固定的,测试更容易设计,实际数据库可以替换为更快、更容易初始化的内存数据库。但是,在这种情况下,测试过程与实际系统上的操作可能相差很大。

一个好的策略是使用受控应用程序测试所有极端情况,因为可以完全控制初始状态,然后使用模拟环境中的应用程序在真实场景上测试随机平均情况。

下面介绍这两种方法,两者的不同之处仅在于定义测试的固定装置的方式不同。

22.3.1　测试模拟环境中的应用程序

在模拟环境中,测试只需要一个 HttpClient 实例,因此必定义一个有效的 Fixture 来提供 HttpClient 实例,避免 Windows 连接耗尽的风险。第 14 章遇到过这个问题,可以通过使用 IHttpClientFactory 管理 HttpClient 实例并以依赖注入的方式注入它们来解决。

有了一个依赖注入容器后,可以通过以下代码片段来丰富它,这段代码能够有效地处理 HttpClient 实例:

```
services.AddHttpClient();
```

这里,AddHttpClient 扩展在 Microsoft.Extensions.Http NuGet 程序包中定义,属于 Microsoft.Extensions.DependencyInjection 名称空间。因此,测试夹具需要创建一个依赖注入容器,调用 AddHttpClient,最后构建容器。下方定义的 Fixture 类可以完成这项工作(Fixture 类的相关内容请参阅第 18 章):

```
public class HttpClientFixture
{
    public HttpClientFixture()
    {
        var serviceCollection = new ServiceCollection();
        serviceCollection
          .AddHttpClient();
         ServiceProvider = serviceCollection.BuildServiceProvider();
    }

    public ServiceProvider ServiceProvider { get; private set; }
}
```

加入前面的 Fixture 定义后，此时的测试应该如下所示：

```
public class UnitTest1:IClassFixture<HttpClientFixture>
{
    private readonly ServiceProvider _serviceProvider;

    public UnitTest1(HttpClientFixture fixture)
    {
        _serviceProvider = fixture.ServiceProvider;
    }

    [Fact]
    public void Test1()
    {
        var factory =
            _serviceProvider.GetService<IHttpClientFactory>())

        HttpClient client = factory.CreateClient();
        //use client to interact with application here

    }
}
```

在 Test1 中，获得 HTTP 客户端后，可以通过发出 HTTP 请求然后分析应用程序返回的响应来测试应用程序。有关如何处理服务器返回的响应的更多详细信息将在 22.4 节给出。

下一小节将说明如何测试在受控环境中运行的应用程序。

22.3.2 测试受控应用程序

在受控环境中，应在测试应用程序中创建一个 ASP.NET Core 服务器并使用 HTTPClient 实例对其进行测试。Microsoft.AspNetCore.Mvc.Testing NuGet 程序包中包含创建 HTTP 客户端和运行应用程序的服务器所需的所有内容。

Microsoft.AspNetCore.Mvc.Testing 包含一个 Fixture 类，它负责启动本地 Web 服务器并提供客户端以与之交互，其中预定义的 Fixture 类是 WebApplicationFactory<T>。泛型 T 参数需要使用 Web 项目的 Startup 类进行实例化。

测试的定义类似于以下内容：

```
public class UnitTest1
    : IClassFixture<WebApplicationFactory<MyProject.Startup>>
{
    private readonly
        WebApplicationFactory< MyProject.Startup> _factory;

    public UnitTest1 (WebApplicationFactory<MyProject.Startup> factory)
    {
        _factory = factory;
    }

    [Theory]
    [InlineData("/")]
    [InlineData("/Index")]
    [InlineData("/About")]
```

```
....

public async Task MustReturnOK(string url)
{
    var client = _factory.CreateClient();
    // here both client and server are ready

    var response = await client.GetAsync(url);
    //get the response

    response.EnsureSuccessStatusCode();
    // verify we got a success return code

}
...
---
}
```

如果要分析返回页面的 HTML，还必须引用 AngleSharp NuGet 程序包，22.4 节将介绍如何使用它。在此类测试中处理数据库，最简单的方法是用内存数据库替换它们，这些数据库在本地服务器关闭和重新启动时速度更快，并且能够自动清除。这一步可以通过创建一个新的部署环境(例如 AutomaticStaging)和一个与具体测试关联的配置文件来完成。创建了这个新的部署环境之后，转到应用程序的 Startup 类的 ConfigureServices 方法并找到添加 DBContext 配置的位置。找到该位置后，向其中添加一个 if 条件判断，如果应用程序在 AutomaticStaging 环境中运行，则将 DBContext 配置替换为以下内容：

```
services.AddDbContext<MyDBContext>(options =>
options.UseInMemoryDatabase(databaseName: "MyDatabase"));
```

作为替代方案，还可以在继承自 WebApplicationFactory<T>的自定义 Fixture 的构造函数中添加所有必需的指令以清除标准数据库。注意，由于完整性约束的存在，删除所有数据库数据并不容易。可以有多种选择，但没有一个适合所有情况：

(1) 删除整个数据库并使用迁移重新创建它，即 DbContext.Database.Migrate()。这种方式总是有效的，只不过速度很慢，并且需要具有高权限的数据库用户。

(2) 禁用数据库约束，然后以任意顺序清除所有表。这种方式有时会不起作用，它也需要具有高权限的数据库用户。

(3) 以正确的顺序删除所有数据，以使所有数据库约束不被破坏。如果在数据库增长且添加新表到数据库中时，注意维护一个所有表的有序删除列表，则这个方法并不难操作。这种有序删除列表是一个有用的资源，还可以使用它来修复数据库更新操作中的问题，以及在生产数据库维护期间删除旧条目。遗憾的是，这种方法在某些罕见循环依赖的情况下也会失败，例如某个表具有引用自身的外键的情况。

笔者更倾向于使用方法(3)，并且仅在由于循环依赖而导致困难的极少数情况下才会使用方法(2)。作为方法(3)的示例，可以编写一个从 WebApplicationFactory<Startup>继承的 Fixture，并删除第 18 章的应用程序中的所有测试数据。

如果不需要测试身份验证和授权子系统，则只需要删除套餐、目的地和事件的数据就足够了。删除顺序很简单：首先删除事件，因为没有任何东西依赖于它们；然后删除依赖于目的地的套餐；最后删除目的地。代码很简单：

```
public class DBWebFixture: WebApplicationFactory<Startup>
{
    public DBWebFixture() : base()
    {
        var context = Services
            .GetService(typeof(MainDBContext))
                as MainDBContext;
        using (var tx = context.Database.BeginTransaction())
        {
            context.Database
                .ExecuteSqlRaw
                    ("DELETE FROM dbo.PackgeEvents");
            context.Database
                .ExecuteSqlRaw
                    ("DELETE FROM dbo.Packges");
            context.Database
                .ExecuteSqlRaw
                    ("DELETE FROM dbo.Destinations");
            tx.Commit();
        }
    }
}
```

由于从继承自 WebApplicationFactory<Startup>的服务中获得一个 DBContext 实例，因此可以执行数据库操作。同时，从表中删除所有数据的唯一方法是直接复用数据库命令。由于在这种情况下不能使用 SaveChanges 方法将所有更改包含在单个事务中，因此不得不手动创建一个事务。

可以通过将上述类添加到下一节的同样基于第 18 章代码的用例中来测试它。

22.4 用例——自动化功能测试

本节将在第 18 章的 ASP.NET Core 测试项目中添加一个简单的功能测试。本测试方法基于 Microsoft.AspNetCore.Mvc.Testing 和 AngleSharp 这两个 NuGet 程序包，需要首先将整个解决方案复制为一份新副本。

测试项目已经引用了正在测试的 ASP.NET Core 项目和所有必需的 xUnit NuGet 程序包，因此只需要添加 Microsoft.AspNetCore.Mvc.Testing 和 AngleSharpNuGet 程序包。

现在，添加一个名为 UIExampleTest.cs 的类文件。需要使用 using 语句来引用所有必要的名称空间。更具体而言，需要引用以下内容。

- PackagesManagement：这是引用应用程序类所必需的。
- Microsoft.AspNetCore.Mvc.Testing：这是引用客户端和服务器类所必需的。
- AngleSharp 与 AngleSharp.Html.Parser：这些是引用 AngleSharp 类所必需的。
- System.IO：这是从 HTTP 响应中提取 HTML 所必需的。
- Xunit：这是引用所有 xUnit 类所必需的。

总结一下，整个 using 代码块如下：

```
using PackagesManagement;
using System;
using System.Collections.Generic;
```

```
using System.Linq;
using System.Threading.Tasks;
using Xunit;
using Microsoft.AspNetCore.Mvc.Testing;
using AngleSharp;
using AngleSharp.Html.Parser;
using System.IO;
```

此处将使用 22.3.2 节介绍的标准 Fixture 类来编写以下测试类:

```
public class UIExampleTestcs:
        IClassFixture<WebApplicationFactory<Startup>>
{
    private readonly
        WebApplicationFactory<Startup> _factory;
    public UIExampleTestcs(WebApplicationFactory<Startup> factory)
    {
        _factory = factory;
    }
}
```

现在，可以准备为主页编写测试！此测试用于验证主页 URL 是否返回成功的 HTTP 结果，并且主页包含指向套餐管理页面的链接，即 /ManagePackages 的相对链接。

需要理解的是，自动化测试不能依赖于 HTML 的细节，而应当只验证逻辑事实，以避免在每次对应用程序 HTML 发生微小修改后引起频繁的测试更改。这就是为什么这里只验证必要的链接是否存在而不限制它们的路径。

下面调用主页测试 TestMenu:

```
[Fact]
public async Task TestMenu()
{
    var client = _factory.CreateClient();
    ...
    ...
}
```

每个测试的第一步是创建客户端。那么，如果测试需要分析一些 HTML，就必须准备所谓的 AngleSharp 浏览上下文(BrowsingContext):

```
//Create an angleSharp default configuration
var config = Configuration.Default;

//Create a new context for evaluating webpages
//with the given config
var context = BrowsingContext.New(config);
```

Configuration 对象指定选项，例如 cookie 处理和其他与浏览器相关的属性。至此，可以开始请求首页:

```
var response = await client.GetAsync("/");
```

作为第一步，验证所收到的响应是否包含成功状态代码，如下所示:

```
response.EnsureSuccessStatusCode();
```

前面的方法调用在状态码为不成功的情况下会抛出异常，从而导致测试失败。HTML 分析需要从响应中提取。以下代码是一种简化写法：

```
string source = await response.Content.ReadAsStringAsync();
```

现在，需要将提取的 HTML 传递给之前的 AngleSharp 浏览上下文对象，以便它可以构建 DOM 树。以下代码显示了如何执行此操作：

```
var document = await context.OpenAsync(req => req.Content(source));
```

OpenAsync 方法使用 context 中包含的设置来执行 DOM 构建活动。用于构建 DOM 文档的输入由作为参数传递给 OpenAsync 方法的 lambda 函数指定。在我们的例子中，req.Content(...)从传递给 Content 方法的 HTML 字符串中构建一个 DOM 树，这里的 HTML 字符串是客户端接收到的响应中所包含的 HTML。

获得 document 对象后，就可以像在 JavaScript 中一样使用它。特别是，可以使用 QuerySelector 找到具有所需链接的锚点：

```
var node = document.QuerySelector("a[href=\"/ManagePackages\"]");
```

剩下的就是验证节点不为空：

```
Assert.NotNull(node);
```

我们做到了！如果要分析需要用户登录的页面或其他更复杂的场景，则需要在 HTTP 客户端中启用 cookie 和自动 URL 重定向。这样，客户端将像普通浏览器一样存储和发送 cookie，并在收到重定向 HTTP 响应时移到另一个 URL。这可以通过将选项对象传递给 CreateClient 方法来完成，如下所示：

```
var client = _factory.CreateClient(
    new WebApplicationFactoryClientOptions
    {
        AllowAutoRedirect=true,
        HandleCookies=true
    });
```

通过前面的设置，该测试可以完成普通浏览器可以做的所有事情。例如，可以设计 HTTP 客户端登录并访问需要身份验证的页面的测试，因为 HandleCookies=true 允许客户端存储身份验证 cookie 并在所有后续请求中发送。

22.5 本章小结

本章解释了功能测试的重要性，说明了如何定义在每个 Sprint 的产出结果上运行的详细手动测试。现在，你应该能够定义自动测试，以验证在每个 Sprint 结束时应用程序是否符合其规范。

本章分析了在什么情况下值得自动化部分或全部功能测试，并描述了如何在 ASP.NET Core 应用程序中自动化它们。

本章的用例展示了如何在 AngleSharp 的帮助下编写 ASP.NET Core 功能测试，以检查应用程序返回的响应。

结论

学习了使用 C# 9 和.NET 5 开发解决方案的最佳实践和方法，以及 Azure 中最新的云环境的许多章节之后，你终于读完了本书。

正如你在职业生涯中可能已经注意到的那样，按时、按预算并按照客户需要的功能开发软件并不是一项简单的任务。本书的主要目的不仅仅是展示软件开发周期基本领域的最佳实践，它还演示了如何充分发挥上述工具的特性和优势，帮助你设计具有智能软件所拥有的可扩展、安全和高性能等特性的企业应用程序。这就是本书介绍每个广泛领域的不同方法，从用户需求开始到生产环境中的软件、持续部署和监控结束。

在介绍持续交付软件时，本书强调了对编码、测试和监控解决方案的最佳实践的需求。这不仅仅是开发项目的问题，软件架构师应对自己所做的决定负责，一直到该软件停产为止。现在，你可以决定最适合自己的场景的实践和模式了。

22.6 练习题

1. 在快速的 CI/CD 周期的情况下，自动化 UI 功能测试是否总是值得？
2. ASP.NET Core 应用程序的界面下测试有什么缺点？
3. 编写 ASP.NET Core 功能测试的建议技术是什么？
4. 检查服务器返回的 HTML 的建议方法是什么？